IO-Link

Band 2: Basiswissen, Wireless und Safety für das Industrial Internet of Things

3. Auflage 2020

Joachim R. Uffelmann, Peter Wienzek, Dr. Myriam Jahn

IO-Link

Band 2: Basiswissen, Wireless und Safety für das Industrial Internet of Things

3. Auflage 2020

Vulkan Verlag

Bibliografische Information der Deutschen Nationalbibliothek

Die Deutsche Nationalbibliothek verzeichnet diese Publikation in der Deutschen Nationalbibliografie; detaillierte bibliografische Daten sind im Internet über www.dnb.de abrufbar.

IO-Link - Band 2: Technologie

Basiswissen, Wireless und Safety für das Industrial Internet of Things

Joachim R. Uffelmann, Peter Wienzek, Dr. Myriam Jahn

3. Auflage 2020

ISBN: 978-3-8356-7441-7 (Print)

ISBN: 978-3-8356-7442-4 (eBook)

Friedrich-Ebert-Straße 55, 45127 Essen, Deutschland

Telefon: +49 201 820 02-0, Internet: www.vulkan-verlag.de

Projektmanagement: Simon Meyer, Vulkan-Verlag GmbH, Essen

Lektorat: Wolfgang Mönning, Vulkan-Verlag GmbH, Essen

Herstellung: Nilofar Mokhtarzada, Vulkan-Verlag GmbH, Essen

Umschlaggestaltung: Daniel Klunkert, Vulkan-Verlag GmbH, Essen

Titelbild: © Adobe Stock #208731449 von ipopba

Satz: Veronika Koppers, Vulkan-Verlag GmbH, Essen

Druck: Scandinavianbook GmbH, Neustadt a. d. Aisch

Eine digitale Erfolgsgeschichte – „Made in Germany“.

Dr.-Ing. Gunther Kegel
Vorstandsvorsitzender Pepperl+Fuchs SE
Präsident des Zentralverbands der Elektrotechnischen Industrie - ZVEI

Migration ist das Zauberwort jeder disruptiven Technologie, die auf Fabriken und Anlagen trifft, die - vor Jahren errichtet - auch in zehn Jahren noch ihren Dienst tun sollen. Technologische Disruption vollzieht sich in der industriellen Realität deshalb mit großer zeitlicher Verzögerung, es sei denn, man verfügt über eine neue, disruptive Technologie, die auf den bestehenden Installationen aufsetzt, sie Zug um Zug, Gewerk für Gewerk ersetzt und dabei von Anfang an zumindest einen Teil des neuen Nutzens generiert. Einen solchen Migrationspfad gab es z. B. in der Prozessindustrie, als man schon in den 90er-Jahren des letzten Jahrhunderts ein digitales Übertragungsprotokoll rückwirkungsfrei auf das vorhandene Analogsignal der 4…20 mA-Schnittstelle aufmodulierte. Jeder Anwender konnte so nacheinander oder zeitgleich die Feldgeräte, die prozessnahen Komponenten, das Leitsystem und die Softwareanwendungen, z. B. „Process Asset Management Software“, auf den neuen Standard umrüsten und hatte trotzdem jederzeit den vollen bisherigen Funktionsumfang und einen ersten Zusatznutzen. Wer beispielsweise die Feldgeräte durch neue, sogenannte HART-Transmitter austauschte, konnte im existierenden Leitsystem nach wie vor die analogen 4…20 mA-Signale der HART-Transmitter verarbeiten, war aber unmittelbar in der Lage durch HART-Handbediengeräte digital mit jedem einzelnen HART-Transmitter zu kommunizieren. So war es in den Anlagen erstmals möglich, über digitale Kommunikation mit dem Feldgerät jeweils Parametrier- oder Diagnosedaten auszutauschen. Der Austausch der Feldgeräte gegen HART-Transmitter vollzog sich deshalb in wenigen Jahren und so wurde die Vorbereitung zur digitalen Kommunikation in kurzer Zeit fast flächendeckend geschaffen. Die später eingeführten Feldbusprotokolle Profibus-PA und Foundation Fieldbus verfügten über keinen Migrationspfad, sondern erforderten einen Bruch mit der bisher installierten Technik gleichzeitig auf allen Ebenen. Ein Grund für die enttäuschend langsame Adoptionsrate dieser nächsten Technologie.
Das Analogon zu HART in der Prozessindustrie ist IO-Link in der Fertigungsindustrie. Hier, wo 10.000 von meist eher einfachen Positionssensoren in Maschinen und Anlagen ihren Dienst tun, brauchte es auch einen Migrationspfad von der installierten zur neuen Technik. Mit IO-Link – einem ebenfalls auf die existierende binäre Schaltleitung

aufmodulierten, digitalen Signal – existiert ein Migrationspfad, der auch einen stufenweisen Umbau der Automatisierungstechnik erlaubt, aber in jedem Umbauschritt zumindest einen Teil des Zusatznutzens der digitalen Kommunikation mittels IO-Link bereits generiert.
Mit der fortschreitenden Digitalisierung der Fertigungsindustrie wächst jetzt die Bedeutung der digitalen Kommunikation mit mehr oder weniger einfachen Positionssensoren weiter rasant und IO-Link wird zunehmend zu einer „enabling technology" für die digitale Transformation von Maschinen und Anlagen. Wer einen vollständigen digitalen Zwilling in allen Facetten ständig und in Echtzeit mit der physikalischen Realität abgleichen will, braucht eine digitale Kommunikation zu allen Sensoren und Signalgebern, braucht IO-Link. Mit entsprechenden Soft- und Hardwarebausteinen bzw. Gateways lässt sich IO-Link schon heute mit nahezu allen anderen Kommun ikationssystemen und Protokollen verknüpfen und in der Profibus Nutzerorganisation hat IO-Link eine Heimat gefunden, in der die technische Standardisierung und Begleitung der Technologie hohe Investitionssicherheit für Hersteller und Anwender garantiert und der Standard gleichzeitig, erfolgreich auf der gesamten Welt ausgerollt wird.
Eine digitale Erfolgsgeschichte – „Made in Germany".

Die intelligent-vernetzte Produktion

Hartmut Rauen
Stellvertretender Hauptgeschäftsführer des VDMA

Industrie 4.0 erfordert Veränderungen auf allen Unternehmensebenen und über die gesamte Wertschöpfungskette hinweg. Mit Industrie 4.0 ist eine neue Denkweise in der Organisation von Abläufen verbunden. Am Ende zählt für die Unternehmen der Mehrwert. Die Frage der Wirtschaftlichkeit rückt in den Fokus. Aus ambitionierten Innovationsprojekten müssen wettbewerbsfähige Lösungen für den Weltmarkt entstehen.

Die Sicherstellung der Interoperabilität ist die strategische Schlüsselkomponente, mit der das souveräne und nachhaltige Wertschöpfungsnetzwerk umgesetzt wird. Sie ermöglicht gerade den kleinen und mittelständischen Unternehmen die Teilhabe an neuen digitalen Strukturen. Multilaterale und branchenübergreifende, digitale Prozessbeziehungen, verbunden mit neuen Plattformökonomien, werden das Tagesgeschäft des Maschinenbaus beeinflussen.

Der Maschinenbau ist ein Integrator neuster Technologien. Als dieser ist er Enabler für Endanwender und ermöglicht für den Betreiber gewinnbringende Anwendungen. Vom Markt angewendete und akzeptierte Kommunikationstechnologien wie IO-Link geben den Firmen Investitionssicherheit. Die Kosten zur Entwicklung von kundenspezifischen Schnittstellen werden reduziert. Die Hürde zur Integration von Maschinen in bestehende und neue Anlagen wird herabgesetzt. Maschinen und Anlagen agieren flexibel, effizient und ressourcenschonend miteinander (Stichwort Nachhaltigkeit). Die innovativen Produkte des Maschinenbaus können so vom Kunden einfacher angenommen werden. Sie erleichtern die Integration dieser in die intelligent-vernetzte Produktion der Zukunft.

Die Umsetzung der Interoperabilität wird mit der Idee des „Plug & Play“, also der Möglichkeit zum vereinfachten Zusammenschluss der Maschinen und Anlagen, vom VDMA intensiv vorangetrieben. Wir entwickeln hierzu die Weltsprache der Produktion. Mit der Universal Machine Technology Interface (UMATI) wird für den Maschinenbau dieses Leistungsversprechen angestrebt. Dahinter verbergen sich standardisierte Informationsschnittstellen – und das für jeden einzelnen Sektor des Maschinenbaus einzeln ausdefiniert auf Basis von OPC UA Companion Specifications. Diese standardisierten Informationen müssen vom intelligenten Sensor bis in die Cloud einheitlich transportiert werden. IO-Link ist bei der Anbindung der Produkte und der Umsetzung von UMATI auf Sensorebene eine wichtige Schlüsseltechnologie.

Die Informationen der intelligenten Sensoren füllen die für die Umsetzung von Industrie 4.0 so wichtige Verwaltungsschale. Die Verwaltungsschale wird als Digitaler Zwilling für Industrie 4.0 die neue Stufe der Interoperabilität über Unternehmensgrenzen hinweg realisieren. In Ihr werden alle Produktinformationen – vom Engineering über die Produktion bis zum Recycling und vom Sensor bis in die Cloud – in einen konsistenten Informationsraum zusammengefasst. Mit ihr kann sich jedes Produkt selbst beschreiben und ganze Datensammlungen über ihren Lebenszyklus mit sich führen. Eine technologieneutrale Zustandsüberwachung (Condition Monitoring), eine vorausschauende Instandhaltung (Predictive Maintenance) und die damit einhergehende steigende Energieeffizienz in der Produktion lassen sich im Sinne der Nachhaltigkeit erfolgreicher realisieren. Die sensorische Datengenerierung und der Einsatz von KI-basierenden Lösungen werden erleichtert, die Wertschöpfungsangebote erweitert und die Souveränität durch freie Gestaltungsräume und Selbstbestimmung erhöht.

Vorwort 3. Auflage

Liebe Leserin, lieber Leser,

erstmals haben wir diese 3. Auflage für Sie in zwei Bände aufgeteilt: Der erste Band richtet sich an die Leser, die sich vor allem für die Anwendung von IO-Link in der Praxis interessieren. Dabei zieht sich das Thema Industrie 4.0 wie ein roter Faden durch alle Kapitel. Beide Bände sind komplett überarbeitet und mit vielen neuen Informationen zu Weiterentwicklungen ergänzt worden.

In dem hier vorliegenden Band 2 finden Sie das technische Basiswissen hinter IO-Link. Wer immer schon Details zur verwendeten Technik, der Physik, den verwendeten Parametern und der Diagnose haben wollte, ist hier richtig. In weiteren Kapiteln werden die Portkonfiguration des Masters, IO-Link-Profile und die IODD (Input-Output-Device-Description) ausführlich beschrieben.

Schließlich widmen wir uns den brandneuen Themen IO-Link Safety zur Übertragung sicherheitsgerichteter Signale in der Automatisierung und IO-Link Wireless zur drahtlosen Überbrückung der Strecke zwischen IO-Link Geräten und dem Wireless-Master. Bei beiden Ergänzungen war es ein Anliegen, die Anwendererfahrung von IO-Link weitgehend beizubehalten.

Die Kapitel „Qualität“ und „Vertiefendes Wissen“ runden das Thema mit Expertenwissen für Entwickler ab.

Im letzten Kapitel werden IIoT-(Industrial Internet of Things)-Schnittstellen im Kontext von IO-Link und deren Implementierung im Master beschrieben. Somit schließt sich der thematische Kreis zu Band 1, der IO-Link als digitale Geräteschnittstelle und Datenzubringer in die IT und Grundlage für neue, serviceorientierte Geschäftsmodelle sieht.

Dr. Myriam Jahn
Peter K. Wienzek
Joachim R. Uffelmann
Düsseldorf/Essen/Kressbronn, im September 2020

1 Inhaltsverzeichnis

1 IO-Link im Detail

IO-Link in bietet in mehrfacher Hinsicht neue Möglichkeiten und verbessert dadurch die Effizienz von Produktionsanlagen. Da IO-Link ein Markenname ist und in der internationalen Normung kein geschützter Begriff Verwendung finden darf, ist der IO-Link-Standard unter dem Kürzel SDCI (single-drop digital communication interface) in der IEC 61131-9 standardisiert.

IO-Link ist herstellerübergreifend und busunabhängig definiert, damit ergibt sich für den Anwender keine Systementscheidung. Die Punkt-zu-Punkt-Verbindung von IO-Link basiert auf der bewährten 3-Leiter-Physik, die heutige Standard-Sensoren und -Aktuatoren nutzen. IO-Link bringt im Wesentlichen die Definition der Kommunikation auf der sogenannten C/Q-Leitung mit. Durch diese Kommunikation ist die unterste Feldebene voll in moderne Systemstrukturen eingebunden.

Der Datentransfer folgt dem klassischen Ansatz des Master-Slave-Prinzips. Pro Port ist zudem nur ein IO-Link-Device angeschlossen und somit eine Adressierung nicht nötig. Dies ist der offensichtlichste Unterschied zu den bekannten Bussystemen.

Der Anwender profitiert von der vereinfachten Konfiguration, durchgängiger Datenhaltung (DataStorage) bzw. toolloser Reparametrierung, einfacher Fernparametrierung und Diagnose respektive Fehleranalyse.

Zudem reduziert sich die Anzahl der unterschiedlichen Feldmodule, da auf einem IO-Link-Port der Anschluss von messenden oder schaltenden Sensoren und Aktuatoren möglich ist, sowie Kombinationen aus beiden.

Die Systemstruktur kann wie in **Bild 1.1** dargestellt aussehen.

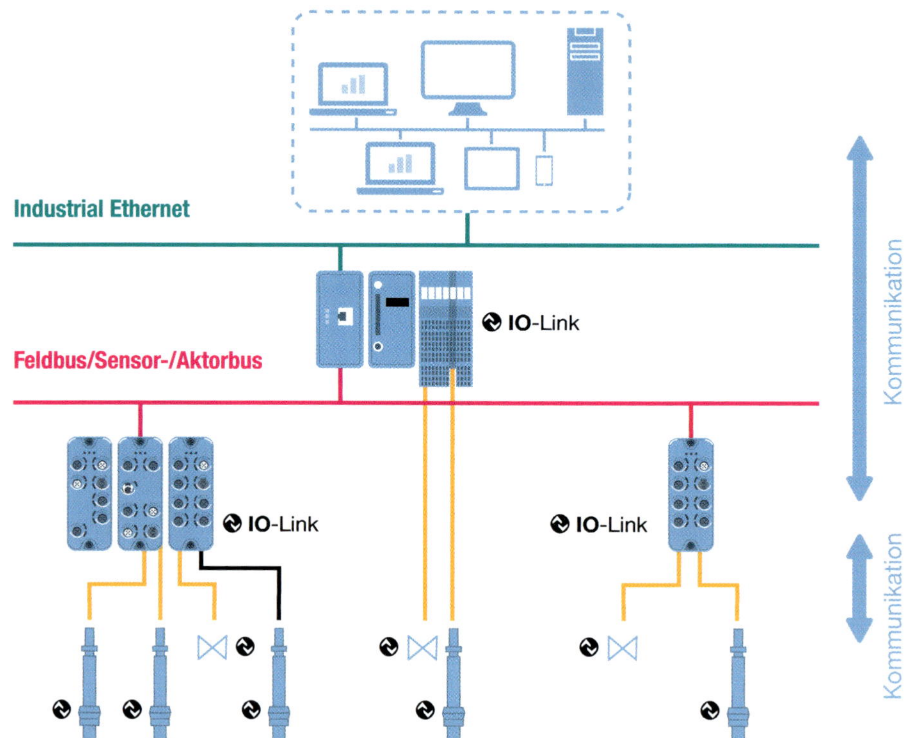

Bild 1.1: Typische Applikation (Übersicht) (Quelle: IO-Link Community)

1.1 Leistungsmerkmale und Systemübersicht

IO-Link hat zwei logische Kanäle, die im Halbduplexverfahren arbeiten, um die Datenqualitäten zyklisch und azyklisch getrennt voneinander zu übertragen. In **Bild 1.2** sind beide Kanäle dargestellt.

Wie in anderen Kommunikationssystemen üblich, dient der zyklische Kanal der schnellen und deterministischen Übertragung der Prozesswerte, die unmittelbar an der Steuerung oder Regelung beteiligt sind. Die in IO-Link übertragenen sensorischen Prozesswerte erhalten eine additive Information bezüglich ihrer Gültigkeit, das sogenannte Valid-Bit. Dieses Bit befindet sich im jeweils übertragenen Frame bzw. in IO-Link mit M-Sequenz bezeichneten Übertragungsrahmen und ist die Indikation der Prozesswertgültigkeit pro M-Sequenz. Dabei ist Gültigkeit in die Qualitäten valid oder invalid codiert. Bei Aktuatoren verhält es sich etwas anders: Diese erhalten die Information bezüglich der Gültigkeit der erhaltenen Werte über die IO-Link-Masterkommandos, sofern die überlagerte Busabbildung bzw. das Gateway dieses architekturbedingt leisten kann.

1

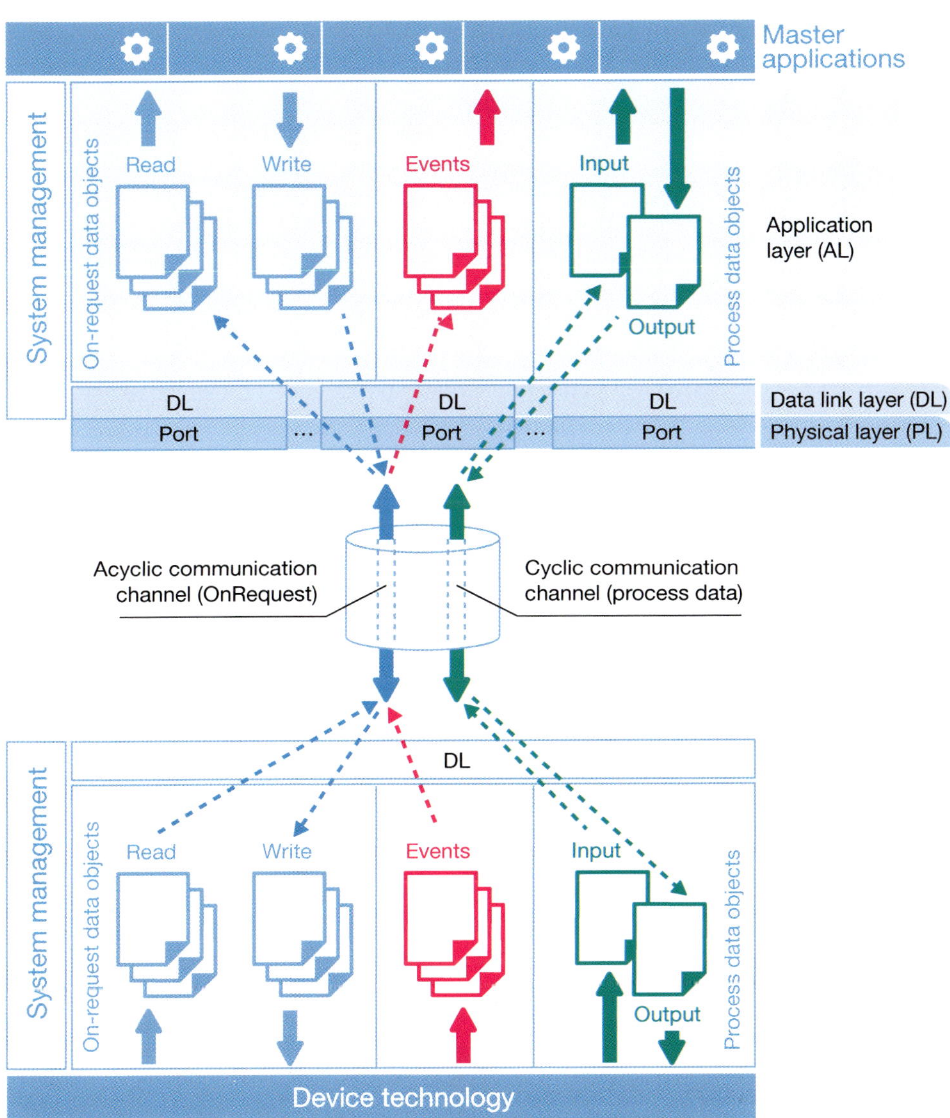

Bild 1.2: Logische Übertragungskanäle in IO-Link (Quelle: IO-Link Community)

Die azyklischen Daten kommen im Bedarfsfall zur Anwendung und unterteilen sich in der IO-Link-Kommunikation in die Datenqualitäten Diagnose und Parameter. **Bild 1.3** verdeutlicht die unterschiedlichen Datenqualitäten.

Die Zugriffe auf Parameter unterteilen sich in Lese- und Schreibzugriffe und die zugehörige Adresse, die in IO-Link mit den Indices abgebildet sind.

IO-Link unterteilt die Parameter in Identifikationsparameter, die z. B. Herstellername, Artikelnummer, Hard- und Softwareversion zum Auslesen zur Verfügung stellen, aber auch den Application-Spezific-Tag, in dem der Anwender eine spezifische Anlagenkennzeichnung ablegen kann. Des Weiteren sind Systemparameter vorhanden, die dem System selbst gehören und vom Anwender nicht direkt zu beeinflussen sind. Die erweiterten Diagnoseparameter ermöglichen es z B. eine Fehlerhäufigkeit zu tracken. Der herstellerspezifische Teil beinhaltet üblicherweise Parameter wie Schaltpunkte, Hysterese, Dämpfung etc., die nur durch den Hersteller selbst zu definieren sind. Alle Parameter sind über Tools (wie TIA Portal, PCT, FDT, LR Device, etc.), als auch über die SPS erreichbar. Voraussetzung ist jedoch die Nutzung eines Bussystems, das eine IO-Link Abbildung unterstützt. Für die verbreiteten Bussysteme wie PROFINET, EtherCat, Ethernet/IP, AS-i und CANopen sind Abbildungen definiert oder momentan in der Entstehung. Für die Standards OPC UA und JSON existieren ebenso Abbildungsvorschriften.

Diese Abbildungen sind im Wesentlichen reine Abbildungsvorschriften, um die IO-Link-Daten in die entsprechenden zyklischen und azyklischen Kanäle des jeweiligen Systems abzubilden.

Zusammenfassung der wichtigen Eckdaten:

- Punkt zu Punkt Verbindung,
- getrennter Parameterkanal,
- getrennter Prozessdatenkanal,
- Master-Slave Prinzip,
- Halbduplexverfahren,
- Rückwärtskompatibilität zu bestehenden Systemen.

1

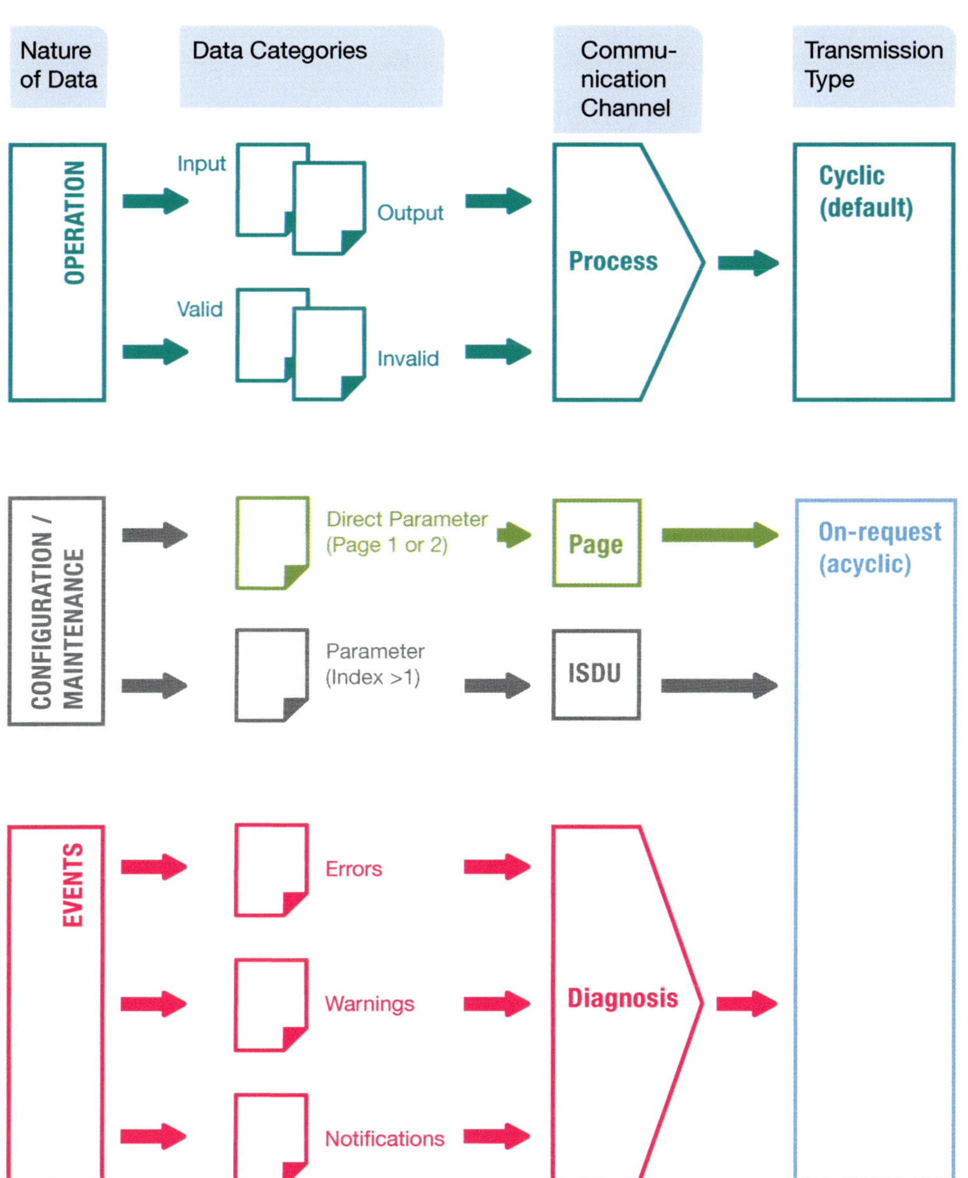

Bild 1.3: Datenqualitäten in IO-Link (Quelle: IO-Link Community

1.2 Die IO-Link-Physik (Übertragungsmedium)

Die IO-Link-Physik verwendet eine zweipolige Spannungsversorgung und eine kommunizierende Leitung (C/Q), dies ist die Grundvoraussetzung für die Rückwärtskompatibilität zur klassisch schaltenden Signalwelt. IO-Link basiert in wesentlichen Teilen auf den Definitionen aus der Norm IEC 61131-2.

Durch diesen Aufbau ergibt sich die Kompatibilität von IO-Link-Devices im Standard-Input/Output-Modus (SIO) zu konventionellen Eingangsmodulen, an denen IO-Link-Devices wie normale schaltende Sensorik oder Aktuatorik zu betreiben sind. In **Bild 1.4** ist dieser Fall grafisch als Beispiel dargestellt.

Diese Kompatibilität ist jedoch für IO-Link Aktuatoren nicht immer möglich, Ausnahmen sind Aktuatoren, die mit einer binär schaltenden Logik arbeiten können. Eine weitere Ausnahme stellen messende Sensoren dar. Diese verfügen nicht zwingend über eine Kompatibilität zu einem 4…20 mA- oder 0…10 V-Anschluss.

Ebenfalls ist es für einen IO-Link-Port möglich, konventionelle Sensoren mit Schaltausgang, sowie einfache Aktuatorik zu betreiben.

D. h. ein nicht-IO-Link-fähiges Device mit einem 1 Bit-Ausgang (z. B. Sensorschaltbit) kann an einem IO-Link-Master seinen Schaltbetrieb ausführen. Der IO-Link-Master überträgt die gelieferte Schaltinformation an das überlagerte System. Zu beachten ist hierbei, dass der Port des IO-Link-Masters auf Digital Input konfiguriert sein muss.

Der Datentransfer erfolgt mittels 24-V-Pulsmodulation auf der sogenannten C/Q-Leitung. Bei den durch IO-Link definierten Verbindungstypen M12, M8 und M5 findet

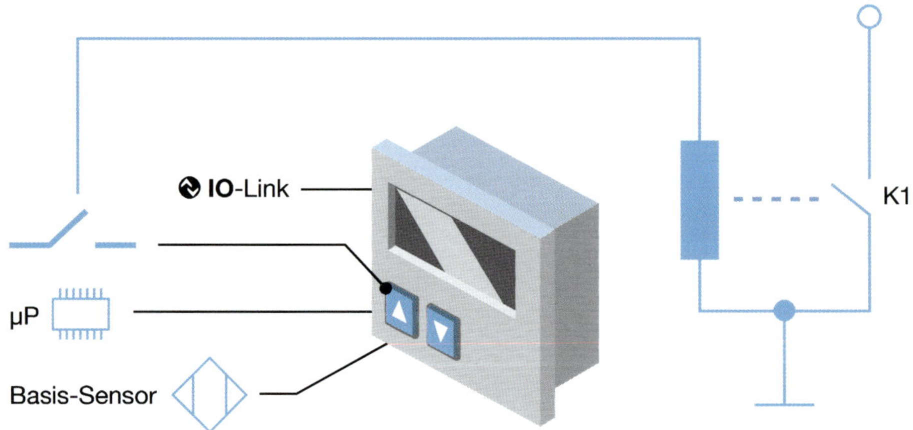

Bild 1.4: Binär-Betrieb eines IO-Devices (Default nach Power Up) (Quelle: IO-Link Community)

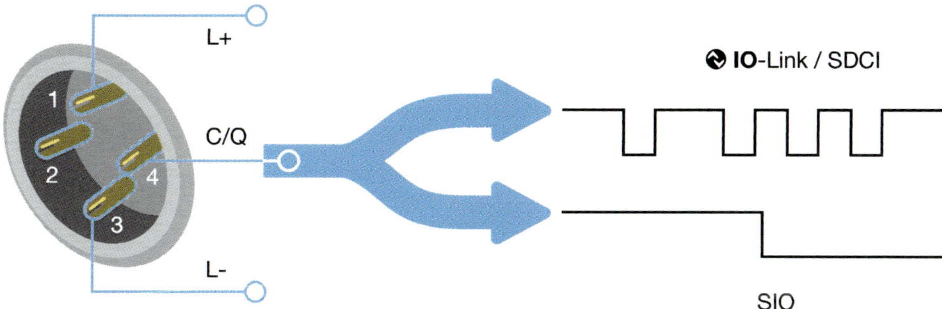

Bild 1.5: IO-Link Anschluss (Quelle: IO-Link Community)

sich diese C/Q-Leitung auf Pin 4. Bei Anschluss auf Klemmen ist in der Regel die schwarze Litze die C/Q-Leitung. Das Standard-IO-Link-Kabel ist ein ungeschirmtes Standard-Sensorkabel mit minimal 0,34 mm^2 Aderquerschnitt. Die maximale Kabellänge zwischen IO-Link-Master und IO-Link-Device beträgt 20 m. **Bild 1.5** verdeutlicht die Nutzung der C/Q-Leitung, dabei überträgt die Leitung sowohl das Schaltsignal eines binären Sensors als auch die IO-Link-Kommunikation.

Der Kommunikationspfad nutzt drei Übertragungsfrequenzen, die mit COM1, COM2 und COM3 bezeichnet sind. Dabei stellt COM1 mit 4,8 kBit/s die langsamste Übertragungsrate dar und war für die Einfachstsensorik gedacht, die nur über P-schaltende Endstufen verfügt. COM2 und COM3 mit jeweils 38,4 kBit/s und 230 kBit/s stellen die Übertragungsgeschwindigkeiten für komplexere IO-Link-Devices dar und verfügt über Push-Pull Treiber.

Bei der M12-Ausprägung sind zwei unterschiedliche Belegungen am Stecker und Buchse definiert.

Die IO-Link-Master-Port Class A stellt den klassischen IO-Link Anschluss dar (**Bild 1.6**). Die Pins 1 und 3 dienen der Spannungsversorgung des Standardsensors oder des IO-Link-Devices. Diese Spannungsversorgung ist somit identisch mit der klassischen Sensorspannungsversorgung U_S. Der verfügbare Strom an einem IO-Link-Master-Port Class A beträgt mindestens 200 mA und kann bei M12 bis zu 3,5 A betragen. Zur Anlagenauslegung sind die Angaben der Hersteller im Datenblatt bezüglich Stromstärken und Gleichzeitigkeitsfaktoren zu beachten. Der Pin 4 dient als digitaler Input oder der IO-Link-Kommunikation. Häufig findet sich am Pin 2 des IO-Link-Masters ein additiver digitaler Input. Bei IO-Link-Devices ist der Pin 2 je nach Hersteller mit unterschiedlichen Schnittstellen versehen, es sind ein additiv digitaler Output, ein Analog-Output (4…20 mA oder 0…10 V), oder andere proprietäre Signale vorzufinden.

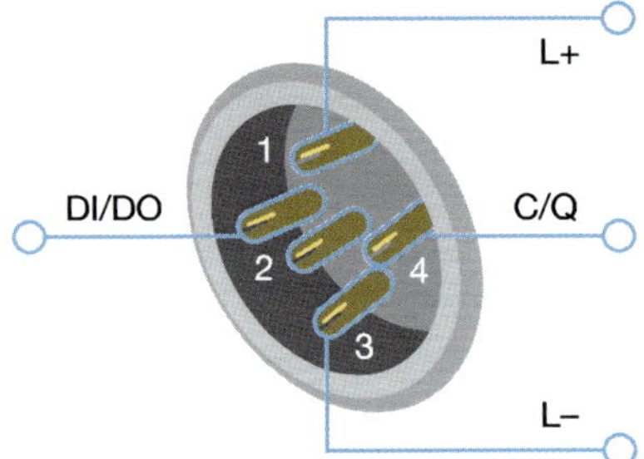

Bild 1.6: Port Class A (Quelle: IO-Link Community)

Tabelle 1.1: Pinbelegung Port Class A

PIN	Belegung
1	24 V
2	nicht belegt, DI/DO/(Analog)[1)]
3	0 V
4	SIO-Modus, IO-Link
5	nicht belegt

[1)] Ein IO-Link-Master kann an Pin 2 über die angegebenen Funktionen für DI/DO und eventuell bei speziellen Mastern auch über analoge Eingänge verfügen (siehe Kapitel 10). In der Regel ist bei reinen IO-Link-Mastern der Pin 2 an der Port Class A nicht belegt.

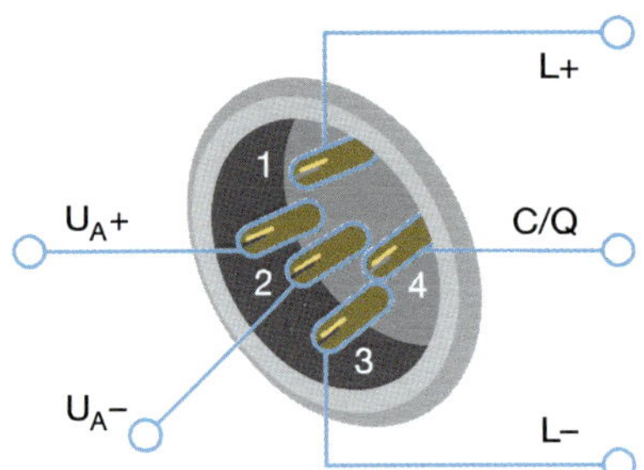

Bild 1.7: Port Class B (Quelle: IO-Link Community)

Tabelle 1.2: Pinbelegung Port Class B

PIN	Belegung
1	24 V
2	zusätzliche Spannungsversorgung, U_A+
3	0 V
4	SIO-Modus, IO-Link
5	zusätzliche Spannungsversorgung, U_A-

Die IO-Link-Master-Port Class B (**Bild 1.7**) ist der sogenannte Aktuator-Port, dabei ist die Belegung der Pins 1, 3 und 4 gleich wie beim IO-Link-Master-Port Class A, jedoch realisieren die Pins 2 und 5 eine additive Spannungsversorgung. Diese additive Spannungsversorgung ist zwingend galvanisch von der IO-Link-Versorgung getrennt. Typischer Weise sollte der Sternpunkt der verwendeten Spannungsversorgungen an den Netzteilen erfolgen. Diese additive Spannungsversorgung stellt die klassische Aktuatorspannungsversorgung U_A dar und ist im IO-Link-Kontext ebenfalls für IO-Link-Aktuator-Devices gedacht. Der verfügbare Strom an einem IO-Link-Port Class A beträgt mindestens 1,6 A und kann bis zu 3,5 A betragen. Zur Anlagenauslegung sind die Angaben der Hersteller im Datenblatt bezüglich Stromstärken und Gleichzeitigkeitsfaktoren zu beachten.

Hinweis:
Wichtig bei der Auslegung der Anlage ist es, darauf zu achten, dass Port Class A-IO-Link-Devices an einem Port Class A zum Einsatz kommen, dasselbe gilt für Port Class B-Geräte. Ein IO-Link-Master-Port Class B lässt den Betrieb von reinrassige Port

Class A-IO-Link-Devices nur dann zu, wenn diese nicht über Pin 2 verfügen oder mit einem dreiadrigen Kabel verbunden sind. Soll ein Port Class A-IO-Link-Device mit Pin 2 an einem IO-Link-Master-Port Class B zum Einsatz kommen, sind Maßnahmen wie Adapterkabel anzuwenden. Werden die Maßnahmen nicht umgesetzt, kommt es im einfachsten Fall zur Aufhebung der galvanischen Trennung. In schlimmeren Fällen kommt es zu Fehlfunktionen oder Zerstörung einer beteiligten Baugruppe.

In der Automobilindustrie ist Pin 5 für Funktionserde und Potenzialausgleich belegt, dies kann eventuell den Einsatz von IO-Link-Mastern mit Port Class B erschweren bzw. gesonderte Maßnahmen bezüglich der Dokumentation erfordern.

Verwendbare IO-Link-Devices am IO-Link-Master:
- binäre Sensorik (P-schaltend),
- binäre Sensorik (konfigurierbar, parametrierbar),
- binäre Aktuatorik (im konfigurierten DO-Modus des IO-Link Masters, siehe Kapitel 4),
- IO-Link-Sensorik (Schaltsignale und/oder Messsignale),
- IO-Link-Aktuatorik,
- IO-Link-Sensor-Aktuator-Kombination,
- IO-Link-Anzeigen wie HMI, Leuchtmelder etc.

Die Stromversorgung der IO-Link-Devices erfolgt immer vom IO-Link-Master aus. IO-Link-Devices, die einen höheren Strombedarf haben, verfügen über einen zusätzlichen Versorgungsanschluss. Wie dieser gestaltet ist, ist der Anwenderdokumentation des Herstellers zu entnehmen. Oft handelt es sich um einen Port Class B-Anschluss in M12-Ausprägung.

Zusammenfassung der wichtigen Eckdaten von IO-Link/SDCI:
- maximale Kabellänge zwischen IO-Link-Master und IO-Link-Device: 20 m,
- Medium: Standard-Sensorleitung, ungeschirmtes 3-, 4-, alternativ 5-adriges Rundkabel (für Port Class B),
- minimaler Aderquerschnitt: 0,34 mm^2,
- Schleifenwiderstand: 6 Ω,
- Linienkapazität: 3 nF bei < 1 MHz,
- Anschlusstechnik: M12, M8, M5, Klemmen,
- Pin 4 ist die C/Q-Leitung (Kommunikationsleitung),
- bei Klemmen ist in der Regel die schwarze Litze die C/Q-Leitung,
- Übertragungsphysik: 24 V-Pulsmodulation,
- Digital Output Strom des IO-Link-Masters: typisch 200 mA, dieser Strom kommt oft aus der Versorgung U_S → Datenblattangaben des IO-Link Gateway/Masterherstellers beachten,
- Stromversorgung des IO-Link-Devices: minimal 200 mA → Datenblattangaben des IO-Link Gateway/Masterherstellers beachten,
- Stromsenke im Digital Input Betrieb nach IEC 61131-2 Type 2.

Tabelle 1.3: Pinbelegungen IO-Link

Pin-/ Litzenfarbe	Signal	Definition	Standard
1 (braun)	L+	24 V	IEC 61131-2
2 (weiß)	I/Q U_A+(Port Class B)	nicht verbunden DI oder DO oder andere Funktionen Spannungsversorgung (+ 24 V)	IEC 61131-2 oder herstellerspezifisch oder Port Class B-spezifisch
3 (blau)	L-	0 V	IEC 61131-2
4 (schwarz)	Q C	binäres Signal, DI, DO SIO-Modus	IEC 61131-2
	C	codiertes Signal IO-Link	IEC 61131-9
5 (grau)	NC (Port Class A) U_A-(Port Class B)	nicht verbunden Massereferenz (0 V) bei Port Class B	herstellerspezifisch oder Port Class B-spezifisch oder oft auch Schirm!

Einen Belegungsüberblick des IO-Link-Masters gibt **Tabelle 1.3**.

1.3 Übertragungsraten

IO-Link verfügt über drei Datentransferraten. Eine langsame mit 4,8 kBit/s, die für rein P-schaltende Ausgangsstufen gedacht ist, eine schnellere mit 38,4 kBit/s und eine Übertragungsgrate für schnelle und größere Datenmengen mit 230,4 kBit/s. In **Tabelle 1.4** sind die verfügbaren Datenraten übersichtlich aufgelistet.

Ein IO-Link-Device erhält vom Hersteller eine der drei Übertragungsraten, die üblicherweise zur IO-Link-Device-Applikation passt, fix eingebaut. Bei der Wahl der Übertragungsrate ist der Komplexität, der Datenmenge und der zugedachten Verwendung Rechnung getragen. Ein IO-Link-Master beherrscht alle Übertragungsraten und ermittelt die jeweils passende für das angeschlossene IO-Link-Device.

Tabelle 1.4: IO-Link-Datenübertragungsraten

	COM1	COM2	COM3
Baudrate	4,8 kBit/s	38,4 kBit/s	230,4 kBit/s
typische Zykluszeit[1)]	18 ms	2,3 ms	0,4 ms
Bit Zeit T_{BIT}	208,33 µs	26,04 µs	4,34 µs

[1)] Die typische Zykluszeit bezieht sich auf die M-Sequenz der Länge zwei Byte Prozessdaten und ein Byte OnRequest-Daten. Bei längeren Datenformaten verlängern sich die Zykluszeiten!

Hinweis:
Es gibt IO-Link-Device-Implementierungen, die die Übertragungsrate variabel gestalten, d. h., es ist per Parameter möglich, zwischen COM2 und COM3 zu wählen. Je nach gewählter Übertragungsrate, kann sich der Umfang der zu übertragenden Daten und die möglichen Funktionen des IO-Link-Devices ändern, dies ist in der Auslegung der überlagerten Systeme, wie Busübertragungen, SPS-Programmen oder anderer Applikationen zu berücksichtigen.

1.4 Kommunikationsaufbau/Anlaufphase

Das IO-Link System arbeitet – vereinfacht dargestellt – nach den Betriebsphasen SIO (Digital Modus), WakeUp, StartUp, Preoperate und zyklischer Betrieb. Die einzelnen Betriebszustände und die damit verbunden Abläufe sind im Folgenden weiter ausgeführt. **Bild 1.8** stellt den vereinfachten Ablauf einer IO-Link Kommunikationsaufnahme dar. Dabei wird die Kompatibilität von IO-Link 1.0 gesondert im Kapitel 1.8.2 betrachtet

Definition der Zustände:

SIO
Mit SIO ist der zur IEC 61131-2 kompatible Grundzustand, den IO-Link-Master und Sensoren/Aktuatoren/IO-Link-Device einnehmen, definiert (Rückwärtskompatibilität zu älteren Installationen). Einige IO-Link-Aktuatoren hingegen stellen eine Ausnahme dar und sind immer kommunikativ.

WakeUp
Der IO-Link-Standard verfügt über den so genannten „WakeUp"-Mechanismus, der vor dem Aufbau der Kommunikation durch den IO-Link-Master zur Anwendung kommt. Mit diesem initialen Systemereignis gibt der IO-Link-Master dem IO-Link-Device, welches sich zu diesem Zeitpunkt entweder im Schaltbetrieb (SIO) oder im noch nicht aktiven Betrieb befindet, bekannt, dass die IO-Link Kommunikation startet. Der WakeUp selbst stellt einen kurzzeitigen, vom IO-Link System definierten, Kurzschluss auf der C/Q-Leitung dar und sorgt dafür, dass die C/Q-Leitung nicht mehr aktiv betrieben wird.

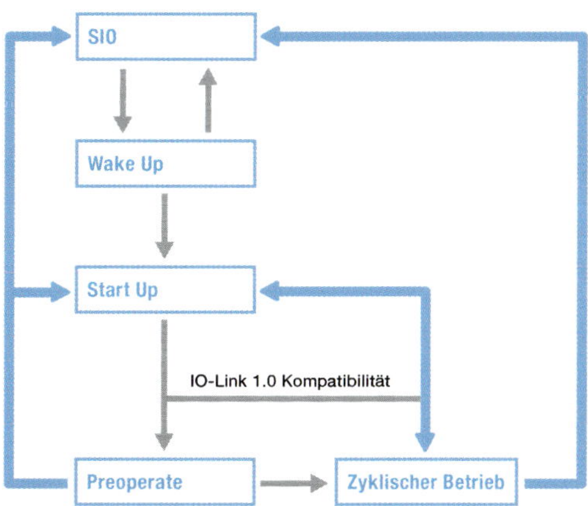

Bild 1.8: IO-Link-Anlauf (Quelle: IO-Link Community)

ComRequest

Im Anschluss an den WakeUp sendet der IO-Link-Master eine spezielle Sequenz Masteraufrufe in den drei definierten Übertragungsgeschwindigkeiten (**Bild 1.9**). Antwortet das IO-Link-Device auf eine der Anfragen, ist die richtige Übertragungsgeschwindigkeit gefunden.

Im Anschluss liest der IO-Link-Master weitere Kommunikationsparameter des IO-Link-Devices aus dessen Direct-Parameter-Page (siehe Kapitel 2.2).

Funktioniert der WakeUp-Mechanismus beim ersten Versuch nicht, wiederholt das System bzw. der IO-Link-Master die Sequenz bis zu zweimal. Kommt es am entsprechenden Port anschließend ein weiteres Mal nicht zu einem Kommunikationsaufbau, startet der IO-Link-Master die Wiederholung des Vorgangs nach ca. einer Sekunde.

StartUp

Durch das Auslesen der internen Direct-Parameter-Page ist der IO-Link-Master in der Lage, die jeweils richtigen M-Sequenz-Typen für das angeschlossene IO-Link-Device auszuwählen. Dazu verfügt IO-Link über eine entsprechende Anlaufphase, die neben dem M-Sequenz-Typ und der minimalen Zykluszeit auch die Ansprechzeiten einstellt. Bei der Auswahl des richtigen M-Sequenz-Typs spielen die M-Sequence-Capability

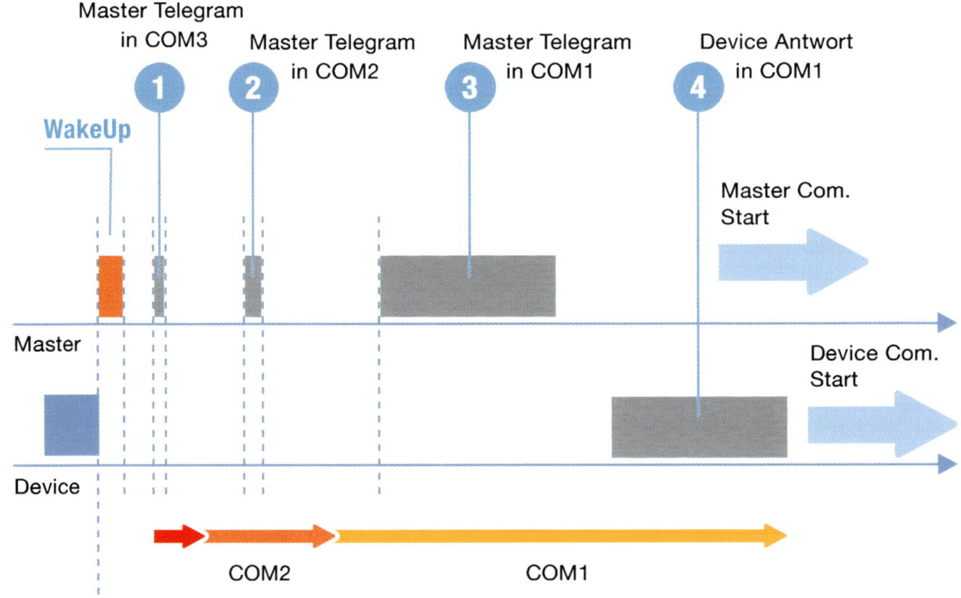

Bild 1.9: Kommunikationsaufbau via WakeUp und ComRequest (Quelle: IO-Link Community)

und die Prozessdatenbreiten eine zentrale Rolle. Dabei ist die Prozessdatenbreite eine Größe, die der Hersteller des IO-Link-Devices festlegt. Die Prozessdatenbereite hängt im Wesentlichen von der Funktion des IO-Link-Devices ab. Der Hersteller ist somit in der Lage, die geeignete Prozessdatenbreite vorzugeben.

Das IO-Link-Device bringt typischerweise einen für seine Datenbreite optimalen M-Sequenz-Typ mit, der eine möglichst schnelle Datenübermittlung sicherstellt. IO-Link verfügt deshalb in der Protokollebene über sieben verschiedene Grund-M-Sequenz- Typen (siehe Kapitel 9.5).

Preoperate

Der Preoperate ist bei Spezifikationsversion 1.1 die Nachfolgephase, in der eine Prüfung auf IO-Link-Device-Eigenschaften stattfindet, um die Konfigurierung zu überprüfen, sofern seitens des Systems Vorgaben hinterlegt sind. Ist eine solche Vorgabe hinterlegt (siehe Kapitel 4.2) prüft das System, ob sich das jeweils richtige IO-Link-Device des richtigen Herstellers am jeweils richtigen IO-Link-Master-Port befindet. Die Prüfung des IO-Link-Devices erfolgt anhand der Identifikationsdaten. Kommt es bei dieser Prüfung der Identifikation zu einer Abweichung von der Vorgabe oder zu einem Fehler, meldet dies der IO-Link-Master an seine überlagerte Gateway-Schicht. Das IO-Link-Device bleibt im Preoperate-Modus stehen und ist für weitere Diagnoseanfragen oder Umparametrierungen erreichbar.

In der Preoperate Phase tauscht das System noch keine zyklischen Prozessdaten aus. D. h., in dieser Phase kann kein Zugriff auf Prozesswerte erfolgen. Diese Phase dient im Wesentlichen dem System selbst zum Parametrieren, zum Beispiel bei einem IO-Link-Devicetausch. Eine Übertragung der Parametersätze (Reparametrierueng) läuft somit deutlich schneller ab, da in diesem Modus spezielle M-Sequenz-Typen zum Einsatz kommen können.

Zyklischer Betrieb

Im Anschluss an die Preoperate Phase beginnt der zyklische Betrieb, d. h. der zyklische Datenaustausch von Prozessdaten ist etabliert. Prozessdaten überträgt das System in diesem Zustand deterministisch in zeitlich äquidistanten Abständen. Weiterhin besteht die Möglichkeit, Parameter- und Diagnosedaten im Datencontainer der so genannten OnRequest-Daten zu übertragen. Die Performance dieser Übertragung hängt vom im IO-Link-Device umgesetzten M-Sequenz-Typ ab. Der Container (OnRequest-Daten) für Parameter- und Diagnosedaten kann 1, 2, 8 und 32 Byte Datenbreite haben, die Breite dieses Kanals geht wiederum zu Lasten der möglichen Zykluszeit. Die IO-Link-Device-Hersteller suchen in der Regel den besten Kompromiss zwischen Zykluszeit und der Übertragungszeit der Parameter- und Diagnosedaten.

SIO nach Kommunikation
Durch die Konfiguration DI (Digital Input) oder DO (Digital Output) setzt der IO-Link-Master ein so genanntes Fallback-Kommando ab (**Bild 1.10**), das die angeschlossenen IO-Link-Devices in den SIO-Zustand zurück versetzt. Der Fallback bezeichnet somit den aktiven Kommunikationsabbau zwischen IO-Link-Master und IO-Link-Device.

Der IO-Link-Master zwingt mit dem Kommando „Fallback" das IO-Link-Device in den SIO-Zustand zu wechseln. Der SIO-Modus tritt spätestens mit einer „Fallback Verzögerung" von 500 ms nach dem Kommando ein. Anschließend betreibt der IO-Link-Master seinen in den SIO-Modus gezwungenen Port als digitalen Eingang oder Ausgang, abhängig von der gewählten Einstellung. Das Fallback-Kommando ist der IO-Link-Master-Applikation vorbehalten und kommt in der Regel bei einer Port-Umkonfiguration zum Einsatz, siehe Kapitel 4.1.

Zustandsübergänge
Die Zustandsübergänge führt das System in Abhängigkeit von bestimmten Ereignissen selbständig über Systemkommandos durch. Dabei unterscheidet das System in Übergänge für Sensoren und Aktuatoren. Bei Aktuatoren teilt das System dem Aktuator beim Übergang in den zyklischen Betrieb mit, ob die Prozessdaten valide oder invalide sind. Dafür nutzt das System unterschiedliche Masterkommandos, die im Kapitel 1.5.1 erläutert sind.

Wichtige Eckdaten zur Übersicht:
- Der WakeUp-Mechanismus leitet die Kommunikation ein.
- Das System wiederholt den WakeUp-Mechanismus bei Fehlschlagen maximal zweimal.

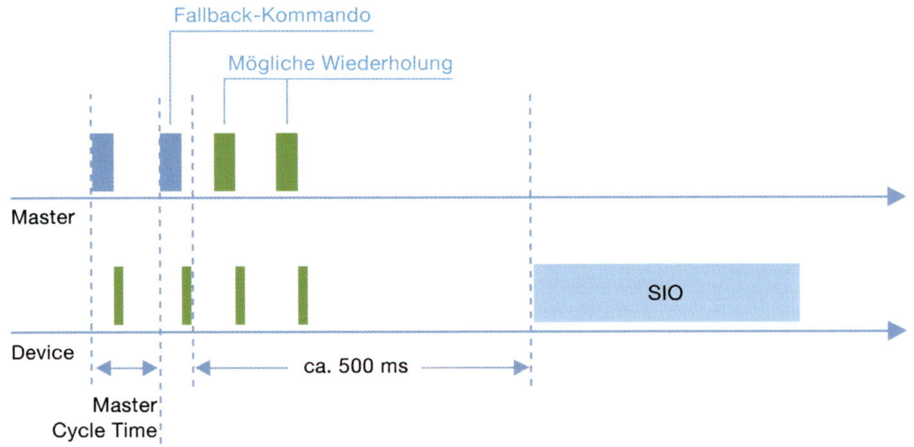

Bild 1.10: Fallback (Quelle: IO-Link Community)

- Nach einer Zeitspanne von ca. 1 s wiederholt das System die WakeUp-Prozedur erneut.
- Für den StartUp nutzt das System den Zentralen M-Sequenz-Typ 0.
- Die Auswahl der M-Sequenz erfolgt automatisch.
- Im StartUp erfolgt die Identifizierung der IO-Link-Devices, sofern eine Konfiguration vorliegt (siehe Hinweis in Kapitel 4.2).
- Das System stellt die Kommunikationsgeschwindigkeit automatisch ein.
- Im Preoperate prüft das System die Konfiguration (sofern vorhanden).
- Die Preoperate-Phase dient zum systeminternen Parametrieren, da in dieser Phase mehr Bandbreite für Parameterdaten vorhanden ist; hier vorzugsweise für die später noch ausführlich behandelte Datenhaltung, die IO-Link unterstützt (siehe Kapitel 4.8).
- Im zyklischen Betrieb erfolgt die Übertragung von Prozessdaten deterministisch in äquidistanten Zeitabständen.

1.5 Datenkanäle

In IO-Link sind mehrere Datenqualitäten und Datenkanäle. Das folgende Kapitel soll auf die Unterschiede und Möglichkeiten eingehen. Bild 1.3 zeigt auf, wie sich die Datenqualitäten aufteilen und in welchen Kanälen dies zur Übertragung anstehen.

Mit den vorstehenden, in IO-Link definierten Datenkanälen ist es dem System möglich, alle implementierten Bereiche eines IO-Link-Devices zu erreichen. Der IO-Link-Device-Aufbau bezüglich der Daten wird in **Bild 1.11** dargestellt.

Die einzelnen Datenqualitäten werden auf den folgenden Seiten dargestellt. Die Dateninhalte bzw. die Semantik sind in den Kapiteln 2 und 3 erläutert.

1.5.1 Zyklischer Datentransfer (Prozessdatentransfer)

Die zyklischen IO-Link-Prozesswerte sind für beide Datenrichtungen definiert und befinden sich in der Operate Phase im zyklischen Austausch zwischen IO-Link-Master und IO-Link-Device. Die Übertragung der Prozessdaten ist in jeder Richtung zyklisch und deterministisch in einer äquidistanten Abfolge. Es ist dabei zu unterscheiden, ob diese Daten valide (gültig) sind oder durch äußere oder andere Umstände nicht gültig, also invalide sind. Die Feststellung, ob das zu übertragende Prozessdatenpaket gültig ist, erfolgt über das Valid-Bit in der IO-Link-Device-Antwort (Bild 9.12). Dieser Weg ermöglicht nur die Kennzeichnung der Gültigkeit von transferierten Sensordaten, also Prozessdaten vom IO-Link-Device zum IO-Link-Master. Im Gegensatz zum Sensor-IO-Link-Device überträgt das IO-Link-System die Gültigkeit der Prozessdaten beim Aktuator nicht zyklisch in der M-Sequenz. Das Masterkommando ProcessDataOutOperate (0x98) teilt dem angeschlossenen Aktuator mit, dass ab jetzt die

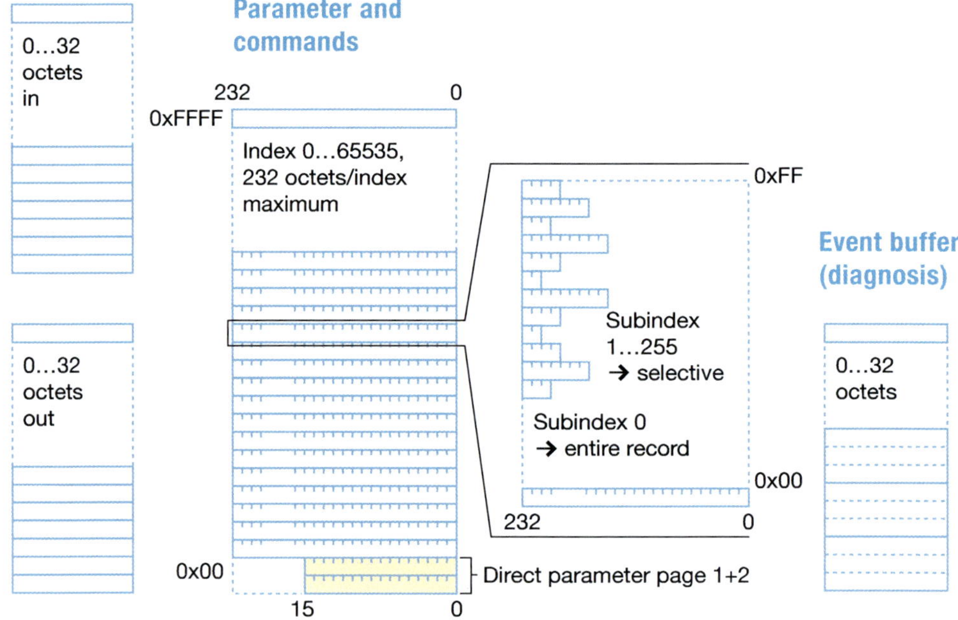

Bild 1.11: Datenpages des IO-Link-Devices (Quelle: IO-Link Community)

erhaltenen Prozessdaten gültig sind und diese zur Anwendung gelangen dürfen. Das Masterkommando DeviceOperate (0x99) teilt hingegen dem Aktuator mit, dass sich die Kommunikation im zyklischen Betrieb befindet, die übertragenen Prozesswerte jedoch ungültig sind. Der Aktuator muss eventuell eine Ersatzwertstrategie anwenden oder in einen sicheren Zustand übergehen.

Hinweis:
Nicht alle Bussysteme, die über eine IO-Link Abbildung verfügen, können mit der Gültigkeit von Prozesswerten in der Art umgehen, wie es IO-Link vorsieht. Deshalb ist bei der Integration von IO-Link bezüglich der Prozesswertgültigkeit entsprechend das verwendete Bussystem/IO-Link Gateway zu betrachten und ggf. in der Steuerung auf Schwächen des Bussystems/IO-Link Gateways an dieser Stelle Einfluss zu nehmen.

Im Gegensatz zu bisherigen Systemen erfolgt die Übertragung von Prozessdaten in IO-Link digital. D. h. es spielt keine Rolle, ob es sich um Analogwerte oder Digitalwerte handelt. Die im IO-Link-Device ermittelten oder benötigten Prozessdaten überträgt IO-Link rein digital. Die Größe ist mit einem Bit bis zu 32 Byte festgelegt.

Bild 1.12: 8 Byte-Prozessdaten (Quelle: IO-Link Community)

Der M-Sequenz-Aufbau nach IO-Link verschafft einen Geschwindigkeits- und Konsistenzvorteil bei der Übertragung von zyklischen Daten (Prozessdaten).

Das System kann pro Zyklus die gesamte Prozessdatenbereite in einem Paket übertragen. **Bild 1.12** verdeutlicht schematisch eine Übertragung von acht Byte zyklischen Prozessdaten und einem OnRequest-Datenbyte unter Vernachlässigung der M-Sequenz-üblichen Headerbytes. Bei einer Prozessdatenübertragung von mehr als zwei Byte zyklischen und einem Byte azyklischen (OnRequest-)Daten pro M-Sequenz (Paket) verlängert sich jedoch die minimale Zykluszeit und damit auch die typische Zykluszeit der jeweiligen Übertragungsrate. Der Vorteil ist, dass mehrere Bytes Prozessdaten in einem Zyklus, statt in mehreren Zyklen, zu übertragen sind und somit kein Segmentierungsmechanismus mit entsprechendem Overhead, um ein Verfälschen der Daten zu verhindern, nicht nötig ist.

Die Prozessdatenbreite legt der IO-Link-Device-Hersteller fest und das IO-Link-System erkennt selbständig, ob es sich um In- oder Outputdaten handelt, sowie welche Datenbreite zu übertragen ist (siehe hierzu Kapitel 2.2).

Dabei gibt es eine Ausnahme: die Übertragung eines Schaltbits ist konventionell möglich. Im IO-Link-System ist diese Möglichkeit mit dem Standard-Input-Output-Modus (SIO) bezeichnet. In diesem Zustand überträgt das System die Schaltinformation des Sensors wie bisher ohne die IO-Link-typische Kommunikation. Mit dem SIO-Modus steht eine sehr schnelle Prozessdatenbitübermittlung zur Verfügung.

Die Verwendung des SIO-Modus hat jedoch den Nachteil, dass keine Parameter oder Diagnosedaten zur Verfügung stehen. Sollen diese der Applikation zugänglich sein, ist die Prozessdatenübertragung in Form des Schaltbits zu unterbrechen.

Hinweis:
Die Unterbrechung des SIO-Modus kann während des Betriebs einer Anlage zu Störungen führen, deshalb ist zu empfehlen, bei einer SIO-Anwendung auf die Diagnose- und Parameterdaten nur in Betriebspausen zuzugreifen.

Wichtig zu wissen ist, dass ein Wechseln zwischen SIO- und IO-Link-Kommunikation immer mit der Portkonfiguration eines IO-Link-Masters zusammenhängt und die üblichen SPS-Anwendungen eine solche Änderung als Port-Konfigurationsänderung ansehen. Die meisten IO-Link-Master unterstützen ein Umschalten der Betriebsart während des Betriebes nicht. Zu einer solchen Betriebsart ist grundsätzlich zu überlegen, ob eine Anlage dies überhaupt sinnvoll zulässt. Aus der Herstellerdokumentation des IO-Link Gateway ist zu entnehmen, ob das ausgewählte Gerät diese Betriebsart überhaupt unterstützt.

Grundsätzlich ist zu überlegen, wann ein SIO-Modus für die Anlage erforderlich ist und ob wirklich eine schnelle Signalauswertung für den Prozess wichtig ist. Im Feld ist oft die unterste Strecke aus vermeidlichen Geschwindigkeitsgründen im schaltenden Modus realisiert, dieses „schnelle“ Schaltsignal ist dann jedoch auf ein Buseingangsmodul gelegt, welches bis zur Steuerung, die das „schnelle“ Signal verarbeiten soll, eine Buszykluszeit von z. B. 5 bis 20 ms hat. Es ist immer grundsätzlich zu klären, welchen Echtzeitdruck die eingesammelten Signale und der gesamte Übertragungskanal haben!

Werden vom IO-Link-Device vorverarbeitete Werte zur Verfügung gestellt, kann es sein, dass sich im übertragenen Prozessdatum Analogwerte und Schaltinformationen befinden. Den genauen Prozessdatenaufbau beschreibt der IO-Link-Device-Hersteller in der IODD und in der Anwenderdokumentation. Es besteht bei IO-Link ebenfalls die Möglichkeit, dass der Prozesswert einem Profil folgt (siehe hierzu Kapitel 5).

Die Interpretation der Prozessdaten ist vom IO-Link-Master nicht leistbar, da er lediglich einen Transportkanal Zwischen IO-Link-Device und Bussystem-Gateway bereitstellt. Die Interpretation erfolgt jeweils in der Applikation des Sensors oder Aktuators bzw. in der verarbeitenden Steuerung oder sonstigen intelligenten Endgeräten, wie auch in Cloud-Anwendungen. Zur Interpretation auf den entsprechenden Ebenen dient in der Regel die IODD, die das jeweils angewendete Tool oder die verarbeitende Applikation nutzt. Es gibt IO-Link-Device-Hersteller, die die Prozesswerte einheitenbehaftet übertragen. Das IO-Link-Device sendet bzw. bekommt in diesem Fall nicht einen Rohwert, der z. B. in der SPS mittels Berechnungsvorschrift des IO-Link-Devices in eine entsprechende Maßeinheit umzurechnen ist. Da die Werte einheitenbehaftet sind, können die Umrechnungen aus Rohwerten in der SPS entfallen und eine Anzeige (Display) kann die unbearbeiteten Werte anzeigen.

Der Vorteil für den Anwendungsprogrammierer ist: Das sonst nötige Umrechnen der Rohwerte in Einheitenwerte ist überflüssig. Grundsätzlich empfiehlt es sich, die genaue Zuordnung der Prozessdaten in der Anwenderdokumentation des IO-Link-Device-Herstellers nachzuschlagen. Folgt das IO-Link-Device einem Profil, ist die Prozessdatenzuordnung im Profil nachzulesen (siehe Kapitel 5). Ebenfalls gibt die IODD zu den Prozessdaten Auskunft.

Hinweis:
Bei IO-Link-Devices, die einheitenbehaftete Prozesswerte übertragen, ist darauf zu achten, dass die angegebene physikalische Einheit richtig im SPS-Anwenderprogramm oder anderen Auswerteanwendungen hinterlegt ist. IO-Link-Devices haben, sofern sie über eine lokale Anzeige (Display) verfügen, die Möglichkeit, die physikalische Einheiten umzuschalten, also z. B. von mm in inch. Diese Umrechnung erfolgt in der Regel nur für den im Display angezeigten Wert. Diese Umrechnung hat keine Auswirkung auf den in IO-Link übertragenen Prozesswert, dieser hat nach wie vor die fix vom IO-Link-Device-Hersteller eingestellte physikalische Einheit.

Bei IO-Link-Devices, die die Möglichkeit haben per Parameter die physikalische Einheit der in IO-Link übertragenen Prozessdaten umzuschalten, gilt besondere Sorgfalt. Bei solchen IO-Link-Devices kann die Umschaltung der physikalischen Einheit von unterschiedlichen Stellen erfolgen, im besten Fall von der Steuerung selbst, die dann auf die geänderten Wertebereiche im Anwenderprogramm reagieren kann. Besondere Vorsicht ist geboten, wenn die Einheitenumschaltung von einem Tool/ERP-System an der SPS oder anderen Anwenderprogrammen vorbei erfolgt. Die Beteiligten sowie andere Anwender der Prozessdaten bekommen die Umstellung der physikalischen Einheit NICHT zwingend mit und erhalten plötzlich Prozessdaten, die einen anderen Wertebereich haben. Die so in der physikalische Einheit umgestellten Prozessdaten führen unter Umständen zu einer Fehlinterpretation der Anwenderprogramme, was wiederum zu einem Fehlverhalten der Maschine bis hin zur Zerstörung führen kann. Ebenfalls problematisch ist häufiges Umrechnen von einer in eine andere physikalische Einheit, sofern nicht immer vom Rohwert oder vom Sensor übertragenen Prozesswert ausgegangen wird, da durch die Rundungstoleranzen entsprechende Abweichungen (Fehlerfortpflanzung) entstehen.

Wichtige Eckdaten zur Übersicht:

- Der Prozessdatenkanal ist unabhängig von dem azyklischen Kanal.
- Die Breite der Prozessdaten legt der IO-Link-Device-Hersteller fest.
- Das IO-Link-System stellt die richtige Prozessdatenbreite selbständig ein.
- IO-Link kann von 1 Bit bis 32 Byte zyklische Prozessdaten in jede Richtung übertragen.
- SIO-Modus ist eine rein binäre Datenbitübertragung (keine Kommunikation).
- Im SIO-Modus stehen keine Diagnosedaten zur Verfügung.
- Im SIO-Modus ist eine IO-Link-Device-Parametrierung nicht möglich (durch Unterbrechen des SIO-Modus kann es in der Anlage/Applikation zu Störungen kommen).
- Die Gültigkeit der Prozess-Daten ist per Valid-Bit in der IO-Link-Device-Antwort ersichtlich (s. **Bild 9.12** in Kapitel 9).
- Die Invalidität der Prozess-Daten, die der IO-Link-Master zu einem IO-Link Aktuator-Device überträgt, ist per internem Masterkommando signalisiert.
- Dokumentation der Prozess-Daten erfolgt in der IODD, im Profil (siehe Kapitel 5) und in der Anwenderdokumentation des IO-Link-Device Herstellers.

1.5.2 Azyklischer Datentransfer

Die Parameter-/Diagnosedaten, speziell Konfigurations- und Maintenance-Daten, liegen im definierten Indexraum von IO-Link. Diese Daten sind mittels eines standardisierten Zugriffsverfahrens zu erreichen. Die Daten unterliegen dabei einer konsistenten Übertragung.

Bild 1.13 stellt schematisch den Transfer der azyklischen Daten dar und soll andeuten, dass innerhalb dieses Kanals die Qualität der übertragenen Daten mit einer Priorität zugunsten der Event-/Diagnosedaten automatisch umschaltet.

Bei den Zugriffen auf die Parameter-/Diagnosedaten, die ausschließlich im azyklischen Kanal erfolgen, nutzt das System immer eine positive oder negative Bestätigung (Acknowledge) für die übertragenen Daten. Diese Bestätigung sendet das IO-Link-Device, nachdem es das Datenpaket erhalten und geprüft hat. Die zu übertragenden azyklischen Daten können dabei deutlich größer sein als der verfügbare Container innerhalb einer M-Sequenz. Um die Daten trotzdem konsistent zu übertragen, bedient sich das IO-Link-System eines erweiterten Protokolls, welches die Segmentierung von Daten über mehrere M-Sequenzen hinweg ermöglicht. Dieses überlagerte Protokoll ist in IO-Link als ISDU (Index Service Data Unit) definiert. Eine positive und negative Bestätigung der Daten erfolgt somit immer auf Basis der Gesamtübertragung, die sich über mehrere M-Sequenzen erstrecken kann. Kommt es auf der M-Sequenz-Ebene zu Fehlern, arbeitet das System diese auf der M-Sequenz-Ebene ab, unabhängig von der Gesamtbestätigung.

Eine Ausnahme bezüglich der azyklischen Zugriffe stellt die Direct-Parameter-Page dar. Sollte ein IO-Link-Device in diesem Bereich Parameter verwalten, sind diese nur per Einzelbytezugriff zu erreichen und die Konsistenz der Übertragung liegt in der Veantwortung des Anwenders, der die Zugriffe auslöst. Zudem gibt das IO-Link-Device weder eine positive noch eine negative Bestätigung des Zugriffes. Ist es erforderlich nachzuvollziehen, ob der Zugriff richtig funktioniert hat, bleiben nur zwei Möglichkeiten: das IO-Link-Device verhält sich nach dem Zugriff so wie gewünscht, oder nach jedem schreibenden azyklischen Zugriff liest der Anwender sofort per azyklischen Lese-Zugriff, ob das gewünschte Datum im entsprechenden Byte abgelegt ist.

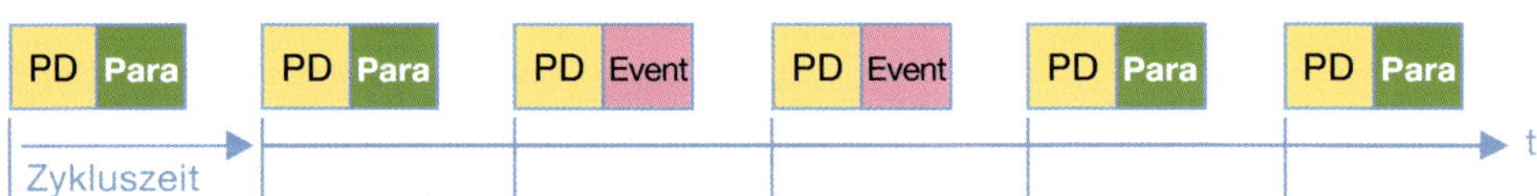

Bild 1.13: Datenkanäle (Quelle: IO-Link Community)

Hinweis:
Bei lesenden und schreibenden Zugriffen in den Indexbereichen 0 und 1 (Direct-Parameter-Page) ist die Konsistenz der zu übertragenden Daten nicht vom IO-Link-System abgesichert. Das IO-Link-System gibt keine Bestätigungsmeldung des Zugriffes, weder positiv noch negativ. Somit ist bei der Auslegung von Applikationen zu bedenken, ob solche IO-Link Devices Anwendung finden sollen, im Rahmen von alternativen Möglichkeiten, sofern diese vorhanden sind.

Azyklische Zugriffe auf Parameter- oder Diagnosedaten erfolgen über die Angabe der gewünschten Indices. Innerhalb eines Index können dabei unterschiedliche Informationen abgelegt sein. Unterteilt sich ein Index in mehrere Bereiche, sind diese Bereiche über Subindices einzeln ansprechbar. Über gezielte Subindexzugriffe ist es möglich, Bandbreite sowohl im IO-Link-System als auch im übergeordneten Bussystem zu sparen bzw. Zugriffe zeitlich kürzer zu gestalten, da nicht der gesamte Index zu schreiben oder zu lesen ist. Die Bereiche der Subindices sind in der IODD und in der Dokumentation des IO-Link-Device-Herstellers beschrieben. Für Standard-Parameter ist eine entsprechende Übersicht in Kapitel 2.2. angegeben.

Erfolgt ein azyklischer Zugriff nur über die Angabe des Index, also Subindex 0, kommt es immer zum Lesen oder Schreiben der gesamten Indices, dies gilt auch für die Direct-Parameter-Page. Bei letzterer ist jedoch, wie oben erwähnt (Hinweis), die Konsistenz der Daten nicht bestätigt, zudem segmentiert das System den Zugriff in die Direct-Parameter-Page in 16 Einzelbytezugriffe.

Der Datentransfer der Parameter- und Diagnosedaten erfolgt durch Richtungsvorgabe und Adressierung im Kommandobyte des Mastertelegramms im azyklischen OnRequest-Daten-Kanal (**Bild 1.14**). Der verfügbare Indexraum ist im Kapitel 2 erläutert. Dabei liegt die Größe der verfügbaren Daten zwischen 1 Byte und 232 Byte. Die mögliche Größe der Daten verdeutlicht, warum IO-Link über das bereits angesprochene überlagerte Protokoll verfügt, das die Daten für die Übertragung segmentiert und deren Konsistenz sicherstellt.

Die Parameter- und Diagnosedaten untergliedern sich in verschiedene Datenqualitäten. Es existieren allgemein devicespezifische Daten, die sich grob in Parameterdaten/Konfiguration der Device-Applikation, Event- und Maintenancedaten unterteilen lassen. Beide Datenqualitäten, also die Parameter- und Diagnosedaten, teilen sich in IO-Link denselben Kanal.

Der Übertragung der Parameter- und Diagnosedaten stehen pro Zyklus und Ausprägung des IO-Link-Devices 1, 2, 8 oder 32 Byte OnRequest-Datenbytes zur Verfügung. Zudem überträgt das IO-Link-System Parameter- und Diagnosedaten, wie es die Bezeichnung des azyklischen Kanals vermuten lässt, nur auf Anfrage des Hosts, der SPS, des Tools oder allgemein des Anwenders.

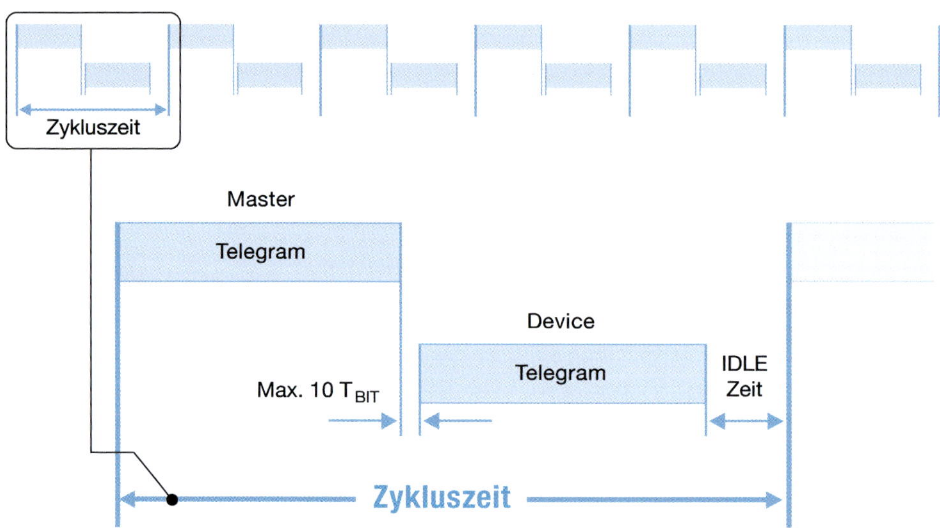

Bild 1.14: Zykluszeit (Quelle: IO-Link Community)

Die Diagnosedaten der Qualität-Maintenance sind die Daten, die dem Anwender bei Wartungs- und Fehlersucharbeiten unterstützen sollen, sofern diese das angeschlossene IO-Link-Device zur Verfügung stellen kann. Dies setzt voraus, dass diese Informationen durch die IO-Link-Device-Applikation überhaupt zu erfassen bzw. zu ermitteln sind (siehe hierzu die Anwenderdokumentation des IO-Link-Device-Herstellers). In Kapitel 3.1 befindet sich eine Auswahl an IO-Link-vordefinierten Diagnosemeldungen inklusive Beschreibung (siehe Tabelle 3.1).

Das IO-Link-System setzt gewünschte Zugriffe vom Anwender in entsprechende Lese- und Schreibzugriffe seitens des IO-Link-Masters um. Die Datentransferrichtung ist somit vom IO-Link-Master aus definiert. Die Daten lassen sich mit dieser Definition in Upload- und Download-Daten unterscheiden. Dabei überträgt das IO-Link-System Upload-Daten vom IO-Link-Device zum IO-Link-Master und Download-Daten entgegengesetzt vom IO-Link-Master zum IO-Link-Device. Die Übertragungszeit der Parameter- und Diagnosedaten ist vorhersagbar, sie hängt von der Größe des zu übertragenden Paketes und der Anzahl der zur Verfügung stehenden OnRequest-Datenbytes in der M-Sequenz ab.

Wichtige Eckdaten zur Übersicht:

- Der azyklische Kanal ist unabhängig vom zyklischen Prozessdaten-Kanal.
- Die Breite der azyklischen Daten variiert zwischen 1 Byte und 232 Byte (je nach Device, implementierter Parameter und Diagnoseinformationen).

- IO-Link kann 1, 2 8 und 32 Byte OnRequest-Daten pro Zyklus senden oder empfangen (IO-Link-Device-abhängig).
- Dantengrößen, die nicht in die OnRequest-Daten-Lange passen, werden segmentiert mit Hilfe der ISDU übertagen
- Es gibt eine Unterscheidung in Konfigurations-, Parameter- und Maintenance-/Diagnosedaten.
- Maintenancedaten sind in Kapitel 3., Tabelle 3.1 beschrieben
- Konfigurationsdaten sind in Kapitel 3.1 und 2.2 beschrieben. Zusätzlich ist die Anwenderdokumentation des Device-Herstellers zu Rate zu ziehen.
- Die Dokumentation der Parameter- und Diagnosedaten erfolgt in der IODD, wenn vorhanden auch im Profil (siehe Kapitel 5) und in der Anwenderdokumentation des Device-Herstellers.
- Events und die damit verbundene Übertragung von Diagnosedaten unterbrechen eine laufende Übertragungen anderer Daten bzw. Parameterdaten.

1.5.3 Event-Transfer

Die Events teilen sich im Wesentlichen in Fehler, Warnungen und Meldungen (Errors,Warnings, Notifications) auf. Durch die Eventankündigung stehen die Diagnosedaten dem überlagerten System zur Verfügung. In der Standard M-Sequenz (siehe Bild 9.12) des IO-Link-Devices ist ein Event-Bit vorgesehen. Mit diesem Bit kündigt das IO-Link-Device dem IO-Link-Master an, dass eine Eventinformation im Diagnosebereich vorliegt. Der IO-Link-Master ist verpflichtet, diese Diagnosen schnellstmöglich auszulesen und dem Anwender im Zielsystem zur Verfügung zu stellen.

Vom IO-Link-Device ausgelöste Events unterbrechen Parameterdatenübertragungen und verlängern diese nicht eindeutig bestimmbar. Die Priorisierung der Diagnosedaten ist somit höher als die von Parameterdaten. Nach Auftreten eines Events muss der IO-Link-Master spätestens im nächsten Zyklus die Diagnosedaten übertragen. Dabei gelten nach wie vor die Zykluszeiten der verwendeten M-Sequenz. Die Zykluszeit ändert sich bezüglich der Übertragung von Diagnosedaten nicht. In Bild 1.13 ist dieses Verhalten durch Einfügen der Event-Diagnosedaten dargestellt. Die unterbrochene Parameterdatenübertragung nimmt der IO-Link-Master nach Abschluss der Übertragung der eventbedingten Diagnosedatenübermittlung wieder auf und bringt diese ebenfalls zum Abschluss.

Die Diagnosemeldungen, sowie eine Auflistung und deren Interpretation sind im Kapitel 9 beschrieben. Zudem ist die Anwenderdokumentation des IO-Link-Device-Herstellers und die IODD zu beachten.

Ein Diagnosedatensatz ist in der Regel drei Byte lang. Auf unterster IO-Link-Schicht überträgt das System ein viertes Byte, welches dem System mitteilt, welcher der sechs Diagnosedatensätze innerhalb der IO-Link-Device-Applikation gültig ist. Es können alle sechs Einträge gefüllt sein, dies obliegt den Implementierungen der jeweiligen IO-Link-Device-Herstellern. Der Aufbau der Diagnosedatensätze ist in Kapitel 9 nachzulesen. Dass nur ein Diagnosedatensatz zu einer Zeit gültig ist, rührt aus der IO-Link Definition. Diese fordert, dass zu einer Zeit ausschließlich ein Event bzw. ein Diagnosedatensatz pro IO-Link-Device aktiv sein kann. Ein Event blockiert den Diagnosedatenkanal solange, bis das ausgelöste Event vom überlagerten System quittiert ist. Alle Eventmeldungen, die nicht der Datenqualität Information (Notification) unterliegen, überträgt IO-Link im sogenannten gekommen (appear) und gegangen (disappear)-Prinzip, um einem überlagerten System den Zustand des Gerätes zu übermitteln. D. h. das überlagerte System erhält die Information, dass ein Fehler ansteht, kann diesen auslesen und ggf. eine Abstellmaßnahme einleiten. Ist diese Abstellmaßnahme erfolgreich, erscheint die gleiche Fehlermeldung wie zuvor, jedoch mit der Meldung „gegangen“ (disappear). Daraufhin trägt das überlagerte System den Fehler aus einer eventuell geführten Fehlerliste wieder aus. Während der Zeit zwischen Erscheinen und Verschwinden eines Fehlers ist der Eventkanal in IO-Link wieder geöffnet, da Kommen und Gehen jeweils einzeln quittiert werden.

Meldungen (Notifications) sind so genannte Single-Shot-Ereignisse, d. h. nach dem Übertragen des Diagnosedatensatzes ist es sofort wieder möglich, ein weiteres Event bzw. einen weiteren Diagnosedatensatz abzusetzen, da die Quittierung implizit durch den IO-Link-Master erfolgt. Diese Fehlerkategorie unterliegt nicht dem Kommen-Gehen-Prinzip.

Um das System nicht mit Diagnosen zu blockieren, sollte jeder Anwender zumindest ein Mindestmaß an Diagnosebearbeitung im Anwendungsprogramm vorsehen.

Um konsistente Eventabbilder zu gewährleisten, werden bei jedem Kommunikationsanlauf alle gekommenen Events sofort wieder an das überlagerte System gesendet, sofern diese noch im IO-Link-Device aktiv sind.

Wichtige Eckdaten zur Übersicht:

- Diagnosedaten teilen sich mit den Parameterdaten den azyklischen Kanal.
- Events bzw. Diagnosedaten sind höherprior als Parameter- bzw. Konfigurationsdaten.
- Diagnosedatenübertragungen unterbrechen Parameterdatenübertragungen.
- IO-Link kann 1, 2 8 und 32 Byte OnRequest-Daten pro Zyklus senden oder empfangen (IO-Link-Device abhängig).
- Diagnosedatensatze sind drei Byte lang. Der Aufbau findet sich im Kapitel 9.
- Auf unterster Ebene überträgt das System zusätzlich ein viertes Byte, welches den aktiven Diagnosedatensatz markiert.
- Diagnosen arbeiten in der Regel nach der Kommen-Gehen-Prinzip.

- Neue Diagnosen kann ein IO-Link-Device nur dann absetzen, sofern das vorhergehende Event eine Quittierung erhalten hat.
- Single-Shots (Meldungen/Notifications) arbeiten nicht nach dem Kommen-Gehen-Prinzip: diese Ereignisse quittiert der IO-Link-Master sofort und stellt die Information der überlagerten Gateway-Schicht zur Verfügung.
- Diagnosedaten sind vom überlagerten System übertragbar und sollten zumindest minimal zur Abarbeitung gelangen.

1.6 Datenübertragungszeiten

Die Datentransferzeiten hängen IO-Link-seitig von zwei Faktoren ab. Zum einen gibt es die ausschlaggebende Zeit, die sogenannte minimale Zykluszeit, die der IO-Link-Device-Hersteller für sein jeweiliges IO-Link-Device definiert. Zum anderen hat der IO-Link-Master eine sogenannte Master-Zykluszeit, die der IO-Link-Master ermittelt und dem IO-Link-Device mitteilt. Diese Master-Zykluszeit ist die Zeit, mit der der IO-Link-Master das am jeweiligen Port angeschlossene IO-Link-Device betreibt. Dabei definiert sich die Zykluszeit als Summe der Zeiten, die eine IO-Link-Master-Anfrage und die IO-Link Device-Antwort benötigen. In der Zykluszeit ist jedoch zusätzlich noch die fest definierte Wartezeit auf die IO-Link-Device-Antwort und die Master-IDLE-Zeit berücksichtigt. In Bild 1.14 ist die Definition der Zykluszeit grafisch dargestellt. Das IO-Link-Device gibt die minimale Zykluszeit beim Anlaufen dem IO-Link-Master bekannt (siehe Kapitel 2.1). In diesem Zusammenhang ist ein maßgeblicher Faktor der IO-Link-Master bzw. die Masterperformance. Der IO-Link-Master berechnet, wie bereits oben angedeutet, über alle seine Ports seine Masterzykluszeit (siehe Kapitel 2.1). Diese berechnete Zeit gibt der IO-Link-Master wiederum dem IO-Link-Device bekannt. Die angegebene Masterzykluszeit muss der IO-Link-Master jedoch dann genau einhalten. Die Abweichung ist mit einer Toleranz von -1 % und +10 % definiert.

Die Überschreitung der minimalen Zykluszeit des IO-Link-Devices kommt dann zustande, wenn der IO-Link-Master die erreichbare Zykluszeit über seine Ports errechnet und aufgrund seiner Performance nicht die minimalen Zykluszeiten der angeschlossenen IO-Link-Devices einhalten kann.

In einer anderen Betriebsart ist es möglich, vom Anwender eine gewünschte IO-Link-Masterzykluszeit einzustellen (siehe hierzu Kapitel 4.1). Sollte die eingestellte Zykluszeit nicht möglich sein, teilt der IO-Link-Master dies dem Anwender, in der Regel mittels Fehlermeldung, mit. Die vorgegebene minimale Zykluszeit des IO-Link-Devices ist dabei nicht zu unterschreiten. Der zweite Faktor, der die Datenübertragung beeinflusst, ist die zu übertragende Prozessdatenlänge sowie die Anzahl der in der Übertragung vorgehaltenen OnRequest-Datenbytes. Hierbei sind Prozessdaten- und Parameter-/Diagnosedatenübertragung getrennt zu betrachten, da beide Datenarten jeweils getrennten Datenkanäle benutzen. Die Übertragungsrate spielt im Wesentlichen keine Rolle, da eine höhere Übertragungsrate nur kleinere Zykluszeiten ermöglicht. Z. B. sind mit 4,8 kBit/s Zykluszeiten zwischen 18 ms und 132,8 ms möglich. Mit 38,4 kBit/s bleibt die obere Grenze der Zykluszeit erhalten, jedoch ist die untere Grenze bei 2,3 ms. Bei 230 kBit/s ist die kleinste Zykluszeit 0,4 ms (siehe **Tabelle 1.4**).

Aus den oben angegebenen Betrachtungen kommt für die Berechnung der Worst Case Datentransferzeit nur die IO-Link-Masterzykluszeit in Betracht. Die IO-Link-Masterzykluszeit ist vom Anwender im IO-Link-Master bzw. über Index 0 Subindex 1 auslesbar (siehe Kapitel 2.1).

Es ergibt sich z. B. für die IO-Link-Strecke eine minimale Datentransferzeit für Prozessdaten und OnRequest-Daten wie folgt:

Der Masteraufruf einer M-Sequenz besteht aus zwei Byte, die maximal mit einer Lücke von 1 T_{Bit} der jeweiligen Übertragungsrate zu übertragen ist. Hinzu kommen die Prozessdaten für das IO-Link-Device inklusive der Lücken. Die einzelne Übertragung der Bytes erfolgt im Standard UART (siehe Bild 9.7). Daraus folgt, dass 11 Bit pro übertragenes Byte zu kalkulieren sind. Zur Übertragungszeit kommen 10 T_{Bit} Anwortverzugszeit des IO-Link-Devices und die entsprechende Anzahl der Prozessdaten und OnRequest-Daten hinzu. Außerdem sind das Status- und das Check-Byte dazuzurechnen. Weiter ist für jedes Byte eine Bytelücke von maximal 3 T_{Bit} zu berücksichtigen. D. h. die Anzahl der Bytes des Antworttelegramms abzüglich einer Lücke ergibt die Anzahl der vorhandenen Lücken.

Die Masterwartezeit (das Master-IDLE) ist in die Kalkulation aufzunehmen.

Aus vorgenannter Erklärung ergibt sich die Berechnungsvorschrift für den Worst Case Fall:

$$\begin{aligned} \mathrm{T} = (\mathrm{Bit}_{\mathrm{UART}} \cdot (\mathrm{MC} + \mathrm{n}) + (\mathrm{n} + \mathrm{MC} - 1^{*}) + \mathrm{DA} \\ + \mathrm{Bit}_{\mathrm{UART}}(1 + \mathrm{m} + \mathrm{CKS}) + (1 + \mathrm{m}) \cdot \mathrm{k}) \cdot \mathrm{T}_{\mathrm{Bit}} + \mathrm{MI} \end{aligned} \quad (1.1)$$

Bit_{UART}	= 11 BitMC = 2 Byte
n	= Anzahl PDout, Abweichung zu PDIn
DA	= Device Antwortzeit = 10
T_{Bit}l	= Anzahl PDIn
CKS	= Status Byte IO-Link-Device
m	= Anzahl der OnRequest-Daten-Bytes
k	= maximale Lücke zwischen den Bytes von 3
Bit MI	= Master IDLE Annahme 0,0001 s

* Korrektur um Anzahl der Lücken

Bei der Berechnung in Gleichung (1.1) ist zu beachten, dass der IO-Link-Master die Masterzykluszeit länger definieren kann als die reine Übertragungszeit. Dies hat zur

Folge, dass sich die Übertragung der OnRequest-Daten entsprechend verzögert. Es ergeben sich beispielhaft folgende Übertragungszeiten:

Bei der Übertragung von einem Byte OnRequest-Daten in einer M-Sequenz ergeben sich die in **Tabelle 1.5** aufgelisteten Übertragungszeiten in Abhängigkeit von der Prozessdatenbreite. Dabei stellt die angegebene Zeit gleichzeitig die Masterzykluszeit dar.

Bei der Übertragungszeit für einen Parameterdatensatz ist die Anzahl der in der M-Sequenz zur Verfügung stehenden OnRequest-Datenbytes und die Größe des Datensatzes zu beachten.

Es wird die Anzahl der Zyklen berechnet, die wiederum auf die verwendete M-Sequenz und deren Zykluszeit anzuwenden ist. Es handelt sich hierbei um eine Best-Case-Betrachtung. Alle Nachkommastellen, die kleiner als 1 sind, sind aufzurunden.

Es gilt somit die Berechnungsformel (1.2) für lesende Zugriffe:

$$\text{Zyklen} = \frac{\text{n} + \text{Overhead}}{\text{m}} + 2\ \text{Zyklen} \tag{1.2}$$

n = Anzahl der zu übertragenden Datenbytes
m = Anzahl der OnRequest-Daten-Bytes in der verwendeten M-Sequenz
Overhead = 6 Byte

Es gilt die Annahme, dass das IO-Link-Device nach zwei Busy-Zyklen antwortet und die IO-Link-Master-Anfrage des zu lesenden Dieses ebenfalls nicht berücksichtigt ist, diese wäre wieder mit weiteren 6 Byte inklusive Overhead zu berücksichtigen.

Für schreibende Zugriffe ergibt sich die Berechnungsformel (1.3):

$$\text{Zyklen} = \frac{\text{n} + \text{Overhead}}{\text{m}} \tag{1.3}$$

Die Formel 1.3 stellt die Berechnung für die reinen Übertragungszyklen der zu übertragenden OnRequestDaten dar. Nach Abschluss der Übertragung wartet der IO-Link-Master auf die positive oder negative Quittung des IO-Link-Devices. Das Device kann hier wieder Busy-Zyklen einfügen und somit die real benötigte Anzahl an Übertragungszyklen vergrößern.

Tabelle 1.5: Übertragungszeiten für 1 Byte OnRequest-Daten und PD vom Device

Device Typ	MinCycleTime/ COM Rate	PDIn	PDOut
Fluid Sensor	2,3 ms / COM2	16 Bit: 14 Bit analog + 2 Bit Schaltinfo	–
Fluid Sensor profiliert	3,0 ms / COM2	32 Bit: 16 Bit analog + 8 Bit Skalierung + 8 Bit spezifisch"	–
Laser-Distanzsensor	3,2 ms / COM2	32 Bit: 16 Bit analog + 8 Bit Skalierung + 8 Bit spezifisch	8 Bit 1 Bit Laser On / Off
Lichtgitter	12 ms / COM2 oder 2 ms / COM3	256 Bit: 256 · 1 Strahl	–
Aktuator (Gripper)	5 ms / COM3	48 Bit: 16 Bit Status + 16 Bit Diagnose + 16 Bit aktuelle Position "	64 Bit: 8 Bit Control + 8 Bit Mode + 8 Bit Werkstück + 8 Bit Teach + 8 Bit Kraft + 8 Bit Toleranz
alphanumme-rische Anzeige	8,4 ms / COM2	112 Bit: 4 · 16 Bit Zahlenwert + 4 · 8 Bit Farbwert + 8 Bit Anzeigen Layout + 8 Bit LED Ansteuerung	8 Bit: 4 Bit Tastenrückmeldung + 4 Bit Dagnose
5 Segment Signalleuchte	8 ms / COM2	–	48 Bit: 5 · 8 Bit Segmentansteuerung in Farbe und Effekt + 8 Bit Signalton
binärer Sammler	2,9 ms / COM2	32 Bit: 16 Bit DI + 8 Bit Kurzschluss + 8 Bit Identifikation	–

Tabelle 1.6: Anzahl der Übertragungszyklen in Abhängigkeit der OnRequest-Datenbreite in der M-Sequenz

	Anzahl der OnReq Daten in der M-Sequenz			
	1	2	8	32
Anzahl zu übertragender Datenbytes	Anzahl der Übertragungszyklen für Anzahl der Datenbytes			
1	9	6	3	3
2	10	6	2	3
4	12	7	4	3
6	14	8	4	3
8	16	9	4	3
10	18	10	4	3
12	20	11	5	3
16	24	13	5	3
18	26	14	5	3

So ergeben z. B. für zwei Byte OnRequestDaten (ein Parameter) die in **Tabelle 1.6** aufgelistete Übertragungszyklen, die wiederum mit der Zykluszeit des jeweiligen IO-Link-Devices zu multiplizieren sind, um auf die Übertragungszeit zu schließen. Bei schreibenden Zugriffen addiert sich in der Regel eine IO-Link-Device-bezogene Zeit (Busy-Zyklen) hinzu, die für Prüfung und Schreibzugriffe auf interne Speicher zu veranschlagen ist. Dies führt dazu, dass sich die finale Quittierung des Schreibzugriffes über mehrere Zyklen verschleppen kann. Wieviel Zeit bzw. wieviele Busy-Zyklen das sind, hängt von dem gewählten Parameter und der Rechenleistung des IO-Link-Device ab.

Aus der Anzahl der Zyklen aus Tabelle 1.6 ergeben sich beispielhaft – unter der Annahme, dass ein IO-Link-Device mit einer Min-Cycle-Time von 4 ms, zwei Byte Prozessdaten und zwei Byte OnRequest-Daten arbeitet – Übertragungszeiten, wie in **Tabelle 1.7** dargestellt. Die Annahme vernachlässigt bei Lesezugriffen die Lese-Anfrage mit Indexangabe und bei Schreibzugriffen die Wartezeit in Form von Busy-Zyklen und der finalen IO-Link-Device Bestätigung für den Abschluss des Schreibzugriffes. Diese schwanken sehr stark zwischen den unterschiedlichen IO-Link-Devices.

Tabelle 1.7: Beispielhafte Übertragungszeiten

Anzahl Zyklen	Übertragungszeit
6	24 ms
7	28 ms
8	32 ms
9	36 ms
10	40 ms
11	44 ms
13	52 ms

Wichtige Eckdaten zur Übersicht:

- Die Zykluszeit ist die Zeit zwischen zwei M-Sequenzen.
- Die maximale Zykluszeit beträgt 132,8 ms.
- Bei der Berechnung der Zykluszeiten ist zu beachten, welche Zykluszeit der IO-Link-Master eingestellt hat.
- Die Rechenbeispiele und Tabellen basieren auf der Worst Cases Annahme für die reine Datenübertragung. Die Zykluszeit kann größer sein.

1.7 Datenzugriffe (ISDU)

Um größere Parameterdatenpakete konsistent übertragen zu können, bedient sich das IO-Link-System einer weiteren Protokollschicht, die auf der M-Sequenzebene aufsetzt. Diese sogenannte ISDU (Index Service Data Unit) adressiert den Index, deklariert die Richtung (lesen/schreiben), gibt dem Mechanismen die Länge des Datenpaketes an und sichert das Datenpaket über eine weitere Checksumme ab. Zudem ist in die M-Sequenzübertragung ein Kontrollmechanismus eingebaut, der das Übertragen der einzelnen Datenpakete in der Reihenfolge kontrolliert, so dass die Datenkonsistenz gegeben bleibt. Ebenfalls wird jeder Lese- oder Schreibzugriff quittiert oder mit entsprechendem Fehlercode beantwortet (siehe auch Kapitel 3.2 und 9.6).

1.8 Kompatibilität

Das folgende Kapitel beschreibt im Wesentlichen die Rückwärtskompatibilität zu klassischen binär schaltenden Systemen und den Kompatibilitäten zwischen den IO-Link Revisionen V1.0 und V1.1.

1.8.1 Kompatibilität zu digitalen und analogen Werten

IO-Link garantiert eine Kompatibilität zu bisherigen binären Ein- und Ausgängen, allerdings nicht im kompletten Umfang.

Das IO-Link-Device startet nach Power-Up im sogenannten SIO-Modus, erst durch einen speziellen Mechanismus des „Aufweckens" (WakeUp siehe Kapitel 1.4) ist es möglich, in IO-Link Kommunikation zu starten. Durch diese Umsetzung ist ein IO-Link-Device rückwärtskompatibel zu klassischen Input-Geräten. Strom- und Spannungsausgänge sind nicht kompatibel, da diese auf einer anderen Technologie beruhen.

An einem IO-Link-Master können neben den IO-Link-fähigen IO-Link-Devices auch binäre Devices ihren Betrieb verrichten. Der IO-Link-Master behandelt entsprechende Geräte wie IO-Link-Devices, die sich im SIO-Modus befinden. Lediglich Aktuatoren sind von Hand in der Portkonfiguration freizugeben, da sich die IO-Link-Master-Ports im Default Fall im Digital Input Modus befinden. Der Anwender muss lediglich händisch den Port, an dem ein binärer Aktuator arbeiten soll, auf Digital Output stellen (Portkonfiguration). Bezüglich der Stromaufnahmen der angeschlossenen Geräte, sowohl IO-Link-Devices als auch Standard-Geräte, sind die angegebenen Rahmenwerte im Kapitel 1.2 zu beachten.

1.8.2 Kompatibilität zwischen IO-Link Versionen V1.0 und V1.1

IO-Link ist prinzipiell in den Versionen V1.0 und V1.1 voll kompatibel zueinander. D. h., alle Komponenten des IO-Link Systems arbeiten miteinander in der Kreuzkombinationen IO-Link-Masterversion V1.1 mit IO-Link-Device V1.0 und IO-Link-Master V1.0 mit IO-Link-Device V1.1. Gleiches gilt für die Gerätebeschreibungsdateien der IODD.

Ausnahmen bilden IO-Link-Devices der IO-Link-Version 1.1, bei diesen kann es sein, dass aufgrund der gewählten M-Sequenztypen ein Betrieb an IO-Link-Mastern der IO-Link-Version 1.0 nicht möglich ist. Ebenfalls kann es in dieser Kombination zu Einschränkungen kommen, da der IO-Link-Master nicht die nötige Performance für das angeschlossene IO-Link-Device zur Verfügung stellen kann.

Die Verantwortung für eine Unterstützung der Rückwärtskompatibilität eines IO-Link-Devices nach V1.1 zu V1.0 obliegt dem IO-Link-Device-Hersteller. Somit ist es möglich, dass sich IO-Link-Devices nach V1.1 mit IO-Link-Mastern nach V1.0 nicht ausreichend gut betreiben lassen. Stellet eine IO-Link-Device-Hersteller für sein IO-Link-Device nach Spezifikation V1.1 eine Rückwärtskompatibilität zu V1.0 zur Verfügung, kann es je nach Prozessdatenbreite vorkommen, dass die Übertragungszeit der Prozessdten sich verlängert. In der Version 1.0 ist kleinerer Prozessdatenkanal realisiert, der es erfordert bei großen Prozessdaten (mehr als zwei Byte) eine Segmentierung der Daten über mehrere Prozessdatenzyklen vorzunehmen.

Die Kompatibilitäts-**Tabelle 1.8** gibt eine einfache Übersicht.

Hinweis:
Sollte ein IO-Link-Master in der IO-Link-Version 1.0 ein IO-Link-Device der IO-Link-Version 1.1 betreiben, ist darauf zu achten, dass der jeweilige IO-Link-Device-Hersteller dies in seiner Anwenderdokumentation beschreibt. Zusätzlich kann es vorkommen, dass sich das IO-Link-Device im Kompatibilitätsfall auf den M-Sequenztyp 1.1 und 1.2 umstellt und sich damit die Übertragungszeit von Prozessdaten und Parameter- oder

Tabelle 1.8: Kompatibilitätstabelle

IO-Link-Device-Revision	IO-Link-Master-Revision	Funktion
1.0	1.0	keine Einschränkungen
1.0	1.1	keine Einschränkungen
1.1	1.0	die Funktion ist nicht immer gegeben (Anwenderdokumentation des IO-Link-Device- und IO-Link Master-Herstellers beachten)
1.1	1.1	keine Einschränkungen

Diagnosedaten aufgrund der kleineren Nutzdatenübertragung pro M-Sequenz-Zyklus verlängert.

Wichtige Eckdaten in der Übersicht:

- Aus Tabelle 1.8 ist die Kompatibilität zu entnehmen.
- IO-Link-Master-Ports sind zu binären Standard-Devices kompatibel (siehe Kapitel 1.2).
- IO-Link-Devices sind nach dem StartUp im SIO-Modus und an Standard-Digital-Inputs (DI) zu betreiben.
- Es gibt IO-Link-Devices, die den SIO-Modus nicht unterstützen und somit zu digital Inputs nicht kompatibel sind. Es ist die Anwenderdokumentation des IO-Link-Device-Herstellers zu beachten.
- Es gibt Devices, die im SIO-Modus einen analogen Aus- und Eingang besitzen, jedoch IO-Link-kompatibel sind. Die Anwenderdokumentation des IO-Link-Device-Herstellers und der Hinweis in Kapitel 1.2 ist zu beachten.

1.9 Unterschiede von Spezifikation 1.0 zur Spezifikation 1.1

Die wichtigsten Unterschiede zwischen den beiden IO-Link-Standards sind in diesem Kapitel aufgeschlüsselt.

1.9.1 Eventhandling

IO-Link-Devices nach IO-Link Spezifikation V1.0 können bis zu sechs Events auf einmal melden. Es gibt jedoch die Empfehlung der IO-Link Community, dies nicht in dieser Weise umzusetzen. Jedoch kann es IO-Link-Devices geben, die sechs Events auf einmal schicken. In diesem Fall ist der Anwendungsprogrammierer gefordert, um die Events effizient zu bearbeiten bzw. eventuell nicht wichtige Eventmeldungen sehr schnell zu quittieren. Es besteht jedoch immer die Gefahr einer Eventflut, vor allem dann, wenn die IO-Link-Device-Implementierung ungünstig gestaltet ist.

1.9.2 M-Sequenztypen

Nach der IO-Link-Spezifikation V1.1 stehen unterschiedliche Paketgrößen zur Übertragung von Prozess- und OnRequest-Daten zur Verfügung. In der Spezifikation 1.0 hingegen war die OnRequest-Datenübertragung auf ein Byte je Zyklus beschränkt. Ebenso gab es eine Beschränkung der Prozessdatenbreite pro Zyklus auf zwei Byte. Die Beschränkung der Prozessdatenbreite innerhalb einer M-Sequenz hat zur Folge, dass große Prozessdatengrößen über mehrere Zyklen segmentiert und konsistent zu übertragen sind. Zudem arbeiten bei großen Prozessdatenbreiten, die größer zwei Byte sind, die M-Sequenz-Typen 1.1 und 1.2 im harten Interleave zusammen. D. h. ein kompletter Zyklus besteht aus zwei IO-Link-Master-Einzelzyklen. Das folgende Beispiel verdeutlicht die Einschränkung der Spezifikation V1.0. In Bild 1.15 ist die Übertragung von zwei OnRequest-Daten und drei Prozessdaten Bytes aufgezeigt. Nach Spezifikation V1.1 erfolgt die gleiche Übertragung wesentlich kompakter in einem Zyklus. Das **Bild 1.16** zeigt den Komplexitätsunterschied auf.

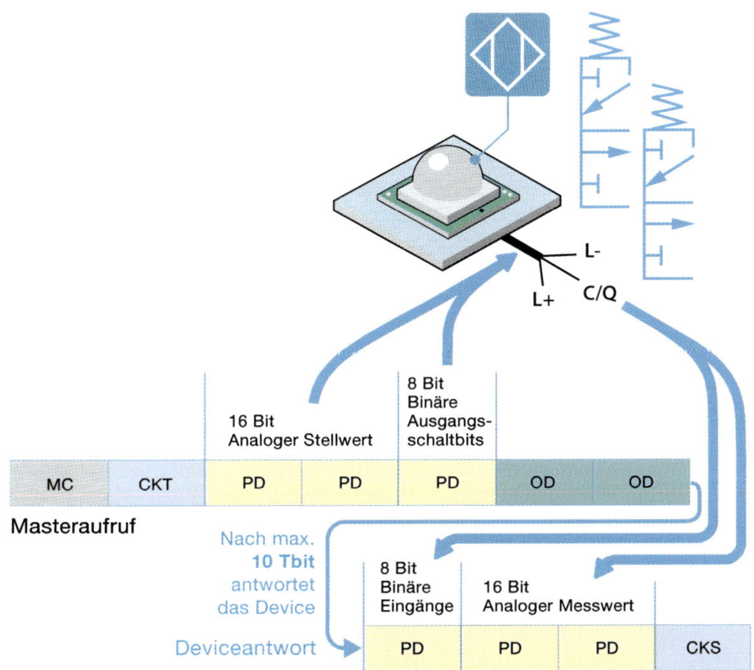

Bild 1.16: Datenübertragung eine Kombidevices nach Spec 1.1 (Quelle: IO-Link Community)

1.9.3 Anlauf

Der Anlauf oder auch StartUp ist in der IO-Link-Spezifikation 1.1 um den Preoperate erweitert. Diesen zusätzlichen Zustand kennen IO-Link-Master und -Devices nach IO-Link-Spezifikation 1.0 nicht. D. h. IO-Link-Devices nach 1.0 gehen nach dem SartUp in den Operate-Zustand über und verfügen erst im Operate über die Systemeigenschaften, um z. B. die Seriennummer zur Verfügung zu stellen oder andere Parameter lesend oder schreibend zu verarbeiten.

Hinweis:
Alle Parameterzugriffe die zu einem Anlauf vom IO-Link-System gehören und die Grundeinstellungen vornehmen, finden bei IO-Link-Devices nach Spezifikation 1.0 immer im Operate-Zustand statt. Somit ist in dieser Phase darauf zu achten, ob die Prozessdaten, die im Operate-Zustand zur Verfügung stehen, im Kontext der Applikation zu verwerten sind.

Ebenfalls führen die IO-Link-Master die Identifikation der IO-Link-Devices nach 1.0 erst im Operate-Zustand durch, so dass es am Anfang möglich ist, dass Prozesswerte eines falschen IO-Link-Devices der Applikation zur Verfügung stehen.

In der Spezifikation V1.0 stehen nur die M-Sequenzen Typ 0, Typ 1.1, Typ 1.2 und Typ 2.1 bis Typ 2.5 zur Verfügung (siehe Bild 9.13).

Diese Abweichungen können dazu führen, dass ein IO-Link-Master nach V1.0 ein IO-Link-Device nach V1.1 maximal bis zum StartUp bringen kann. Anschließend meldet das System, dass es mit dem angeschlossenen IO-Link-Device nicht arbeiten kann sofern dieses nicht voll V1.0-kompatibel ist. Es gibt jedoch IO-Link-Master nach V1.0, die beim Lesen der RevisionsID das angeschlossene V1.1-Device gleich mit Fehlermeldung ablehnen. Zudem ist an Hand der Bilder 1.15 und 9.16 ersichtlich, dass sich die Gesamtzeit zur Übertragung von Prozessdaten in Version 1.0 deutlich verlängert, sofern mehr als zwei Byte Prozessdatenbytes übertragen werden müssen.

1.9.4 Prozessdatengültigkeit

Das IO-Link-System nach Spezifikation V1.0 überträgt im Antworttelegramm nicht das Prozessdaten-Valid-Bit. Eine Prozessdatenungültigkeit kündigt das System nach V1.0 per IO-Link-Device-Event an.

Die entsprechende Diagnosemeldung überträgt das System asynchron zum ausgelösten Event. Dies bedeutet, dass die Prozesswertgültigkeit aufgrund der Abarbeitung des Events bis zu sechs Zyklen verzögert angegeben ist.

2 Herstellerübergreifende Standardparameter

Die folgenden Abschnitte erläutern die IO-Link-Standardparameter sowie deren Inhalte.

Grundsätzlich sind alle für den Anwender zugänglichen Parameter in der IODD des IO-Link-Devices erläutert bzw. in der zugehörigen IODD beschrieben.

2.1 IO-Link-Device-Geräteklassen

IO-Link unterscheidet in zwei wesentliche Klassen von IO-Link-Devices.

Die sogenannte Base-Class oder auch Basis-IO-Link-Devices unterstützen den minimalen von IO-Link geforderten Parameterbereich. D. h. sie besitzen den Indexbereich 0 bis 2, in dem die Identifikation des IO-Link-Devices gespeichert ist, jedoch ohne die Seriennummer und ohne weitere Parameter. Die Identifikation erlaubt den Gerätetausch ohne besondere Kenntnisse, verhindert also den versehentlichen Einbau nicht-kompatibler Geräte. IO-Link-Devices ohne Seriennummer sind jedoch nicht zur Qualitäts- oder Produktionsdokumentation zu verwenden. Bei Base-Class-Geräten kann es jedoch teilweise vorkommen, dass IO-Link-Device-Hersteller in dem Bereich der Direct-Parameter-Page ein minimales Set an Parametern vorgesehen haben. Hierzu ist die IO-Link-Device-Hersteller-Dokumentation zu beachten.

Die zweite Klasse von IO-Link-Devices beherrscht den vollen IO-Link-Parameterumfang bzw. verfügt über alle Mechanismen, um den gesamten Indexbereich von IO-Link nutzen zu können. Somit sind diese IO-Link-Devices vollumfänglich für IIoT- oder Industrie 4.0-Anwendungen geeignet.

2.2 Aufbau und Inhalte der Parameter-Page

Die IO-Link-Parameterbereiche teilen sich in mehrere Sektionen auf. IO-Link spricht von der Direct-Parameter-Page, diese Seite enthält im Wesentlichen alle wichtigen

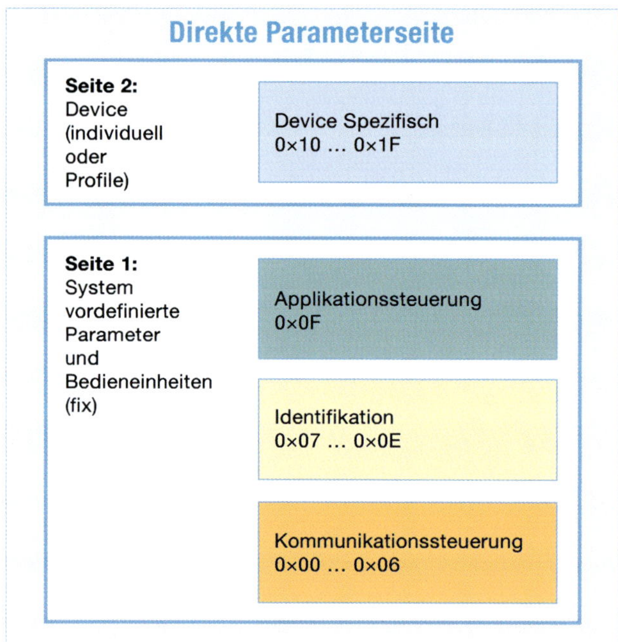

Bild 2.1: Aufbau der Direct-Parameter-Page (Quelle: IO-Link Community)

Systemparameter, die für einen erfolgreichen Kommunikationsaufbau notwendig sind. **Bild 2.1** zeigt den groben Aufbau.

Dabei ist die Direct-Parameter-Page 1 vom System IO-Link fest vorbelegt. Dieser Teil dient ausschließlich IO-Link-internen Zwecken. D. h. das System nutzt die dort hinterlegten Informationen für den Systemanlauf, um die richtigen Parameter für die IO-Link-Kommunikation einzustellen bzw. die IO-Link-Device-Konfiguration zu prüfen.

Die Direct-Parameter-Page 2 steht dem IO-Link-Device-Hersteller zur Verfügung, um kleinere Parametersätze unterzubringen. Üblicherweise nutzen diesen Bereich ausschließlich IO-Link-Devices, die sehr kleine Parametersätze haben oder der Base-Class zugeordnet sind.

Diese Parameter können unveränderbar, teachbar oder vom Anwender verstellbar sein.

2.2.1 Die Einzelparameter der Direct-Parameter-Page 1

Diese erste Page ist ausschließlich über den IO-Link-Index-0 lesbar.

In **Tabelle 2.1** sind die enthaltenen Parameter der Direct-Parameter-Page 1 aufgeführt und erläutert.

Tabelle 2.1: Indices der Direct-Parameter-Page 1

Art	Address hex 0x	Address dec	Objekt Name	Kommentar
Kommunikationsparameter	00	0	Master Command[a]	Der Inhalt ist nicht rücklesbar bzw. die Rücklesewerte ergeben keine Aufschluss über das abgesetzte Kommando oder den Status
	01	1	Master cycle time[a]	Der IO-Link-Master schreibt in dieses Byte seine Mastercycletime. Dies ist die vom Master garantierte Zykluszeit im zyklischen Prozessdatenaustausch.
	02	2	Min. cycle time[a]	Das IO-Link-Device gibt vor, mit welcher minimalen Zykluszeit es angesprochen werden darf.
	03	3	M-Sequenz Capability[a]	Dieser Parameter teilt dem IO-Link-Master in der Anlaufphase mit, ob erweiterte Parameter (ISDU-Mechanismus) und welche Telegrammtypen vom Device unterstützt werden.
	04	4	IO-Link Revision ID[a]	Dieser Parameter ermöglicht dem IO-Link-Master festzustellen, nach welcher IO-Link-Version das Device erstellt ist.
	05	5	Process data In[a]	Der Parameter gibt an, mit welcher Prozessdatenbreite vom Device zum IO-Link-Master zu rechnen ist.
	06	6	Process data Out[a]	Der Parameter gibt an, mit welcher Prozessdatenbreite vom IO-Link-Master zum IO-Link- Device zu rechnen ist.
Identifikation	07	7	Vendor ID 1 - MSB[a]	Die IO-Link-VendorID ist eine eindeutige Identifiktion der IO-Link-Hersteller. Eine aktuelle Liste aller IO-Link-VendorIDs und der zugehörigen Hersteller findet sich auf der Seite www.io-link.com.
	08	8	Vendor ID 2 - LSB[a]	
	09	9	Device ID 1 - MSB[a]	Die IO-Link-DeviceID ist eine herstellerspezifische Kennung der Devices eines Herstellers.
	0A	10	Device ID 2 [a]	
	0B	11	Device ID 3 - LSB[a]	
	0C	12	reserved	
	0D	13	reserved	
	0E	14	reserved	
Systemkommandos	0F	15	System Command[b]	Dieser Parameter ermöglicht dem Anwender, verschiedene Funktionen zur Laufzeit auszuführen. Die genaue Funktion ist dabei vom IO-Link-Device-Hersteller definiert. Die Funktion gibt der Hersteller des IO-Link-Devices in seiner Dokumentation an.

[a] Parameter ist Pflichtparameter des Systems

[b] optionaler Parameter

IO-Link-Master-Command
Das IO-Link-Masterkommando ist ein systeminterner Parameter (auch privater Parameter genannt), der ausschließlich der Synchronisierung von IO-Link-Master und IO-Link-Device dient.

IO-Link-Master-Cycle-Time
Die IO-Link-Master-Cycle-Time richtet sich im Wesentlichen nach der Min-Cycle-Time des IO-Link-Devices.

Die Zeit gibt an, in welchen Zeitabständen der IO-Link-Master das IO-Link-Device zyklisch anspricht. Der IO-Link-Master garantiert eine maximale Abweichung von - 1 % bis +10 %

Für die Kodierung siehe Punkt IO-Link-Min-Cycle-Time.

IO-Link-Min-Cycle-Time
Die Min-Cycle-Time des IO-Link-Devices gibt an, in welchem minimalen Raster Anfragen des IO-Link-Masters während des zyklischen Betriebes zulässig sind. Gibt das IO-Link-Device hier eine 0x00 (hexadezimal: 00hex) an, kann der IO-Link-Master seine kürzest mögliche Zykluszeit nutzen. Gibt ein IO-Link-Device diese Möglichkeit an, muss es auch mit den schnellstmöglichen Zykluszeiten arbeiten können.

Die Zeit wird wie in **Bild 2.2** angegeben. Daraus geht hervor, dass Bit 0 bis Bit 5 den 6 Bit-Multiplikator darstellen. Gültige Werte liegen zwischen 0 und 63dez.

Die Zeitbasis geben Bit 6 und 7 an. In **Tabelle 2.2** sind die Wertebereiche für die Zeitbasis angegeben.

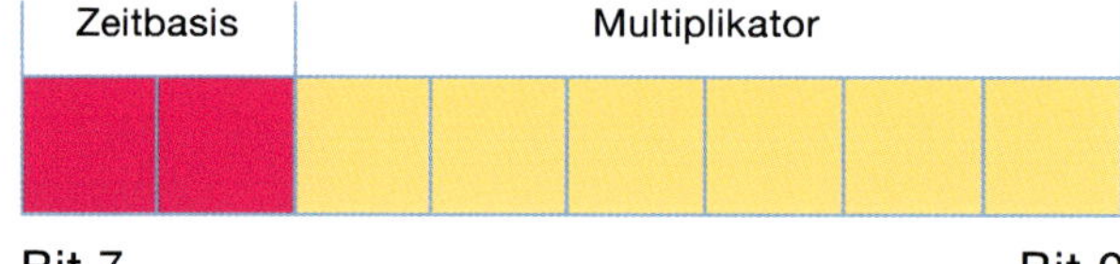

Bild 2.2: Aufbau des Cycle-Time-Bytes (Quelle: IO-Link Community)

Tabelle 2.2: Einstellzeiten der Cycle-Time

Bitkombination (Bit 6 und 7)	Zeitbasis	Berechnung der Zykluszeit	Gültiger Wertebereich
00	0,1 ms	Zeitbasis * Multiblikator	0,4 bis 6,3 ms
01	0,4 ms	Zeitbasis * Multiblikator + 6,4 ms	6,4 bis 31,6 ms
10	1,6 ms	Zeitbasis * Multiblikator + 32 ms	32,0 bis 132,8 ms
11	reserved		

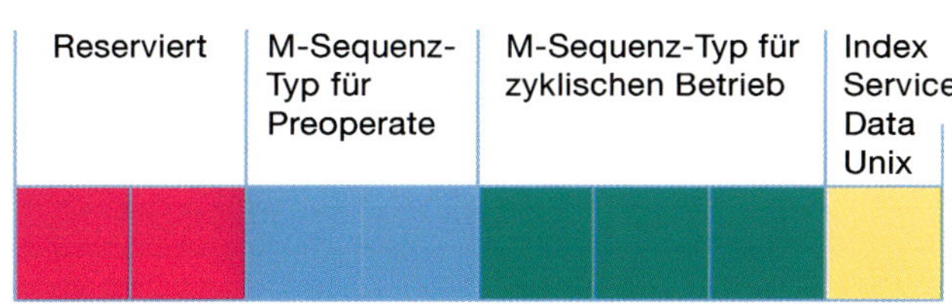

Bild 2.3: Aufbau des M-Sequenz-Capability-Bytes (Quelle: IO-Link Community)

Tabelle 2.3: ISDU Unterstützung

Wert (Bit 0)	Definition
0	keine Unterstützung der ISDU
1	unterstützt ISDU

2

IO-Link M-Sequenz-Capability

Die IO-Link M-Sequenz-Capability (oder auch Frame-Capability) gibt an, ob das IO-Link-Device erweiterte Parameter (ISDU) unterstützt. Des Weiteren ist in diesem Byte hinterlegt, wie breit der Datenkanal für azyklische Daten (Breite der OnRequest-Daten pro Zyklus) ist. Das Byte baut sich wie in **Bild 2.3** gezeigt auf.

Das Bit 0 liefert die Information bezüglich der Unterstützung einer ISDU (**Tabelle 2.3**).

Bit 1 bis Bit 3 geben die Breite des OnRequest-Datenkanals im zyklischen Betrieb an. Die **Tabelle 2.4** ist aufgrund von Kompatibilitätsgründen zwischen IO-Link Version 1.0 und 1.1 recht umfangreich und komplex. Die Wahl der M-Sequenztypen ist trotzdem einfach nachzuvollziehen. Die Festlegung der richtigen M-Sequenz trifft der Hersteller des IO-Link-Devices.

Tabelle 2.4: Auflistung der verwendbaren Frametypen

Frame Capability	Anzahl der OnRequest-Daten Bytes	Prozessdatenbreite		vom System gewählter Frametype	von IO-Link Spezifikation V1.1 unterstützt	von IO-Link Spezifikation V1.0 unterstützt
		PD In	PD out			
0 (000_{bin})	1	0	0	Type 0	X	X
1 (001_{bin})	2	0	0	Type 1.2	X	X
6 (110_{bin})	8	0	0	Type 1.V	X	
7 (111_{bin})	32	0	0	Type 1.V	X	
0 (000_{bin})	2	3…32 Byte	0…32 Byte	Type 1.1 und 1.2 im Interleave		X
0 (000_{bin})	2	0…32 Byte	3…32 Byte	Type 1.1 und 1.2 im Interleave		X
0 (000_{bin})	1	1…8 Bit	0	Type 2.1	X	X
0 (000_{bin})	1	9…16 Bit	0	Type 2.2	X	X
0 (000_{bin})	1	0	1…8 Bit	Type 2.3	X	X

Tabelle 2.4: Fortsetzung

Frame Capability	Anzahl der OnRequest-Daten Bytes	Prozessdatenbreite		vom System gewählter Frametype	von IO-Link Spezifikation V1.1 unterstützt	von IO-Link Spezifikation V1.0 unterstützt
		PD In	PD out			
0 (000_{bin})	1	0	9…16 Bit	Type 2.4	X	X
0 (000_{bin})	1	1…8 Bit	1…8 Bit	Type 2.5	X	X
0 (000_{bin})	1	9…16 Bit	1…16 Bit	Type 2.6	X	
0 (000_{bin})	1	1…16 Bit	9…16 Bit	Type 2.6	X	
4 (100_{bin})	1	0…32 Bytes	3…32 Bytes	Type 2.V	X	
4 (100_{bin})	1	3…32 Bytes	0…32 Bytes	Type 2.V	X	
5 (101_{bin})	2	$>$ 0 Bit, Bytes	$\geq$ 0 Bit, Bytes	Type 2.V	X	
5 (101_{bin})	2	$\geq$ 0 Bit, Bytes	$>$ 0 Bit, Bytes	Type 2.V	X	
6 (110_{bin})	8	$>$ 0 Bit, Bytes	$\geq$ 0 Bit, Bytes	Type 2.V	X	
6 (110_{bin})	8	$\geq$ 0 Bit, Bytes	$>$ 0 Bit, Bytes	Type 2.V	X	
7 (111_{bin})	32	$>$ 0 Bit, Bytes	$\geq$ 0 Bit, Bytes	Type 2.V	X	
7 (111_{bin})	32	$>$ 0 Bit, Bytes	$\geq$ 0 Bit, Bytes	Type 2.V	X	

Hinweis:
M-Sequenztyp 1.1 in Kombination mit 1.2 werden im Wesentlichen nur bei IO-Link-Devices nach Spezifikation 1.0 genutzt. Zudem ist das IO-Link-System in der Lage, aus dem M-Sequenz-Capability-Byte in Abhängigkeit von der Prozessdatenbreite selbstständig die richtigen M-Sequenz-Typen für Preoperate-Modus und zyklischen Betrieb anzuwenden. Es muss keine Anwenderaktion erfolgen, die vorgenannten Informationen sind bei der Analyse der IO-Link-Kommunikation im Fehlerfall jedoch hilfreich.

Bit 4 und Bit 5 geben die Anzahl der OnRequest-Daten-Bytes im Preoperate-Modus pro Zyklus an. Während des Preoperate-Modus überträgt das System keine Prozessdaten, sondern nur Parameterdaten. In **Tabelle 2.5** sind die kombinatorischen Möglichkeiten für Bit 4 und Bit 5 sowie deren Semantik angegeben.

IO-Link Revision-ID

Die IO-Link Revision-ID gibt Auskunft über die IO-Link Spezifikationsvariante der das IO-Link-Device folgt. Stand Heute (2020) sind die Werte 0x10 (10hex) und 0x11 (11hex) gültig. Dabei steht der Wert 0x10 (10hex) für die IO-Link-Spezifikation V 1.0 von 2007 und der Wert 0x11 (11hex) für die IO-Link-Spezifikation V 1.1 aus dem Jahr 2014 (auch IEC 61131-9) bzw. der aktuellen fehlerbereinigten Version 1.1.3.

Tabelle 2.5: Breite des OnRequest-Daten-Kanals

Wert (Bit 4 und Bit 5)	Definition
00 (0_{dez})	1 Byte OnRequest
01 (1_{dez})	2 Byte OnRequest
11 (2_{dez})	8 Byte OnRequest
11 (3_{dez})	32 Byte OnRequest

Bild 2.4 zeigt den Aufbau des IO-Link Revision-ID-Bytes. Dabei gibt das obere Nibble (MajorRev) die Hauptversionsnummer an.

Das untere Nibble (MinorRev) gibt die Nebenversionsnummer an. Die Wertebereiche sind dabei jeweils von 0 bis 9.

Prozess Data In

Die Anzahl der Prozessdatenbytes, die das jeweilige IO-Link-Device übertragen kann, ist in diesem Parameter hinterlegt. Die Angabe erfolgt bis 16 Bit bitgranular, ab 17 Bit bytegranular.

Der Parameter baut sich wie in **Bild 2.5** gezeigt auf.

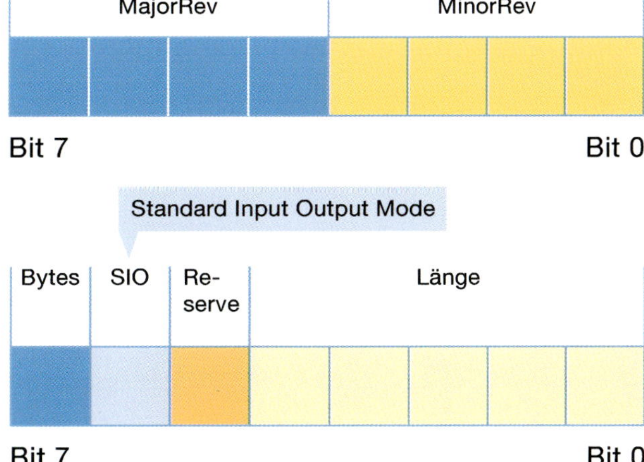

Bild 2.4: Aufbau des IO-Link Revision-ID (Quelle: IO-Link Community)

Bild 2.5: Aufbau des Prozess Data In Bytes (Quelle: IO-Link Community)

Die Bits 0 bis 4 geben die Länge der Prozessdaten an. In Zusammenhangspiel mit Bit 7 ergibt sich die Aufschlüsselung der Angabe in Bits und Bytes. Ist das Bit 7 = 0 ist die Längenangabe in Bits bis zur maximalen Länge von 16dez Bits. Ist das Bit 7 gesetzt (also 1), dann erfolgt die Längenangabe in Bytes. Die Byteangebe hat die gültigen Werte 2dez bis 31dez. Die 31dez ergibt sich aus der Tatsache, dass das erste Byte mit 0 nummeriert ist.

Bit 6 ist der Indikator für die Unterstützung des SIO-Modus durch das IO-Link-Device. Nutzt das IO-Link-Device den Standard-IO-Modus steht ein Prozesswert in Form eines Schaltbits zur Verfügung.

Tabelle 2.6 verdeutlicht dies an ein paar Beispielen.

Prozess Data Out
Wie der Parameter Prozess Data In zeigt der Parameter Prozess Data Out an, wie viele Ausgangsprozessdaten zu übertragen sind. Dabei ist die Datenrichtung vom IO-Link-Master zum IO-Link-Device gerichtet.

Die Byteinformation bezüglich der Längenangaben ist gleich wie bei Prozess Data In (siehe Bild 2.5). Lediglich entfällt das Bit 6, da IO-Link-Devices mit Ausgangsdaten in der Regel keinen SIO-Modus unterstützen. Ausnahmen sind jedoch für einfache Aktuatoren möglich.

IO-Link-VendorID
Die IO-Link-VendorID ist eine in der IO-Link-Community festgelegte Hersteller-Identifikations-Nummer. Jedes IO-Link-Mitglied erhält eine Nummer, welche die jeweilige

Tabelle 2.6: Beispiele für Prozessdatenbreiten

Wert Byte 7	Längenangabe	Bedeutung
0	0	Das IO-Link-Device überträgt keine Prozessewerte.
0	1	Es ist pro Frame 1 Bit Prozessdaten zu übertragen.
0	2	Es sind pro Frame 2 Bit Prozessdaten zu übertragen.
0	…	…
0	16	Es sind pro Frame 16 Bit Prozessdaten zu übertragen.
1	2 (0 und 1 sind keine gültigen Werte in Verbindung mit Bit 7 = 1)	Es sind pro Frame 3 Byte Prozessdaten zu übertragen.
1	n (3...30)	n + 1 Prozessdaten
1	31	Es sind pro Frame 32 Byte Prozessdaten zu übertragen.

Firma eindeutig identifiziert. Zusammen mit der DeviceID ist sie eine eindeutige und unverwechselbare Gerätekennung.

Die IO-Link-VendorID ist ein Read-only-Parameter.

Eine Liste aller Hersteller mit entsprechenden VendorIDs ist unter www.io-link.com abrufbar.

DeviceID

Die DeviceID ist eine herstellerspezifische Identifikationsnummer und beschreibt das IO-Link-Gerät. Jeder Hersteller vergibt für jedes seiner Produkte eine eineindeutige DeviceID. Abhängig von der Abwärtskompatibilität unterstützt ein IO-Link-Device mehrere DeviceIDs unterschiedlicher Artikel- oder Gerätenummern. D. h. das IO-Link-Device kennt im Kompatibilitätsfall die DeviceIDs seiner Vorgänger, zu denen eine Kompatibilität besteht (siehe Kapitel 2.5 und 4.2). Diese Kompatibilitätsumschaltung per DeviceID nutzen einige Hersteller, um den Funktionsumfang des Gerätes auf mehrere DeviceIDs zu splitten und so dem Anwender eine einfachere Bedienung über unterschiedliche IODDs/DeviceIDs zu ermöglichen. Dabei ist der Funktionsumfang jeweils in sich Abgeschlossen und es kann immer nur eine DeviceID mit zugehörigen Funktionsumfang Anwendung finden.

Die DeviceID ist im gewissen Maße von der Artikelnummer unabhängig. Sie ist fest mit der IO-Link-Device-Hardware (Elektronik) und -Software verknüpft. Mechanische Ausprägungen wie z. B. Kabellängen, Gehäusewerkstoffe, Gehäusegeometrien oder Zulassungen gehen nicht ein. Die vorgenannten Gerätemerkmale gehen nur in die Artikelnummern ein. Diese Vorgabe ist nicht zwingend, die Vergabe einer DeviceID pro vorgenanntem Merkmal ist möglich, erhöht aber den Verwaltungsaufwand in der IODD-Varianten, die bezüglich Software und Hardware ansonsten identisch sind. In der IODD sind mechanische Merkmale optional beschrieben.

Hinweis:

Es kann vorkommen, dass z. B. ein Tausch /Ersatz-IO-Link-Device mit identischer DeviceID über eine kürzere Kabellänge verfügt oder einen anderen Prozessanschluss besitzt. Hier ist beim Tausch auf die Herstellerartikelnummer zu achten.

System Command

Das System-Kommando in der Direct-Parameter-Page 1 ist an dieser Stelle ein rein interner Parameter, der üblicherweise, sofern benötigt, ausschließlich von IO-Link-Devices mit eingeschränkten Parametern zu nutzen ist. Diese IO-Link-Devices sind typischerweise in der sogenannten IO-Link-Base-Class zusammengefasst.

Die Funktionen des System-Kommandos sind unter dem Index 2 beschrieben.

Hinweis:
Das System-Kommando auf der Direct-Parameter-Page 1 steht dem Anwender nur über Index 2 zur Verfügung, IO-Link-Base-Class-Devices, die keinen erweiterten Parameterbereich unterstützen und somit keinen ISDU-Mechanismus besitzen, prüfen den Zugriff nicht weiter und liefern weder eine Response auf den Zugriff noch eine Fehlermeldung.

2.2.2 Die Einzelparameter der Direct-Parameter-Page 2

Die Direct-Parameter-Page 2 ist über den Index 1 zu erreichen und unterliegt den Einschränkungen, die das Kapitel 1.5.2 behandelt. Der jeweilige IO-Link-Device-Hersteller definiert für sich, welche Zugriffe (lesen/schreiben) auf diesen Bereich zugelassen sind. Der grundsätzliche Aufbau ist in **Tabelle 2.7** dargestellt.

Tabelle 2.7: Direct-Parameter-Page 2

Art	Address hex 0x	Address dec	Object Name	Eigenschaft	Kommentar
Herstellerspezifischer Bereich	10	16			Herstellerangaben und Dokumentation beachten
	11	17			
	12	18			
	13	19			
	14	20			
	15	21			
	16	22			
	17	23			
	18	24			
	19	25			
	1A	26			
	1B	27			
	1C	28			
	1D	29			
	1E	30			
	1F	31			

Wichtig beim Zugreifen auf die Direct-Parameter-Page 2 ist, dass hier nur Einzelbytes zu lesen und zu schreiben sind. D. h. für den Anwender, wenn ein Parameter in dieser Seite mehr als ein Byte umfasst, ist die Konsistenz der Übertragung durch das Anwenderprogramm sicherzustellen.

Der Aufbau und die genauen Angaben zu den implementierten Parametern liegen in der Verantwortung des jeweiligen IO-Link-Device-Herstellers. Aufbau und Funktion der Parameter sind in der Dokumentation zu den IO-Link-Devices angegeben, die nicht den normalen IO-Link-Indexbereich nutzen, sondern die Direct-Parameter-Page 2. Sie bedürfen der besonderen Beachtung durch den Anwender bei den Zugriffen in den Indexbereich 1.

2.3 Erweiterte IO-Link-Parameter

Im Folgenden sind alle Standard-Parameter, die in Teilen optional im IO-Link-System zur Verfügung stehen, beschrieben. Einig davon sind reserviert, andere stehen für IO-Link-Profile zur Verfügung und wiederum andere sind herstellerspezifisch. Die herstellerspezifischen Parameter sind, sofern genutzt, in der IO-Link-Device-Herstellerdokumentation beschrieben.

In den **Tabellen 2.8 bis 2.14** sind die in **Bild 2.6** gezeigten Bereiche aufgeschlüsselt und erläutert.

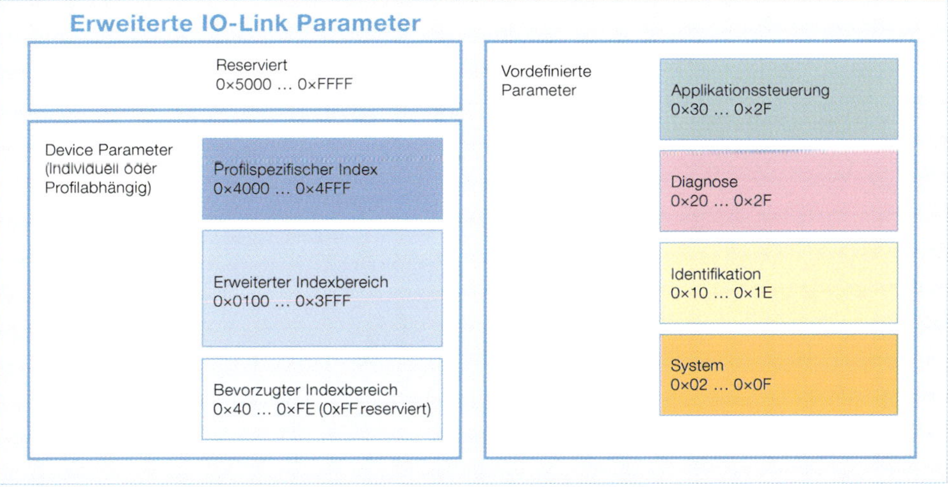

Bild 2.6: Erweiterte IO-Link-Parameter (Quelle: IO-Link Community)

Tabelle 2.8: System-Parameter

	Idex in hex	Index in dez	Name	Read/ Writeable	Länge	Datentyp	Pflicht / optional	Bemerkung
Systemindex	0000	0	Direct Parameter Page 1	R	15 Byte	RecordT	M	
	0001	1	Direct Parameter Page 2	R/W	16 Byte	Record	M	
	0002	2	System Command	W	1 Byte	Octet	M/O	Bei Unterstützung des Indexes siehe Erklärung unten
	0003	3	Data Storage Index	R	variabel	RecordT	O	vorhanden bei IO-Link-Devices, die Datenhaltung unterstützen
	0004 – 000B	4 – 11	reserved					
	000C	12	Device Access Locks	R	2 Octets	RecordT	C	Sperren des IO-Link-Devices gegen Parameterschreiben, DataStorage, lokale Parametrierung
	000D	13	Profile Characteristic	R	variabel	ArrayT of UIntegerT16	O	Beschreibung der Prozessdaten, die einem Profil folgen
	000E	14	PDInput Decriptor	R	variabel	ArrayT of OctetStringT3	O	Beschreibung der Struktur der Input-Prozessdaten
	000F	15	PDOut Discriptor	R	variabel	ArrayT of OctetStringT3	O	Beschreibung der Struktur der Output-Prozessdaten

Tabelle 2.9: Identifikations-Parameter

	Idex in hex	Index in dez	Name	Read/ Writeable	Länge	Datentyp	Pflicht / optional	Bemerkung
Identifikationsdaten	0010	16	Vendor Name	R	max. 64 Byte	StringT	M	Herstellername
	0011	17	Vendor Text	R	max. 64 Byte	StringT	O	additive Information des Herstellers
	0012	18	Product Name	R	max. 64 Byte	StringT	M	Produktname
	0013	19	Product ID	R	max. 64 Byte	StringT	O	z. B. Klartext der Artikelnummer/Bestelltext
	0014	20	Product Text	R	max. 64 Byte	StringT	O	z. B. Angabe der zu messenden physikalischen Größe (Druck, Temperatur, ...)
	0015	21	Serialnumber	R	max. 16 Byte	StringT	O	vendorspezifische Angabe
	0016	22	Hardware Revision	R	max. 64 Byte	StringT	O	vendorspezifische Angabe
	0017	23	Firmware Revision	R	max. 64 Byte	StringT	O	vendorspezifische Angabe
	0018	24	Application Specific Tag	R/W	max. 64 Byte	StringT	O	anwenderspezifische Anlagenkennung
	0019	25	Function Tag	R/W	max. 32 Byte	StringT	O	anwenderspezifische Funktionskennung
	001A	26	Location Tag	R/W	max. 32 Byte	StringT	O	anwenderspezifische Ortskennung
	001B bis 001F	27 bis 31	reserved					

Tabelle 2.10: Diagnose-Parameter

	Index in hex	Index in dez	Name	Read/ Writeable	Länge	Datentyp	Pflicht/ optional	Bemerkung
Diagnosedaten	0020	32	Error count	R	2 Byte	UIntegerT	O	Zahl der Fehler seit Power up
	0021 bis 0023	33 bis 35	reserved					
	0024	36	Device Status	R	1 Byte	UIntegerT	O	Wellnessfaktor des IO-Link-Devices
	0025	37	Detailed Device Status	R	variabel	RecordT	O	Zusatzinformationen in Verbindung mit Profilen
	0026 bis 0027	38 bis 39	reserved					
	0028	40	Process Data Input	R	PD length	Device specific	O	die letzten Prozessdaten können azyklisch gelesen werden
	0029	41	Process Data Output	R	PD length	UnitXX	O	die letzten Prozessdaten können azyklisch gelesen werden
	002A bis 002F	42 bis 47	reserved					

Tabelle 2.11: Profil-Parameter

	Index in hex	Index in dez	Name	Read/ Writeable	Länge	Datentyp	Pflicht/ optional	Bemerkung
Profilspezifische Parameter	0030	48	Offset Time	R/W	1 Byte	Octet	O	Synchronisierung von Messaplikationen
	31 bis 3F	49 bis 63	reserved für Profile					

Tabelle 2.12: Herstellerspezifische Parameter im 8 Bit-Index-Bereich

	Index in hex	Index in dez	Name	Read/ Writeable	Länge	Datentyp	Pflicht/ optional	Bemerkung
Preferred Index	0040 bis 00FE	64 bis 254	Preferred Index					
	00FF	255	reserved					

Tabelle 2.13: Herstellerspezifische Parameter im 16 Bit-Index-Bereich

	Index in hex	Index in dez	Name	Read/ Writeable	Länge	Datentyp	Pflicht/ optional	Bemerkung
Extended Index	0100 bis 3FFF	256 bis 16383						

Tabelle 2.14: Profilspezifische Parameter (reserviert)

	Index in hex	Index in dez	Name	Read/ Writeable	Länge	Datentyp	Pflicht/ optional	Bemerkung
Profiles	4000 bis 4FFF	16384 bis 20479						
Reserved	5000 bis FFFF	20480 bis 65535						

Dabei sind die Seiten der Direct-Parameter-Page über den sogenannten ISDU-Aufruf verfügbar, jedoch ist die Direct-Parameter-Page 1 dabei ausschließlich lesend zugreifbar.

2.3.1 Erklärung der Einzelparameter

Die Indices 0 bis 2 wurden bereits in Kapitel 2.1 erläutert. Die folgende Darstellung der Parameter verdeutlicht nochmals die Indexstruktur von IO-Link in der Gesamtsicht. Die drei ersten Indices haben eine gesonderte Stellung im System, wobei dies für den Anwender nicht weiter von Bedeutung ist. Der Index 0 ist für den Anwender ein rein lesbarer Index. Den Index 1 nutzen manche IO-Link-Devices für Parameter. Und Index 2 dient dem Steuern der IO-Link-Device-Applikation via Systemkommandos, die der Anwender in bestimmten Situationen auslösen kann.

Hinweis:
Nutzt ein IO-Link-Device den Index 1, muss der Anwender sicherstellen, dass die Zugriffe in diesen Index konsistent erfolgen, da IO-Link in diesem Bereich nur Byte-weise konsistent überträgt. Index 2 ist vom Anwender im normalen lesenden und schreibenden Zugriff zu nutzen (siehe auch Kapitel 1.5.2).

2.3.1.1 System Parameter Index 2 (System-Kommando)

Der System-Kommandokanal ermöglicht dem Anwender devicespezifische Aktionen über den IO-Link Index 2 auszulösen.

Dabei verfügt IO-Link über standardisierte Kommandos, als auch über herstellerspezifische. Die genaue Funktion herstellerspezifischer Kommandos legt im Wesentlichen der jeweilige IO-Link-Device-Hersteller fest. Um diese Kommandos richtig im Anwenderprogramm zu implementieren bzw. diese richtig auszuführen, ist die Herstellerdokumentation zu Rate zu ziehen. IO-Link definiert optionale Kommandos, die vorwiegend der Mechanismus der automatischen Datenhaltung nutzt.

Die standardisierten IO-Link-Systemkommandos sind in **Tabelle 2.15** aufgeführt. Unterstützt ein IO-Link-Device die IO-Link-Datenhaltung, sind die Parameter 0x01 bis 0x06 verfügbar, die Funktion dieser ist in Kapitel 2.4 beschrieben.

Das IO-Link-System-Command ist für den Anwender über den IO-Link-Index 2 zu erreichen. Es ist ausschließlich schreibbar.

IO-Link verfügt über vier Reset-Kommandos, die unterschiedlichen Funktionen im IO-Link Device reseten.

Tabelle 2.15: Systemkommandos

Kommando in hex	Kommando in dez	Name	Pflicht/ Optional	Bemerkung
0x00	0	reserved		
0x01	1	ParamUploadStart	O	start parameter upload [1)]
0x02	2	ParamUploadEnd	O	stop parameter upload [2)]
0x03	3	ParamDownloadStart	O	start parameter download [3)]
0x04	4	ParamDownloadEnd	O	stop parameter download [4)]
0x05	5	ParamDownloadStore	O	beendet die Parametrierung und startet die Datenhaltung[5)]
0x06	6	ParamBreak	O	dieses Kommando unterbricht die Datenhaltung sowie die Parametrierung
0x07 bis 3F	7 bis 127	reserved		
0x80	128	Device reset	O	
0x81	129	Application reset	H	
0x82	130	restore factory settings	O	Auch Factory Reset
0x83	131	Back-to-box	M	Herstellen des Auslieferzustandes
0x84 bis 0x9F	131 bis 159	reserved		
0xA0 bis 0xFF	160 bis 255	herstellerspezifisch	O	

[1)] friert Parametersatz im Gerät zur Bewahrung der Konsistenz ein für eine Parameter upload (siehe Kapitel 2.4.2)

[2)] löst eingefrorenen Parametersatz

[3)] Start der Blockparametrierung, Beginn einer Parametrierung (siehe Kapitel 2.4.2)

[4)] siehe Datenhaltung, Ende einer Parametrierung (siehe Kapitel 4.8), Start der Parameterprüfung (siehe Kapitel 2.4.2)

[5)] wie [4)], zusätzlich Markieren des Datensatzes zur Speicherung über die Datenhaltung (siehe Kapitel 4.8)

Kommando 128 (Device Reset)

Mit diesem Kommando ist ein sogenannter „Warmstart“ des Gerätes durchzuführen. Dieses Kommando ist nützlich, wenn ein IO-Link-Device in einen Ausgangszustand zurück zu setzen ist, genau wie z. B. durch ein erneutes Einschalten, was einen Kommunikationsabbruch zur Folge hat.

Alle Funktionen der Applikation des IO-Link-Devices gehen beim Empfang des System-Kommandos in den Ausgangszustand zurück. D. h. der IO-Link-Master ist gezwungen die Kommunikation zum IO-Link-Device erneut aufzubauen.

Dieses Kommando ist optional, der IO-Link-Device-Hersteller beschreibt in der Anwenderdokumentation, ob diese System-Kommando implementiert ist, und wie genau sich die Funktion des System-kommandos auswirkt.

Kommando 129 (Application Reset)
Dies Kommando ermöglicht es einem Gerät, die technologiespezifische Anwendung zurückzusetzen. Dies ist immer dann von Nutzen, wenn eine technologiespezifische Anwendung ohne eine Kommunikationsunterbrechung und einem Abschaltzyklus in einen vordefinierten Betriebszustand zu versetzen ist. Im Gegensatz zu dem Kommando „Restore factory settings“ werden nur die anwendungsspezifischen Parameter auf den vom Hersteller definierten Default-Wert zurückgesetzt. Die eventuell durch einen angewendeten Kompatibilitätsmodus veränderten Identifikationsparameter bleiben hingegen unangetastet.

Anstehende Events bzw. Diagnosemeldungen bleiben ebenfalls erhalten.

Das Zurücksetzen der entsprechenden Parameter wird bei Empfang des System–Kommandos sofort ausgelöst.

Dieses System-Kommando führt die IO-Link Version 1.1.3. neu ein und empfiehlt dieses Kommando zwingend in neuen IO-Link-Device zu implementieren. Die IO-Link-Device-Herstellerdokumentation gibt Aufschluss über die Unterstützung dieses System-Kommandos.

Kommando 130 (Factory Reset/Restore Factory Settings)
Dieses System-Kommando ermöglicht es, die Parameter den ursprünglichen Auslieferungszustand wiederherzustellen. Die Werkseinstellungen werden beim Empfang des System-Kommandos wiederherstellt.

Das Upload-Flag der Datenhaltung und die dynamischen Parameter wie ErrorCount Index 32, Device Status Index 36, sowie der Detailed Device Status Index 37 (siehe Tabelle 2.10) setzt dieses System-Kommando ebenfalls zurück. Das Verhalten und die Default-Werte für Herstellerspezifischen Parameter ist der Herstellerdokumentation zu entnehmen

Dieses System-Kommando ist optional und somit in der Herstellerdokumentation nachzulesen, ob dieses Kommando im vorliegenden IO-Link-Device implementiert ist.

Kommando 131 (Back-to-Box)
Dieses System-Kommando setzt alle Parameter eines IO-Link-Devices auf die ursprünglichen Herstellerwerte zurück, ohne dass eine weitere Interaktion mit Mechanismen auf höherer Ebene, wie z. B. Datenhaltung oder SPS-basierte Parametrierung, erforderlich ist. Der Nutzen dieses System-Kommandos besteht im Wesentlichen darin,

dass IO-Link-Devices die bereits in Installation mit einer entsprechenden Parametrierung aktiv waren wieder als reguläres Ersatzteil zurückgewonnen werden können.

Nach einem erneuten Spannungseinschalten bzw. dem sogenannten PowerCycle verhält sich das IO-Link-Device genau gleich wie ein baugleiches, das frisch aus dem Karton (Box) kommt.

Nach dem Empfang des System-Kommandos Back-to-Box (siehe Tabelle 2.15) stellt das IO-Link-Device seine Kommunikation zum IO-Link-Master ein, bis der nächste PowerCycle erfolgt. IO-Link-Devices, die dieses Kommando erhalten haben, jedoch noch keinen PowerCycle durchlaufen haben, können dies, wenn vorhanden, am lokalen Display anzeigen.

Dieses System-Kommando ist für neue IO-Link-Device nach Version 1.1.3 verpflichtend. Bezüglich der genauen Anzeige eines ausstehenden PowerCycle ist jedoch in der Herstellerdokumentation nachzuschlagen.

Hinweis:
Die Nutzung des Factory-Resets eines angeschlossenen IO-Link-Devices über einen bestehenden IO-Link-Master mit eingeschalteter Datenhaltung wird erfolgreich ausgeführt, für den Anwender ist jedoch das Rücksetzen nicht ersichtlich. Aufgrund der Datenhaltung vom IO-Link-Master kommt es nach dem nächsten Kommunikationsanlauf zum Download des gespeicherten Datensatz zum IO-Link-Device. Dies führt zu dem Eindruck, der Factory-Resets des IO-Link-Devices sei nicht erfolgt. Es ist somit zu empfehlen, die Datenhaltung an dem betreffenden IO-Link-Masterport auszuschalten oder den Factory-Reset mittels eines USB-IO-Link-Masters durchzuführen, um im IO-Link-Device tatsächlich die Default-Einstellungen vorzufinden (siehe auch Kapitel 4.8). Bei der Nutzung des System-Kommandos Back-to-Box kann ein automatisches Reparametrieren des IO-Link-Devices durch die aktive Datenhaltung vermieden werden, da das IO-Link-Device auf einen PowerCycle wartet.

Die **Tabelle 2.16** soll einen schnellen Überblick über die unterschiedlichen Reset-Auswirkungen geben.

Index 3 (Data Storage Index)
Der Index befindet sich im Systemindexbereich (siehe Tabelle 2.8).

Dieser Parameter dient dem System zur automatischen Datensicherung. Der Inhalt ist zum einen eine Steuerschnittstelle (Kommandoschnittstelle) für den IO-Link-Master und zum anderen ist die Informationen über Größe, sowie die Liste der zu sichernden Parameter enthalten.

Tabelle 2.16: Auswirkungen der unterschiedlichen Resets

Betroffene Applikationsteile	Durch einfaches Aus- und Einschalten (PowerCycle)	Device Reset (128)	Application Reset (129)	Factory Reset (130)	Back-to-Box (131)
Diagnose und Status	Ausgangszustand keine anstehenden Diagnosen	Ausgangszustand keine anstehenden Diagnosen	kein Einfluss	Alle anstehenden Diagnosen werden mit „gegangen" versendet und anschließend gelöscht	Ausgangszustand keine anstehenden Diagnosen
Datenhistorien (z. B. Betriebsstundenzähler)	kein Einfluss	kein Einfluss	kein Einfluss	kein Einfluss	kein Einfluss
Technologiespezifische Parameter (einstellbar, teachbar)	kein Einfluss	kein Einfluss	Setzen der Default-Werte	Setzen der Default-Werte	Setzen der Default-Werte
Identifizierung/ Tags, z. B. Fuction Tag oder Local Tag	kein Einfluss	kein Einfluss	kein Einfluss	Setzen der Default-Werte	Setzen der Default-Werte
Verhalten der Datenhaltung	kein Einfluss	kein Einfluss	Das Upload-Flag der Datenhaltung wird aufgrund der Parameteränderung gesetzt	Das Upload-Flag der Datenhaltung wird trotzt Änderung der Parameter zurückgesetzt	Das Upload-Flag der Datenhaltung wird trotzt Änderung der Parameter zurückgesetzt
IO-Link-ReviconID	Default-Werte	Default-Werte	kein Einfluss	Setzen der Default-Werte	Setzen der Default-Werte
IO-Link-DeviceID	kein Einfluss	kein Einfluss	kein Einfluss	Setzen der Default-Werte	Setzen der Default-Werte
Komunikationsverhalten	Neustart durch den IO-Link-Master	Neustart durch das IO-Link-Device	kein Einfluss	Neustart durch das IO-Link-Device sofern Kommunkations-parameter zurückgesetzt wurden	Das IO-Link-Device stoppt die Kommunikation und wartet auf einen Neustart via PoweCycle
Access locks	kein Einfluss	kein Einfluss	Setzen der Default-Werte	Setzen der Default-Werte	Setzen der Default-Werte
Laufende Blockparametrierungen	–	wird verworfen	wird verworfen	wird verworfen	wird verworfen

Die Kommandoschnittstelle ist ein systeminterner Kanal und ist von Anwenderprogrammen und Tools nicht zu erreichen. Die genaue Funktion der Datenhaltung ist im Kapitel 4.8 erläutert.

Der Aufbau des Indexes ist in **Tabelle 2.17** angeben.

Tabelle 2.17: Subindexbeschreibung Index 3

Subindex	Name	Kodierung	Datentype	Bemerkung
01	Kommando	0x01 Upload Start 0x02 Upload End 0x03 Download Start 0x04 Download End 0x05 Break 0x00, 0x06 bis 0xFF reserviert	UIntegerT (8 Bit)	Systemparameter nur lesbar, von machen IO-Link-Mastern auch geblockt
02	Status Eigenschaften	Bit 1 und 2 liefern den Datenhaltungsstatus 00_{bin} inaktiv 01_{bin} Upload 10_{bin} Download 11_{bin} Datenhaltung wird ignoriert / Data storage locked Bit 7 Upload Flag 0_{bin} Es steht kein Upload an 1_{bin} Es steht ein Upload an Bit 0 und 3 bis 6 sind reserviert	UIntegerT (8 Bit)	Systemparameter nur lesbar
03	Größe des zu sichernden Datensatzes	Anzahl der zu speichernden Byte, maximal 2048	UIntegerT (32 Bit)	Systemparameter nur lesbar
04	Parameter-Checksumme	Die Berechnung gibt die IO-Link-Spezifikation nicht vor. Der Hersteller kann unter verschiedenen CRCs wählen, je nach Umfang der zu sichernden Daten	UIntegerT (32 Bit)	Systemparameter nur lesbar
05	Index Liste	Liste der Parameter, die zu sichern sind (nur vom Device interpretierbar)	OctetStringT (variabel)	Systemparameter nur lesbar

Der Subindex 2 liefert reine Statusinformationen. Der Anwender kann daraus folgende Informationen ableiten:

Inaktiv: Das IO-Link-Device hat momentan keinen Datensatz, den der IO-Link-Master sichern müsste bzw. es findet derzeit keine Sicherung eines Datensatzes statt.

Upload: Das IO-Link-Device befindet sich im Upload des aktuellen Datensatzes zum IO-Link-Master.

Download: Das IO-Link-Device bekommt einen neuen Datensatz vom IO-Link-Master.

Datenhaltung wird ignoriert/Data storage locked: Der IO-Link-Master darf weder ein Up- noch ein Download starten. Dieses Bit ist per Spezifikation 1.1.3 für Neuentwicklungen außer Kraft gesetzt und ist zukünftig zu ignorieren, da es zu Deadlocks im System führen kann.

Das UploadFlag zeigt an, ob der aktuelle Datensatz zu sichern ist, oder ob dieser schon gesichert ist. Dieses Flag spielt eine zentrale Rolle in der Datenhaltung.

Subindex 3 gibt die Größe aller zu speichernden Parameter an, ein IO-Link-Device kann maximal 2.048 Byte Parameter speichern lassen.

Der Subindex 4 beherbergt die Checksumme der Parameter. Anhand dieser ist der IO-Link-Master in der Lage, beim Anlauf der Kommunikation zu prüfen, ob der erwartete Parametersatz im IO-Link-Device Anwendung findet, oder es einer Reparametrierung bzw. eines Uploades des Parametersatzes bedarf.

Da das IO-Link-Device die zu sichernden Parameter vorgeben muss, stellt Subindex 5 eine Indexliste der an der Datenhaltung beteiligten Parameter zur Verfügung.

Index 12 (Device Access Locks)
Der Index befindet sich im Systemindexbereich (siehe Tabelle 2.8).

Der Parameter ermöglicht ein Blockieren der lokalen Bedienelemente (lokales Userinterface) sowie das lokale Parametrieren via Fernteach.

Ein Überschreiben der lokalen Parameter lässt sich durch eine Einstellung innerhalb dieses Parameters verhindern (**Tabelle 2.18**).

Bei der Umsetzung von Anlagenapplikationen ist zu überlegen, welche Zugriffe geblockt und welche zugelassen sind bzw. welchen Zugangsstufen entsprechende Zugriffe erlauben. Dies unterscheidet sich typischerweise von Anlage zu Anlage.

Tabelle 2.18: Subindexbeschreibung Index 4

Bit	Kategorie	Bedeutung
0	Parameter write access (optional)	0 = nicht geblockt (default) 1 = geblockt
1	Datenhaltung (ist immer vorhanden, wenn das IO-Link-Device Datenhaltung unterstützt)	0 = nicht geblockt (default) 1 = geblockt
2	lokale Parametrierung via z. B. Fernteach (optional)	0 = nicht geblockt (default) 1 = geblockt
3	lokale Parametrierung via HMI am Device (optional)	0 = nicht geblockt (default) 1 = geblockt
4 bis 15	reserviert	

Dieser Parameter ist IO-Link-seitig optional, d. h. der IO-Link-Device-Hersteller gibt in seiner Dokumentation an, ob in seinem IO-Link-Device dieser Parameter implementiert ist. Ist der Index vorhanden und nutzbar, geht ebenfalls aus der Herstellerbeschreibung hervor, welche Optionen der Index tatsächlich nutzt, da alle Möglichkeiten optional sind. Der IO-Link-Device-Hersteller kann sich hier die für ihn sinnvollen aussuchen und implementieren.

Der Parameter ist zwei Byte lang und wie in Tabelle 2.18 aufgebaut. Mit Bit 0 ist das Überschreiben von Parametern blockierbar. Ein Schreiben durch die Datenhaltung wird nicht verhindert. Dieser Parameter wird in zukünftigen IO-Link-Devices nach Spezifikation 1.1.3 nicht mehr realisiert, bzw. sollte nicht mehr genutzt werden.

Das Bit 1 sollte immer auf 0 stehen, damit es nicht zu einer sich blockierenden Datenhaltung kommt. Aufgrund einer Änderung an der IO-Link-Spezifikation ist dieses Bit bei neueren IO-Link-Devices nicht mehr umgesetzt (siehe auch Index 3 Subindex 2).

Bit 2 lässt ein Unterbinden von Fernteachs zu.

Bit 3 kann ein lokales Bedienen des Devices verhindern.

Hinweis:
Bei IO-Link-Devices, die im Index 12 noch das Bit 1 unterstützen, sollte auf jeden Fall die Einstellung „nicht geblockt“ aktiv sein. Ist dies nicht der Fall, können nicht sofort nachvollziehbare Verhaltensweisen mit der aktivierten IO-Link-Datenhaltung auf der IO-Link-Masterseite auftreten.

Index 13 (Profile Characteristic)
Unterstützt ein IO-Link-Device ein Profil bzw. mehrere, gibt es in diesem Parameter an, um welches respektive um welche Profile es sich handelt. Der Parameter listet alle Profilkennungen (Profil-IDs/PIDs) auf, die im IO-Link-Device implementiert sind (zu Profilen siehe Kapitel 5).

Index 14 (PD Input Descriptor)
Die Datenstrukturen der Prozesseingangsdaten eines Profils sind in diesem Parameter beschrieben. Dieser Parameter ist im wesentlich für Tools gedacht, denen es möglich ist, auf automatischen Wegen die Struktur eines Prozessdatums zu entschlüsseln und damit zu arbeiten. Die Struktur dieses Parameters beschreibt das Common Profile (siehe Kapitel 5.2.3).

Index 15 (PD Output Descriptor)
Dieser Parameter enthält die Beschreibung der Datenstruktur der Prozessausgangsdaten eines Profilgeräts. Er ist im wesentlich für Tools gedacht, denen es möglich ist, auf automatischen Wege die Struktur eines Prozessdatums zu entschlüsseln und damit zu arbeiten. Die Struktur dieses Parameters beschreibt das Common Profile (siehe Kapitel 5.2.3).

2.3.1.2 Identifikations Parameter

Die Gruppe der Identifikationsparameter beherbergt einige Pflichtparameter, anhand derer ein IO-Link-Device eindeutig zu identifizieren ist. Über die Pflichtparameter hinaus besteht die Möglichkeit, weitere Merkmale zur Identifikation im IO-Link-Device abzulegen. In Kombination mit Profilen erlangen einige optionale Parameter jedoch Pflichtcharakter. Welche dies sind, hängt vom genutzten Profil ab (siehe Kapitel 5.2).

Index 16 (Vendor Name)
Der Index befindet sich im Identifikationsbereich (siehe Tabelle 2.9). In diesem Index legt der IO-Link-Device-Hersteller seinen Herstellernamen ab. Die maximale Länge beträgt 64 Byte. Dieser Parameter ist ein Pflichtparameter, wenn erweiterte IO-Link-Parameter vorhanden sind.

Index 17 (Vendor Text)
Der Index befindet sich im Identifikationsbereich (siehe Tabelle 2.9).

In diesem Index kann der Hersteller weitere Informationen zum IO-Link-Device hinterlegen. Die maximale Länge beträgt 64 Byte.

Dieser Parameter ist optional und findet sich deshalb nicht zwingend in jedem IO-Link-Device. Ob dieser Parameter im IO-Link-Device vorhanden ist, geht aus der Anwenderdokumentation des IO-Link-Herstellers hervor.

Index 18 (Product Name)
Der Index befindet sich im Identifikationsbereich (siehe Tabelle 2.9).

Zur besseren Unterscheidung des IO-Link-Devices ist es in diesem Index möglich, mit maximal 64 Byte einen Produktnamen zu hinterlegen. Der IO-Link-Device-Hersteller kann diesen wählen, um z. B. auf mechanische Ausprägungen einzugehen. Die IODD verlinkt diesen Parameter, damit kommt in Tool- oder Displayoberflächen das richtige IO-Link-Device zur Anzeige.

Dieser Parameter ist ein Pflichtparameter bei erweiterten IO-Link-Parametern.

Index 19 (Product ID)
Der Index befindet sich im Identifikationsbereich (siehe Tabelle 2.9).

Der IO-Link-Device-Hersteller kann an dieser Stelle seine genaue Produktbezeichnung via Artikelnummer hinterlegen. Für die Bezeichnung stehen maximal 64 Byte zur Verfügung.

Es handelt sich um einen optionalen Parameter, der nicht zwingend vom IO-Link-Device-Hersteller umzusetzen ist. Ob dieser im IO-Link-Device vorhanden ist, geht aus der Anwenderdokumentation des Herstellers hervor.

Index 20 (Product Text)
Der Index befindet sich im Identifikationsbereich (siehe Tabelle 2.9).

Den Produkttext kann jeder IO-Link-Device-Hersteller als individuelle Beschreibung des IO-Link-Devices nutzen. Es können z. B. physikalische Messgrößen, Messverfahren oder Sensorkategorien in diesem Parameter angegeben sein. Die genaue Angabe des Inhaltes in diesem Parameter ist in der Anwenderdokumentation des IO-Link-Device-Herstellers zu entnehmen. Dabei ist die maximale Länge wiederum auf 64 Byte begrenzt und es ist eine optionale Angabe, die nicht zwingend vorhanden sein muss.

Index 21 (Serial Number)
Der Index befindet sich im Identifikationsbereich (siehe Tabelle 2.9).

Die Seriennummer ist eine eindeutige Nummer, die bei der Identifikation von IO-Link-Devices heranzuziehen ist. Die Seriennummer liegt bei IO-Link in der Verantwortung jedes IO-Link-Device-Herstellers. In Abhängigkeit von IO-Link-Vendor-, IO-Link-DeviceID und -Seriennummer ist ein IO-Link-Device in einer Anlage eineindeutig zu identifizieren. Aus dem Ergebnis der Identifikation ist es dem Anwender möglich, verschiedene Reaktionen des Systems abzuleiten (siehe hierzu das Kapitel 4.6). Die Länge der Seriennummer ist auf 16 Byte begrenzt. Die Seriennummer ist ein optionaler Parameter, der jedoch in Verbindung mit Profilen Pflicht sein kann.

Der IO-Link-Device-Hersteller gibt in seiner Dokumentation zum Gerät an, ob dieser Parameter vorhanden ist (siehe Kapitel 5.2).

Index 22 (Hardware Revision)
Der Index befindet sich im Identifikationsbereich (siehe Tabelle 2.9).

Üblicherweise geben die meisten IO-Link-Device-Hersteller in diesem Parameter die Hardwareversion der eingebauten Elektronik an. Ebenso ist es möglich, dass dieser Parameter neben dem Revisionsstand der Elektronik zusätzlich den Revisionsstand der Mechanik des IO-Link-Devices referenziert. Bezüglich der Kodierung der Versionen, die mit einer maximalen Länge von 64 Byte erfolgen kann, ist die Dokumentation des jeweiligen IO-Link-Device-Herstellers zu Rate zu ziehen. Die Unterstützung dieses Parameters ist wünschenswert, jedoch handelt es sich um einen optionalen Parameter, so dass nicht jedes IO-Link-Device diesen unterstützt.

Index 23 (Firmware Revision)
Der Index befindet sich im Identifikationsbereich (siehe Tabelle 2.9).

Der IO-Link-Device-Hersteller hinterlegt in diesem Parameter den Revisionsstand der im Gerät angewendeten Firmware. Die genaue Kodierung und der Bezug der Revisionsnummer ist der Anwenderdokumentation des jeweiligen IO-Link-Device-Herstellers zu entnehmen. Der Parameter ist optional und hat eine Länge von 64 Byte. Zur etwaigen Fehlerbehebung ist der Parameter sehr nützlich.

Zu den nachstehenden Identifikationsparametern lässt sich allgemein nach IEC 81436 Folgendes zusammenfassen:

Die folgenden Parameter kann der Anwender nutzen, um Ortsaspekte, also die Verortung eines Gerätes, zu kennzeichnen. Produktaspekte, in denen die Struktur eines Objektes beschrieben ist, sind ebenfalls möglich, sowie funktionale Aspekte, die die Funktion eines Gerätes kennzeichnen. Dabei besteht die Option, sofern ein IO-Link-Device alle der folgenden Tags unterstützt, den Application-Specific-Tag als einen übergeordneten Tag des Function-Tags und des Location-Tags zu nutzen. IO-Link stellt diese Identifikationsparameter zur Verfügung, die Nutzung und Kodierung obliegt jedoch dem Anwender.

Index 24 (Application-Specific-Tag)
Der Index befindet sich im Identifikationsbereich (siehe Tabelle 2.9).

Zur Anlagendokumentation steht der Parameter Application-Specific-Tag zur Verfügung. Jeder Nutzer kann individuell je nach Nutzung eine Anlagenkennzeichnung im IO-Link-Device hinterlegen. Je nach IO-Link-Device stehen hierfür 16 oder 32 Byte zur Verfügung.

Dieser Parameter ist optional; in Verbindung mit dem Common Profil ist es ein Pflichtparameter, den das IO-Link-Device zu unterstützen hat. Die nutzbare Länge dieses Parameters ist der IO-Link-Device Dokumentation zu entnehmen (siehe Kapitel 5.2).

Index 25 (Function-Tag)
Der Index befindet sich im Identifikationsbereich (siehe Tabelle 2.9).

Zur Anlagendokumentation steht der Parameter Function-Tag zur Verfügung. Jeder Nutzer kann individuell je nach Nutzung eine Funktions- oder Teilfunktionskennung – Kennzeichnung z. B. gemäß der IEC 81346 – im IO-Link-Device hinterlegen. Es stehen hierfür 32 Byte zur Verfügung.

Dieser Parameter ist optional, in Verbindung mit dem Common Profil ist es ein Pflichtparameter, den das IO-Link-Device unterstützen muss (siehe Kapitel 5.2).

Index 26 (Location-Tag)
Der Index befindet sich im Identifikationsbereich (siehe Tabelle 2.9).

Zur Anlagendokumentation steht der Parameter Location-Tag zur Verfügung. Jeder Nutzer kann individuell je nach Nutzung eine Verortung des IO-Link-Devices im selbigen hinterlegen. Das IO-Link-Device stellt für diesen Identifikationsparameter 32 Byte zu Verfügung.

Dieser Parameter ist optional, das Common Profil wandelt diesen in einen Pflichtparameter, den das IO-Link-Device zu unterstützen hat (siehe Kapitel 5.2). Es ist möglich, diesen Parameter im Kontext der IEC 81346 zu nutzen.

2.3.1.3 Diagnoseparameter

Die Gruppe der Diagnoseparameter beherbergt einige Pflichtparameter, anhand derer ein IO-Link-Device bezüglich seines Betriebszustandes zu analysieren ist. Mit diesen Informationen ist es möglich, zum Beispiel eine vorbeugende Wartung zu planen und zu einem anlagengünstigen Zeitpunkt durchzuführen. Diese Parameter bzw. die Informationen können Aufschluss zur Prozessstabilität der Gesamtanlage geben. Hierzu ist jedoch der Anlagenersteller gefordert, aus den Einzelinformationen die richtigen Schlüsse zu ziehen. Diese Parameter sind alle optional, d. h. bei der Anlagenplanung ist zu überlegen, ob die zur Anwendung vorgesehenen IO-Link-Devices diesen Parameter unterstützen sollen und entsprechend auszuwählen. Die IO-Link-Device-Hersteller geben in der IO-Link-Device-Dokumentation an, welche Parameter aus dieser Gruppe im Gerät vorhanden sind.

Index 32 (Error Count)
Der Index befindet sich im Diagnosebereich (siehe Tabelle 2.10).

Der Parameter zählt alle Fehler, die seit dem letzten Reset oder dem Einschalten des IO-Link-Devices aufgetreten sind. Die Fehleranzahl bezieht sich ausschließlich auf Fehler, die aus der IO-Link-Device-Applikation kommen. Die genaue Beschreibung ist der Anwenderdokumentation des IO-Link-Device-Herstellers zu entnehmen. Diese Parameter ist nicht zwingend in allen IO-Link-Devices vorgesehen, da es ein optionaler Parameter ist.

Die Länge des Parameters ist zwei Byte.

Index 36 (Device Status)
Der Index befindet sich im Diagnosebereich (siehe Tabelle 2.10).

Zur IO-Link-Device-Zustandsanzeige steht dieser Parameter zur Verfügung. Es sind fünf Stufen definiert. **Tabelle 2.19** gibt die Zustandscodierung für den einen Byte langen Parameter an.

Ereignisse am IO-Link-Device beeinflussen den angezeigten Status.

Im Gegensatz zu IO-Link-Events ist der IO-Link-Device-Status immer azyklisch aus dem IO-Link-Device auslesbar, selbst dann, wenn kein aktives IO-Link-Event aufgetreten ist. Des Weiteren sind IO-Link-Events keine statischen Ereignisse, viel mehr kommt es nach dem Abarbeiten solcher Events zum Überschreiben dieser, so dass nicht nachträglich auf den Fehler zu schließen ist. Der IO-Link-Device-Status ist statisch auslesbar und spiegelt den aktuellen Betriebszustand des IO-Link-Devices wieder. Es ist nicht abwegig, vom einem Wohlfühlfaktor oder Wellnessfaktor des IO-Link-Devices zu sprechen.

Die in den Bildern 2.7 bis 2.10 gezeigten Piktogramme sind Empfehlungen der IO-Link Community. Die Piktogramme sind jedoch für Tool-Hersteller nicht verpflichtend und können je nach Tool-Hersteller variieren.

Tabelle 2.19: Kodierung der Device Stati

Device Status Wert	Definition
0	Device OK
1	Maintenance-Required/Wartung erforderlich
2	Out-of-Specification/außerhalb des Betriebsbereiches
3	Functional-Check/Funktionsprüfung erforderlich
4	Failure/Fehler

Device OK
Das IO-Link-Device funktioniert ohne jegliche Einschränkung und es liegen keine weiteren Hinweise vor. Hierfür gibt es kein besonderes Symbol, oft wird hier z. B. ein grüner Kreis angezeigt.

Bild 2.7: Piktogramm Wartung erforderlich (Quelle: IO-Link Community)

Maintenance-required
Steht für: Wartung erforderlich. Diesen Zustand deutet das Piktogramm in **Bild 2.7** an.

Diesen Zustandswert schaltet das IO-Link-Device aktiv, um anzukündigen, dass es z. B. bald keine gültigen Prozessdaten mehr liefern kann. Während dieses Zustandes bleiben die Prozessdaten jedoch gültig. Der Zustand kann z. B. eine Folge von Verschmutzung einer optischen Linse oder von Ablagerungen am Messelement sein.

Bild 2.8: Piktogramm Wert außerhalb des Geltungsbereichs (Quelle: IO-Link Community)

Out-of-Specification
Steht für Werte, die sich außerhalb Spezifikation des Gerätes bewegen. Diesen Zustand deutet das Piktogramm in **Bild 2.8** an.

Diesen Zustand nutzt das IO-Link-Device, sobald sich der Messwert außerhalb des gültigen Messbereichs bewegt. Die Prozessdaten sind jedoch in diesem Fall noch gültig. Es kann auch eine Fehlfunktion vorliegen, wie fehlerhafte Leistungszufuhr, Temperatur, Druck, Vibrationen oder z. B. Blasen in Flüssigkeiten bei Fluidsensoren. Eine Abstellmaßnahme ist anlagenbezogen zu definieren und umzusetzen.

Bild 2.9: Piktogramm Funktionstest (Quelle: IO-Link Community)

Functional-Check
Steht für Funktionstest/-prüfung. Diesen Zustand deutet das Piktogramm in **Bild 2.9** an.

Das IO-Link-Device nutzt diesen Zustand, sobald die Prozessdaten teilweise aufgrund von Manipulation am IO-Link-Device ungültig sind. Die Manipulation kann zum Beispiel eine ausgelöste Kalibrierung oder ein Teach-in sein. Ebenso kann ein nicht erlaubtes Nutzen des lokalen Bedienerinterfaces zu diesem Zustand führen.

Bild 2.10: Piktogramm Fehler (Quelle: IO-Link Community)

Failure
Steht für einen harten Fehler oder dem Totalausfall der IO-Link-Device-Applikation. Diesen Zustand deutet das Piktogramm **Bild 2.10** an.

Das IO-Link-Device nutzt diesen Zustand, sofern es noch in der Lage ist, einen Defekt zu detektieren, sobald die Prozessdaten aufgrund von Defekten im IO-Link-Device oder der Peripherie ungültig sind. Tritt dieser Zustand ein, kann das IO-Link-Device nicht mehr seine vorgesehene Funktion im System ausführen und muss ausgetauscht werden. Z. B. bei Drucksensoren kann dies eine gebrochene Druckmesszelle sein, oder bei induktiven Sensoren eine durch mechanische Einwirkung abgebrochene Messspule.

Index 37 (Detailed Device Status)
Der Index befindet sich im Diagnosebereich (siehe Tabelle 2.10).

Der Parameter DetailedDeviceStatus soll Informationen über aktuell anstehende Ereignisse im Gerät liefern. Ereignisse vom TYP „Fehler" oder „Warnung" und damit vom MODE „gekommen" sind in aus der Liste dieser Parameter mit EventQualifier und EventCode auszulesen. Beim Auftreten eines Ereignisses mit MODE „gegangen" verschwindet der entsprechende Eintrag oder es finden sich in für EventQualifier der Wert 0x00 und für EventCode der Wert 0x0000 im entsprechenden Eintrag. Auf diese Weise liefert dieser Parameter immer den aktuellen Diagnosestatus des Gerätes. Beim Ausschalten oder Zurücksetzen (Reset) des IO-Link-Device löscht dieses alle Einträge in der Tabelle (Array-Elemente) oder setzt diese auf die Initialwerte EventQualifier auf 0x00 und EventCode auf 0x0000.

Der Parameter nur lesbar und vom Datentyp ArrayT mit einer maximalen Anzahl von 64 Array-Elementen/Tabellen-Elementen (Ereigniseinträge). Die Anzahl der Array-Elemente ist jedoch IO-Link-Device spezifisch, zudem ist dieser Parameter optional. Der Anwenderdokumentation der IO-Link-Device-Herstellers ist zu entnehmen, ob dieser Parameter implementiert ist und mit welchem Umfang.

Index 40 (Process Data Input)
Der Index befindet sich im Diagnosebereich (siehe Tabelle 2.10).

Über diesen Parameter sind die Input-Prozessdaten des IO-Link-Devices azyklisch auszulesen. Je nach IO-Link-Device-Hersteller ist es möglich, über Subindizes auch Teile des Prozesswertes auszulesen. Der Anwenderdokumentation des IO-Link-Device-Herstellers ist zu entnehmen, wie die Aufteilung des Prozesswertes gestaltet ist und ob Subindex-Zugriffe möglich sind. Die Länge ist maximal 32 Byte, hängt aber von der Prozessdatenbreite des verwendeten IO-Link-Devices ab.

Über diesen Parameter lassen sich die Prozessdaten auf azyklischem Weg auslesen, wenn die Prozessdaten nicht direkt verfügbar sind. Systembedingt ist es nicht allen Engineeringtools oder IoT-Anzeigeelementen möglich, auf die zyklischen Prozessdaten zuzugreifen. Solche Anwendungen können diesen Zugriff nutzen, um die Prozessdaten anzuzeigen bzw. zur Verfügung zu stellen.

Dieser Parameter ist optional und findet sich deshalb nicht zwingend in jedem IO-Link-Device. Ob dieser Parameter im IO-Link-Device vorhanden ist, geht aus der Anwenderdokumentation des IO-Link-Herstellers hervor.

Index 41 (Process Data Output)
Der Index befindet sich im Diagnosebereich (siehe Tabelle 2.10).

Über diesen Parameter sind die Output-Prozessdaten des IO-Link-Devices azyklisch auszulesen. Je nach IO-Link-Device-Hersteller ist es möglich, über Subindizes auch Teile des Prozesswertes auszulesen. Der Anwenderdokumentation des IO-Link-Device-Herstellers ist zu entnehmen, wie die Aufteilung des Prozesswertes gestaltet ist und ob Subindex-Zugriffe möglich sind. Die Länge ist maximal 32 Byte, hängt aber von der Prozessdatenbreite des verwendeten IO-Link-Devices ab.

Dieser Parameter ist nicht schreibbar, um einer Manipulation der Prozessdaten über den azyklischen Weg entgegenzuwirken. Für Engineeringtools oder IoT-Anzeigeelemente, die systembedingt nicht auf die zyklischen Prozessdaten zuzugreifen können, ist dieser azyklisch erreichbare Parameter gedacht. Damit erhalten solche Anwendungen die Möglichkeit, dem Anwender Informationen über die Ausgangsprozessdaten zur Verfügung zu stellen bzw. deren momentane Werte anzuzeigen.

Dieser Parameter ist optional und findet sich deshalb nicht zwingend in jedem IO-Link-Device. Ob dieser Parameter im IO-Link-Device vorhanden ist, geht aus der Anwenderdokumentation des IO-Link-Herstellers hervor.

Hinweis:
Über die Parameter Index 40 und Index 41 lassen sich die Prozessdaten auf azyklischem Weg auslesen, wenn die Prozessdaten nicht direkt verfügbar sind. Aufgrund des azyklischen Zugriffes kann es zu einer zeitlich bedingten Abweichung der tatsächlichen (zyklisch übertragenen) Prozessdaten zu den über die Indices azyklisch gelesenen Prozessdaten kommen.

2.3.1.4 Profil-Parameter
Die Gruppe der Profil-Parameter beherbergt alle Angaben zu den vom IO-Link-Device unterstützten Profilen. Außerdem ist der optionale Parameter der Offset-Time hier hinterlegt.

Index 48 (Offset Time)
Der Index befindet sich im Profil-spezifischen Bereich (siehe Tabelle 2.11). Der Offset-Time-Parameter ist ein Byte lang.

Die Offset-Time dient der Einstellung von Zeitversätzen in Verbindung mit dem IO-Link-Master und weiteren IO-Link-Devices. Die Funktion ist in Kapitel 4.6 näher erläutert.

Der Parameter ist wie folgt aufgebaut:

Die Offset-Time des IO-Link-Devices gibt an, in welchem Raster z. B. die Messung in Abhängigkeit von der IO-Link-Master-Anfrage zu verzögern ist.

Es sind Werte zwischen 0,01 und 126,08 ms möglich, dabei ist die IO-Link Master-Zykluszeit nicht zu überschreiten.

Der Wert 0 ist als ausgeschaltete Synchronität zu betrachten.

Die Offset-Time ist wie in **Tabelle 2.20** angegeben aus der in **Bild 2.11** dargestellten Bytestruktur zu errechnen.

Bit 0 bis Bit 5 stellen einen 6 Bit-Multiplikator dar. Gültige Werte liegen zwischen 0 und 63_{dez}.

Index 49-63 (Profile Parameter)
Der Index befindet sich im Profil-spezifischen Bereich (siehe Tabelle 2.11).

Dieser Parameter steht den Profilanwendungen zur Verfügung. Die Erläuterungen hierzu sind im Kapitel 5 beschrieben.

Tabelle 2.20: Einstellzeiten der Offset Time

Bitkombination (Bit 6 und 7)	Zeitbasis	Berechnung der Zykluszeit	Gültiger Wertebereich
00	0,01 ms	Zeitbasis * Multiblikator	0,01 bis 0,63 ms
01	0,04 ms	Zeitbasis * Multiblikator + 0,64 ms	0,64 bis 3,16 ms
10	0,64 ms	Zeitbasis * Multiblikator + 3,20 ms	3,20 bis 43,52 ms
11	2,56 ms	Zeitbasis * Multiblikator + 44,16 ms	44,16 bis 126,08 ms

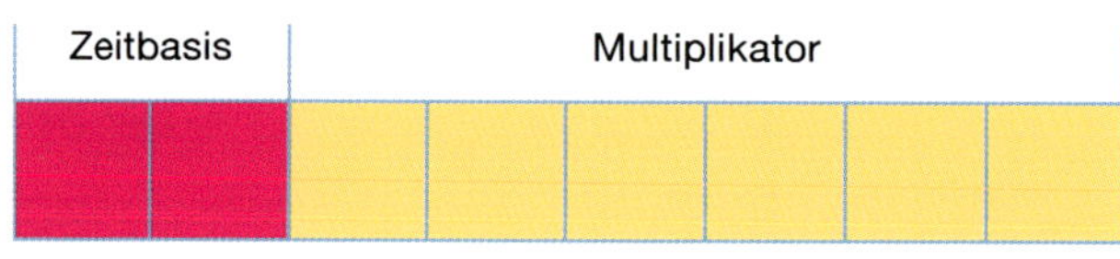

Bild 2.11: Aufbau des Offset-Time-Bytes (Quelle: IO-Link Community)

Index 16384-20479 (Profile specific Index)
Der Index befindet sich in einem weiteren Profil-spezifischen Bereich (siehe Tabelle 2.14).

Diese Parameter sind für weitere Profilanwendungen vorgesehen und durch die IO-Link-Spezifikation entsprechend reserviert. Die entsprechende Beschreibung erfolgt zu gegebener Zeit durch die IO-Link Community.

2.3.1.5 Herstellerspezifische Parameter im 8 Bit-Index-Bereich Index 64-254 (Preferred Index (8 Bit-Index))

Der 8 Bit-Index befindet sich im IO-Link-Hersteller-spezifischen Bereich (siehe Tabelle 2.12).

Dieser Parameter ist rein herstellerspezifisch, d. h. alle IO-Link-Device-Hersteller können hier Spezialparameter für die jeweiligen IO-Link-Device-Applikation hinterlegen und diese dem Anwender zur Verfügung stellen. Die jeweiligen Funktionen und Bedeutungen der Kodierungen beschreibt der jeweilige IO-Link-Device-Hersteller in seiner Anwenderdokumentation und der IODD.

Diese Indices sind über einen 8 Bit-Index-Dienst erreichbar.

2.3.1.6 Herstellerspezifische Parameter im 16 Bit-Index-Bereich Index 256-16383 (Extended Index (16 Bit-Index))

Der 16 Bit-Index befindet sich im Hersteller-spezifischen Bereich (siehe Tabelle 2.13).

Dieser Parameter ist rein herstellerspezifisch, d. h. alle IO-Link-Device-Hersteller können hier Spezialparameter für die jeweiligen IO-Link-Device-Applikation hinterlegen und diese dem Anwender zur Verfügung stellen. Die jeweiligen Funktionen und Bedeutungen der Kodierungen beschreibt der jeweilige IO-Link-Device-Hersteller in seiner Anwenderdokumentation und der IODD.

Diese Indices sind über einen 16 Bit-Index-Dienst erreichbar.

2.4 IO-Link-Device Parametrierung

Ein IO-Link-Device ist auf vier Arten zu parametrieren. Die Parameter sind via Einzelparametrierung, Blockparametrierung, Datenhaltungsmechanismus, oder per Teach zu ändern. Die folgenden Punkte sind generell für alle IO-Link-Devices gültig.

2.4.1 Einzelparametrierung

Bei Einzelparametrierungszugriffen prüft das IO-Link-Device den angeforderten Bereich (Index, Subindex), die Konsistenz der Daten, die Struktur (Datenlänge) und die Gültigkeit (Dateninhalt) bei jedem Zugriff. Bei dieser Art der Parametrierzugriffe ist bei verketteten Parametern wie z. B. Schalt- und Rückschaltpunkt strikt auf die Reihenfolge zu achten, da unter Umständen die Plausibilität der Parameter nicht gegeben ist. Anders ausgedrückt: ein Rückschaltpunkt kann nicht oberhalb des Schaltpunktes liegen. Verändert der Anwender beide Parameter auf kleinere Werte, so ist zuerst der Rückschaltpunkt zu schreiben, bevor der niedrigere Schaltpunkt zu schreiben ist. Im entgegengesetzten Fall ist zuerst der Schaltpunkt zu setzen, bevor der höhere Rückschaltpunkt geschrieben werden kann.

Kommt es dennoch zu einer Änderung in einer falschen Reihenfolge, akzeptiert das IO-Link-Device den Zugriff nicht und stellt dadurch sicher, dass es nicht zu einem ungültigen Parametersatz kommt. Eine Anfrage, die zu einem ungültigen Parametersatz führt, quittiert das IO-Link-Device negativ und arbeitet mit dem ursprünglichen Wert für den Parameter weiter.

Die Zugriffe über die Einzelparametrierung informieren den Datenhaltungsmechanismus nicht über etwaige Parameteränderung im IO-Link-Device. Solche Änderungen erkennt der IO-Link-Master erst bei einem erneuten Kommunikationsaufbau mit dem IO-Link-Device anhand der abweichenden Checksumme für den Parametersatz. Zusammengefasst heißt dies, dass bei Parameteränderung per Einzelzugriffen das Data-Storage-Upload-Event (Datenhaltung-Event) ausbleibt und der geänderte Datensatz nicht an der Datenhaltung teilnimmt. Dies kann im Austauschfall schwerwiegende Folgen haben, aber zumindest verkompliziert sich der Austauschfall, da nach dem Download der Datenhaltung der Anwender den Parametersatz gegebenenfalls nochmals händisch ändern muss.

Hinweis:
Parameteränderungen durch Einzelparametrierung führen zu keinem neuen Upload des Parametersatzes in der Datenhaltung. Der geänderte Datensatz ist somit nicht gesichert. Bei einem Gerätetausch übergibt das System den letzten gespeicherten Parametersatz, der die zwischenzeitlich getätigten Änderungen nicht enthält. Sollte der IO-Link-Master im Datenhaltungsmechanismus in der Betriebsart Restore eingestellt sein, kommt es erst bei einem Neustart der Kommunikation zu einem Download der für die Anlage gültigen Parameterdaten, vorher arbeitet diese mit den im Einzelparameterzugriff geänderten Parameterdaten (siehe Kapitel 4.8). Bei IO-Link-Devices nach IO-Link-Spezifikation V1.0 ist bei der Einzelparametrierung zwingend auf die Reihenfolge bei verketteten Parametern zu achten, da es sonst zu inkonsistenten Parametersätzen kommen kann, die im schlimmsten Fall zur Zerstörung des IO-Link-Devices oder zu Fehlfunktionen führen können.

2.4.2 Blockparametrierung

Die Blockparametrierung ist eine sogenannte geklammerte Parametrierung. Durch Anwendung des Systemkommandos „ParamDownloadStart“ (Tabelle 2.15) öffnet das System eine Klammer und die Prüfung der nachfolgenden Inhalte unterbleibt solange, bis das Schließen der Klammer erfolgt. Beim Schreiben prüft das IO-Link-Device den IO-Link-Kommunikationszugriff, jedoch keine Inhalte. Erst mit Schließen der Klammer über die zwei möglichen Systemkommandos „ParamDownloadEnd“ oder „ParamDownloadStore“ (siehe Tabelle 2.15) erfolgt die Prüfung des gesamten Parameterblocks hinsichtlich Konsistenz, Struktur, Indexzuordnung und Gültigkeit der angegebenen Parameter. Das entsprechende Systemkommando für das Blockende löst die Prüfung aus und quittiert dem IO-Link-Master das Systemkommando, abhängig vom Ergebnis der Parameterprüfung, entsprechend positiv oder negativ, d. h. der Anwender bekommt eine eindeutige Aussage, ob der Datensatz durch das IO-Link-Device akzeptiert ist oder nicht. Nach erfolgreicher Prüfung übernimmt das IO-Link-Device den Parametersatz und wendet ihn aktiv an. Weist der Parametersatz einen Fehler bei der Prüfung auf, verwirft das IO-Link-Device diesen und arbeitet mit dem letzten gültigen Parametersatz weiter, d. h. es führt einen sogenannten Rollback durch. Leider bekommt der Anwender nur die Fehlermeldung, dass der geschriebene Parametersatz nicht gültig ist; welcher Einzelparameter diesen Fehler verursacht hat, ist nicht ersichtlich. Es gibt jedoch IO-Link-Device-Hersteller, die in einem gesonderten Parameter eine detaillierte Fehlerbeschreibung ablegen. Nach einem Fehler ist in diesem Parameter hinterlegt, welcher Einzelparameter zum Fehler geführt hat. Dies erleichtert die Fehlersuche enorm.

Mit den Systemkommandos zum Schließen der Klammer entscheidet der Anwender am Ende des Blockes, ob der geschriebene Datensatz an der Datenhaltung teilnehmen soll oder nicht.

Das Systemkommando „ParamDownloadEnd“ schließt die Klammer um einen Block und unterdrückt das Setzen des Data-Storage-Upload-Events, somit gibt das IO-Link-Device dem IO-Link-Master nicht bekannt, dass es mit einem geänderten Datensatz arbeitet. Der IO-Link-Master erstellt somit keine Kopie dieses Datensatzes und überschreibt den neuen Datensatz auch nicht. Erst bei einem neuen Anlauf der Kommunikation stellt der IO-Link-Master einen geänderten Datensatz anhand der abweichenden Checksumme fest und überschreibt das IO-Link-Device wieder mit dem im IO-Link-Master gespeicherten Datensatz (siehe Kapitel 4.8).

Im Gegensatz zum Systemkommando „ParamDownloadEnd“ gibt „ParamDownloadStore“ dem IO-Link-Master bekannt, dass eine Änderung am Parametersatz vorliegt und dieser abhängig von der Einstellung eine Sicherung des Datensatzes vornehmen kann. D. h. das Systemkommando „ParamDownloadStore“ löst das Data-Storage-Upload-Event aus bzw. setzt das „Upload Flag“ (siehe Tabelle 2.16). Aufgrund dieses

Ereignisses löst der IO-Link-Master seinen Datenhaltungsmechanismus aus und – je nach Einstellung – überschreibt oder sichert die Parameterdaten des IO-Link-Devices.

Bei einem Upload von Parameterdaten ist ebenfalls der Klammermechanismus über die Systemkommandos „ParamUploadStart“ und „ParamUploadEnd“ zu nutzen. Durch diese Kommandos erfolgt die Klammerung des Parametersatzes im IO-Link-Device und ist damit gegen Veränderungen geschützt. Die Klammer friert den Parametersatz quasi bis zum Schließen der Klammer ein. Dieser eingefrorene Zustand ist nur durch das Systemkommando „ParamUploadEnd“ oder einen Kommunikationsabbruch aufzuheben.

Hinweis:
Die Nutzung der Blockparametrierung ist in der Regel in den verbreiteten Tools bereits umgesetzt, so dass sich der Anwender nicht darum kümmern muss. Jedoch bei SPS- oder anderen Zugriffen, die der Anwender programmiert, sollte sichergestellt sein, dass die richtigen Systemkommandos zur Anwendung kommen. Zudem ist sicherzustellen, dass jeweils auf einen IO-Link-Masterport bzw. auf jedes IO-Link-Device nur ein Zugriff erfolgt, damit der IO-Link-Master keine Zugriffe ablehnen bzw. zurückweisen (rejecten) muss.

2.4.3 Datenhaltungsmechanismus

Die dritte Möglichkeit ist die Parametrierung via Datenhaltung im Master. Dabei bedient sich der IO-Link-Master der Mechanismen der Blockparametrierung. Je nach Einstellung der Datenhaltung, die in Kapitel 4.2. beschrieben ist, führt der IO-Link-Master unter Nutzung der Blockparametrierung einen Up- oder Download der Parameterdaten durch.

2.4.4 Dynamische Parametrierung (Teach)

Die vierte Möglichkeit, ein IO-Link-Device zu parametrieren, ist, dies per Teach durchzuführen. Der IO-Link-Device-Hersteller kann für diesen Zweck ein herstellerspezifisches Systemkommando definieren und nutzen. Der Anwender nutzt dieses Kommando und kann z. B. aus dem ERP-System heraus eine Umkonfigurierung der Anlage, bei einer etwaigen Rezepturumschaltung, vornehmen. Je nach Komplexität des Gerätes kann dies einige Sekunden dauern. In der Anwenderdokumentation des IO-Link-Device-Herstellers finden sich Anmerkungen zum Verhalten des Teachs. Es gibt zwei mögliche Verhalten: entweder quittiert ein IO-Link-Device den Teachauftrag sofort nach dem ausgeführten Teach, spätestens nach 5 s, oder es bedarf einer zweiten Anfrage zum Teachstatus.

2.5 IO-Link-Device-Kompatibilitäten

Über den IO-Link-Standard ist es möglich in der Funktion kompatible Nachfolgegeräte zu bauen. Dies nutzen die IO-Link-Device-Hersteller, um bereits am Markt befindliche abzulösen. D. h. das neue, kompatible IO-Link-Device beherrscht alle Funktionen und nutzt ebenfalls die IODD des Vorgängergerätes.

Diese Eigenschaft funktioniert in Verbindung mit der am IO-Link-Master eingestellten IO-Link-Device-Identifikation (siehe Kapitel 4.2).

Muss ein defektes IO-Link-Device getauscht werden, ist es möglich, ein mit dem defekten IO-Link-Device kompatibles Ersatz-IO-Link-Device zu nutzen. Die jeweils entsprechenden Nachfolgegeräte können in der Regel ihr Vorgängergerät emulieren. D. h. die IO-Link-Device-Hersteller haben die Möglichkeit, ältere IO-Link-Devices durch moderne IO-Link-Devices zu ersetzen, die jedoch in der Lage sind, ihr Vorgänger-IO-Link-Device voll kompatibel am entsprechenden IO-Link-Master-Port darzustellen. Der Wechsel eines älteren IO-Link-Devices auf den Nachfolgetyp erfolgt dabei völlig toollos und ist vom IO-Link-Master in seiner Konfigurationsprüfung beim Kommunikationsaufbau berücksichtigt. Der IO-Link-Master vergleicht nach dem Neuaufbau der Kommunikation die vorgegebene Konfiguration gegen das identifizierte, neu angeschlossene IO-Link-Device. Da das neue IO-Link-Device in der modernsten Variante startet, passt die vorgefundene IO-Link-DeviceID nicht zur vorgegebenen Konfiguration. Im Anschluss teilt der IO-Link-Master dem neu angeschlossenen IO-Link-Device mit, welche IO-Link-DeviceID durch die Konfiguration vorgegebenen ist. Ist das neu angeschlossene IO-Link-Device zu der vorgegebenen IO-Link-DeviceID kompatibel, behält es diese IO-Link-DeviceID und arbeitet in der Folge wie das Vorgänger-IO-Link-Device. Der betroffene Anlagenteil arbeitet anschließend im Urzustand. Sowohl an der Anlagenkonfiguration als auch am SPS-Programm selbst ist kein Eingreifen nötig. Die Datenbreiten sowie die eingebundene IODD des Vorgängergerätes bleiben völlig unangetastet.

Diese Kompatibilität kann ein IO-Link-Device-Hersteller in seinen IO-Link-Devices vorhalten. Arbeiten solche IO-Link-Devices im Kompatibilitätsfall, garantiert der Hersteller, dass sich das IO-Link-Device absolut gleich verhält wie das Vorgängergerät.

Die IODD, die sich durch die Konfiguration bereits in der Anlage befindet und auf das Vorgängergerät passt, ist nicht zu tauschen, da dieser Kompatibilitätsmodus die vorhandene IODD des Vorgängers akzeptiert.

Kann der IO-Link-Device-Hersteller die Kompatibilität nicht sicherstellen, ist das Ersatz-IO-Link-Device in der Anlage neu zu konfigurieren. Hierzu ist die zum neuen IO-Link-Device gehörende IODD zu nutzen. Ebenso ist das Anwenderprogramm der SPS gegebenenfalls entsprechend anzupassen.

Hersteller von IO-Link-Devices geben an, welche IO-Link-Device-Typen kompatibel zu anderen IO-Link-Device-Typen sind.

Dieser Kompatibilitätsmechanismus kann von IO-Link-Device-Herstellern auch zur Reduzierung der Komplexität von IO-Link-Devices. Dabei trennt der Hersteller die im IO-Link-Device implementierten Funktionalitäten in mehrere in sich Abgeschlossene Funktionen auf, die jeweils eine IO-Link-DeviceID erhalten. Zu jeder reduzierten Funktionalität existiert demensprechend eine eigne Beschreibung in Form einer IODD. Eine Aktivierung der Funktion erfolgt über die Auswahl der IO-Link-DeviceID in der IO-Link-Master-Portkonfiguration und der Einbindung der zur Funktion gehörenden IODD, die mit der entsprechenden IO-Link-DeviceID verbunden ist.

Hinweis:
Kommt es zur Durchführung eines Factory Resets an einem IO-Link-Device, welches in dem vorgenannten Kompatibilitätsfall arbeitet, sind anschließend nicht nur die verfügbaren Parameter des emulierten Vorgänger-IO-Link-Devices auf die Default-Werte zurückgesetzt, sondern das Gerät präsentiert sich als das neue IO-Link-Device, mit der entsprechend anderen IO-Link-DeviceID. D. h. die neuere IO-Link-DeviceID ist wieder aktiv, die zur gelieferten Artikelnummer passt. Dies kann bei einer Fehlersuche verwirrend sein. Ein IO-Link-Master, der die Identifikation nutzt, bringt diese IO-Link-Devices selbständig wieder in den kompatiblen Betriebszustand. Dieses Verhalten ist durch eine Spezifikationsänderung in der IO-Link Version 1.1.3 entschärft, da das System-Kommando 131 Back-to-Box das komplette Zurücksetzen der IO-Link-Devices inklusive DeviceID übernimmt und somit das System-Kommando 130 bei einigen Herstellern ausschließlich die Default-Werte der jeweilig zur Anwendung gelangten DeviceID-Parameter wiederherstellt. Bei anderen Herstellern führt das System-Kommando 130 neben dem Wiederherstellen der Parameterwerte auch zum Rücksetzen der IO-Link-DeviceID auf den Auslieferungsfall, ähnlich wie das Back-to-Box Kommando. Ein Reset für den Kompatibilitätsfall, der nur die Parameter des kompatiblen IO-Link-Devices zurücksetzt und die IO-Link-DeviceID auf dem Wert der kompatiblen IO-Link-DeviceID unverändert lässt, ist mit dem Application Reset Kommando 129 für Geräte nach IO-Link Version 1.1.3 vorgesehen.

Wichtige Eckdaten zur Übersicht:

- Der Device-Hersteller hat die Möglichkeit, ein Nachfolgegerät kompatibel zu einem vorhanden IO-Link-Device zu halten.
- Der IO-Link-Device-Wechsel im Ersatzteilfall erfolgt werkzeugfrei.
- Die in der Anlage eingebundene IODD ist nicht zu ändern.
- Steht kein baugleiches IO-Link-Device zur Verfügung bzw. ist das Ersatz-IO-Link-Device nicht zum Vorgänger-IO-Link-Device kompatibel, dann ist die Konfiguration des IO-Link-Masters und das Anwenderprogramm (SPS) anzupassen. Ebenfalls ist die passende IODD zu nutzen.

3 IO-Link-Diagnose

Das Kapitel Diagnose gibt einen Überblick über die Inhalte der Diagnosemeldungen. Das IO-Link-System unterscheidet die Diagnosemeldungen in verschiedene Instanzen und Qualitäten. Das Ziel der IO-Link-Diagnoseinformationen ist es, dem Anwender mehr Informationen zur einfachen Wartung und schnellen Fehlerbehebung zu geben. Dies kann sowohl durch simple Analyse der Kommunikation erfolgen, als auch durch entsprechend in der Kommunikation übertragene Informationen und Fehlermeldungen.

IO-Link unterscheidet in Diagnosemeldungen, die einen Kommunikationsbezug (Parametrierung) haben und keine Events auslösen, und in Diagnosemeldungen, die der IO-Link-Device-Applikation zuzuordnen sind und dem Eventmechanismus unterliegen.

Mit diesen Möglichkeiten besteht für alle IO-Link-Geräte die Option, den eigenen Zustand anzuzeigen und bei Notwendigkeit dem überlagerten System mitzuteilen. Diese Möglichkeit ist im Rahmen der IIoT- bzw. Industrie 4.0-Überlegungen durchaus ein sehr interessanter Aspekt, da aufbauend auf den Diagnoseinformationen Zustandsaussagen über die Anlagen bzw. die Anlagenteile auf Basis von Systemkenntnissen erfolgen können.

IO-Link definiert Standard-Diagnosemeldungen für Fehler aus der Kommunikation und Probleme der Applikation. Bei den Standard-Diagnosemeldungen der IO-Link-Device-Applikation ist es dem IO-Link-Device-Hersteller möglich, über den herstellerspezifischen Bereich die optimale Fehlermeldung für die jeweilige IO-Link-Device-Applikation zu definieren. Dieser gesonderte Bereich unterliegt den Überlegungen des jeweiligen IO-Link-Device-Herstellers.

Die Diagnosemeldungen der IO-Link-Device-Applikation bestehen in der Regel aus einem 16-Bit Event-Code und einem sogenannten 8-Bit Event-Qualifier. Fehlermeldungen aus der Kommunikation nutzen den Kommunikationskanal direkt, um Fehler bei Zugriffen auf z. B. Parameter zu beantworten. Der Fehlercode in diesem Fall ist immer 16 Bit lang und in der IO-Link-Spezifikation definiert.

Bei der Planung und Realisierung von Anlagen mit IO-Link ist es möglich, auf die Diagnosemeldungen aus dem IO-Link-System einzugehen und Handlungsanweisungen an das Bedienpersonal zu geben. Vielfach liefern die IO-Link-Device-Hersteller Handlungsanweisungen für herstellerspezifische Diagnosemeldungen mit, die das Zielsystem oder die Steuerung für die Ableitung von Maßnahmen nutzen können.

3.1 Diagnosemeldungen aus der IO-Link-Device-Applikation

Die IO-Link-Device-Applikation kann Diagnosemeldungen absetzen; dies erfolgt über den Mechanismus des Events. Wie in Kapitel 1.5.3 beschrieben, löst ein Event beim IO-Link-Master einen Lesealgorithmus aus, der die aktuell anliegende Diagnosemeldung abholt und überlagerten Systemen zur Verfügung stellt. Dabei handelt es sich immer um drei Byte, den sogenannten Event-Qualifier und den zwei Byte umfassenden Event-Code. Auf unterster IO-Link-Schicht besteht die Diagnosemeldung aus den vorgenannten drei Byte und dem additiven Status-Byte, das dem IO-Link-Master anzeigt, welche der sechs möglichen Diagnosemeldungen aktiv ist. Diese Liste der Diagnosemeldungen ist nicht als Historie definiert und ist nicht als solche zu nutzen. Um überlagerte Systeme und den Anwender nicht zu überfordern, kann jedes IO-Link-Device maximal eine Diagnosemeldung aktiv markieren. Quittiert das System die gemeldete Diagnosemeldung, kann das IO-Link-Device eine weitere Diagnosemeldung und dementsprechend den nächsten Diagnosedatensatz aktiv kennzeichnen.

Dieser Event-Qualifier gibt die Einstufung der Diagnosemeldung in Fehler, Warnung oder Meldung an; sowie, ob es sich um eine Meldung des IO-Link-Devices oder um einen Ersatzmeldung durch den IO-Link-Master handelt, wenn das IO-Link-Device nur einen einfachen Eventmechanismus beherrscht. Zudem besteht die Möglichkeit zu unterscheiden, aus welcher Schicht die Diagnosemeldung stammt. Erweiterungsmöglichkeiten sind denkbar, jedoch nicht umgesetzt. In IO-Link ist momentan nur die Applikation selbst als mögliche Fehlerquelle definiert. In Abhängigkeit von der Fehlereinstufung gibt der Event-Qualifier an, ob es sich um eine einmalige Meldung bzw. ein einmaliges Ereignis (SingleShot) handelt, oder ob die Diagnosemeldung dem gekommen und gegangen Mechanismus unterliegt. Bei letzterem Mechanismus nutzt das IO-Link-Device zur Bekanntgabe einer anstehenden Diagnosemeldung (gekommen/appeared) den entsprechenden 16 Bit-Eventcode. Ist das Diagnoseereignis erfolgreich bearbeitet und somit beseitigt nutz das IO-Link-Device den identischen 16 Bit-Eventcode, um den überlagerten Schichten bzw. System bekanntzugeben, dass die Diagnosemeldung nicht mehr existiert, also gegangen (disappeared) ist.

Der Aufbau der Applikations-Diagnosemeldungen ist in **Bild 3.1** schematisch dargestellt.

Hinweis:
Alle Diagnosemeldungen, die die Qualität Warnung und Fehler haben, unterliegen dem Kommen-Gehen-Prinzip, lediglich die Diagnosemeldung der Qualität Information überträgt das System als einmalige Ereignisse.

Der IO-Link-Master quittiert die Diagnosemeldungen durch Zurückschreiben des vorher gelesenen Status-Bytes.

3

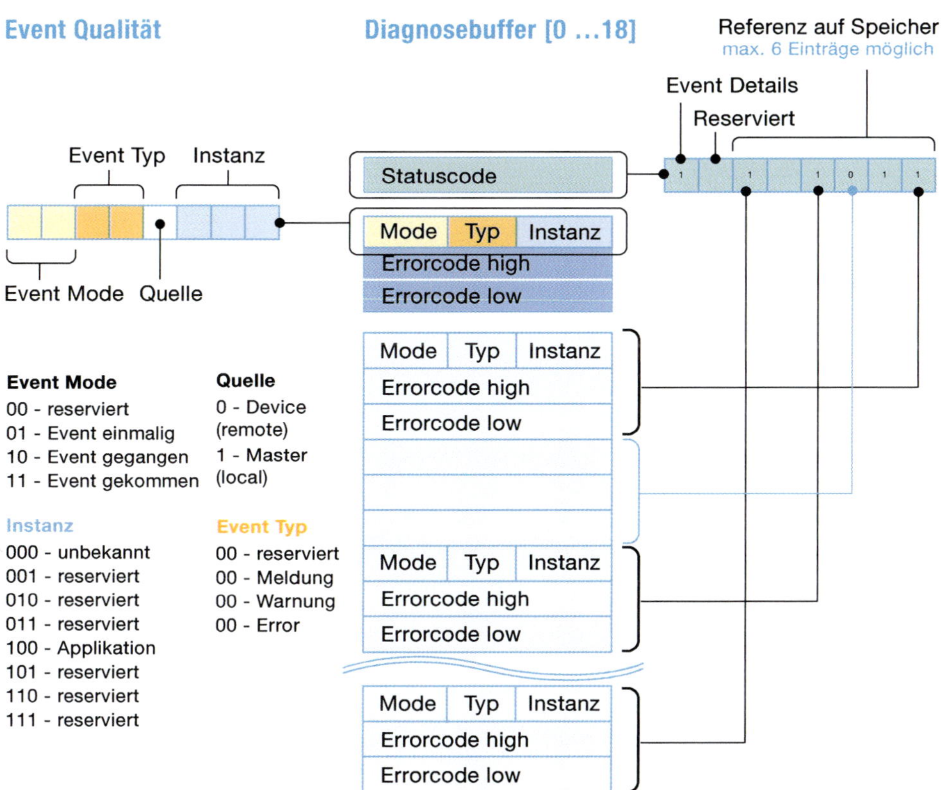

Bild 3.1: Diagnosepage

Auf den Event-Qualifier folgen zwei Byte mit der codierten Fehlerinformation, die die Art der Diagnosemeldung weiter detaillieren. Die Diagnosecodes sind für Standardfehler durch IO-Link definiert. IO-Link-Device-Hersteller können diese Standarddefinitionen nutzen, jedoch besteht die Möglichkeit, im herstellerspezifischen Bereich weitere, für das entsprechende IO-Link-Device-Applikation optimierte und abgestimmte, Diagnosecodes zu definieren. Diese sind üblicherweise in der Anwenderdokumentation zum IO-Link-Device beschrieben. Es findet sich neben der reinen Diagnosemeldung eine Handlungsanweisung, die das Gerät bzw. die IODD (Input-Output-Device-Description (siehe Kapitel 6) zur Verfügung stellt. Die Anlagenplaner können diese Zusatzinformation nutzen, um weitere Informationen damit zu verknüpfen oder schlicht, um dem Instandsetzungspersonal eine einfache, auf die jeweilige Anlage angepasste Handlungsanweisung zu geben.

IO-Link-Standard-Diagnosecodes sind in **Tabelle 3.1** aufgelistet. Die Handlungsanweisungen sind beispielhaft zu sehen und sollen bei der Fehlersuche unterstützen.

Tabelle 3.1: IO-Link-Diagnosecodes

Zeile	Fehler-code (hex)	Beschreibung	Description	Device Status	Diagnose Typ
1	0x0000	keine Betriebsstörung	no malfunction	0	Meldung
2	0x1000	genereller Ausfall (nicht weiter spezifizierter Fehler)	general malfunction (unknown error)	4	Error
3	0x1001 bis 0x17FF	reserviert			
4	0x1800 bis 0x18FF	Hersteller- / Vendor-spezifische Fehlercodes	manufacturer / vendor specific	hersteller-spezifisch (0 bis 4)	herstellerspezifisch (Meldung, Warnung, Error)
5	0x19FF bis 0x3FFF	reserviert			
6	0x4000	Übertemperatur	temperature fault – overload	4	Error
7	0x4001 bis 0x420F	reserviert			
8	0x4210	Device-Übertemperatur (Hitzequelle ermitteln)	device temperature over-run (clear source of heat)	2	Warning
9	0x4211 bis 0x421F	reserviert			
10	0x4220	Device-Untertemperatur (eventuell Device isolieren)	device temperature under-run (insulate device)	2	Warning
11	0x4221 bis 0x4FFF	reserviert			
12	0x5000	Device-Hardware defekt (Device tauschen)	device hardware fault (device exchange)	4	Error
13	0x5001 bis 0x500F	reserviert			
14	0x5010	Komponentenausfall (reparieren oder tauschen)	component malfunction (repair or exchange)	4	Error

Tabelle 3.1: IO-Link-Diagnosecodes (Fortsetzung)

Zeile	Fehler-code (hex)	Beschreibung	Description	Device Status	Diagnose Typ
15	0x5011	Verluste im flüchtigen Speicher (evtl. Batterie tauschen)	non volatile memory loss (check batteries)	4	Error
16	0x5012	schwache Batterie (tauschen)	batteries low (exchange)	2	Warning
17	0x5013 bis 0x50FF	reserviert			
18	0x5100	Spannungsversorgungsfehler (Spannungsversorgung prüfen)	general power supply fault (check availability)	4	Error
19	0x5101	Sicherung überprüfen (evtl. tauschen)	fuse blown/open (exchange)	4	Error
20	0x5102 bis 0x510F	reserviert			
21	0x5110	Überspannung Primärversorgung (Spannungsbereich prüfen)	primary supply voltage over-run (check tolerance)	2	Warning
22	0x5111	Unterspannung Primärversorgung (Spannungsbereich prüfen)	primary supply voltage under-run (check tolerance)	2	Warning
23	0x5112	Fehler der Sekundärversorgung (Port Class B) (Spannungsbereich prüfen)	secondary supply voltage fault (Port Class B) (check tolerance)	2	Warning
24	0x5113 bis 0x5FFF	reserviert			
25	0x6000	Fehler der Device-Software (Prüfen der Softwarerevision)	device software fault (check firmware revision)	4	Error
26	0x6001 bis 0x631F	reserviert			

Tabelle 3.1: IO-Link-Diagnosecodes (Fortsetzung)

Zeile	Fehler-code (hex)	Beschreibung	Description	Device Status	Diagnose Typ
27	0x6320	Parameterfehler (Prüfen der Parameterwerte in der Anwenderdokumentation)	parameter error (check data sheet and values)	4	Error
28	0x6321	fehlender Parameter (Prüfen der Parameterwerte in der Anwenderdokumentation)	parameter missing (check data sheet)	4	Error
29	0x6322 bis 0x634F	reserviert			
30	0x6350	Parameter wurde geändert (Prüfen der Konfiguration)	parameter changed (check configuration)	4	Error
31	0x6351 bis 0x76FF	reserviert			
32	0x7700	Drahtbruch des angeschlossenen Devices (Überprüfung der Installation)	wire break of a subordinate device (check installation)	4	Error
33	0x7701 bis 0x770F	Drahtbruch von unterlagerten Geräten des Devices (Überprüfen der Installation)	wire break of subordinate device 1 … device 15 (check installation)	4	Error
34	0x7710	Kurzschluss (Prüfen der Installation)	short circuit (check installation)	4	Error
35	0x7711	Massefehler (Prüfen der Installation)	ground fault (check installation)	4	Error
36	0x7712 bis 0x8BFF	reserviert			
37	0x8C00	technologie-bedingter Ausfall der Applikation (Reset des Devices)	technology specific application fault (reset device)	4	Error
38	0x8C01	Simulation aktiv (Püfen der Betriebszustandes)	simulation active (check operational mode)	3	Warning

Tabelle 3.1: IO-Link-Diagnosecodes (Fortsetzung)

Zeile	Fehler-code (hex)	Beschreibung	Description	Device Status	Diagnose Typ
39	0x8C02 bis 0x8C0F	reserviert			
40	0x8C10	Prozessvariablen-bereich zu groß (Prozessdaten unklar)	process variable range over-run (process data uncertain)	2	Warning
41	0x8C11 bis 0x8C1F	reserviert			
42	0x8C20	Messbereichsüber-schreitung (Prüfen der Applikation)	measurement range over-run (check application)	4	Error
43	0x8C21 bis 0x8C2F	reserviert			
44	0x8C30	Prozessvariablen-bereich zu klein (Prozessdaten unklar)	process variable range under-run (process data uncertain)	2	Warning
45	0x8C31 bis 0x8C3F	reserviert			
46	0x8C40	Instandhal-tung erfoderlich (reinigen)	maintenance required (cleaning)	1	Meldung
47	0x8C41	Instandhal-tung erfoderlich (auffüllen)	maintenance required (refill)	1	Meldung
48	0x8C42	Instandhal-tung erfoderlich (Verschleißteile wechseln)	maintenance required (exchan-ge wear and tear parts)	1	Meldung
49	0x8C43 bis 0x8C9F	reserviert			
50	0x8CA0 bis 0x8DFF	Hersteller- / Ven-dor-spezifische Fehlercodes	manufacturer / vendor specific	hersteller-spezifisch (0 bis 4)	herstellerspezi-fisch (Meldung, Warnung, Error)
51	0x8E00 bis 0xAFFF	reserviert			

Tabelle 3.1: IO-Link-Diagnosecodes (Fortsetzung)

Zeile	Fehler-code (hex)	Beschreibung	Description	Device Status	Diagnose Typ
52	0xB000 to 0xBFFF	reserviert für Profile		profilspezifisch (0 bis 4)	profilspezifisch (Meldung, Warnung, Error)
53	0xC000 bis 0xFEFF	reserviert			
54	0xFF00 bis 0xFFFF	SDCI / IO-Link-spezifische Eventcodes (siehe **Tabelle 9.2**)	SDCI specific eventcodes		

Aus der Beschreibung in Tabelle 3.1 lassen sich die Fehlerursachen ableiten und Handlungsanweisungen auf entsprechenden Anzeigegeräten ausgeben.

Zu den jeweiligen Diagnosecodes ist zusätzlich ein sogenannter IO-Link-Device-Status definiert, der zur Einstufung des IO-Link-Device-Zustands im Diagnoseparameter Index 36 aus Kapitel 2.3.1.3, Tabelle 2.19 dient. Mit der verwendeten Zahl definiert sich die Schwere der Diagnosemeldung und es ist, wie bereits in Kapitel 2.3.1.3 beschrieben, möglich, die entsprechenden Piktogramme anzuzeigen.

Alternativ kann anhand der Ziffer eine Farbcodierung diese Aufgabe übernehmen; hier sind entsprechende Freiheitsgrade, die der Anlagenersteller nutzen kann. Steht eine Diagnosemeldung an, ist der entsprechende IO-Link-Device-Status über Index 36 via Parameterzugriff auszulesen.

Für die herstellerspezifischen Diagnosecodes ist der IO-Link-Device-Hersteller in der Verantwortung, eine der Schwere der aufgetretenen Diagnosemeldung entsprechende Ziffer zu definieren und im Index 36 zur Verfügung zu stellen. Diese Kategorisierung des IO-Link-Device-Status stellt in gewisser Weise das Wohlbefinden des IO-Link-Devices dar, was wiederum erklärt, warum vom Wellnessfaktor des IO-Link-Devices die Rede ist.

Kommt es während einer anstehenden Diagnosemeldung zu einem Kommunikationsausfall, -abbruch, oder – schlimmer noch – zu einem PowerCycle, trägt das IO-Link-Device die Verantwortung für das erneute Melden der noch bestehenden Diagnosemeldungen. Dies ist notwendig, da nicht davon auszugehen ist, dass ein überlagertes System nach einem Neuanlauf alle Diagnosemeldungen lückenlos rekonstruieren kann. Vielmehr verwerfen solche Systeme bei einem Ausfall die Diagnoseinformationen sowie deren Bearbeitungsstatus. Somit muss das IO-Link-Device dafür sorgen, dass überlagerte Systeme erneut die Diagnoseanmeldungen bekommen.

3.2 Diagnosemeldungen aus der IO-Link-Kommunikation

Im Gegensatz zu den Diagnosemeldungen aus der IO-Link-Device-Applikation verwenden die Diagnosemeldungen aus der Kommunikation den Aufrufkanal und lösen somit kein Event aus. Anders ausgedrückt, auf einen nicht erfolgreich ausgeführten Parameteraufruf kommt in der Antwort eine auf das Problem hindeutende Antwort in Form der passenden Diagnosemeldung. Zusammenfassend folgen diese Diagnosemeldungen auf nicht erfolgreich abgeschlossenen Read- oder Write-Services im IO-Link-Index-Bereich. Üblicherweise geben die IO-Link-Device-Hersteller an, welche der möglichen Diagnosemeldungen im jeweiligen IO-Link-Device implementiert sind.

Im Allgemeinen lehnen IO-Link-Devices ungültige Parameter bzw. Parametersätze ab und quittieren solche fehlerhaften Zugriffe mit einer Fehlermeldung (siehe Kapitel 2.4.2).

Diese kommunikationsbezogenen Diagnosecodes sind zwei Byte lang. Ähnlich wie bei den Applikationsdiagnosemeldungen setzt sich der Code aus zwei Teilen zusammen. Das erste Byte ist der sogenannte Error-Code. Das zweite Byte, der Additional-Code, bezeichnet den Teil der Fehlermeldung, der den aufgetretenen Fehler detailliert bzw. präzisiert.

Tabelle 3.2 listet die spezifizierten Fehler in der IO-Link-Kommunikation auf und erläutert den Grund, der sich hinter der Diagnosemeldung verbirgt.

Die Diagnosemeldungen aus Tabelle 3.2 sind im Folgenden weiter erläutert:

IO-Link-Device-Applikation ohne Details (0x8000 – Tabelle 3.2, Zeile 1)
Diese Fehlermeldung sendet das IO-Link-Device auf einen Request, sofern dieser nicht vom IO-Link-Device ausführbar ist und es nicht in der Lage ist, den Fehler weiter zu präzisieren.

- Es ist vom Anwender zu prüfen, ob der richtige Service bzw. der richtige Index zur Anwendung kam.

Index nicht verfügbar (0x8011 – Tabelle 3.2, Zeile 2)
Der Fehler ist von der Applikation des IO-Link-Devices getrieben und tritt auf, sobald ein Anwender versucht, einen Index aufzurufen, der im IO-Link-Device nicht vorhanden bzw. nicht auszuführen ist.

Tabelle 3.2: Applikationsdiagnosemeldungen

Nummer	Fehlerfall	fault	Errorcode (hex)	Additional-code (hex)
1	Device-Applikation ohne Details	device application (error – no details)	0x80	0x00
2	Index nicht verfügbar	index not available	0x80	0x11
3	Subindex nicht verfügbar	subindex not available	0x80	0x12
4	Service ist vorübergehend nicht verfügbar	service temporarily not available	0x80	0x20
5	Service ist vorübergehend nicht erreichbar – Lokale Bedieneinheit hat die Kontrolle	service temporarily not available – local control	0x80	0x21
6	Service ist vorübergehend nicht erreichbar – Device hat die Kontrolle	service temporarily not available – device control	0x80	0x22
7	Zugriff verweigert	access denied	0x80	0x23
8	Parameterwert ist außerhalb des Wertebereichs	parameter value out of range	0x80	0x30
9	Parameterwert liegt über dem Limit	parameter value above limit	0x80	0x31
10	Parameterwert liegt unter dem Limit	parameter value below limit	0x80	0x32
11	Parameterlänge überschritten	parameter length overrun	0x80	0x33
12	Parameterlänge unterschritten	parameter length underrun	0x80	0x34
13	Funktion nicht verfügbar	function not available	0x80	0x35
14	Funktion vorübergehend nicht verfügbar	function temporarily unavailable	0x80	0x36
15	ungültiger Parametersatz	invalid parameter set	0x80	0x40
16	unvollständiger Parametersatz	inconsistent parameter set	0x80	0x41
17	Applikation ist nicht bereit	application not ready	0x80	0x82
18	herstellerspezifisch	vendor specific	0x81	0x00
19	herstellerspezifisch	vendor specific	0x81	0x01 bis 0xFF

Es ist zu prüfen, ob das angeschlossene IO-Link-Device den gewählten Index besitzt (Anwenderdokumentation beachten). Eventuell liegt ein versehentlicher Tippfehler vor, der irrtümlich den nicht gültigen Index auswählte. In der Anwenderdokumentation des IO-Link-Device-Herstellers sind alle herstellerspezifischen Indices aufgeführt. In diesem Buch sind in Kapitel 2 alle IO-Link Standard Indices angegeben und erläutert. Standardparameter heißt nicht, dass der Parameter zwingend vorhanden sein muss, sondern vielmehr, dass dieser Parameter durch IO-Link standardisiert definiert ist. Nur Standardparameter, die als Mandatory (zwingend vorhanden) gekennzeichnet sind, muss ein IO-Link-Device immer unterstützen. Alle anderen Parameter sind damit optional und ein IO-Link-Device-Hersteller kann diese Parameter implementieren, muss dies jedoch nicht zwingend unterstützen.

Subindex nicht verfügbar (0x8012 – Tabelle 3.2, Zeile 3)
Der Fehler ist von der Applikation des IO-Link-Devices getrieben und tritt auf, sobald der Anwender einen Subindex anwählt, der im IO-Link-Device nicht vorhanden oder nicht auszuführen ist.

- Es ist zu prüfen, ob das angeschlossene IO-Link-Device den gewählten Subindex besitzt, oder ob es durch einen versehentlichen Tippfehler zur Auswahl des falschen Subindex kam. In der Anwenderdokumentation des Herstellers sind alle herstellerspezifischen Indices aufgeführt. In diesem Buch sind in Kapitel 2 alle IO-Link-Standard Indices angegeben und behandelt. Standardparameter heißt nicht, dass der Parameter zwingend vorhanden sein muss, sondern vielmehr, dass dieser Parameter durch IO-Link standardisiert definiert ist. Nur Standardparameter die als Mandatory (zwingend vorhanden) gekennzeichnet sind, muss ein IO-Link-Device immer unterstützen. Alle anderen Parameter sind damit optional und ein IO-Link-Device-Hersteller kann diese Parameter implementieren, muss dies jedoch nicht zwingend unterstützen.

Service ist vorübergehend nicht verfügbar (0x8020 – Tabelle 3.2, Zeile 4)
Solange die IO-Link-Device-Applikation selbst einen Service ausführt, blockiert dieser aufgrund der eigenen Aktivität, z. B. Lesen eines Parameters, den Lese- und Schreibzugriff von außen.

- Zu einem späteren Zeitpunkt ist der Zugriff bzw. Service durchaus ausführbar.

Service ist vorübergehend nicht erreichbar – Lokale Bedieneinheit hat die Kontrolle (0x8021 – Tabelle 3.2, Zeile 5)
Das IO-Link-Device verweigert den Zugriff aufgrund der laufenden lokalen Bedienung durch einen Anwender.

- Nach Abschluss der lokalen Bedienung ist der Service wieder ausführbar.

Service ist vorübergehend nicht erreichbar – IO-Link-Device hat die Kontrolle (0x8022 – Tabelle 3.2, Zeile 6)
Das IO-Link-Device selbst führt z. B. im Parametersatz-Aktionen aus, etwa einen Teachprozess.

- Nach Abschluss der beispielsweise laufenden Teachfunktion steht der Service wieder zur Verfügung.

Zugriff verweigert (0x8023 – Tabelle 3.2, Zeile 7)
Das IO-Link-Device verweigert den Zugriff.

- Gründe für dieses Verhalten sind vielfältig. Z. B. ist der gewählte Index zwar vorhanden, jedoch nur für autorisierte Servicemitarbeiter zugänglich. Zu den genaueren Gründen ist die Anwenderdokumentation des Herstellers und die IODD zurate zu ziehen.

Parameterwert ist außerhalb des Wertebereichs (0x8030 – Tabelle 3.2, Zeile 8)
Das IO-Link-Device lehnt den Parameter ab, da dieser außerhalb des gültigen Wertebereiches liegt.

- Der Wertebereich des zum IO-Link-Device gehörenden Parameters ist bezüglich seiner Werte zu prüfen. Die Anwenderdokumentation des IO-Link-Device-Herstellers gibt die gültigen Wertebereiche an.

Parameterwert liegt über dem Limit (0x8031 – Tabelle 3.2, Zeile 9)
Das IO-Link-Device hat festgestellt, dass der angegebene Wert über dem Limit für den gewählten Parameter liegt. Z. B. beim Einstellen von Schaltpunkten kann es vorkommen, dass der Wert bereits über dem Grenzwert des IO-Link-Devices liegt. Dem IO-Link-Device ist es dann nicht möglich die Schaltfunktion zu setzen bzw. auszuführen.

- Abhilfe schafft hier die Überprüfung des eingegebenen Parameters, sowie ein Blick in die Anwenderdokumentation des IO-Link-Device-Herstellers, aus der der gültige Wertebereich ersichtlich ist.

Parameterwert liegt unter dem Limit (0x8032 – Tabelle 3.2, Zeile 10)
Das IO-Link-Device hat festgestellt, dass der angegebene Wert unter dem Limit für den gewählten Parameter liegt. Z. B. beim Einstellen von Rückschaltpunkten kann es vorkommen, dass der Wert für den Rückschaltpunkt zu dicht am Schaltpunkt liegt.

- Es ist zu prüfen, ob der eingegebene Parameter voll umfänglich gültig ist. Es sind die Randbedingungen für den Wert zu betrachten, z. B. Hysteresevorgaben etc. Die Anwenderdokumentation des IO-Link-Device-Herstellers kann die Ursachenbehebung unterstützen.

3

Parameterlänge überschritten (0x8033 – Tabelle 3.2, Zeile 11)
Das IO-Link-Device hat festgestellt, dass die Länge (Schreiblänge in Bytes) des Parameters zu lang ist.

- Abhilfe schafft die Prüfung der Länge des eingegebenen Parameters.
- Die Datentypen sind bei Schreibzugriffen zu beachten. Problematisch sind z. B. Schreibzugriffe mit einem Unsigned 64-Wert auf einen Unsigned 32-Parameter.
- Ebenso ist der Anwenderdokumentation des IO-Link-Device-Herstellers die gültige Länge zu entnehmen.

Parameterlänge unterschritten (0x8034 – Tabelle 3.2, Zeile 12)
Das IO-Link-Device stellt eine Unterschreitung der gültigen Parameterlänge (Schreiblänge in Bytes) fest.

- Es ist zu überprüfen, ob die eingegebene Datensatzlänge gültig ist.
- Die Datentypen sind bei Schreibzugriffen zu beachten. Problematisch sind z. B. Schreibzugriffe mit einem Unsigned 16-Wert auf einen Unsigned 32-Parameter.
- Die Anwenderdokumentation des IO-Link-Device-Herstellers und das Kapitel 2 in diesem Buch geben Aufschluss über die gültigen Längen und Datentypen der Einzelparameter.

Funktion nicht verfügbar (0x8035 – Tabelle 3.2, Zeile 13)
Die Applikation des IO-Link-Devices stellt fest, dass die durch das Systemkommando angewählte Funktion nicht zur Verfügung steht.

- Prüfen der ausgewählten Funktion, eventuell ist die gewählte Funktion nicht vorhanden.
- In der Anwenderdokumentation des IO-Link-Device-Herstellers und in diesem Buch sind gültige Funktionen nachzuschlagen, siehe Kapitel 2, Tabelle 2.7: Systemkommandos. Herstellerspezifische Systemkommandos sind vom IO-Link-Hersteller zu dokumentieren.

Funktion vorübergehend nicht verfügbar (0x8036 – Tabelle 3.2, Zeile 14)
Die Applikation des IO-Link-Devices stellte fest, dass die durch das Systemkommando angewählte Funktion momentan nicht zur Verfügung steht.

- Die Gründe für das Ablehnen des Zugriffs sind vielfältig. Das IO-Link-Device lehnt das Ausführen z. B. während des zyklischen Betriebs ab, da durch das Ausführen der Funktion die Gültigkeit der Prozessdaten nicht zu gewährleisten ist.
- Zu einem späteren Zeitpunkt ist der Zugriff bzw. die Funktion durchaus ausführbar. Eventuell ist während einer Wartungsphase der Maschine die Funktion zu erreichen und auszuführen.

- Der IO-Link-Device-Hersteller gibt in seiner Anwenderdokumentation an, unter welchen Randbedingungen die Funktion anzuwählen und auszuführen ist.

Ungültiger Parametersatz (0x8040 – Tabelle 3.2, Zeile 15)
Im Zuge der Prüfung des gesendeten Parametersatzes kommt es zur Feststellung, dass der mittels Blockparametrierung gesendete Datensatz ungültig ist.

- Es ist zu prüfen, ob der gesendete Datensatz tatsächlich zum IO-Link-Device gehört.
- Es liegt eine unzulässige Manipulation des gesendeten Datensatzes vor.
- Die Anwenderdokumentation des IO-Link-Device-Herstellers und das Kapitel 2 dieses Buches können ebenfalls bei der Fehlerursache helfen.

Unvollständiger Parametersatz (0x8041 – Tabelle 3.2, Zeile 16)
Der gesendete Datensatz ist nicht vollständig, wichtige Parameter sind nicht gesetzt.

- Die Übertragung des Datensatzes ist unvollständig aufgrund einer unvollständigen Eingabe.
- Durch z. B. eine fehlerhafte Implementierung eines SPS-Programmes kann es ebenfalls zum Senden von unvollständigen Parametersätzen kommen. In der Anwenderdokumentation des IO-Link-Device-Herstellers und im Kapitel 2 dieses Buches ist nachzulesen, wie ein gültiger Datensatz aussehen muss.

Applikation ist nicht bereit (0x8082 – Tabelle 3.2, Zeile 17)
Die IO-Link-Device-Applikation ist zum Zeitpunkt des Zugriffes noch nicht bereit bzw. kann noch keine neue Aktion ausführen.

- Die Applikation ist z. B. nach einem Firmware-Update noch im Bootmodus.
- Die neuen Parameter sind noch nicht vollständig in der IO-Link-Device-Applikation aktiviert.
- Weitere Gründe sind der Anwenderdokumentation des IO-Link-Device-Herstellers zu entnehmen.

Herstellerspezifisch/Vendor specific (0x8100/0x81xx – Tabelle 3.2, Zeile 18/19)
Die auflaufenden Fehlermeldungen des IO-Link-Devices sind herstellerspezifisch. Das System leitet diese Fehlercodes z. B. weiter an überlagerte Systeme.

- Ursache für die Fehlermeldungen sind der Anwenderdokumentation des IO-Link-Device-Herstellers zu entnehmen.
- Problemlösungsansätze der vendorspezifischen Fehlermeldungen sind ebenfalls der Anwenderdokumentation des IO-Link-Device-Herstellers zu entnehmen.
- Der Fehlercode 0x8100 ist dabei unspezifisch und kommt zur Anwendung, sobald keine genaue Identifikation des Fehlers möglich ist.

3.3 Basis IO-Link-Diagnosen durch den IO-Link-Master

Im Folgenden sind die IO-Link-Master-spezifischen Diagnosen beschrieben. Die genannten Fehlercodes sind beispielhaft zu sehen und nicht vollständig. Hersteller von IO-Link-Mastern können diese erweitern und beschreiben diese in der entsprechenden Anwenderdokumentation.

Die IO-Link-spezifischen Diagnosecodes in **Tabelle 3.3** sind eine spezielle Klasse der Diagnosemeldungen. Der IO-Link-Master löst diese Meldungen aus, einige dieser Diagnosemeldungen kommen aus der IO-Link-Masterapplikation, andere kommen vom IO-Link-Device. Der IO-Link-Master reicht diese durch und übernimmt autark das Eventmanagement. Der IO-Link-Master selbst bekommt auf diese Weise die Möglichkeit, eigene Diagnosemeldungen an das überlagerte System zu melden. Der Eventqualifier der gemeldeten Diagnosen ist Information (Notification) und somit ein einmaliges Ereignis (SingleShot). Für weitere Diagnosen ist die Anwenderdokumentation des Masterherstellers zu beachten.

Tabelle 3.3: IO-Link Basis-Diagnosen

Zeile	Fehler-code (hex)	Initiator	Beschreibung	Description	Aktion	Diagnose Typ
Ablaufbezogene Diagnose						
1	0xFF21	Master lokal	Moduswechsel (z. B. neues Device)	mode indication	PD stop	Meldung
2	0xFF22	Master lokal	verlorene Kommunikation zum Device	device communication lost	-	Meldung
3	0xFF23	Master lokal	Datenhaltungsidentifikation unterschiedlich (z. B. falscher Datensatz, falsches Device, ...)	data storage identification mismatch	-	Meldung
4	0xFF24	Master lokal	Speicherüberlauf der Datenhaltung / Datensatz des Devices ist zu groß	data storage buffer overflow	-	Meldung
5	0xFF25	Master lokal	Verweigerung des Zugriffs auf Datenhaltungsparameter	data storage parameter access denied	-	Meldung
Undefinierte Diagnosen						
6	0xFF31	Master lokal	nicht korrekte Eventmeldung des Devices	incorrect event signaling	Event. ind	Error
Device-spezifische Anwendungen						
7	0xFF91	Master remote	Datenenhaltungs-ankündigung	data storage upload request	Event. ind	Meldung

Modus-Wechsel (0xFF21 – Tabelle 3.3, Zeile 1)
Aufgrund eines IO-Link-Device-Wechsels kann es nötig sein, die Einstellung an dem entsprechenden IO-Link-Masterport zu ändern. In aller Regel sind bis zur Wiederaufnahme des zyklischen Prozessdatenaustausches die Prozessdaten nicht am überlagerten System verfügbar.

Verlorene Kommunikation zum Device (0xFF22 – Tabelle 3.3, Zeile 2)
Die Kommunikation zum IO-Link-Device ist aus verschiedensten Gründen abgebrochen. Der IO-Link Master registriert dies, kann bei der Prozessdatenübergabe eine Ersatzwertstrategie nutzen oder das zuletzt erhaltene Prozessdatum solange weiter nutzen, bis die Kommunikation erneut aufgebaut ist und ein neues Prozessdatum zur Verfügung steht.

Datenhaltungs-Identifikation unterschiedlich (0xFF23 – Tabelle 3.3, Zeile 3)
Diese Diagnosemeldung meldet der IO-Link-Master beim Anstecken eines abweichenden IO-Link-Devices, sofern die Datenhaltung mit einem gültigen gespeicherten Datensatz aktiv, jedoch die zugehörige Identifikation deaktiviert ist.

Um diesen Fehler zu beseitigen gibt es zwei Möglichkeiten: die Datenhaltung selber abzuschalten und damit den gespeicherten Datensatz zu löschen oder die Identifikation des entsprechenden IO-Link-Masterports einzuschalten bzw. richtig zu konfigurieren. Soll jedoch ein anderes IO-Link-Device an dem betreffenden IO-Link-Masterport zum Einsatz kommen, ist der gespeicherte Datensatz zu löschen.

Hinweis:
Dieser Fehler kann bei neueren Implementierungen nach dem Jahr 2016 nicht mehr vorkommen, da hier die Identifikation des IO-Link-Masterports mit der Datenhaltung gekoppelt ist.

Speicherüberlauf (0xFF24 – Tabelle 3.3, Zeile 4)
Zu einem Speicherüberlauf kann es kommen, wenn das angeschlossene IO-Link-Device mehr als die garantierten zwei kByte Daten zum Speichern an die Datenhaltung (IO-Link-Data-Storage) liefert. Solche IO-Link-Devices sind durch den Anwender entsprechend in der Datenhaltung zu behandeln. Der Automatismus der IO-Link-Datenhaltung kann nicht zur Anwendung kommen, sondern es ist eine herstellerspezifische Rücksicherung zu verwenden bzw. eine eigerner Speichermechanismus im Anwendungsprogramm vorzusehen.

Verweigerung des Zugriffs auf Datenhaltungsparameter (0xFF25 – Tabelle 3.3, Zeile 5)
Bei dieser Meldung ist zu prüfen, ob der Index 3 überhaupt im IO-Link-Device vorhanden ist, bzw. es ist zu prüfen, ob ein anderer Dienst diesen Index im gleichen

Moment ausliest. Im IO-Link-System ist immer nur ein Zugriff zu einer Zeit auf ein IO-Link-Device zulässig. Kommt es dennoch zu einem parallelen Zugriff lehnt der IO-Link-Master diesen ab.

Nicht korrekte Eventmeldung des Devices (0xFF31 – Tabelle 3.3, Zeile 6)
Kann der IO-Link-Master das Event nicht eindeutig identifizieren bzw. ist die Eventmeldung nicht korrekt implementiert, teilt der IO-Link-Master dieses als eigenes Event mit. Der Anwender sollte den Hersteller des IO-Link-Devices kontaktieren und vorher prüfen, ob die Firmware-Versionen des IO-Link-Masters und des IO-Link-Devices aktuell sind, oder ob zur verwendeten Version Errata-Sheets oder Fehlermeldungen des betreffenden Herstellers existieren, die auf dieses Verhalten hindeuten.

Datenhaltungsankündigung (0xFF91 – Tabelle 3.3, Zeile 7)
Die Meldung gibt dem IO-Link-Master bekannt, dass ein Parametersatz des IO-Link-Devices eine Änderung erfahren hat und der IO-Link-Master bezüglich der Datenhaltung Aktivitäten zu starten hat.

Diese Meldung ist intern und erscheint in den üblichen Anwendertools nicht.

3.4 Systembedingte IO-Link Diagnosen

Die systembedingten Diagnosen ergeben sich aufgrund der Struktur des IO-Link-Systems und sind sehr nützlich bei der Fehlersuche in Anlagen.

3.4.1 Diagnose Kabelbruch

Die simpelste Diagnose für kommunizierende IO-Link-Masterports ist die Erkennung des Kabelbruchs. Ist ein Kabel defekt, ist entweder die Spannungsversorgungs- oder die Kommunikationsleitung geschädigt, fällt die Kommunikation aus bzw. es kommt bei Wackelkontakten zu gehäuften Kommunikationsausfällen. Ein IO-Link-Master, der die Kommunikation neu startet, meldet einen Fehler an das überlagerte System. Kommt es zu häufigen Neuanläufen der Kommunikation ist zu prüfen, ob die Kabelverbindung in Ordnung ist. In der Regel ist IO-Link sehr stabil, so dass es nur selten zum erneuten Kommunikationsaufbau kommt. Einige IO-Link-Master besitzen in ihrer Applikation Zähler, die die Kommunikationsabbrüche und M-Sequenz-Wiederholungen zählen. Diese Daten unterstützen die Fehleranalyse „Kabelbruch".

3.4.2 Erweiterte Diagnose durch IO-Link-Device-Identifikation

Eine erweiterte Diagnosemöglichkeit ist die Nutzung der Identifikation per IO-Link-Masterport.

Durch die eindeutige Vorgabe eines IO-Link-Devices in der IO-Link-Master-Portkonfiguration sind Verdrahtungsfehler sehr schnell zu erkennen. Dies spart aufwendige Fehlersuchen, da jedem IO-Link-Masterport ein IO-Link-Device mit IO-Link-VendorID und IO-Link-DeviceID zugeordnet ist. Bei Sondermaschinen, die meist Einzelstücke sind, ist es möglich, auf eine aufwendige Verdrahtungsänderung zu verzichten und stattdessen entsprechend die IO-Link-Device-Zuordnung, in der IO-Link-Master-Portkonfiguration zu ändern. Eine entsprechende Anpassung eines SPS-Programms kann in diesem Falle nötig sein, der Aufwand hierfür kann jedoch geringer sein, als die Verdrahtung zu ändern. Bei Serienmaschinen ist eine schnelle Reaktion auf Verdrahtungsfehler möglich, so dass die Maschinen immer dem dokumentierten Zustand entsprechen.

Ein weiterer Vorteil der IO-Link-Diagnose besteht bei Anlagen, die aufgrund ihrer Ausdehnung nach der Inbetriebnahme zwecks Transport in Segmente zu teilen sind. Beim Wiederaufbau sind Fehler durch Vertauschungen von Anschlüssen sehr schnell zu lokalisieren und damit zügig zu beseitigen.

3.4.3 Simple IO-Link-Devices

Im einfachsten Fall meldet das IO-Link-Device keinen Fehler, d. h. im Umkehrschluss, das IO-Link-Device ist vorhanden und liefert die gewünschten Informationen.

Etwas komfortablere IO-Link-Devices können über den Device-Status (siehe Kapitel 2, Tabelle 2.11, Index 36) mitteilen, in welchem Zustand sie sich befinden. Über diese Diagnoseinformation bzw. dem sogenannten „Wellnessfaktor" ist es dem Bedienpersonal möglich, sich ein Zustandsbild der Anlage zu verschaffen und entsprechend frühzeitig gezielte Maßnahmen abzuleiten, um einen ungeplanten Stillstand oder Qualitätseinbußen am herzustellenden Produkt zu vermeiden.

3.5 Kompatible Diagnosemeldung

Zwischen den Spezifikationsvarianten 1.0 und 1.1 existieren Unterschiede, die maßgeblich damit begründet sind, dass das Diagnosekonzept der Version 1.0 nicht vollständig implementiert war. Dieser Mangel ist mit der Version 1.1 behoben. Jedoch gilt es, ein kompatibles Diagnoseverhalten zwischen den Versionen herzustellen. Der folgende Teil widmet sich den Unterschieden in Diagnoseverhalten und Meldungen zwischen den zwei IO-Link-Versionen. Ein wesentlicher Unterschied besteht in der nicht praktikablen Definition, fehlgeschlagener Services, wie z. B. Zugriffe auf nicht existente Parameter, per Event statt mit negativer Quittung zu beantworten. Die Einführung von negativen und positiven Quittungen auf Services ist eine der wesentlichsten Änderungen der IO-Link-Version 1.1. Dieser Schritt war notwendig, um eine einheitliche Quittierung angestoßener Services (Lese- oder Schreibzugriffe) zu erreichen und das System somit strukturell durchgängig zu gestalten.

Für den Anwender ist es von großem Interesse zu wissen, welche Services ein IO-Link-Device nach Spezifikationsstand 1.0 aus IO-Link-Mastersicht anders beantwortet als ein IO-Link-Device nach IO-Link-Version 1.1.

Die entsprechenden Ausnahmen vom Standardweg aus Kapitel 3.2 sind im Folgenden ausführlich aufgelistet und erklärt. Durch die Neudefinition sind die Fehlermeldungen an den Standard-Quittierungsweg nach Spezifikation 1.1 angepasst, bei Verwendung von IO-Link-Devices nach Spezifikationsstand 1.0 überträgt das System diese jedoch als Eventmeldung. Der Anwender muss hierbei nichts einstellen, das IO-Link-System stellt sich selbständig darauf ein. Jedoch ist es von Nutzen zu wissen, dass es bei gewissen Fehlern zu Events kommen kann, die bei IO-Link-Devices nach Spezifikation 1.1 nicht auftreten.

Die Fehlercodes setzen sich aus den in **Tabelle 3.4** angebenden je zwei Bytes zusammen, deren Deutung im Folgenden aufgelistet ist.

Die Besonderheit ist, wie bereits erwähnt, dass das IO-Link-Device nach 1.0 Events auslöst und keine negative Quittung auf einen Service (lesende oder schreibende) schickt. Dabei folgen die Events den aus der Applikation bekannten Vorgaben, wie in

Tabelle 3.4: Fehlercode-Derivate für 1.0 und 1.1

Zeile	Fehlerfall	Fault	Error-code (hex)	Additio-nalcode (hex)
1	Kommunikationsfehler	communication error	0x10	0x00
2	Timeout		0x11	0x00
3	Device event – ISDU error (DL, Error, single shot, 0x5600)		0x11	0x00
4	Device event – ISDU illegal service primitive (AL, Error, single shot, 0x5800)		0x11	0x00
5	Master – ISDU checksum error		0x56	0x00
6	Master – ISDU illegal service primitive		0x57	0x00
7	Device event – ISDU buffer overflow (DL, Error, single shot, 0x5200)		0x80	0x33

Bild 3.1 dargestellt. Jedoch kann es abweichend von der Vorgabe weitere Instanzen bezüglich der Herkunft des Fehlers geben.

Kommunikationsfehler (0x1000 – Tabelle 3.4, Zeile 1)
Kommt es zu einem fehlerhaften Lese- oder Schreibzugriff (Service) innerhalb des Parameterraumes von IO-Link sendet der IO-Link-Master an den Aufrufenden die gelistete Fehlermeldung, sofern die Kommunikation zum IO-Link-Device abgerissen ist.

- Die Kommunikation zum IO-Link-Device ist zu prüfen.
- Es ist vom Anwender zu prüfen, ob der richtige Lese- oder Schreibzugriff (Service) bzw. der richtige Index zur Anwendung kam.

Timeout (0x1100 – Tabelle 3.4, Zeile 2)
Der IO-Link-Master beantwortet einen Lese- oder Schreibaufruf (Service) mit der Meldung Timeout, sofern die Ausführung des gewählten Lese- bzw. Schreibzugriffes (Services) die vom System definierte Zeit von fünf Sekunden überschreitet.

- Es ist vom Anwender zu prüfen, inwieweit der richtige Lese- oder Schreibzugriff bzw. der richtige Index zur Anwendung kam.
- Das IO-Link-Device hatte einen vorrangehenden Zugriff zu verarbeiten und braucht unvorhergesehen mehr Zeit, um den aktuellen Zugriff zu beantworten. Die Anfrage ist somit zu wiederholen.
- Das IO-Link-Device braucht aus unterschiedlichen Gründen zu lange, um die geforderten Daten zur Verfügung zu stellen. Der IO-Link-Device-Hersteller ist zu kontaktieren.

IO-Link-Device Event – ISDU Error (0x1100 – Tabelle 3.4, Zeile 3)
Ein IO-Link-Device nach Spezifikation 1.0 sendet dieses Event, sobald intern ein Timeout zur Auslösung kommt. Das Besondere bei diesem Even ist der Mode SingleShot, obwohl es sich um den Typ Error handelt. Bezüglich der Instanz ist das Datalink-Layer (DL) angegeben. Der eigentliche Eventcode ist 0x5600. Ein IO-Link-Master nach Spezifikation 1.1 codiert dies in die Standardmeldung Timeout nach Tabelle 3.4, Zeile 2 um und meldet auf den entsprechenden Lese- oder Schreibaufruf eine negative Quittung mit dem Fehlercode 0x1100 an das überlagerte System. Bei IO-Link-Mastern nach 1.0 kommt die Eventdiagnose mit dem Eventcode 0x5600 wie beschrieben im Zielsystem an.

- Abhilfemaßnahmen sind die gleichen wie beim Fehler Timeout.

IO-Link-Device event – ISDU illegal service primitive (0x1100 – Tabelle 3.4, Zeile 4)
Diese Fehlermeldung setzt ein IO-Link-Device nach Spezifikation 1.0 als Event ab, sofern es entweder nicht über den geforderten Index verfügt oder prinzipiell die erweiterten IO-Link Parameter (siehe Kapitel 2.3) nicht unterstützt.

Der Eventqualifier ist hier ebenfalls abweichend vom IO-Link-Standard nach Spezifikation 1.1 fest vorbelegt. Dabei ist der Mode SingleShot, obwohl es sich um den Typ Error handelt. Die Instanz ist der Applikation Layer (AL). Der explizite Eventcode ist 0x5800.

Ein IO-Link-Master nach Spezifikation 1.1 codiert dies in die Standardmeldung Timeout nach Tabelle 3.4, Zeile 2 um und meldet auf den entsprechenden Lese- oder Schreibzugriff eine negative Quittung mit dem Fehlercode 0x1100. Bei IO-Link-Mastern nach IO-Link-Spezifikation 1.0 kommt die Eventdiagnose mit 0x5800 wie beschrieben im Zielsystem an.

- Der Anwender sollte prüfen, ob der richtige Lese- oder Schreibzugriff bzw. richtige Index zur Anwendung kam.
- Anwenderdokumentation und dieses Buch (Kapitel 2.3) beachten, inwieweit die Parameter des IO-Link-Devices zu nutzen sind.
- Bei Verwendung von IO-Link-Mastern nach Spezifikation 1.0 muss der Anwender vergleichen, welcher Lese- oder Schreibzugriff zur Ausführung kam und ob die gemeldeten Events dazu passen.

Master – ISDU checksum error (0x5600 – Tabelle 3.4, Zeile 5)
Ein IO-Link-Master nach Spezifikationsstand 1.0 und 1.1 meldet den Checksummenfehler, sobald ein Fehler in der Checksumme bei der Übertragung von Parametersätzen zum IO-Link-Device vorliegt.

Diesen Fehler können nur IO-Link-Devices nach Spezifikation 1.0 senden. Bei IO-Link-Devices nach Spezifikation 1.1, würde eine negative Lese- oder Schreibzugriffsquittung erfolgen. Der Fehlercode ist wieder 0x5600, den die IO-Link-Master sowohl nach Version 1.0, als auch nach Version 1.1, an das überlagerte System geben.

- Zu Fehlern der Checksumme kann es kommen, wenn die Störungen im Umfeld sehr groß sind oder der Datensatz unvollständig ist.
- Anwenderdokumentation und dieses Buch (Kapitel 2.3) beachten, inwieweit die Parameter des IO-Link-Devices zu nutzen sind.

Master – ISDU illegal Service primitive (0x5700 – Tabelle 3.4, Zeile 6)
Ein IO-Link-Master nach Spezifikationsstand 1.0 und 1.1 meldet die ISDU illegal service primitive, sobald der IO-Link-Master feststellt, dass das IO-Link-Device den gewählten Lese- oder Schreibzugriff nicht unterstützt. Die IO-Link-Master beider Versionen senden den Fehlercode 0x5700 an das überlagerte System.

- Anwenderdokumentation und dieses Buch (Kapitel 2.3) beachten, inwieweit die Parameter des IO-Link-Devices zu nutzen sind bzw. ob der gewählte Index im IO-Link-Device implementiert ist.

IO-Link-Device event – ISDU buffer overflow (0x8033 – Tabelle 3.4, Zeile 7)
Diese Fehlermeldung setzt ein IO-Link-Device nach Spezifikation 1.0 als Event ab, sofern der gewählte Lese- oder Schreibzugriff (Service) eine zu große Datenlänge enthält. IO-Link-Devices nach Spezifikation 1.1 melden diesen Fehler wie in Tabelle 3.2, Zeile 11 angegeben.

Der Event-Qualifier ist abweichend vom IO-Link-Standard nach Spezifikation 1.1 fest vorbelegt. Dabei ist der Mode SingleShot, obwohl es sich um einen Error handelt. Die Instanz ist der Datalink Layer (DL). Der explizite Eventcode ist 0x5200.

Ein IO-Link-Master nach Spezifikation 1.1 codiert dies in die Standardmeldung nach Tabelle 3.2, Zeile 11 um und meldet auf den entsprechenden Lese- oder Schreibzugriff (Service) eine negative Quittung mit dem Fehlercode 0x8033. Bei IO-Link-Mastern nach 1.0 kommt der Eventcode 0x5200 wie beschrieben im Zielsystem an.

- Zu der Fehlermeldung kommt es, sobald die Länge eines Parameters falsch angegeben ist.
- Anwenderdokumentation und dieses Buch (Kapitel 2.3) beachten, inwieweit die Parameter des IO-Link-Devices zu nutzen sind und welche Längen für den gewählten Parameter vorgesehen sind.

3.6 Vereinfachte Diagnosemeldung

Es gibt IO-Link-Devices, die entweder der sogenannten Base-Class folgen oder nach Spezifikation 1.0 implementiert sind. Aufgrund ihres geringen Speichers besitzen diese nicht die komplette Eventpage nach Bild 3.1, sondern ausschließlich den Statuscode.

Der Aufbau ist in **Bild 3.2** dargestellt.

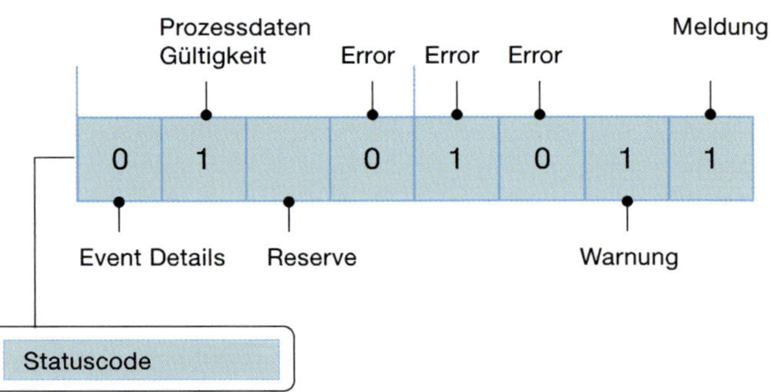

Bild 3.2: Vereinfachte Diagnose

Dabei dienen die sechs Bit, die normalerweise auf den aktiven Eventcode zeigen, ausschließlich der festen Kodierung von drei Fehlern, einer Warnung und einer Meldung. Der IO-Link-Master übersetzt diese Bits entsprechend in erweiterte Fehlermeldungen.

Tabelle 3.5 zeigt die Codierungen, die ein IO-Link-Master je nach gesetztem Bit dem überlagerten System weitergibt. In IO-Link-Kreisen ist diese Art der Eventcodes unter dem Begriff Event Typ 1 bekannt. Die erweiterten Eventcodes sind als sogenannter Typ 2 beschrieben (siehe Bild 3.1).

Somit ergibt sich für die IO-Link-Devices, die nur den Statuscode unterstützen, die Eventcode Kategorie Typ 1. Der IO-Link-Master folgt dem Regelwerk der Tabelle 3.5 und überführt die Bit-Meldungen in zwei Byte Fehlercodes.

Tabelle 3.5: Bedeutung der vereinfachten Diagnose

Eventcode Type 1	Eventcode Typ 2	Instanz	Typ	Type	Mode
****1	0xFF80	Applikation	Meldung	Notification	Singleshot
***1*	0xFF80	Applikation	Warnung	Warning	Singleshot
1	0x6320	Applikation	Fehler	Error	Singleshot
*1***	0xFF80	Applikation	Fehler	Error	Singleshot
1****	0xFF10	Applikation	Fehler	Error	Singleshot

*= Don’t Care Bit

4 Die IO-Link-Master-Portkonfiguration

Eines der zentralsten Themen innerhalb des IO-Link-Systems ist die Integration der angeschlossenen IO-Link-Devices in eine Anlage bzw. Einstellung der möglichen Betriebsarten am IO-Link-Master. Mit der Portkonfiguration verfolgt das System die Anpassung der Funktionen, die das IO-Link-Device liefert, an die Gegebenheiten der Applikation, die mit den IO-Link-Devices zu betreiben ist. Diese Applikationen sind durchaus vielfältig, sie reichen von Steuerungsaufgaben bis hin zur Datenerhebung, um z. B. Wartungsvorhersagen treffen zu können oder Statistiken über die Qualität, der in der Anlage produzierten Bauteile zu erheben. Letztere Anwendungen kommen durch die Veränderungen im Zuge von Industrie 4.0 und IoT zunehmend hinzu. Zur Ermittlung der Daten kommen entweder separate IO-Link-Master-Gateways zum Einsatz, die die Daten von z. B. gedoppelten Sensoren an zentralen Stellen einsammeln und an ein ERP-System oder Datenbanksystem weiterleiten. Andere Anwendungen verzichten auf eine Doppelung der Sensoren sowie auf IO-Link-Master-Ports und nutzen in der Gateway-Schicht des unterlagerten IO-Link-Masters einen Y-Weg, der in seiner Ausprägung weich oder hart ausgeführt sein kann. Dabei ist der Unterschied zwischen beiden Varianten des Y-Weges nur die technische Ausführung. Der harte Y-Weg nutzt ein weiteres Netzwerk, um die gewonnenen Daten zu transportieren, der weiche Y-Weg hingegen nutzt das Automatisierungsnetzwerk, welches die SPS ebenfalls mit Daten versorgt. Letztlich ist es unerheblich, welche Applikationsform der IO-Link-Master unterstützen soll, viel mehr ist der IO-Link-Master und das zugehörige Gateway auf die Aufgaben einzustellen. Die wichtigsten Einstellungen sind die Datenhaltung, die Maskierung von Teilen des gelieferten Prozesswertes sowie spezielle IO-Link-Mastereinstellungen. Dazu zählt die Identifikation von IO-Link Devices, um, wie in Kapitel 3.4 erwähnt, Verdrahtungsfehler aufzudecken. Die Möglichkeiten der IO-Link-Master-Portkonfiguration sind vielfältig und ermöglichen dem Anwender eine maximale Flexibilität bei der Einrichtung von Maschinen, sowie dem Erstellen einer Anlagen-Applikation.

Im Folgenden sind wichtige einstellbare Konfigurationsparameter und Funktionen aufgeführt und erklärt. Zu allen Erklärungen ist jedoch die Anwenderdokumentation des Herstellers hinzuzunehmen, da nicht alle Funktionen im Bereich des IO-Link-Systems liegen und jeder Hersteller andere Alleinstellungsmerkmale nutzt. Die Zukunft gestaltet sich hier einfacher, da in der IO-Link Version 1.1.3 ein einheitlichen IO-Link-Master-Schnittstelle definiert ist, die sich SMI (Standardized Master Interface) nennt.

4.1 Die Hauptbetriebszustände eines IO-Link-Ports

Ein IO-Link-Master verfügt über mehrere, unabhängig einstellbare Ports. Die Portkonfiguration und damit die Parametrierung eines IO-Link-Master-Ports ist der Parametrierung eines IO-Link-Devices ähnlich. Unterschiedliche Parameter erzeugen am IO-Link-Master-Port unterschiedliche Verhaltensweisen. Üblicherweise sind zur Einstellung Tools im Einsatz, die mit den zum IO-Link-Master-Gateway mitgelieferten Beschreibungsdateien, wie GSDML, EDS, XML etc., in der Lage sind, den IO-Link-Master in seinen Möglichkeiten einzustellen.

Bei der Anlagenplanung bzw. beim ersten elektrischen In-Betrieb-setzen erhalten die IO-Link-Master die jeweilige IO-Link-Master-Portkonfiguration. Dabei sind die Betriebsarten mannigfaltig, von der Funktion eines einfachen digitalen Eingangs, der sich an die IEC 61131-2 Typ 2 anlehnt, über einen digitalen Ausgang bis hin zur IO-Link-Kommunikation. Ein einfaches Ausschalten des IO-Link-Master-Ports ist dabei ebenso möglich wie das Einstellen unterschiedlicher Zeitverhalten zu anderen IO-Link-Master-Ports oder die Identifikation von angeschlossenen IO-Link-Devices.

IO-Link-Master-Ports können verschiedene Betriebszustände einnehmen; je nach Anwendungsfall ist zu überlegen welche Portbetriebsart für die Applikation am sinnvollsten ist. Die Wahl der Betriebsart hängt von der Wahl der anzuschließenden Geräte ab. Ein Standard-Binärsensor ist z. B. ausschließlich an einem digitalen Input-Port zu betreiben, während ein IO-Link-Sensor, der nicht über den kompatiblen SIO-Modus verfügt, an einem digitalen Eingang keine Daten übertragen kann. Aus Applikationsgesichtspunkten ist es eventuell erforderlich, gewisse Ports eines oder mehrerer IO-Link-Master mit einer bestimmten Zykluszeit zu betreiben. Auf diese Themen gehen die folgenden Kapitel im Detail ein.

Die Betriebszustände der IO-Link-Master-Ports sind über die entsprechenden IO-Link-Master-Tools rücklesbar, um jederzeit einen Überblick bezüglich der jeweiligen Betriebszustände der IO-Link-Master-Ports erhalten zu können. Dabei sind solche Tools heute üblicherweise in die gängigen Engineering-Tools integriert.

IO-Link-Master-Port-Einstellungen

Deaktiviert *ehemals* ***Inaktiv***
Der Betriebsmodus deaktiviert schaltet einen IO-Link-Master-Port komplett ab. D. h. der Anschluss von Geräten kann erfolgen, jedoch kommt es zu keinerlei Datenaustausch.

Ein deaktivierter IO-Link-Master-Port ist weder als digitaler Eingang, Ausgang noch als IO-Link-Port zu nutzen. Die zugeordnete Prozessdatenbreite im Prozessabbild ist in der Regel mit null angegeben, um Bandbreite im verwendeten Bussystem zu sparen. Alternativ ist einem solchen Port eine Prozessdatenbreite als Reserve zuzuordnen.

Der Betriebsmodus deaktiviert ist vom Anwender am IO-Link-Master für den betreffenden Port einzustellen.

Ziel dieser IO-Link-Master-Portbetriebsart ist es, nicht genutzte IO-Link-Master-Ports auszuschalten. D. h. ein IO-Link-Master-Port, der z. B. in der Applikation keiner Nutzung unterliegt, ist gegen versehentliches Anschließen eines nicht zur Applikation gehörenden IO-Link-Devices geschützt und es kommt nicht zu unvorhergesehen Fehlern oder Fehlverhalten.

DI_C/Q *ehemals* ***Digital Input (DI)***
Im Betriebsmodus Digital Input betreibt der IO-Link-Master den gewählten IO-Link-Master-Port als ganz gewöhnlichen digitalen Eingang mit einem Bit Nutzdatenbreite, letztlich dem Schaltbit des angeschlossenen Sensors. Der IO-Link-Master-Port im digitalen Eingangs-Modus belegt im Prozessdatenabbild des jeweilig verwendeten Bussystems ein Bit. Abhängig vom Bussystem und der Applikation ist dieses Bit als Einzelbit in einem Byte lokalisiert, oder es ist mit weiteren Einzelbits anderer digitaler Eingänge in ein Byte gepackt. Der Schaltzustand EIN (high) erfolgt über eine Anzeige (gelbe LED) am IO-Link-Master-Port. Im Betriebszustand Digital Input sind alle IO-Link-Eigenschaften des IO-Link-Master-Portes ausgeschaltet. D. h. ein eventuell angestecktes IO-Link-Device erfährt keine Aufwecksequenz (WakeUp, siehe Kapitel 1.4), um in die IO-Link-Kommunikation zu wechseln. Außerdem ist eine Parametrierung eines IO-Link-fähigen Gerätes in diesem Betriebsmodus nicht möglich. Aufgrund der nicht vorhandenen Kommunikation kann keine Überprüfung auf IO-Link-VendorID, IO-Link-DeviceID und/oder Seriennummer des angeschlossenen Gerätes erfolgen. Eine Diagnose ist ebenfalls nicht möglich. Applikative Zwänge können ein Betreiben eines IO-Link-Devices im Standard-Input-Output-Modus (SIO) erfordern. In einem solchen Fall ist das IO-Link-Device, sofern notwendig, auf zwei Arten zu parametrieren.

Zum einen kann die Parametrierung über das vorhandene Netzwerk erfolgen, dazu ist jedoch für die Parameterdaten (azyklischen Daten) im verwendeten Bussystem Bandbreite vorzuhalten und der entsprechende IO-Link-Master-Port für die Dauer der Parametrierung in der Konfiguration zu ändern. Problematisch sind das Vorhalten von Bandbreite und die Änderung der Betriebsart des IO-Link-Master-Ports, die der normalen Anlagenkonfiguration widerspricht, was wiederum zu Fehlermeldungen führen kann.

Der zweite Weg führt über das Nutzen eines separaten IO-Link-Masters, der mit einem Rechner (Laptop) verbunden ist. Über ein entsprechendes Engineering-Tool ist es möglich, das IO-Link-Device zu parametrieren. Diese Art der Parametrierung nennt sich meist Schreibtischparametrierung oder Offside-Parametrierung.

Hinweis:
Dieser Betriebsmodus ist vorzugsweise mit Geräten, die nicht IO-Link-fähig sind, zu verwenden. Sollte dennoch ein IO-Link-Device im Standard-Input-Output-Modus parametriert werden, ist zu prüfen, welche Auswirkungen eine Konfigurationsänderung des IO-Link-Master-Ports auf die Maschine und/oder Anlage nach sich zieht.

DO_C/Q ehemals *Digital Output (DO)*
Im Betriebsmodus Digital Output betreibt der IO-Link-Master den gewählten IO-Link-Master-Port als ganz gewöhnlichen digitalen Ausgang mit einem Bit Nutzdatenbreite, letztlich dem Schaltbit des angeschlossenen Aktuators. Der IO-Link-Master-Port im digitalen Ausgangs-Modus belegt im Prozessdatenabbild des jeweilig verwendeten Bussystems ein Bit. Abhängig vom Bussystem und der Applikation ist dieses Bit als Einzelbit in einem Byte lokalisiert, oder es ist mit weiteren Einzelbits anderer digitaler Ausgänge in ein Byte gepackt. Der Schaltzustand EIN (high) erfolgt über eine Anzeige (gelbe LED) am IO-Link-Master-Port.

Im Betriebszustand Digital Output sind alle IO-Link-Eigenschaften des IO-Link-Master-Ports ausgeschaltet. D. h. ein eventuell angestecktes IO-Link-Device erfährt keine Aufwecksequenz (WakeUp), um in die IO-Link-Kommunikation zu wechseln. Außerdem ist eine Parametrierung eines IO-Link-fähigen Gerätes in diesem Betriebsmodus nicht möglich. Aufgrund der nicht vorhandenen Kommunikation kann keine Überprüfung auf IO-Link-VendorID, IO-Link-DeviceID und/oder Seriennummer des angeschlossenen Gerätes erfolgen. Eine Diagnose ist ebenfalls nicht möglich. Applikative Zwänge können ein Betreiben eines IO-Link-Devices im Standard-Input-Output-Modus (SIO) erfordern. In einem solchen Fall ist das IO-Link-Device, sofern notwendig, auf zwei Arten zu parametrieren.

Zum einen kann die Parametrierung über das vorhandene Netzwerk erfolgen, dazu ist jedoch für die Parameterdaten (azyklischen Daten) im verwendeten Bussystem Bandbreite vorzuhalten und der entsprechende IO-Link-Master-Port für die Dauer der Parametrierung in der Konfiguration zu ändern. Problematisch sind das Vorhalten von Bandbreite und die Änderung der Betriebsart des IO-Link-Master-Ports, die der normalen Anlagenkonfiguration widerspricht, was wiederum zu Fehlermeldungen führen kann.

Der zweite Weg führt über das Nutzen eines separaten IO-Link-Masters, der mit einem Rechner (Laptop) verbunden ist. Über ein entsprechendes Engineering-Tool ist es möglich, das IO-Link-Device zu parametrieren. Diese Art der Parametrierung nennt sich meist Schreibtischparametrierung oder Offside-Parametrierung.

Hinweis:
Dieser Betriebsmodus ist vorzugsweise mit Geräten, die nicht IO-Link-fähig sind, mit maximaler Stromaufnahme, die vom IO-Link-Master-Hersteller in der Dokumentation angegeben ist, zu betreiben (z. B. Relais, Leuchten, einfache Schaltkontakte). 200 mA gilt hier als Standardwert.

Wird dennoch ein IO-Link-Device im Standard-Input-Output-Modus (SIO) parametriert, ist zu prüfen, welche Auswirkungen eine Konfigurationsänderung des IO-Link-Master-Portes auf die Maschine oder Anlage nach sich zieht.

IOL_AUTOSTART *ehemals* ***ScanMode***
Der *IOL_AUTOSTART* bedient sich der Kommunikationsanlaufmechanismen und etabliert die IO-Link-Kommunikation (siehe Kapitel 1).

Ist die Kommunikation zum IO-Link-Device erfolgreich etabliert, steht die gesamte Fülle an IO-Link-Zugriffen zur Verfügung. D. h. die Übertragung von zyklischen Daten, wie Prozesswerte, bis hin zu den azyklischen Daten, wie Parameterwerte, ist möglich und steht dem Anwender bzw. den überlagerten Systemen zur Verfügung. Der *IOL_AUTOSTART* nimmt jedes IO-Link-Device in Betrieb, unabhängig davon, ob es aus Anlagengesichtspunkten an den IO-Link-Master-Port gehört oder nicht. Die Idee hinter diesem Betriebsmodus ist es, in der Inbetriebnahmephase alle an IO-Link-Master-Gateways angeschlossen IO-Link-Devices anzuzeigen und die Konfiguration entsprechend dem vorgefundenen Anschlussbild vorzunehmen. Dies entspricht der sogenannten Bottom-Up-Philosophie bei Anlagenkonfigurationen.

Nach Abschluss der Konfiguration ist es sehr empfehlenswert, den IO-Link-Master-Port in den sogenannten IOL_MANUAL zu überführen, um sicherzustellen, dass sich immer das richtige IO-Link-Device am richtigen IO-Link-Master-Port befindet. Sollte der IOL-MANUAL-Mode mit der IO-Link-Device-Identifikation nicht zur Anwendung kommen, kann es z. B. bei Wartungsarbeiten zu versehentlichen Verwechslungen der Anschlüsse kommen und die Prozessdatenzuordung im Prozessdatenabbild des IO-Link-Master-Gateways passt nicht mehr zur Vorgabe. Dies kann im Anschluss zu diversen Problematiken führen, die nicht zwingend einfach zu erkennen sind.

Der *IOL_AUTOSTART* verfügt nicht über die IO-Link-Device-Identifikation und kann daher nicht selbstständig auf falsche IO-Link-Devices reagieren.

Hinweis:
Der Anschluss von binären Aktuatoren an einen kommunikativen IO-Link-Master-Port kann zu ungewollten Schaltvorgängen des Aktuators führen. Für binäre Aktuatoren ist zwingend ein IO-Link-Master-Port im digitalen Ausgangs-Modus zu verwenden.

Der IOL_AUTOSTART verfügt nicht über die IO-Link-Device-Identifikation und kann daher nicht selbstständig auf falsche IO-Link-Devices reagieren. Es gibt somit keinerlei Identifikationsdiagnose der Anlage.

Bei der Abbildung der aus IO-Link gelieferten Prozessdaten kann es zu Problemen kommen, da das überlagerte Bussystem eventuell nicht auf die richtige Prozessdatenbreite konfiguriert ist und somit Daten verloren gehen können und die vorhandenen nicht konsistent sind. Einige Bussysteme bzw. deren IO-Link-Master-Gateways verfügen über eine Default Prozessdatenbreite pro Port und je Datenrichtung. Dies findet sich in der Anwenderdokumentation der jeweiligen Hersteller.

IOL_MANUAL *ehemals* ***FIXEDMODE***
Der IOL_MANUAL unterscheidet sich vom *IOL_AUTOSTART* in der Hauptsache durch die feste Vorgabe und die damit verbundene Prüfung der Identität des angeschlossenen IO-Link-Devices. Somit folgt diese Betriebsart der TopDown-Philosophie, da der Anwender am jeweiligen IO-Link-Master-Port vorgibt, welche IO-Link-Herstellerkennung (Vendor Identifikation, IO-Link-VendorID, VID) und welche IO-Link-Device-Kennung (Device Identifikation, IO-Link-DeviceID oder DID) zu erwarten bzw. zu akzeptieren ist. Findet sich am IO-Link-Master-Port ein nicht zur Vorgabe passendes IO-Link-Device, versucht der IO-Link-Master das gefundene IO-Link-Device in den kompatiblen Betrieb zu überführen (siehe Kapitel 1.8 und 2.5). Verhält sich das IO-Link-Device anschließend kompatibel, ist die Identifikationsvorgabe erfüllt und der entsprechende IO-Link-Master-Port arbeitet normal. Kommt es nach der Kompatibilitätsanforderung an das IO-Link-Device nach wie vor zu einer Abweichung in der IO-Link-Device-Identifikation, meldet der IO-Link-Master-Port bzw. das IO-Link-Master-Gateway für den entsprechenden IO-Link-Master-Port einen Fehler, mit dem Hinweis, ein falsches oder abweichendes IO-Link-Device dort vorgefunden zu haben. Das IO-Link-System hält in einem solchem Fehlerfall die Kommunikation weiterhin aufrecht, so dass der Anwender jederzeit über eine entsprechende Anfrage an das falsche oder abweichende IO-Link-Device in der Lage ist, zu erfahren, um welches IO-Link-Device es sich tatsächlich handelt.

Der Vorteil dieser IO-Link-Master-Betriebsart ist vielfältig, es ist schnell zu erkennen, ob Vertauschungen oder tatsächlich falsch montierte IO-Link-Devices sich in der Anlage befinden. Weiterhin ist im Ersatzteilfall, der aufgrund eines Defekts am IO-Link-Device nötig ist, gewährleistet, dass sich in Verbindung mit der IO-Link-Datenhaltung (Kapitel 4.8) nach dem Austausch des defekten Gerätes die Funktion wieder genau gleich einstellt. Dabei ist es unerheblich, ob es sich um die genau baugleichen Geräte oder um ein Nachfolgegerät mit Kompatibilitätsmodus handelt (siehe Kapitel 2.5).

Damit ist der IOL_MANUAL die zu bevorzugende Betriebsrat am IO-Link-Master-Port.

Hinweis:
Erkennt der IO-Link-Master-Port ein falsches oder abweichendes IO-Link-Device, das einer Implementierung nach IO-Link-Spezifikation V1.0 folgt, so hält der IO-Link-Master die Kommunikation im Operate-Mode aufrecht, was zur Folge hat, dass zyklische Daten bzw. Prozessdaten in der Übertragung vorhanden sind. Diese sind in diesem Fall nicht gültig. Üblicherweise kennzeichnen IO-Link-Master-Gateways aufgrund der Fehlersituation diese Prozesswerte in Richtung des jeweiligen Bussystems als ungültig, jedoch ist dies durch den Anwender nochmals zu prüfen.

Die Identifikation ermöglicht den freien Austausch von defekten IO-Link-Devices ohne Tooleinsatz und sonstigen größeren Aufwänden im Zusammenspiel mit der IO-Link-Datenhaltung.

Digital Input Mode mit IO-Link Access (entfällt mit V1.1.3)
Eine spezielle Betriebsart ist der Digital Input Mode mit IO-Link-Access. Diese Einstellung ermöglicht das Parametrieren von IO-Link-Devices in Produktionspausen und Diagnoseintervallen. Dazu baut der IO-Link-Master die Kommunikation auf Anwenderwunsch zum gewünschten IO-Link-Device auf, anschließend besteht die Möglichkeit, Parameter abzufragen bzw. umzustellen. Diagnosen aus den entsprechenden Diagnoseparametern stehen ebenfalls zur Abfrage bereit, sofern das IO-Link-Device diese unterstützt. Ist der Zugriff abgeschlossen sendet der Master ein Fallbackkommando, um den Betriebszustand Digital Input wiederherzustellen.

Diese Betriebsart ist in Folge der Überarbeitung zur IO-Link Spezifikationen V1.1.3 entfallen. Ob Ein IO-Link-Master diesen Port-Mode unterstützt geht aus der Anwenderdokumentation des Herstellers hervor.

Hinweis:
Diese Betriebsart unterstützen nicht alle IO-Link-Master. Zudem muss das überlagerte System mit der Umstellung der Portkonfiguration zwecks Kommunikationsauf- und -abbau umgehen können, da es sonst zu Fehlermeldungen kommt, die einen nicht geplanten Stillstand der Anlage nach sich ziehen können.

Bei der Anlagenauslegung ist zu prüfen, ob eine solche Betriebsart notwendig und sinnvoll ist, da bei einer azyklischen Anfrage (Parameteranfrage) der SIO-Modus bzw. der DI-Modus und damit der reguläre zyklische Betrieb des IO-Link-Devices kurzzeitigen Unterbrechungen unterliegt.

Der Vorteil dieses Modus liegt in der sehr schnellen Prozesswertübermittlung, die deutlich unter 2,3 ms oder unter 0,4 ms liegt. Jedoch nützen diese sehr schnellen Übertragungen nur dann, wenn alle überlagerten Systeme ebenfalls sehr schnell die Daten übermitteln. Ein Feldbussystem mit langsamen Zykluszeiten macht diese Betriebsart hinfällig.

Der Nachteil ist, dass während des zyklischen Betriebs weder die Parameter zu kontrollieren sind noch Diagnosedaten zur Verfügung stehen.

4

4.2 Die Identifikation eines IO-Link-Devices

Die Identifikationsmöglichkeiten für IO-Link-Devices sind individuell an jedem IO-Link-Master-Port möglich. Dabei unterscheidet IO-Link in unterschiedliche Stufen der Identifikation, es ist oft vom sogenannten Inspection-Level die Rede.

Je nach Applikation und Erfordernissen stehen unterschiedliche Stufen der Identifikation für ein IO-Link-Device zur Verfügung. Diese Stufen sind über die IO-Link-Master-Portkonfiguration zugänglich und auf die Bedürfnisse anpassbar. Die unterschiedlichen Stufen der Einstellungen sind „Keine Prüfung", „Prüfung auf Typgleichheit" und als drittes die „Prüfung auf das Identische Gerät". **Tabelle 4.1** stellt sie nochmals dar. Die Prüfung auf das Identische Gerät entfällt mit der IO-Link-Spezifikation V1.1.3.

Im Einzelnen ist es möglich, den IO-Link-Master-Port ohne Identifikation des IO-Link-Devices zu betreiben.

In der Inbetriebnahmephase ist es im IOL_MANUAL ähnlich wie beim *IOL_AUTOSTART* möglich, die Identifikation noch auszuschalten, um Modifikationen an der Anlage vorzunehmen, ohne dass gleich das gesamte Fehlermanagement anläuft und die Anlage sofort wieder abschaltet. In dieser Betriebsphase ist jedoch sehr klar was passieren soll. Zum Ende einer solchen Inbetriebnahmephase sollte auf jeden Fall eine Identifikationsstufe, die zumindest auf IO-Link-Vendor und IO-Link-Device prüft, aktiviert sein.

Die typische Akzeptanzschwelle ist die Identifikation des IO-Link-Devices auf Typgleichheit. Das bedeutet, dass der IO-Link-Master prüft, ob die vorgefundenen IO-Link-VendorID und IO-Link-DeviceID mit der Vorgabe übereinstimmen. Stellt der IO-Link-Master eine Abweichung gegenüber seiner Vorgabe fest, versucht dieser als erstes, das IO-Link-Device in den kompatiblen Modus zu überführen, durch Schreiben der erwarteten IO-Link-DeviceID im Bereich der IO-Link-DeviceID im IO-Link-Device selber (siehe Kapitel 2.5). Stellt sich das IO-Link-Device als kompatibel dar, ist das System funktionsfähig und arbeitet im erwarten Funktionsspektrum. Ist hingegen das angeschlossene IO-Link-Device nicht kompatibel, schlägt die erneute Identifikationsprüfung fehl. In diesem Fall meldet der IO-Link-Master für den betroffenen Port eine Fehlermeldung an

Tabelle 4.1: Inspection Levels

Parameter	Keine Prüfung/ NO_CHECK	Typgleichheit/ TYPE_COMP	Identisches Device/ IDENTICAL
IO-Link-VendorID	-	ja	ja
IO-Link-DeviceID (kompatibell)	-	ja	ja
SerialNumber	-	-	ja/entfällt nach V1.1.3

das überlagerte System und hält das betroffene IO-Link-Device im Preoperate-Mode in Kommunikation. Auf diese Weise ist das nicht korrekte IO-Link-Device nach wie vor kommunikativ zu erreichen, was bei der Fehlerbehebung für die Anwender eine große Hilfe ist, da die Möglichkeit besteht, kommunikativ abzufragen, um welches tatsächliche IO-Link-Device es sich handelt.

Die härteste Akzeptanzstufe, die der IO-Link-Master beherrscht, ist die Stufe des identischen IO-Link-Devices. In diesem Fall prüft der IO-Link-Master nicht nur IO-Link-VendorID und IO-Link-DeviceID, sondern zusätzlich noch die Seriennummer. Weicht einer der drei Identifikationsparameter von der Vorgabe ab, handelt es sich nicht um dasselbe IO-Link-Device, sondern im besten Fall um ein typgleiches. Der IO-Link-Master ist jedoch angewiesen, dieses IO-Link-Device abzulehnen, da es nicht der Vorgabe entspricht. Genau wie beim Fall des typgleichen IO-Link-Devices setzt der IO-Link-Master eine Fehlermeldung an das überlagerte System ab, bleibt jedoch am betreffenden IO-Link-Master-Port im Preoperate-Mode kommunikativ, um eine Abfrage bezügliche der tatsächlichen Identifikation zu ermöglichen. Dies wiederum vereinfacht die Fehlersuche deutlich, da das IO-Link-Device weiterhin anzusprechen ist; damit besteht die Möglichkeit auszulesen, welche Identifikationsdaten das IO-Link-Device hat. Diese hohe Akzeptanzstufe kann in einigen Applikationen nötig sein, um ein ungewolltes Tauschen von Komponenten zu verhindern, selbst wenn diese typgleich sind. Diese Einstellung mit Prüfung auf das Identische Gerät entfällt mit der IO-Link-Spezifikation V1.1.3. Vorher war diese Stufe optimal und es war in der IO-Link-Master-Dokumentation nachzuschlagen, ob der IO-Link-Master diesen Inspections Level unterstützt. Benötigt eine Applikation die Prüfung auf identische Geräte, so ist diese z. B. per SPS Lesezugriff auf Index 21 (Kapitel 2.3.1.1.) und anschließendem vergleich auf die vorgegebene Seriennummer innerhalb der SPS möglich. Andere Implementierungen sind ebenfalls möglich, sofern der Lesezugriff auf Index 21 zu realisieren ist.

Hinweis:
Bei jedem neuem Anstecken eines IO-Link-Devices bzw. bei jedem Neuanlauf der Kommunikation führt der IO-Link-Master-Port die eingestellte Validierung der Identifikationsdaten des IO-Link-Devices durch.

Nicht alle IO-Link-Master unterstützen den Inspection Level IDENTICAL, eventuell müssen hier eigene Prüfungungen auf anderen Ebenen realisiert werden. IO-Link-Master nach V1.1.3 unterstützen den Level IDENTICAL gar nicht mehr.

Beispiel zur Validierung

Wie aus Tabelle 4.1 ersichtlich, kann der IO-Link-Master an seinen Ports auf verschieden Merkmale prüfen. Die folgenden Beispiele dienen dem Verständnis der Abläufe.

4

1. Prüfung auf ein typgleiches IO-Link-Device
   Ist am IO-Link-Master-Port eine IO-Link-Vendor-und IO-Link-DeviceID hinterlegte bzw. konfiguriert, prüft der IO-Link-Master nach Aufnahme der Kommunikation zum IO-Link-Device, ob die ausgelesene IO-Link-Vendor-und IO-Link-DeviceID mit den hinterlegten übereinstimmen. Ist dies der Fall, geht der IO-Link-Master in den zyklischen Betrieb über. Weicht ein Identifikationsmerkmal ab, kann das Szenario unter 2. eintreten. Alternativ meldet der IO-Link-Master einen entsprechenden Fehler, bleibt jedoch mit dem angeschlossenen IO-Link-Device in Kommunikation.
2. Prüfung auf ein typgleiches IO-Link-Device, mit einem typkompatiblen IO-Link-Device
   Das Prozedere ist genau gleich wie bei der Prüfung auf ein typgleiches IO-Link-Device unter 1. Stimmt bei der Prüfung durch den IO-Link-Master die IO-Link-VendorID überein und weicht die IO-Link-DeviceID ab, schreibt der IO-Link-Master die erwartete IO-Link-DeviceID auf die Adresse der IO-Link-DeviceID in das Gerät. Mit der Akzeptanz der geschrieben IO-Link-DeviceID bekundet das IO-Link-Device seine Kompatibilität zum erwarteten IO-Link-Device. Eine remanente Speicherung der vom IO-Link-Master geschriebenen IO-Link-DeviceID kann erfolgen. Beim erneuten Kommunikationsanlauf des IO-Link-Masters liest nun der IO-Link-Master die erwarteten Identifikationsdaten aus und überführt das IO-Link-Device in den zyklischen Betrieb, in dem es kompatibel zum abgelösten Gerät arbeitet.
   Akzeptiert das IO-Link-Device die vom IO-Link-Master geschrieben IO-Link-DeviceID nicht, meldet der IO-Link-Master an das überlagerte System die Fehlerinformation, dass ein falsches bzw. ein abweichendes IO-Link-Device am Port angeschlossen ist. Das beschriebene Szenario unterstützt die IO-Link-Version 1.1, sofern der IO-Link-Device-Hersteller für sein Gerät diese Funktion vorsieht. Dies kann aus unterschiedlichen Gesichtspunkten eventuell nicht der Fall sein. IO-Link-Devices, die nach Spezifikationsstand 1.0 implementiert sind, können diese Funktion nicht unterstützen, da diese Spezifikation den nötigen Mechanismus nicht beschreibt.
3. Prüfung auf identisches IO-Link-Device
   Die Prüfung erfolgt auf die IO-Link-VendorID, die IO-Link-DeviceID und additiv auf die Seriennummer. Weicht eines der drei Identifikationsmerkmale ab, meldet der IO-Link-Master eine entsprechende Fehlermeldung an das überlagerte System. Die Kommunikation zum falsch angeschlossenen IO-Link-Device bleibt etabliert. Der Fehler ist auf zwei Arten zu beheben, zum einen tauscht eine autorisierte Fachkraft das betroffene IO-Link-Device gegen das geforderte aus. Zum anderen kann eine autorisierte Fachkraft die IO-Link-Master-Port-Konfiguration ändern und das vorhandene IO-Link-Device als das erwartete eintragen. Welche der Möglichkeiten anzuwenden ist, hängt an den jeweiligen Prozessabläufen der Anlagenbetreiber. Stimmen hingegen alle drei Identifikationsmerkmale überein, ist das gefundene IO-Link-Device identisch. Daraufhin überführt der IO-Link-Master das angeschlossene IO-Link-Device in den zyklischen Betrieb.

Hinweis:
Da, wie in Kapitel 2.3.1.2 beschrieben, die Seriennummer ein optionaler Parameter ist, ist bei der Anlagendefinition darauf zu achten, dass die eingesetzten IO-Link-Devices den Parameter Seriennummer unterstützen, da sonst die Prüfung auf identisches IO-Link-Device nicht möglich ist. Zudem ist zu beachten, dass diese Prüfung, wie bereits erwähnt nicht von Allen IO-Link-Mastern unterstütz wird und ab IO-Link Version 1.1.3 innerhalb des IO-Link-Definitionsbereiches entfällt.

4.3 Untergeordnete Zusatzbetriebsarten (Portzyklus)

Die IO-Link-Master vor der IO-Link Version 1.1.3 verfügen über weitere Möglichkeiten der Einstellungen, die jedoch nicht von allen Herstellern für den Anwender zur Verfügung gestellt wurden. Die IO-Link Community hat sich im Rahmen der Überarbeitung der Spezifikation entschieden, diese Features entfallen zu lassen, da sie auch nicht etabliert sind.

Der IO-Link-Master-Port eines IO-Link-Gateways verfügt über drei unterschiedlichen Portzyklen. Je nach Bedürfnissen der zu betreibenden Applikation lässt sich der optimale IO-Link-Master-Portzyklus wählen. IO-Link ermöglicht es, gezielt eine IO-Link-Master-Port-Zykluszeit vorzugeben, in der der IO-Link-Master-Port arbeiten soll, um in der Applikation bestimmte Verhaltensmuster zu erzeugen.

Neben der fixen Zykluszeit am IO-Link-Master-Port besteht die Möglichkeit, die Organisation der IO-Link-Master-Port-Zykluszeiten dem IO-Link-Master selbst zu überlassen, dies entspricht dem Portzyklus FreeRunning. Als dritte Option steht die Messagesynchronität zur Verfügung. Hierbei betreibt der IO-Link-Master in Abhängigkeit der Anwendervorgaben mindestens zwei IO-Link-Master-Ports synchron bezüglich des Startpunktes der IO-Link-Master-Anfragen in der IO-Link-Kommunikation. Die vom IO-Link-Master oder vom Anwender vorgegebene Zykluszeit unterliegt einer Genauigkeit von -1 % bis maximal +10 %. Sollte eine der Einstellungen nicht zum System passen, meldet der IO-Link-Master eine entsprechende Fehlermeldung (siehe Kapitel 3.1.1 und die Anwenderdokumentation des IO-Link-Master-Herstellers).

Hinweis:
Bei der Planung einer Anlage sollte diese Abweichung in der Genauigkeit der Übertragungszeiten von -1 % bis +10 % berücksichtigt sein und die Überlegung erfolgen, ob eine Kopplung einer Aktion an den Kommunikationszyklus sinnvoll erscheint.

4.3.1 FreeRunning

Der IO-Link-Master stellt sich auf das IO-Link-Device ein. In Abhängigkeit von der Zykluszeit des IO-Link-Devices findet der Prozessdatenaustausch statt. Der eingestellte Portzyklus FreeRunning ermöglicht dem IO-Link-Master, jeden Port, der diese Einstellung besitzt, völlig unabhängig von anderen Ports zu betreiben. Der IO-Link-Master definiert für sich an jedem IO-Link-Master-Port, in Abhängigkeit der aus dem IO-Link-Device gelesenen minimalen Zykluszeit, seine eigene IO-Link-Master-Port-Zykluszeit (MasterCycleTime). Diese ist völlig frei festgelegt und kann von Port zu Port differieren. Die Zykluszeit variiert dabei generell im Rahmen der definierten Zeitbereiche (siehe Kapitel 2.2.1) Die Einhaltung dieser Randbedingungen stellt der IO-Link-Master selbst sicher. Der Anwender kann die Konfiguration der IO-Link-Master-Ports zurücklesen und würde bei FreeRunning am Port die Kodierung nach Tabelle 4.2 (s. einige Seiten weiter hinten) (Free) erhalten.

Das Auslesen der IO-Link-Master-Zykluszeit ist jederzeit möglich und gibt Aufschluss über die eingestellte Zykluszeit.

FreeRunning ist der Defaultwert der meisten IO-Link-Master und ist auch nach der Spezifikation V1.1.3 der Default-Fall.

4.3.2 FixedValue

Der IO-Link-Master-Portzyklus FixedValue ermöglicht es, eine ganz bestimmte Zykluszeit für einen oder mehrere IO-Link-Master-Ports vorzugeben. Dabei ist darauf zu achten, dass sich die gewählte Zykluszeit im definierten Bereich bewegt (siehe Kapitel 2.2.1). Außerdem darf die vorgegebene Zykluszeit nicht kleiner sein als die MinCycleTime des angeschlossenen IO-Link-Devices.

Die IO-Link-Spezifikation ermöglicht eine Einstellung der IO-Link-Master-Port-Zykluszeit im Rahmen des definierten Bereiches in Schritten von 100 µs. Welche Auflösung die einzelnen IO-Link-Master haben, geht aus der Anwenderdokumentation der jeweiligen IO-Link-Master-Hersteller hervor.

Ports mit identischer Zykluszeit, die sich im Portzyklus FixedValue befinden, betreibt der IO-Link-Master nicht zwingend synchron. Es kann IO-Link-Master geben, die dies eventuell können, jedoch ist dies nicht zwingend.

Ist an einem IO-Link-Master-Port eine Zykluszeit vorgegeben, die zu groß oder zu klein ist, kommt es zu einer Fehlermeldung bezüglich dem betreffenden IO-Link-Master-Port.

4.3.3 MessageSynchron

Dem optionalen IO-Link-Master-Portzyklus MessageSynchron, der oft mit FrameSynchron bezeichnet ist, unterliegen bei Anwendung mindestens zwei IO-Link-Master-Ports. Die IO-Link-Master-Ports, die durch die Vorgabe in der Konfiguration MessageSynchron arbeiten sollen, starten synchron die Kommunikation. D. h., der IO-Link-Master sendet an allen framesynchronen Ports zur gleichen Zeit das Master Command, mit dem jede M-Sequenz beginnt. Finden sich an den MessageSynchronen IO-Link-Master-Ports unterschiedliche IO-Link-Devices, gibt das IO-Link-Device mit der größten MinCycleTime die Zykluszeit für alle MessageSynchronen IO-Link-Master-Ports vor.

In **Bild 4.1** ist eine mögliche Konfiguration dargestellt. Die Koordinierung der IO-Link-Master-Ports und deren Abarbeitung übernimmt der IO-Link-Master.

Beim Zurücklesen des IO-Link-Master-Portzyklus erscheint die tatsächlich vom IO-Link-Master eingestellte Zykluszeit für alle im MessageSynchronen Betrieb befindlichen IO-Link-Devices.

Theoretisch wäre es möglich, IO-Link-Ports mit unterschiedlichen Zykluszeiten und unterschiedlichen Kommunikationsgeschwindigkeiten zu betreiben. Auch hierbei gilt der Grundsatz, der IO-Link-Master-Port, an dem sich das IO-Link-Device mit der größ-

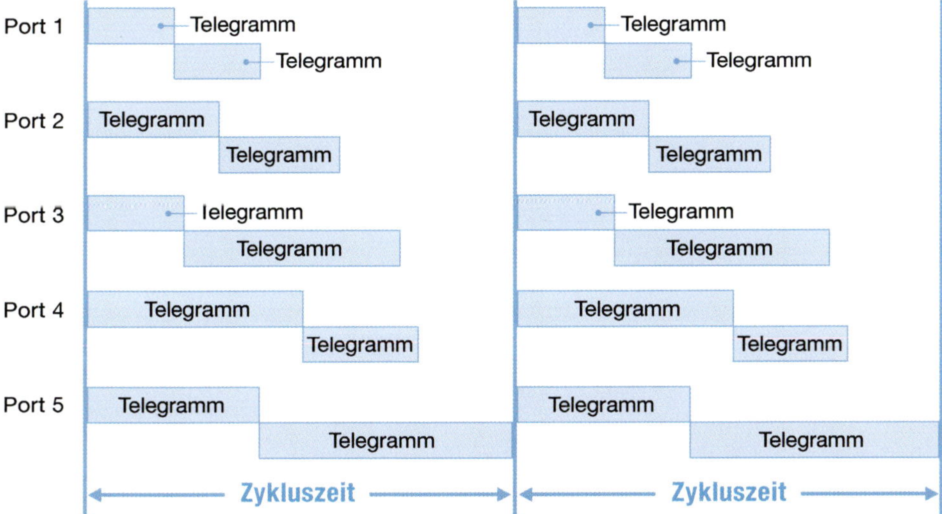

Bild 4.1: MessageSynchron (Quelle: IO-Link Community)

ten MinCycleTime befindet, gibt die Zykluszeit für alle anderen MessageSynchronen IO-Link-Master-Ports vor.

Es kann weitere Synchron-Modi in IO-Link-Master-Gateways geben, diese sind jedoch nicht weiter durch die IO-Link-Spezifikation definiert.

Hinweis:
Es ist bei Anwendung des IO-Link-Master-Portzyklus MessageSynchron wichtig zu berücksichtigen, dass, je nach IO-Link-Master bzw. dessen Performance, ein Jitter zwischen den einzelnen IO-Link-Master-Ports existiert. D. h., die IO-Link-Master-Ports im MessageSynchron-Betrieb sind nicht absolut synchron mit dem Kommunikationsstart. Dieser Jitter ist der Dokumentation des IO-Link-Master-Gateways zu entnehmen.

Zudem ist zu beachten, dass die Zykluszeit mit einer Genauigkeit von -1 % bis +10 % behaftet ist. Theoretisch wäre es möglich, IO-Link-Ports mit unterschiedlichen Zykluszeiten und unterschiedlichen Kommunikationsgeschwindigkeiten zu betreiben. Auch hierbei gilt der Grundsatz, der IO-Link-Master-Port mit dem IO-Link-Device mit der größten MinCycleTime gibt die Zykluszeit für alle anderen MessageSynchronen IO-Link-Master-Ports vor.

Es kann weitere Synchron-Modi in IO-Link-Master-Gateways geben, diese sind jedoch nicht weiter durch die IO-Link Spezifikation definiert.

Allgemein angemerkt sei erwähnt, dass Aufgrund der Spezifikationsanpassungen in V1.1.3 alle Portzyklen unter 4.3 mangels Nutzung entfallen sind. IO-Link-Master nach älteren Spezifikationen können jedoch einen oder mehrere der vorgenannten Zyklen unterstützen. Hierzu ist die Anwenderdokumentation der Hersteller zu Rate zu ziehen.

4.4 Prozessdatenzuordung

Üblicherweise lässt sich in jedem IO-Link-Master-Gateway eine Abbildungsvorschrift einstellen, um aus den gesamten Prozessdaten der IO-Link-Devices die auszuwählen, die an weitere Systemebenen zu verschicken sind. Diese Einstellungsmöglichkeit wird oft mit PDconfig oder Prozessdatenkonfiguration bezeichnet. **Bild 4.2** stellt schematisch die allgemeine Abbildung der Prozessdaten in Feldbussystemen dar. Dieser Parameter definiert sowohl das Prozessdatenabbild vom IO-Link-Device zum Gateway als auch die entgegengesetzte Prozessdatenrichtung. Der Anwender kann flexibel über Offset und Längenangaben die Prozessdaten in der Feldbusebene einstellen. Der Parameter setzt sich aus mehreren Einzelparametern zusammen, um Position und Länge im Prozessdatenabbild des Feldbusses zu definieren. Dabei sind Abweichungen von Bus-zu Bussystem möglich. Ebenso werden auch sehr komfortabel Oberflächen

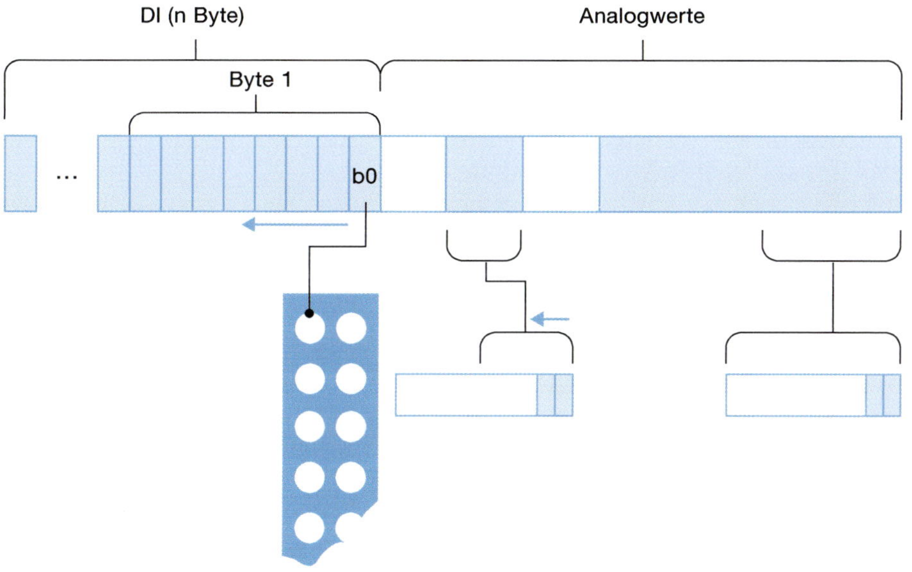

Bild 4.2: Prozessdatenabbildung (-mapping) (Quelle: IO-Link Community)

in den Engineering Tools angeboten bzw. sind integriert, die in Teilen schon die SMI Definitionen anwenden (siehe Kapitel 4.9).

Die wichtigsten Einstellmöglichkeiten sind in den kommenden Punkten beschrieben, diese sind heute in den entsprechenden Tools zur Konfiguration von IO-Link-Mastern und Bussystemen unterschiedlich berücksichtigt und können je nach Bussystem und Hersteller variieren oder anders bezeichnet sein.

4.4.1 Eingangsprozessdatenlänge

Die Länge der Eingangsprozessdaten, auch mit Prozessdaten-Input bezeichnet und mit LenIn abgekürzt, gibt an, welche Länge, der vom IO-Link-Device gesendeten Prozessdaten, auf dem Feldbus erscheinen soll.

4.4.2 Position der Eingangsprozessdaten im Gateway

Der Parameter Position der Eingangsprozessdaten oder abgekürzt mit PosIn bezeichnet, gibt die Position der abgebildeten Prozessdaten in den zum IO-Link-Master-Gateway gehörenden Feldbusdaten an. Dieser Parameter hängt vom verwendeten Bussystem ab. Je nach Feldbussystem und Auslastung mit weiteren Busknoten kann die Datenbandbreite variieren. Das entsprechende Tool zur Konfiguration nimmt die Positionierung in aller Regel sehr komfortabel vor.

4.4.3 Die Position der abzubildenden Eingangsprozessdaten im IO-Link-Device

Da IO-Link-Devices oft mehr als einen Prozesswert übertragen, besteht über einen Bitoffset in Verbindung mit der Eingangsprozessdatenlänge aus Kapitel 4.4.1 die Möglichkeit, das von der Applikation benötigte Prozessdatum herauszulösen. Der Bitoffset gibt dabei an, ab welchem Bit in den Eingangsprozessdaten zu zählen ist. Da es sich hierbei um die originalen Eingangsprozessdaten des IO-Link-Devices handelt, ist oft vom sogenannten SourceOffsetInput die Rede. Abgekürzt ist dieser im IO-Link-Kontext mit SrcOffsetIn.

Mit diesem Parameter ist es möglich, aus z. B. mehreren Analogwerten, die ein IO-Link-Device liefern kann, einen bestimmten Analogwert auszuwählen. D. h. aus einem Prozessdatenabbild des IO-Link-Device wird genau der Teil herausgelöst, der zur Steuerung nötig ist. So könnte z. B. ein Sensor neben der Durchflussmenge auch die Temperatur des Mediums liefern. Ist von der Applikation jedoch ausschließlich die Temperatur gefordert, kann mit Hilfe der Eingangsprozessdaten (z. B. 8 Bit) und dem Bitoffset (SrcOffsetIn) von 4 Bit genau die Temperatur aus dem Prozessdatensatz maskiert werden (siehe **Bild 4.3** für Port 2), in Verbindung mit der Position, an der sich zukünftig dieses ausgeschnittene Eingangsprozessdatenabbild im Feldbus befinden soll (im Beispiel Bit 16 im Prozessdatenstrom des Feldbusses). Mit diesen Abbildungsinformationen ist es dem SPS-Programmierer möglich, das richtige Eingangsprozessdatum, in diesem Fall die Temperatur mit 8 Bit, wieder aus dem Gesamt-Eingangsprozessdatum im Feldbus herauszulösen (siehe hierzu die schematische Darstellung in Bild 4.3).

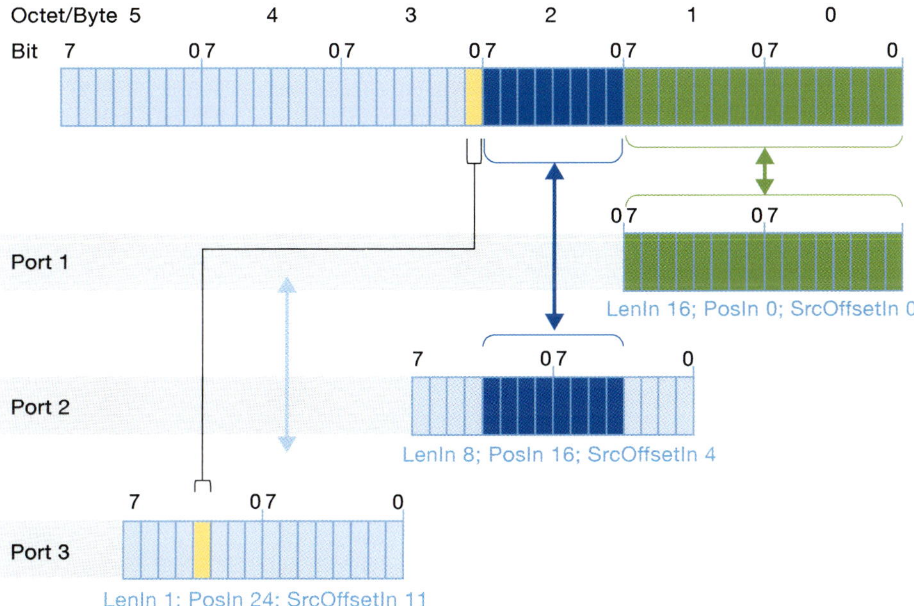

Bild 4.3: Prozessdatenmapping (Beispiel) (Quelle: IO-Link Community)

4.4.4 Ausgangsprozessdatenlänge

Die Länge der Ausgangsprozessdaten, auch mit Prozessdaten-Output bezeichnet und mit LenOut abgekürzt, gibt an, welche Länge die Prozessdaten haben, die das IO-Link-Device vom Feldbus gesendet bekommen soll.

4.4.5 Position der abzubildenden Ausgangsprozessdaten im IO-Link-Device

Der Parameter Position Ausgangsprozessdaten oder abgekürzt mit PosOut bezeichnet, gibt die Position der abgebildeten Prozessdaten im zum IO-Link-Master-Gateway gehörenden Feldbusdaten an. Dieser Parameter hängt vom verwendeten Bussystem ab. Je nach Feldbussystem und Auslastung mit weiteren Busknoten kann die Datenbandbreite variieren. Das entsprechende Tool zu Konfiguration nimmt die Positionierung in aller Regel sehr komfortabel vor.

4.4.6 Die Position der Ausgangsprozessdaten

Da IO-Link-Devices oft mehr als einen Prozesswert benötigen, besteht über einen Bitoffset in Verbindung mit der Ausgangsprozessdatenlänge aus Kapitel 4.4.1 die Möglichkeit, das von der Applikation benötigte Prozessdatum herauszulösen. Der Bitoffset gibt dabei an, ab welchem Bit in den Ausgangsprozessdaten zu zählen ist. Da es sich hierbei um die originalen Ausgangsprozessdaten des IO-Link-Devices handelt, ist oft vom sogenannten SourceOffsetOutput die Rede. Abgekürzt ist dieser im IO-Link-Kontext mit SrcOffsetOut. Mit diesem Parameter ist es möglich, aus z. B. mehreren Analogwerten, die an ein IO-Link-Device zu liefern sind, einen bestimmten Analogwert auszuwählen bzw. nur den einen im Feldbus befindlichen, der zum IO-Link-Device zu senden ist. D. h. aus dem Ausgangsprozessdatenabbild des IO-Link-Device genau den Teil zu maskieren, der mit einem neuen Prozesswert zu überschreiben ist. So könnte z. B. ein Aktuator neben Stellwerten Werte zum zyklischen Rücksetzen von Funktionen erhalten. Selbiges gilt für Sensoren; hier besteht die Möglichkeit, über zyklische Prozess-Output-Daten z. B. den Laser des Abstandsensors abzuschalten. Ist von der Applikation jedoch ausschließlich der zyklische Stellwert gefordert, ist es möglich, mit Hilfe der Ausgangsprozessdaten (z. B. 16 Bit) und dem Bitoffset (SrcOffsetIn) von 0 Bit, genau die zyklischen Stellwerte aus dem Prozessdatensatz zu maskieren (siehe Bild 4.3 für Port 1), in Verbindung mit der Position, an der sich zukünftig dieses ausgeschnittene Ausgangsprozessdatenabbild im Feldbus befinden soll (im Beispiel Bit 16 im Prozessdatenstrom des Feldbusses). Mit diesen Abbildungsinformationen ist es dem SPS-Programmierer möglich, das richtige Ausgangsprozessdatum, in diesem Fall der Stellwert mit 16 Bit, wieder dem Gesamt-Ausgangsprozessdatum im Feldbus bereitzustellen (siehe hierzu die schematische Darstellung in Bild 4.3).

4.5 Überprüfung der Konfiguration

Die Konfiguration des IO-Link-Masters ist rücklesbar und liefert zusätzlich zu den oben genannten Parametern noch weitere Parameter zur Information pro Port zurück (**Tabelle 4.2**).

Alle Einstellungen, die der Anwender tätigen kann, sind als Rücklesewert verfügbar. Additiv erhält der Anwender die Information, welche Übertragungsgeschwindigkeit am jeweiligen Port eingestellt ist. Diese Angabe verbirgt sich hinter COM1, COM2, COM3 in Tabelle 4.2. Das Einstellen der richtigen Übertragungsgeschwindigkeit nimmt der IO-Link-Master selbständig vor und ist somit vom Anwender nicht vorzugeben.

Tabelle 4.2: Übersicht der les- und schreibbaren Portparameter

Attribut	Setzbarer Wert	Rücklesbarer Wert
Betriebsmodus	Digitaler Eingang Digitaler Ausgang IOL_AUTOSTART (Scan-Mode) IOL_MANUAL (Fixedmode) deaktiviert (inaktiv)	Digitaler Eingang Digitaler Ausgang IOL_AUTOSTART IOL_MANUAL COM1-Mode COM2-Mode COM3-Mode deaktiviert
Portzyklus	Freerunning Fixedvalue Framesynchron	Free Fixedvalue Framesynchron
PDconfig	LenIn PosIn SrcOffsetIn LenOut PosOut SrcOffsetOut	LenIn PosIn SrcOffsetIn LenOut PosOut SrcOffsetOut
CycleTime	Wert der Zykluszeit	Wert der Zykluszeit
DeviceIdentification	IO-Link-VendorID IO-Link-DeviceID SerialNumber [1]	IO-Link-VendorID IO-Link-DeviceID SerialNumber [1]

[1] wenn im IO-Link-Device vorhanden

4.6 Offsettime

Die Offsettime dient der Zuordnung einer Messung der IO-Link-Device-Applikation in Abhängigkeit vom Start der IO-Link-Master-Sequenz. Mit der Offsettime ist es möglich, die Messung der Applikation des IO-Link-Devices vom Datenverkehr zu entkoppeln. **Bild 4.4** zeigt, wie sich die Offsettime zwischen zwei Ports definiert.

Die Offsettime erfüllt zwei Ansprüche: Zum einen kann es aus Applikationssicht erforderlich sein, dass die Messung einer physikalischen Größe von der IO-Link-Kommunikation entkoppelt stattfinden soll. In diesem Fall stellt der Anwender die gewünschte Entkoppelzeit via Parameter im IO-Link-Device ein. In Kapitel 2.3.1.4, Tabelle 2.20 sind die möglichen Einstellwerte angegeben.

4

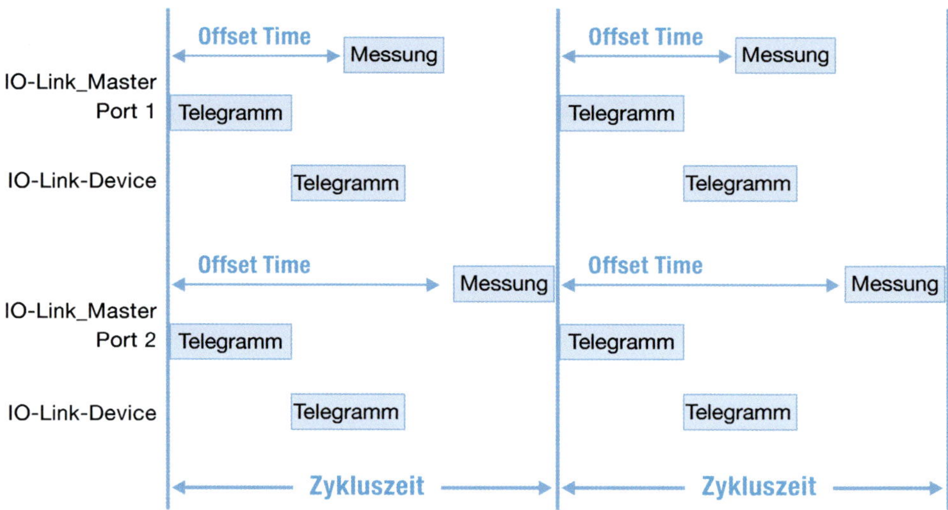

Bild 4.4: Offsettime (Quelle: IO-Link Community)

Der zweite Anspruch der Offsettime ist es, mehrere Sensoren entkoppelt ein Objekt vermessen zu lassen. Die Idee hierbei ist, dass die beteiligten Sensoren nacheinander in der Staffelung ihrer Offsettime die Messung durchführen. Jedes an der Messung beteiligte IO-Link-Device erhält demzufolge einen unterschiedlichen Offsettime-Wert eingestellt. In Bild 4.4 ist der Fall beispielhaft für zwei Ports dargestellt. Bei der Darstellung ist vorausgesetzt, dass die betreffenden Ports im MessageSynchron-Modus arbeiten.

Weitere Varianten sind möglich und hängen insbesondere von den Applikationsbedürfnissen ab.

Hinweis:
Bei der Anwendung der Offsettime ist der Hinweis aus Kapitel 4.3.3 zu beachten, da die IO-Link-Kommunikation einer mitunter nicht ausreichenden Genauigkeit für den Applikationsfall unterliegt.

Es ist zu überlegen, welche Portbetriebsart für die Anwendung der Offsettime die beste ist, um die Applikation zu lösen. Des Weiteren ist zu prüfen, ob die verwendeten IO-Link-Devices die Offsettime unterstützen, da es sich hierbei um einen optionalen Parameter handelt. Die IO-Link-Device-Hersteller-Dokumentation ist bezüglich des Parameters Offsettime zu Rate zu ziehen. Bezüglich des IO-Link-Masters ist im Vorfeld der Planungen für eine solche Applikation zu klären, ob der zur Anwendung kommende IO-Link-Master die ausreichende Performance mitbringt, um die entsprechenden IO-Link-Master-Ports in der gewünschten Art und Weise mit der nötigen Genauigkeit zu betreiben. Ebenfalls ist zu prüfen, ob der IO-Link-Master die gewünschte Betriebsart unterstützt.

4.7 Inbetriebnahme (Projektierung und Konfiguration)

Bei der Inbetriebnahme von IO-Link-Systemen stehen zwei Strategien zur Verfügung.

Zum einen die BottomUp-Philosophie, die alle Identifikationsdaten der angeschlossenen IO-Link-Devices liefert und im Anschluss zur gültigen Konfiguration zu erklären ist. Zum anderen steht die TopDown-Philosophie als Anwendungsmöglichkeit zur Verfügung. Dabei schreibt ein Tool die Sollvorgabe an die IO-Link-Master, diese wiederum prüfen, ob es eine Soll-Ist-Abweichung gibt. Kommt es dazu, meldet der entsprechende IO-Link-Master-Port diese Identifikationsabweichung.

Der BottomUp-Ansatz in IO-Link
Grundvoraussetzung für den BottomUp-Ansatz ist die Einstellung IOL_AUTOSTART an allen IO-Link-Master-Ports. Jeder IO-Link-Master-Port liefert die Identifikationsdaten (IO-Link-Vendor-, IO-Link-DeviceID und/oder Seriennummer) des angeschlossenen IO-Link-Devices. Nach Übernahme der gelieferten Identifikationsdaten der angeschlossenen IO-Link-Devices ist die Konfiguration zu fixieren, indem alle IO-Link-Master-Ports in die Betriebsart IOL_MANUAL übergehen. Weiter besteht die Möglichkeit, verschiedene untergeordnete Zusatzbetriebsarten für den jeweiligen IO-Link-Master-Port auszuwählen. Die meisten IO-Link-Master-Portkonfigurationstools sind in der Lage, über die vorgefundene Identifikation des IO-Link-Devices die entsprechende IO-Link-Device-Description (IODD) auszuwählen, dabei ist es unerheblich, ob diese schon dem Tool vorliegt oder sich das Tool diese vom IO-Link-IODDfinder herunterlädt.

Hinweis:
Durch die Anwendung des IOL_AUTOSTARTs sind Verdrahtungsfehler nicht zu erkennen, da die Identifikation später den gefundenen Zustand als Soll-Zustand übernimmt.

Der TopDown-Ansatz in IO-Link
Die Vorgehensweise für den TopDown-Ansatz ist die Festlegung der Konfiguration in Abhängigkeit von der vorgegebenen Planung. Jeder IO-Link-Master-Port erhält eine Vorgabe, die sogenannte Soll-Konfiguration. Im Nachgang prüft jeder IO-Link-Master-Port seine Soll-Vorgabe gegen die vorgefundenen Ist-Daten. Kommt es dabei zu Abweichungen, ist es möglich, auf Fehler wie „falsches IO-Link-Device angeschlossen", „falsch verdrahtet" oder „gar nicht angeschlossen", zu schließen.

Für den TopDown-Ansatz ist der IO-Link-Master-Port im IOL_MANUAL zu betreiben, dabei ist es möglich, weitere untergeordnete Zusatzbetriebsarten zu nutzen.

4.8 Die IO-Link Datenhaltung

IO-Link stellt einen Reparametrierungsmechanismus zur Verfügung, der unterschiedlichen Anwendungsfällen Rechnung trägt. In Kombination mit der am IO-Link-Master-Port eingestellten Identifikation eines IO-Link-Devices besteht die Möglichkeit, einmal parametrierte Daten im Austauschfall in ein neues IO-Link-Device zurückzuspielen. Die einzelnen Optionen und zugehörigen Anwendungsfälle (Use Cases) der IO-Link-Datenhaltung (IO-Link-DataStorage) erläutert das kommende Kapitel ausführlich, da je nach verfolgter Anlagenphilosophie unterschiedliche Anwendungsfälle entstehen. Ziel der IO-Link-Datenhaltung ist es, den Tausch von defekten IO-Link-Devices ohne einen Werkzeugeinsatz, wie z. B. ein IO-Link-Konfigurationstool, zu ermöglichen.

Um alle Anwendungsfälle abzudecken gibt es bei IO-Link drei Möglichkeiten, den sogenannten IO-Link-Datenhaltung-Mechanismus (IO-Link-DataStorage) anzuwenden.

Jeder IO-Link-Master-Port ist bezüglich der IO-Link-Datenhaltung in drei Betriebsarten zu konfigurieren. Eine Umstellung der konfigurierten Betriebsart führt automatisch zum Löschen des gespeicherten Datensatzes.

1. Die Commissioning-Einstellung stellt den ausgeschalteten IO-Link-Datenhaltungsbetrieb dar. In diesem Zustand sind beliebige Einstellungen der Parameter am IO-Link-Device möglich, ohne die am IO-Link-Device vorgenommenen Einstellungen Master-Portspezifisch zu speichern. Bei dieser Einstellung kommt es ebenfalls zum Löschen aller Inhalte bereits gespeicherter IO-Link-Device-Parametrierungen, die durch eine der folgenden Einstellungen hinterlegt wurden. Ein typischer Anwendungsfall für diese Einstellung ist die Inbetriebnahme einer Anlage, wenn die Parameter eventuell noch einer Feineinstellung unterliegen.

Hinweis:
Mit dieser Einstellung erfolgt ein Löschen eines eventuell gespeicherten Parametersatzes.

2. Die Einstellung Production „Backup/Restore“ ermöglicht den IO-Link-Device-Tausch bei sich im Prozess ändernden Parametern. D. h. kommt es in Anlagen zu Rezepturumschaltungen oder Optimierungen, finden sich immer die aktuellen zu dem Zeitpunkt benötigten Parameter in der Datenhaltung (DataStorage).
3. Die Einstellung Production „Restore“ ermöglich die Fixierung eines Parametersatzes. D. h. es findet zu Beginn eine einmalige Speicherung eines gültigen Parametersatz eines IO-Link Devices statt. Bei jedem IO-Link-Device-Wechsel ist es unerheblich, ob ein IO-Link-Device einen geänderten und gültigen Parametersatz mitbringt. Der IO-Link-Master überschreibt immer den Parametersatz des IO-Link-Devices mit seinem gespeicherten Parametersatz.

Hinweis:
Die Änderung der IO-Link-Master-Port-Konfiguration führt generell immer zum Löschen des gespeicherten Parametersatzes am betreffenden IO-Link-Master-Port, unabhängig von der gewählten Datenhaltungseinstellungen.

Die vorstehenden drei Möglichkeiten, den IO-Link-Master auf die Datenhaltung einzustellen, stehen im Zusammenhang mit den Parametriermöglichkeiten des IO-Link-Devices. Der IO-Link-Master interagiert mit den Systemkommandos, die ein IO-Link-Device unterschiedlich in Bezug auf die Datenhaltung umsetzt (siehe Kapitel 2). D. h. das bereits erklärte Systemkommando ParamDownloadStore verursacht im IO-Link-Device das Kennzeichnen des erhaltenen Datensatz als neu und als zu speichern (Setzen des UploadFlag Bit im IO-Link-Device). Mit dem Systemkommando legt der Anwender fest, ob ein geänderter Parametersatz zu speichern ist. In jedem IODD-basierten Parametriertool geschieht dies automatisch, da diese Tools das Systemkommando ParamDownloadStore immer zum Abschluss der Parametrierung verwenden. Abhängig von der IO-Link-Master-Porteinstellung, die in den Punkten 1 bis 3 beschrieben ist, kommt es zum Upload, Download oder Ignorieren des neuen Parametersatzes.

Manche Tools gestatten es, statt dem Systemkommando ParamDownloadStore das Systemkommando ParamDownloadEnd zu verwenden, in diesem Fall kennzeichnet das IO-Link-Device den neuen Parametersatz nicht und damit bleibt der IO-Link-Master in Unkenntnis bezüglich des geänderten Datensatzes und löst keine Aktion aus.

Sollte es jedoch zu einem Neuanlauf der IO-Link-Kommunikation kommen, stellt der IO-Link-Master eine Abweichung fest und stellt den aus seiner Sicht richtigen Zustand in Abhängigkeit der IO-Link-Master-Porteinstellung, die in den Punkten 1 bis 3 beschrieben ist, wieder her.

Ein SPS-Programmierer, der via SPS eine Parametrierung vornimmt, muss die entsprechenden Systemkommandos in seinem Programm berücksichtigen und an das IO-Link-Device senden, damit die Datenhaltung entsprechend den Einstellungen ablaufen kann.

Hinweis:
Aufgrund dessen, dass bei der Einstellung Backup/Restore die Gefahr einer ungewollten Parameteränderung der Anlage im IO-Link-Device-Austauschfall besteht, ist jedes IO-Link-Device vor dem Einbau einem FactoryReset bzw. bei neuen, nach IO-Link Version 1.1.3 implementierten IO-Link-Devices, dem Back to Box Systemkommando zu unterziehen (siehe Tabelle 2.16 Kapitel 2.3.1.1). Damit ist sichergestellt, dass das Datenhaltung-Upload-Flag, das die Veränderung des Parametersatzes anzeigt, zurückgesetzt ist. Alternativ sollten nur IO-Link-Devices im Auslieferungszustand (Out of the Box) zum Einbau kommen.

Die IO-Link-Datenhaltung unterstützt nur IO-Link-Devices und IO-Link-Master nach IO-Link-Spezifikation 1.1 und in Zukunft folgende Versionen.

4.8.1 Funktionen der IO-Link-Datenhaltung

Die IO-Link-Datenhaltung hat die oben beschriebenen drei möglichen Funktionen. An Hand von Beispielen sind die Funktionen in ihrer Nutzung dargestellt und Besonderheiten beschrieben. Allgemein gelten diese für die Einrichtung der Datenhaltung, über die entsprechende Tools, die Wahl der zu verwendenden Funktion und die des Speicherortes. In der Regel ist zwischen einem IO-Link-Master-lokalem Speicher oder einem globalen Speicher, den der Anwender in seiner Anlage installiert hat, zu wählen. Im Allgemeinen ist der interne Speicher des IO-Link-Masters als Default-Speicherplatz eingestellt.

Viele IO-Link-Abbildungen auf Bussysteme stellen dem globalen Speicher die Inhalte des IO-Link-Master-internen Speichers zur Verfügung, so dass im Schadensfall des IO-Link-Masters für die Datenhaltung ebenfalls ein Backup existiert. Wie genau das einzustellen ist und wo die Speicherdaten liegen, ist in der Herstellerdokumentation der IO-Link-Master angegeben.

Hinweis:
Nehmen IO-Link-Devices an der IO-Link-Datenhaltung teil, die nicht kalibriert oder absolut messend sind, ist im Anschluss an die Reparametrierung händisch ein Teachvorgang anzustoßen. Typischerweise können IO-Link-Devices, die einen Teachvorgang benötigen, die entsprechenden Teachwerte nicht in die Datenhaltung geben, da diese von IO-Link-Device zu IO-Link-Device differieren können und somit nicht übertragbar sind. Dieser Umstand erfordert es, dass nach einem Tausch eines defekten IO-Link-Devices mit Teachwerten dieses erneut einzulernen ist.

Commissioning
Die Einstellung Commissioning nutzen Anwender hauptsächlich während der Inbetriebnahmephase, vor allem, wenn die Optimierung von Datensätzen zu erfolgen hat. Zu diesem Zeitpunkt ist es nicht gewollt, dass jeder Datensatz in der Datenhaltung zur Speicherung kommt. Unnötige Datentransfers und somit Wartezeiten können auf diese Weise eingespart werden.

Einige Anwender möchten die Datenhaltung gar nicht nutzen, diese lassen diese Einstellung auch während des Betriebes der Anlage aktiv.

Production „Backup/Restore“
Die Einstellung Production „Backup/Restore“ ist die komplexeste, von der Funktionsweise betrachtet. Sie empfiehlt sich für Anlagen oder Maschinen, die einer sogenannten Rezepturumschaltung unterliegen. Anders ausgedrückt kann eine Anlage mehr als eine Funktion unterstützen, wobei die Funktionen in der Regel identisch sind, jedoch die Skalierung sich unterscheidet. In diesem Fall ist es jedoch notwendig die Skalierung anzupassen und damit einen geänderten Parametersatz im IO-Link-Device zu

nutzen. Eine solche aus dem Betrieb der Anlage notwendige Umparametrierung ist als Rezepturumschaltung bekannt.

Die Funktion Backup/Restore ist auf diesen Umstand eingestellt. Kommt es etwa durch eine Rezepturumschaltung zu Parameteränderungen, so teilt dies das IO-Link-Device durch das entsprechende Event dem IO-Link-Master mit und dieser holt sich den neuen Datensatz in seinen Speicher, um im Ersatzteilfall für die laufende Rezeptur den richtigen Datensatz in ein getauschtes IO-Link-Device zurückladen zu können. Kommt es aufgrund eines Defektes zum Tausch eines IO-Link-Devices, prüft der IO-Link-Master die Identifikation und schreibt anschließend den gespeicherten Datensatz in das neue IO-Link-Device.

Hinweis:
Für diese Betriebsart ist es wichtig, dass das Austausch-IO-Link-Device „Out of the Box" vom IO-Link-Device-Hersteller kommt. Ist dies nicht zweifelsfrei sicherzustellen, ist auf jeden Fall ein FactoryReset bzw. das Systemkommando Back to Box außerhalb der Anlage auszuführen (siehe Tabelle 2.16 Kapitel 2.3.1.1). Sollte das Tausch-IO-Link-Device einen Parametersatz beinhalten, der noch nicht gesichert wurde, meldet das IO-Link-Device diesen per Event als neu und der IO-Link-Master in Einstellung Backup/Restore speichert diesen eventuell nicht zur Applikation passenden Datensatz.

Production „Restore"
Die Einstellung Production „Restore" ist eine aus der Welt der Top-Down-Philosophie. Das bedeutet, der IO-Link-Master mit noch leerem Datenhaltungsspeicher zieht sich nach dem Einschalten und der Identifikation des IO-Link-Devices den aktuellen Datensatz in seinen Speicher. In der Folge können sich am IO-Link-Device die Parameterdaten ändern, dies gibt das IO-Link-Device dem IO-Link-Master per Event bekannt. Der IO-Link-Master in Restore-Einstellung registriert das Event und leitet daraus ab, dass am IO-Link-Device eine Parametersatzänderung vorliegt, die nicht zu akzeptieren ist. Im Anschluss lädt der IO-Link-Master den gespeicherten Datensatz wieder in das IO-Link-Device.

Ist angedacht, im IO-Link-Device einen neuen Datensatz bzw. einen geänderten Datensatz zu nutzen, ist der im IO-Link-Master gespeicherte Datensatz zu löschen. Die Löschung erfolgt über die Einstellung Commissioning. Im Anschluss ist der IO-Link-Master wieder auf „Restore" umzustellen, um erneut einmalig den geänderten Parametersatz aus dem IO-Link-Device auszulesen und zu speichern.

Typische Anwendungen für die Restore-Einstellung sind Serienmaschinen, die ab Werk mit der richtigen Parametereinstellung versehen sind und die der Anwender nicht ändern soll. Der Ersatzteilfall ist in dieser Einstellung sehr einfach zu handhaben, da lediglich darauf zu achten ist, das baugleiche IO-Link-Device für den Austausch zu nutzen. Alles andere erledigt der IO-Link-Master.

4.8.2 Ablauf der IO-Link-Datenhaltung

Die Datenhaltung funktioniert immer nach dem gleichen Muster.

Im Wesentlichen sind sechs unterschiedliche Fälle der Datenhaltung zu betrachten. Diese sind:

1. Einschaltverhalten (Startups/Power on),
2. Ersatzteilfall (Replacement/Spare Part).
3. externe Parametrierung/Offside-Parametrierung "Schreibtisch Parametrierung" (local commissioning),
4. Teach und lokale Bedienung (teach in/local operations/local interface),
5. Parametrierung über Funktionsblöcke in der SPS (Parameterization via FunctionBlock),
6. Parametrierung über Tools (Parameterization via Engineering oder Device-Tool).

Für alle diese Datenhaltungsszenarien gilt, der IO-Link-Master hat zuvor die Identifikation des IO-Link-Devices positiv abgeschlossen, d. h. es befindet sich das richtige IO-Link-Device am entsprechenden IO-Link-Master-Port.

1. Verhalten während des Einschaltens (Startup oder Power On)

Bild 4.5 verdeutlicht den Ablauf eines anlaufenden Systems bezüglich der Datenhaltung.

Mit der Aktion 3 in Bild 4.5 prüft der IO-Link-Master die Gültigkeit des Parametersatzes des IO-Link-Devices, in dem dieser die Checksumme des IO-Link-Device-Parametersatzes mit der gespeicherten Checksumme vergleicht (Aktion 4 in Bild 4.5). Ergibt sich eine Abweichung zwischen den beiden Checksummen, kommt es bei der Einstellung Restore zum Schreiben der gespeicherten Parameter zum IO-Link-Device (Aktion 5 in Bild 4.5). Hat der IO-Link-Master die Einstellung Backup/Restore, ist entscheidend wie das UploadFlag steht. Ist das UploadFlag nicht gesetzt (logisch low, „0"), da es sich um ein neues oder gebrauchtes, jedoch per FactoryReset/Back-to-Box-Systemkommando zurückgesetztes IO-Link-Device handelt, kommt es automatisch zum Download bzw. Schreiben der im IO-Link-Master gespeicherten Parameterdaten (Aktion 5 in Bild 4.5). Ist hingegen das UploadFlag gesetzt (logisch high, „1") kommt es automatisch zum Upload bzw. Lesen und Speichern (Aktion 5 in Bild 4.7). Deshalb ist in dieser Konfiguration wichtig zu wissen, welchen Zustand das einzusetzende IO-Link-Device hat. Im Zweifel ist auf jeden Fall mit z. B. einen USB-IO-Link-Master vor dem Einbau des IO-Link-Devices ein FactoryReset/Back-to-Box-Systemkommando durchzuführen (siehe Hinweis in Kapitel 4.8.1 und Tabelle 2.16, Kapitel 2.3.1.1)).

Nach Abschluss des Schreibens oder Lesens bestätigt das IO-Link-Device den erfolgreichen Abschluss (Aktion 6 in Bild 4.5).

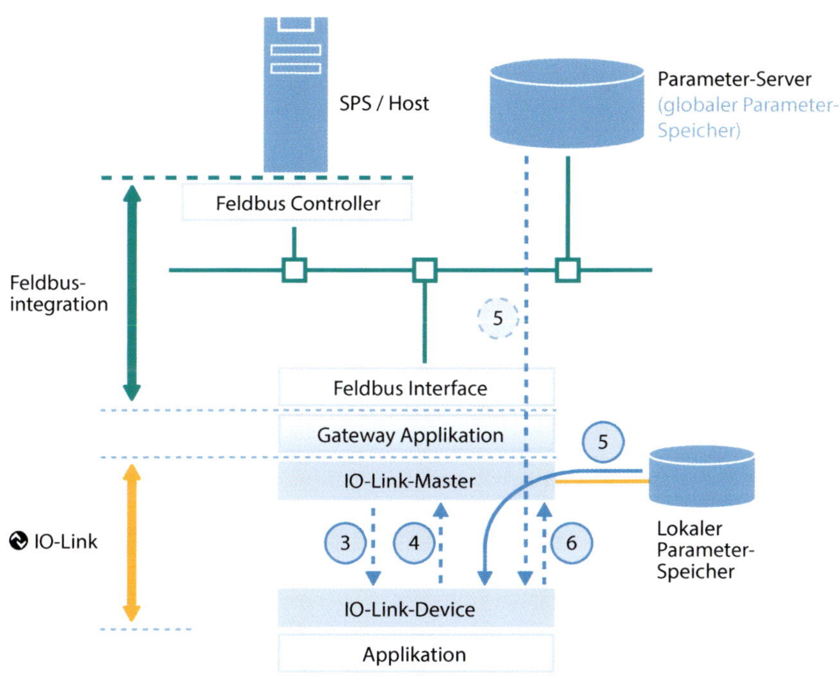

Bild 4.5: Verhalten der Datenhaltung beim Einschalten

4

2. Ersatzteilfall

In **Bild 4.6** ist der Ersatzteilfall dargestellt, d. h., kommt es in einer Anlage oder Maschine zu einem Defekt am IO-Link-Device, so dass dieses auszutauschen ist, ist es möglich, einen sehr einfachen Tausch des defekten IO-Link-Devices vorzunehmen. Es ist lediglich der Tausch der mechanischen Komponente notwendig. Die Einstellungen für das IO-Link-Device übernimmt der IO-Link-Master.

Im Einzelnen ähnelt die Durchführung der unter Punkt 1 „Verhalten während des Einschaltens (Startup oder Power On)“ beschriebenen.

Nach dem Ausbau des defekten IO-Link-Devices ist das Ersatz-IO-Link-Device mechanisch zu montieren und elektrisch anzuschließen (Aktion 2 in Bild 4.6). Im Anschluss prüft der IO-Link-Master zuerst die Identität des IO-Link-Devices bevor dieser in die Prüfung der Checksumme (Aktion 3 in Bild 4.6) übergeht. Anschließend sollten in diesem Fall die Checksummen der Parametersätze zwischen dem gespeicherten und dem im IO-Link-Device abweichen (Aktion 4 in Bild 4.6), so dass es auf jeden Fall zu einem Schreiben (Download) der Parameterdaten kommt (Aktion 5 in Bild 4.6). Nach Abschluss des Schreibens bestätigt das IO-Link-Device den erfolgreichen Abschluss und die Gültigkeit der Parameterdaten (Aktion 6 in Bild 4.6).

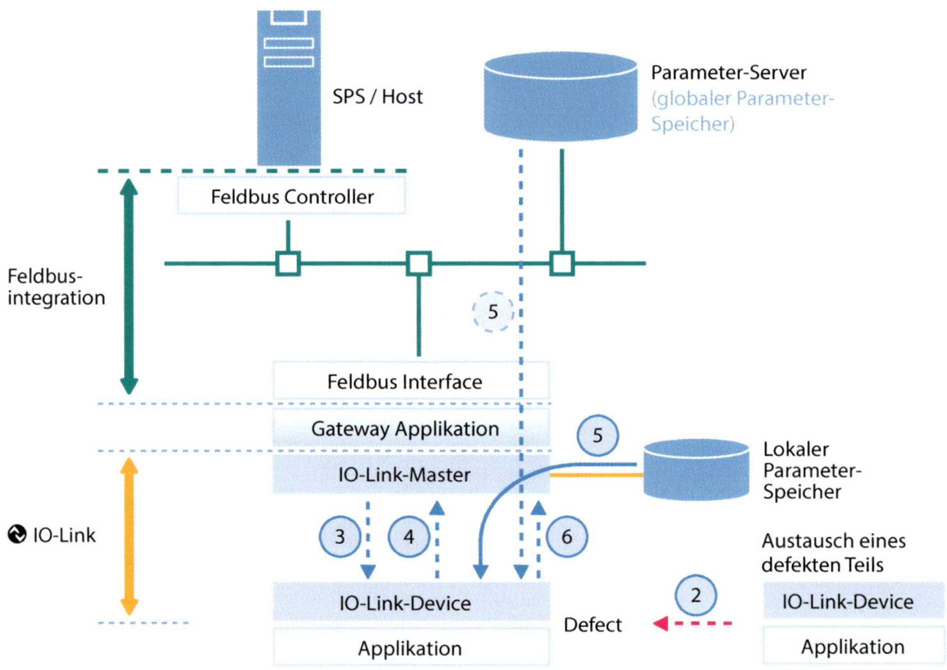

Bild 4.6: Ersatzteilfall

In diesem Szenario sind zwei wichtige Voraussetzungen zu schaffen, um ein problemfreies Wechseln eines IO-Link-Devices zu gewährleisten. Das Ersatz-IO-Link-Device sollte neu sein, also im Auslieferzustand oder einen FactoryReset/Back-to-Box-Systemkommando erfahren haben (siehe Hinweis in Kapitel 4.8.1 und Tabelle 2.16, Kapitel 2.3.1.1) und im IO-Link-Master sollte ein Parametersatz gespeichert sein. Eine Umstellung des IO-Link-Masters in seinen Einstellungen bezüglich der Datenhaltung (Änderung der Portkonfiguration bezüglich der IO-Link-Datenhaltung) führt zu Fehlern. Im schlimmsten Fall lädt der IO-Link-Master den gültigen Default-Parametersatz des IO-Link-Devices in seinen Speicher.

3. Externe Parametrierung (Schreibtisch-Parametrierung)

Die externe Parametrierung, auch „Schreibtisch- oder Offside-Parametrierung“ genannt, ist ein durchaus gängiges Verfahren eine Maschine/Anlage mit Parametersätzen für Aktuatoren und Sensoren zu versehen. **Bild 4.7** soll den Ablauf einer solchen Parametrierung erläutern.

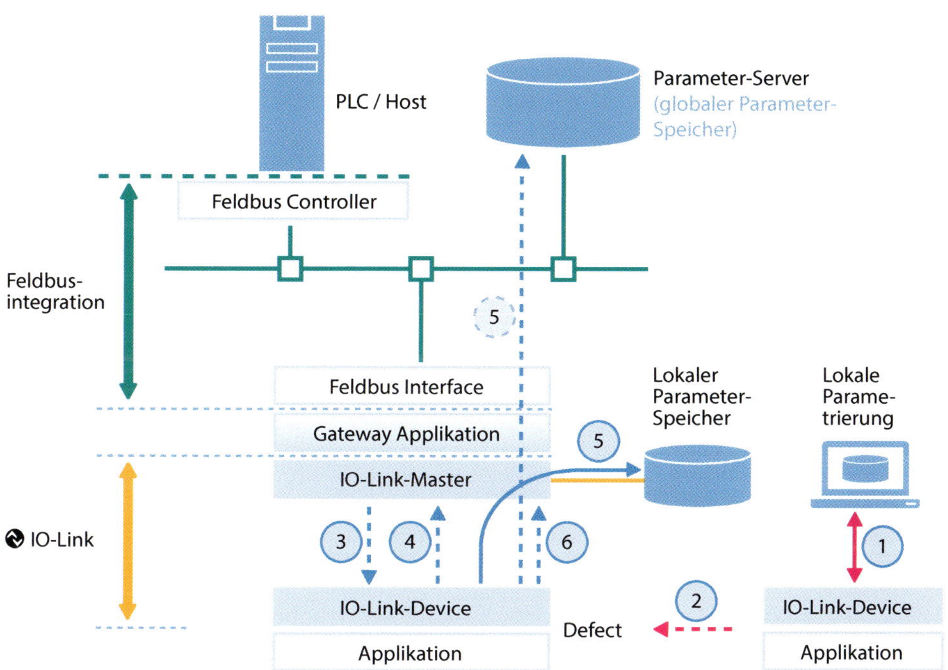

Bild 4.7: Externe Parametrierung („Schreibtisch-Parametrierung“)

Ähnlich wie beim Ersatzteilfall kommt ein IO-Link-Device von außen in die Maschine/Anlage, jedoch mit dem Unterschied der bewussten Parametrierung vor dem Einbau (Aktion 1 in Bild 4.7). Das parametrierte IO-Link-Device erhält die entsprechenden elektrischen und mechanischen Verbindungen (Aktion 2 in Bild 4.7). Im Anschluss prüft der IO-Link-Master zuerst die Identität des IO-Link-Devices, diese ist im IO-Link-Master vorher einzustellen. Anschließend prüft er die Checksumme (Aktion 3 in Bild 4.7) und erfährt gleichzeitig, dass der Parametersatz aufgrund der externen Parametrierung verändert ist (Aktion 4 in Bild 4.7). Das UploadFlag kennzeichnet dies und löst das entsprechende Event aus. Ist es die Absicht, den extern parametrierten Datensatz in die Maschine/Anlage zu bringen, so muss vorher dafür Sorge getragen sein, dass der IO-Link-Master entweder auf „Restore“ gestellt ist und keinen Datensatz im Speicher hat oder sich der IO-Link-Master in der Einstellung „Backup/Restore“ befindet. In beiden vorgenannten Fällen übernimmt der IO-Link-Master den neuen Parametersatz des angeschlossenen IO-Link-Devices (Aktion 5 in Bild 4.7).

Der IO-Link-Master schließt das Upload ab und das IO-Link-Device quittiert dies (Aktion 6 in Bild 4.7).

Hinweis:
Befindet sich der IO-Link-Master in der Einstellung „Restore“ und hat bereits einen Datensatz gespeichert, kommt es zum Überschreiben des extern parametrierten Datensatzes.

Ist die Einstellung Commissioning gewählt, passiert nichts, weder ein Speichern noch ein Überschreiben.

4. Teach und lokale Bedienung (teach in/local operations/local interface)

Ähnlich wie bei der externen Parametrierung kann die Parametrierung über das lokale Bedieninterface erfolgen, der Ablauf ist im Wesentlichen gleich. In **Bild 4.8** ist der Ablauf aufgezeigt.

Über die Bedienelemente ist einer oder sind mehrere Parameter zu ändern. Erfolgt eine Änderung (Aktion 1 in Bild 4.8), kommt es im Anschluss zum Setzen des UploadFlags (Aktion 4 in Bild 4.8), daraufhin holt der IO-Link-Master die geänderten Parameterdaten ab (Aktion 5 in Bild 4.8), sofern dieser auf „Backup/Restore“ eingestellt ist. Alternativ muss vorher dafür Sorge getragen sein, dass der IO-Link-Master in Einstellung „Restore“ **keinen** Datensatz im Speicher hat.

Das erfolgte Speichern meldet der IO-Link-Master dem IO-Link-Device und dieses quittiert die Aktion (Aktion 6 in Bild 4.8).

Hinweis:
Ist der IO-Link-Master auf Restore eingestellt, kommt es zum Überschreiben der lokal eingestellten Parameter (wie Aktion 5 in Bild 4.7), sofern im Speicher des IO-Link-Masters bereits ein gespeicherter Parametersatz vorhanden ist.

5. Parametrierung über Funktionsblöcke in der SPS (Parameterization via FunctionBlock)

Die Parametrierung kann genauso aus der SPS bzw. über Funktionsblöcke erfolgen. Dabei muss der Anwender die entsprechenden Steuerkommandos in Form der Systemkommandos aus Kapitel 2.3.1.1 selbst anwenden. **Bild 4.9** veranschaulicht den Ablauf.

Die Parametrierung startet, sofern sie einen Einfluss auf die Datenhaltung ausüben soll, mit einem ParamDownloadStart (Aktion 1 in Bild 4.9). Nach Schreiben aller zu ändernden Parameter wird mittels ParamDownloadEnd der neue Parametersatz überprüft und übernommen (Aktion 2 in Bild 4.9), jedoch kommt es bei diesem Systemkommando nicht zu Kennzeichnung des geänderten Parametersatzes. Soll der Parametersatz als

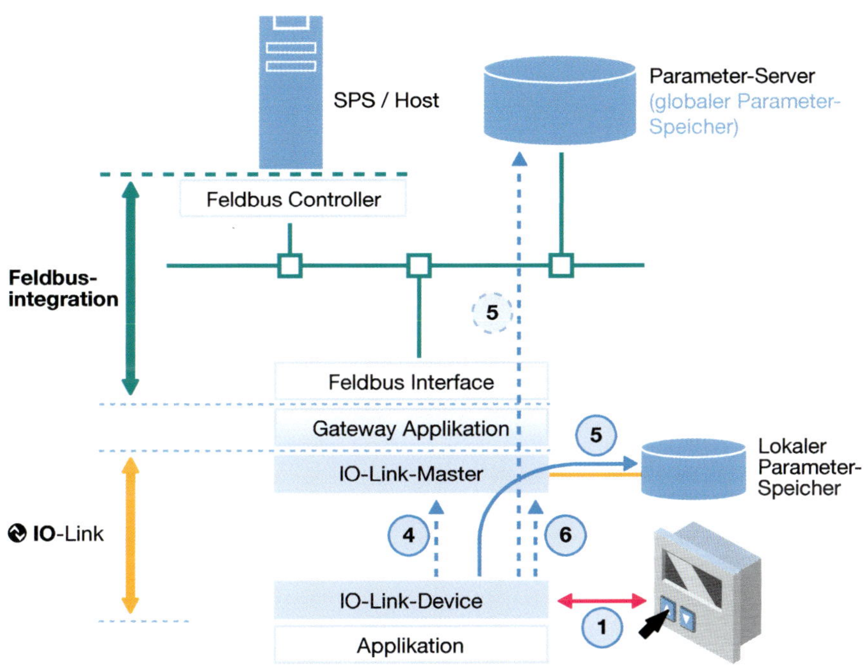

Bild 4.8: Teach und lokale Bedienung (teach in / local operations / local interface)

geändert gegenzeichnen werden, ist das Systemkommando ParamDownloadStore (Aktion 3 in Bild 4.9) zu nutzen, da dieses das IO-Link-Device veranlasst, wie bereits in Kapitel 2.4.2 beschrieben, das UploadFlag zu setzen. Der IO-Link-Master reagiert auf das UploadFlag (Aktion 4 in Bild 4.9) und liest den neuen Parametersatz aus dem IO-Link-Device aus, um diesen abzuspeichern (Aktion 5 in Bild 4.9). Zum Schluss des Auslesens quittiert das IO-Link-Device den Vorgang (Aktion 6 in Bild 4.9).

Voraussetzung ist bei dieser Art der Parameteränderung, dass die IO-Link-Mastereinstellung „Backup/Restore" gewählt ist, anderenfalls kommt es zum Überschreiben der durch die SPS geänderten Parameterdaten. Alternativ muss vorher dafür Sorge getragen sein, dass der IO-Link-Master in Einstellung „Restore" **keinen** Datensatz im Speicher hat.

Hinweis:
Ist der IO-Link-Master auf Restore eingestellt, kommt es zum Überschreiben der lokal eingestellten Parameter (wie Aktion 5 in Bild 4.7), sofern im Speicher des IO-Link-Masters bereits ein gespeicherter Parametersatz vorhanden ist.

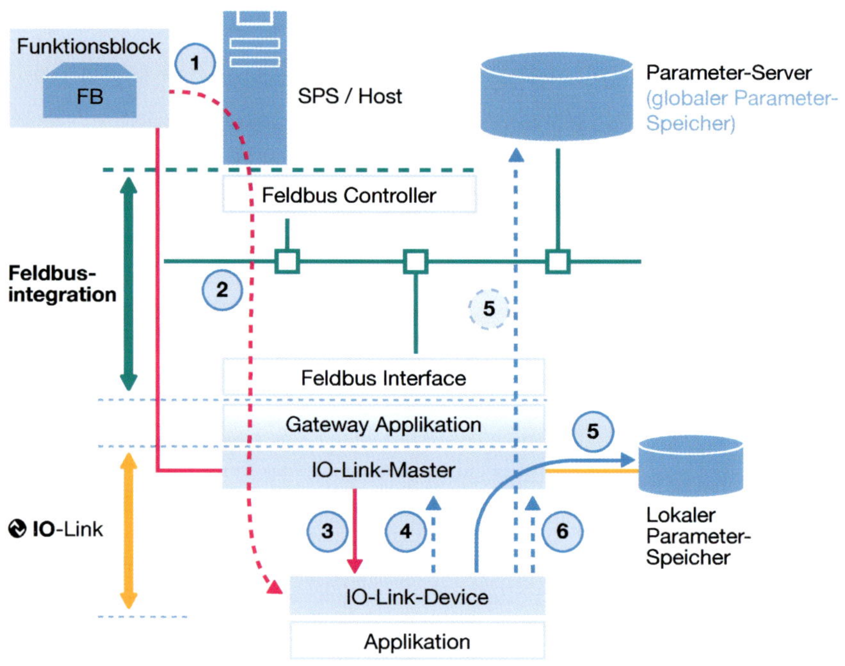

Bild 4.9: Parametrierung über Funktionsblöcke in der SPS

6. Parametrierung über Tools (Parameterization via Engineering or Device-Tool)

Die Änderung der Parameter kann alternativ zu allen vorgenannten Möglichkeiten auch per Tool erfolgen. **Bild 4.10** zeigt diese Möglichkeit.

Über ein Tool sind die Parameter des IO-Link-Devices zu beeinflussen bzw. zu ändern. Die Änderung der Parameter startet mit dem Systemkommando ParamDownloadStart (Aktion 1 in Bild 4.10). Nachdem die Änderung der Parameter angekündigt ist erfolgt das Schreiben der zu ändernden Parameter (Aktion 2 in Bild 4.10). Bei Abschluss durch Schreiben des Systemkommandos ParamDownloadEnd kommt es zur Prüfung und Übernahme der Parameter in die IO-Link-Device-Applikation, jedoch nicht zur Übernahme des geänderten Parametersatzes in die IO-Link-Datenhaltung. Bei einem Neustart der Kommunikation am IO-Link-Master-Port kommt es zum Überschrieben dieses Datensatzes im IO-Link-Device (siehe Aktion 5 Bild 4.7). Mit Abschluss des Parameterschreibens mit dem Senden des Systemkommandos ParamDownLoad-Store durch das Tool (Aktion 3 in Bild 4.10) kommt es zur Prüfung und Übernahme der Parameter in die IO-Link-Device-Applikation und das IO-Link-Device setzt in der Folge das UploadFlag. Das UploadFlag veranlasst den IO-Link-Master den neuen

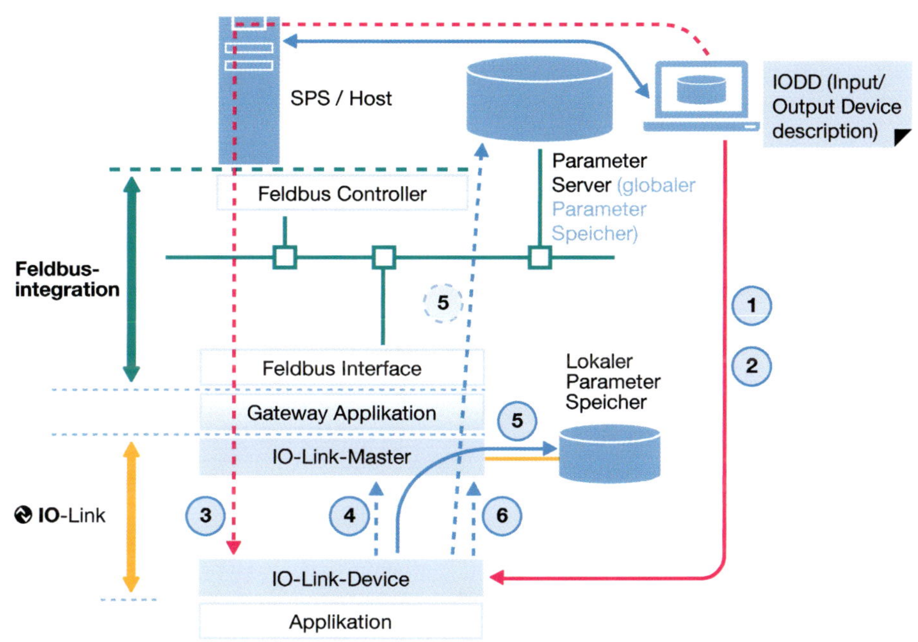

Bild 4.10: Parametrierung über Tool

Datensatz zu lesen (Aktion 4 in Bild 4.10) und zu speichern (Aktion 5 in Bild 4.10). Das IO-Link-Device quittiert den letzten IO-Link-Masteraufruf, sofern alle Parameter abgeholt sind (Aktion 6 in Bild 4.10).

Hinweis:
Ist der IO-Link-Master auf Restore eingestellt, kommt es zum Überschreiben der lokal eingestellten Parameter (wie Aktion 5 in Bild 4.7), sofern im Speicher des IO-Link-Masters bereits ein gespeicherter Parametersatz vorhanden ist.

Zusammenfassung:
Tabelle 4.3 gibt einen schnellen Überblick über alle Verhaltensweisen der IO-Link-Datenhaltung.

Tabelle 4.3: Übersicht über das Verhalten der IO-Link-Datenhaltung

Anwender-Aktionen	Betriebsart	Operationen	Datenhaltung
Commissioning	Datenhaltung ausgeschaltet	Parametrierung des IO-Link-Devices über ein Engeneering-Tool. Die Übertragung von aktiven Parametern an das Gerät führt zu einer Sicherungsaktivität.	Nach Senden des Systemkommandos ParamDownloadStore übernimmt das IO-Link-Device den Parametersatz, setzt im Anschluss das UploadFlag und löst über das Event „DS_UPLOAD_REQ" den Upload aus. Das UploadFlag setzt das IO-Link-Device zurück, sobald der Upload abgeschlossen ist. Es findet jedoch in dieser Betriebsart kein Upload statt; möglicherweise ist der gespeicherte Datensatz gelöscht.
Wechsel von Commissioning auf Regelbetrieb	„Backup/ Restore"	Neustart der Ports und IO-Link-Devices, da die Portkonfiguration geändert ist	Während des Systemstarts löst das UploadFlag das Hochladen (Kopieren) über das Event „DS_UPLOAD_REQ" aus. Das UploadFlag wird gelöscht, sobald der Upload abgeschlossen ist.
	„Restore"		Während des Systemstarts löst das UploadFlag das Hochladen (Kopieren) über das Event „DS_UPLOAD_REQ" aus .Das UploadFlag wird gelöscht, sobald der Upload abgeschlossen ist. Dies ist der erste Datensatz, den sich der IO-Link-Master für den betreffenden Port holt. Er bleibt aktiv und wird bei jeder Abweichung des Parametersatzes wieder neu in das IO-Link-Device geschrieben.
lokale Änderungen der Parameter	„Backup/ Restore"	Änderungen der aktiven Parameter durch Teach oder lokale Parametrierung am IO-Link-Device (online)	Die IO-Link-Device-Applikation setzt das UploadFlag und löst das Hochladen über das Event „DS_UPLOAD_REQ" aus. Das UploadFlag ist nach dem Upload gelöscht.
	„Restore"		Der IO-Link-Master ignoriert das Event „DS_UPLOAD_REQ" und schreibt seinen gespeicherten Datensatz in das angeschlossen IO-Link-Device und setzt das UploadFlag zurück. Ausnahme: im IO-Link-Master befindet sich noch keine gespeicherter Datensatz, dann kommt es zum einmaligen Hochladen.
Schreibtisch- bzw. Off-site Commissioning	„Backup/ Restore"	Phase 1: Das IO-Link-Device erhält über ein externes Tool „USB-Master" parametriert.	Phase 1: Der USB-Master bzw. das überlagerte Tool sendet das Systemkommando ParamDownloadStore. Das IO-Link-Device setzt das UploadFlag und löst den Upload aus, der USB-Master ignoriert dies jedoch.
		Phase 2: Verbindung dieses IO-Link-Devices mit einem IO-Link-Master-Port in der Anlage (Einbau des IO-Link-Devices am Betreffenden Ort in der Anlage)	Phase 2: Beim Hochfahren des Systems löst das UploadFlag über das Event „DS_ UPLOAD_REQ" das Hochladen (Kopieren) aus. Das UploadFlag ist nach Abschluss des Uploads zurückgesetzt. Ausnahme von diesem Verhalten siehe Einstellung „Restore", sofern sich der entsprechende IO-Link-Master-Port in dieser Konfiguration befinden sollte.

Tabelle 4.3: Übersicht über das Verhalten der IO-Link-Datenhaltung (Fortsetzung)

Anwender-Aktionen	Betriebsart	Operationen	Datenhaltung
Schreibtisch- bzw. Off-site Commissioning	„Restore“	Phase 1: Das IO-Link-Device erhält über ein externes Tool „USB-Master“ parametriert. Phase 2: Verbindung dieses IO-Link-Devices mit einem IO-Link-Master-Port.	Phase 1: Der USB-Master bzw. das überlagerte Tool sendet das Systemkommando ParamDownloadStore. Das IO-Link-Device setzt das Upload-Flag und löst den Upload aus, der USB-Master ignoriert dies jedoch. Phase 2: Der IO-Link-Master in der Anlage ignoriert das Event „DS_UPLOAD_REQ“ und schreibt seinen gespeicherten Datensatz in das angeschlossene IO-Link-Device und setzt das Upload-Flag zurück. Ausnahme: Im IO-Link-Master befindet sich noch kein gespeicherter Datensatz, dann kommt es zum einmaligen Hochladen.
Steuererungsbedingte Anfrage und Änderungen an Parametern	„Backup/ Restore“	Eine Parameteränderung über das Anwenderprogramm ist mit einem Systemkommado möglich.	Das Benutzerprogramm sendet das Systemkommando ParamDownloadStore. Das IO-Link-Device setzt das UploadFlag und löst das Hochladen über das Event „DS_UPLOAD_REQ“ aus. Nach erfolgten Upload ist das UploadFlag gelöscht. Ausnahme: das Benutzerprogramm sendet das Systemkommando ParamDownloadEnd. In diesem Fall überschreibt der IO-Link-Master beim nächsten Portneustart den geänderten Parametersatz im IO-Link-Device.
	„Restore“		Der IO-Link-Master ignoriert das Event „DS_UPLOAD_REQ“ und schreibt seinen gespeicherten Datensatz in das angeschlossene IO-Link-Device und setzt das UploadFlag zurück. Ausnahme: im IO-Link-Master befindet sich noch keine gespeicherter Datensatz, dann kommt es zum einmaligen Hochladen.
Wechsel der Portkonfiguration in „Backup/ Restore“ oder „Restore“	„Backup / Restore“	hier kommt es zur Änderung der Portkonfiguration über ein IO-Link-Master-Tool, z. B. die konfigurierte IO-Link-VendorID (VID), konfigurierte IO-Link-DeviceID (DID) ändert sich, siehe Kapitel 4.2	Die Änderung der Portkonfiguration auf eine andere IO-Link-VendorID und/oder -DeviceID löst ein Löschen des gespeicherten Datensatzes aus, ein erneutes Upload der neuen Daten erfolgt.
	„Restore“		Die Änderung der Portkonfiguration auf eine andere IO-Link-VendorID und/oder -DeviceID löst ein Löschen des gespeicherten Datensatzes aus, ein erneutes Upload der neuen Daten erfolgt.

4.9 Die vereinheitlichte IO-Link-Masterschnittstelle

Unter der Abkürzung SMI (Standardized Master Interface) standardisiert IO-Link die IO-Link-Masterschnittstelle zu Tools und anderen Systemen, wie z. B. Feldbusse, JSON oder OPC UA.

Ziel ist dabei, herstellerübergreifend die Dienste der IO-Link-Master abzubilden. **Bild 4.11**. zeigt, wo sich die Schnittstelle des IO-Link-Masters befindet und welche Möglichkeiten bestehen, diese zu nutzen.

Das SMI ist so aufgebaut, dass es bei Bedarf um weitere Objekte erweitert werden kann. In Zukunft ist damit auf Erweiterungen von IO-Link zu reagieren, ohne dass dies einen Einfluss auf bestehende Teile hat. Dies trägt ebenfalls zu einer guten Rückwärtskompatibilität bei. Durch diese Modularität ist außerdem gewährleitet, dass heutige Tools in Zukunft auf die bereits durch das SMI definierten Teile zugreifen können, ohne von Erweiterungen Kenntnis zu haben. D. h. an dieser Stelle ist ebenfalls eine Rückwärtskompatibilität gegeben.

Die Standardisierung ermöglicht den Zugriff auf alle Funktionen eines IO-Link-Masters und normiert gleichzeitig die Begriffe bzw. die Dienstbezeichnungen.

Mit dem SMI ist auf einheitlichem Wege die Konfiguration des IO-Link-Masters zu erreichen, die im Wesentlichen die Porteigenschaften beinhaltet und gemeinhin als Configuration Manager (CM) bezeichnet wird. Der volle Zugriff auf die durch IO-Link definierten OnRequest-Datenbereiche ist im SMI vollständig berücksichtigt und erstreckt sich weiter auf die Zugänglichkeit der in der Datenhaltung (Datastorage/DS) hinterlegten Datenpakete, um eine globale Ablage dieser Daten zu ermöglichen.

Die Diagnosedaten stehen dem Zugriff von anderen Systemen zur Verfügung, ähnlich zu den OnRequest-Daten. Für die zyklischen Daten bzw. für den Prozessdatenaustausch ist ein separater Teil vorgesehen, der über alle Mechanismen verfügt, um diese Daten zyklisch abzubilden. Schematisch dargestellt ergibt sich daraus **Bild 4.12**.

Für das SMI sind sogenannte Argumentenblöcke (ArgBlocks) definiert, dabei besitzen die unterschiedlichen Bereiche jeweils eine definierte ArgumentenID (ArgBlockID) (siehe auch **Tabelle 4.4**).

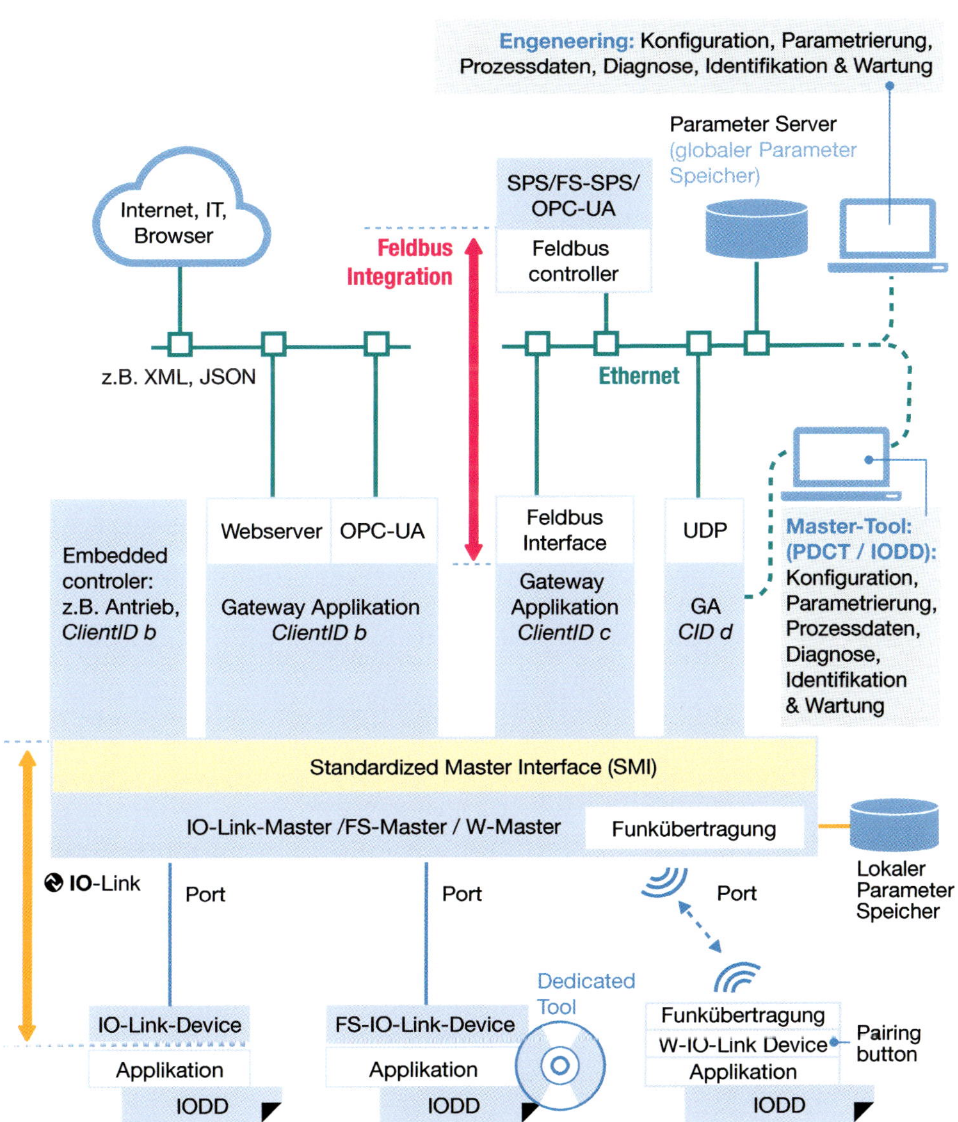

Bild 4.11: Einheitliche IO-Link-Masterschnittstelle (SMI) (Quelle: IO-Link Community)

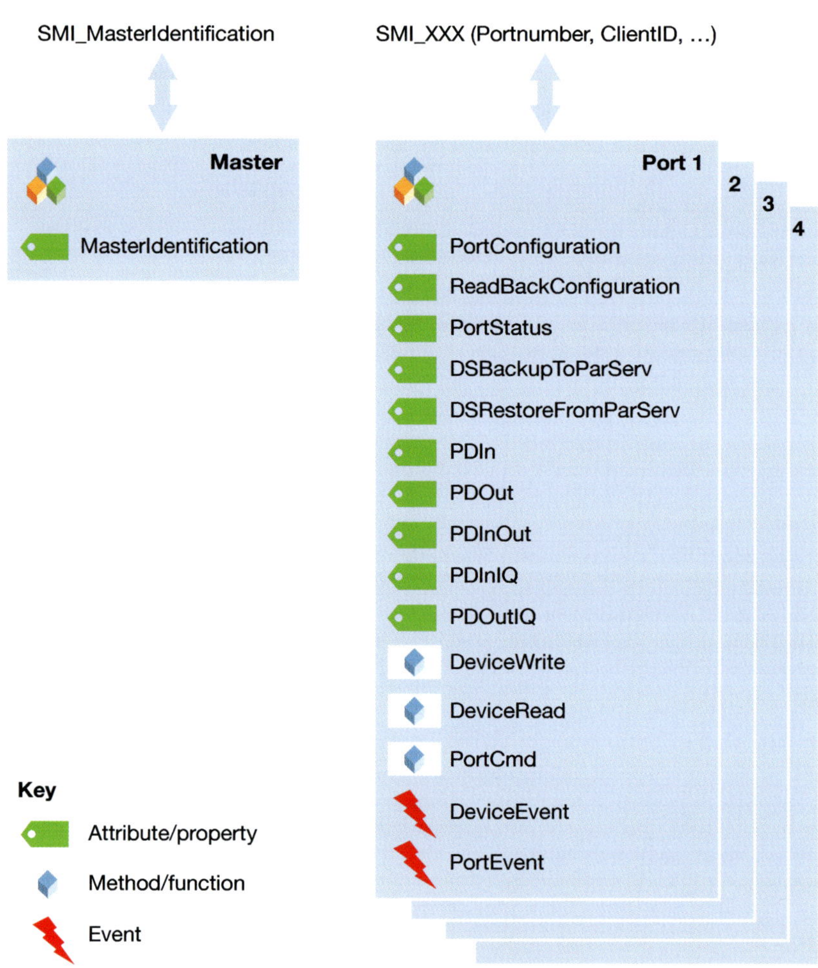

Bild 4.12: Objektaufbau des SMIs (Quelle: IO-Link Community)

Tabelle 4.4: ArgBlock-Typen und ArdBlockID

ArgBlock type	ArgBlockID	Bemerkung
MasterIdent	0x0001	siehe Kapitel 4.9.1
FSMasterAccess	0x0100	siehe Kapitel 10.15.3
WMasterConfig	0x0200	Für Wireless vorgesehen
PDIn	0x1001	siehe Kapitel 4.9.6
PDOut	0x1002	siehe Kapitel 4.9.7
PDInOut	0x1003	siehe Kapitel 4.9.8
SPDUIn	0x1101	siehe Kapitel 10.15.7
SPDUOut	0x1102	siehe Kapitel 10.15.8
PDInIQ	0x1FFE	siehe Kapitel 4.9.9
PDOutIQ	0x1FFF	siehe Kapitel 4.9.10
OnRequestData	0x3000	siehe Kapitel 4.9.11
	0x3001	siehe Kapitel 4.9.11
DS_Data	0x7000	siehe Kapitel 4.9.4 Datenhaltungsobjekt
DeviceParBatch	0x7001	siehe Kapitel 4.9.5
IndexList	0x7002	siehe Kapitel 4.9.12
PortPowerOffOn	0x7003	siehe Kapitel 10.15.4 /Kapitel 4.9.13
PortConfigList	0x8000	siehe Kapitel 4.9.2
FSPortConfigList	0x8100	siehe Kapitel 10.15.5
WPortConfigList	0x8200	für Wireless vorgesehen
PortStatusList	0x9000	siehe Kapitel 4.9.3
FSPortStatusList	0x9100	siehe Kapitel 10.15.6
WPortStatusList	0x9200	für Wireless vorgesehen
WTrackScanResult	0x9201	für Wireless vorgesehen
DeviceEvent	0xA000	siehe Kapitel 4.9.14
PortEvent	0xA001	siehe Kapitel 4.9.15
VoidBlock	0xFFF0	siehe Kapitel 4.9.16
JobError	0xFFFF	siehe Kapitel 4.9.17

4.9.1 IO-Link-MasterIdent

Das IO-Link-MasterIdent beschreibt den IO-Link-Master in seiner Ausprägung und ermöglicht es den Tools, den vorgefundenen IO-Link-Master mit seinen besonderen Eigenschaften zu identifizieren. Für die Busabbildung ist diese Beschreibung eines IO-Link-Masters ebenfalls nutzbar und standardisiert ein Minimum an Funktionalität die ein Bussystem bei der IO-Link-Abbildung unterstützen muss. Die Inhalte des IO-Link-MasterIdent sind in **Tabelle 4.5**. aufgelistet.

ArgBlockID
Das erste Element des IO-Link-MasterIdentes ist die ArgumentenBlockID (ArgBlockID). Dabei ist mit 0x0001 der Standardblock gekennzeichnet. In diesem Block finden sich immer die in Tabelle 4.5 angegebenen Inhalte wieder.

IO-Link-VendorID
Mit zwei Octets/Bytes Offset schließt sich die IO-Link-VendorID an, die den IO-Link-Master einem IO-Link-Hersteller zuordnet. Die IO-Link-VendorID ist im gleichen Kontext wie beim IO-Link-Device genutzt. Die IO-Link-VendorID ist ein Read-only-Parameter.

Eine Liste aller Hersteller mit entsprechenden IO-Link-VendorIDs ist unter www.io-link.com abrufbar.

IO-Link-MasterID
Mit weiteren zwei Octets/Bytes Offset folgt die IO-Link-MasterID. Dabei ist diese ID mit der IO-Link-DeviceID zu vergleichen. Die IO-Link-MasterID ist eine herstellerspezifische Identifikationsnummer und beschreibt das IO-Link-Gerät. Jeder Hersteller vergibt für jedes seiner Produkte eine eineindeutige IO-Link-MasterID.

Features_1
Unter dem Eintrag Features ist gelistet, welche SMI Dienste zusätzlich Richtung Applikation zur Verfügung stehen.

Maximalanzahl Ports
In dem IO-Link-MasterIdent ist die maximale Anzahl von IO-Link-Ports hinterlegt, so dass es möglich ist, per Fernabfrage und ohne Kenntnis des Datenblattes des zugehörigen IO-Link-Masters dessen Anzahl an IO-Link-Ports zu ermitteln.

PortTypes
Der Eintrag PortTypes gibt je Port an, um welche Art von Port es sich handelt. Für alle Ports ist je ein Eintrag in dem Array vorgesehen. D. h. für jeden IO-Link-Master-Port stehen acht Bit zur Beschreibung zur Verfügung.

Tabelle 4.5: MasterIdent

Offset	Element name	Definition	Datentyp	Bereich
0	ArgBlockID	0x0001	Unsigned16	1
2	IO-Link-VendorID	IO-Link-VendorID mit 2 Octets (siehe Kapitel 2.2.1)	Unsigned16	1 bis 65535
4	IO-Link-MasterID	4 Octets lange, vendorspezifi-sche, eindeutige Identifikation des IO-Link-Masters	Unsigned32	1 bis 4.294.967.295
8	IO-Link-MasterType	0: unspezifisch (herstellerspezifisch) 1: reserved 2: Masterimplementierung, V 1.1 oder später 3: FS_Master 4: W_Master 5 to 255: reserved	Unsigned8	0 bis 255
9	Features_1	Bit 0: DeviceParBatch (SMI_ParamWriteBatch) 0 = nicht unterstützt 1 = unterstützt Bit 1: PortPowerOffOn (SMI_ParamReadBatch) 0 = nicht unterstützt 1 = unterstützt Bit 2: PortPowerOffOn (SMI_PortPowerOffOn) 0 = nicht unterstützt 1 = unterstützt Bit 3 to 7: reserved (= 0)	Unsigned8	0 bis 255
10	Features_2	reserviert für zukünftige Nutzung (0)	Unsigned8	0 bis 255
11	Maximal Anzahl Ports	maximale Portanzahl (n) des IO-Link-Masters	Unsigned8	1 bis 255
12	PortTypes	Array für alle Ports bezüglich der Port klassifizierung 0: Port Class A 1: reserviert 2: Port Class B 3: FS_Port_A without OSSDe 4: FS_Port_A with OSSDe 5: FS_Port_B 6: W_Master (siehe spätere Wireless-Geräte) 7 to 255: reserviert	Array [1 to n] of Unsigned8	1 bis 6

Die Kodierung ist in **Tabelle 4.5** angegeben. Die Kodierung für einen zukünftigen IO-Link-Wireless-oder Safety Port ist bereits vorgesehen.

4

4.9.2 IO-Link SMI PortConfigList

Die IO-Link SMI PortConfigList ermöglicht das einfache Konfigurieren eines IO-Link-Masters. **Tabelle 4.6** zeigt alle Möglichkeiten der Einstellungen.

ArgBlockID
Die ArgBlockID dieses Blockes ist die 0x8000.

PortMode
Der IO-Link-Master-Port ist, wie bereits in Kapitel 4.1 beschrieben, in unterschiedlichen Modi zu betreiben.

Im PortMode sind diese Betriebsarten allgemein zusammengefasst und kodiert, so dass diese an jedem IO-Link-Master gleich zu verwenden sind.

Ein IO-Link-Master-Port ist über den PortMode mit der Codierung „0“ auszuschalten. IO-Link nutzt hier typischerweise den Begriff DEACTIVATED.

Soll ein IO-Link-Master-Port eine fixe IO-Link-Vendor-und -DeviceID nutzen, dann ist die Einstellung IOL_MANUAL (ehemals FIXEDMODE) mit der Kodierung „1“ zu nutzen.

Die Einstellung IOL_AUTOSTART folgt dabei der Betriebsart ScanMode. Die Einstellung IOL_AUTOSTART ignoriert die Einstellungen von Validation&Backup und hat die Kodierung „2“.

Die Einstellungen DI bzw. Digital Input und DO bzw. Digital Output am IO-Link-Masterport sind über die Kodierungen „3“ und „4“ zu erreichen. Für diese Einstellung des rein digitalen Nicht-IO-Link-Betriebes spielen alle Einstellungen keine Rolle bis auf die Länge der Daten. D. h. alle Einstellungen zur Validierung in der PortConfigList sind nicht relevant.

Des Weiteren ist zwischen den Kodierungen „5“ bis „48“ sind für die Zukunft reserviert, die Kodierungen „49“ bis „96“ stehen den Erweiterungen IO-Link Safety und IO-Link Wireless zur Verfügung und ab „97 bis 255“ ist ein herstellerspezifischer Bereich vorgesehen, dessen Funktionen aus der jeweiligen IO-Link-Master-Dokumentation der Hersteller hervorgehen.

Validation&Backup
Mit den Einstellungen bzw. Vorgaben in Validation&Backup sind die Einzeleinstellungen aus dem InspectionLevel berücksichtigt und vereinfacht. Es ist zwischen keiner Validierung „0“ und weiteren Validierungsgraden zu wählen. Der mit „1“ kodierte „Type kompatible Device V 1.0“ lässt den Tausch gleicher IO-Link-Devices nach V 1.0 zu.

Mit „2“ codiert ist der Tausch von „Type kompatible Device V 1.1“ möglich. Diese Einstellung stellt gleichzeitig die Commissioning-Einstellung der Datenhaltung dar und lässt den Tausch gleicher oder typkompatibler IO-Link-Devices zu.

Mit „3“ codiert ist der Tausch von „Type kompatible Device V 1.1“ möglich, jedoch nur mit der aktivierten Datenhaltung im Modus Backup/Restore.

Tabelle 4.6: IO-Link SMI PortConfigList

Off-set	Element Name	Definition	Daten Type	Bereich
0	ArgBlockID	0x8000	Unsi-gned16	–
2	PortMode	0: inactiv, der IO-Link-Master-Port ist ausgeschaltet 1: IOL_MANUAL, der IO-Link-Master-Port führt eine Validierung auf RID, VID, DID durch 2: IOL_AUTOSTART der IO-Link-Master hat an diesem Port keine Identifikation 3: DI_C/Q (Pin 4 am M12) der IO-Link-Master-Port befindet sich im DI-Modus 4: DO_C/Q (Pin 4 am M12) der IO-Link-Master-Port befindet sich im DO-Modus 5 to 48: reserviert für zukünftige Funktionen 97 to 255: sind herstellerspezifisch nutzbar	Unsi-gned8 (enum)	0 bis 255
3	Validation& Backup	0: Keine IO-Link-Device-Validierung 1: Type kompatible Device V1.0 2: Type kompatible Device V1.1 3: Type kompatible Device V1.1, Backup/ Restore 4: Type kompatible Device V1.1, Restore 5 to 255: reserviert	Unsi-gned8	0 bis 255
4	I/Q Verhal-ten am Pin 2 des M12 Anschlusses	0: nicht vorhanden 1: Digital Input 2: Digital Output 3: Analog Input 4: Analog Output 5: Power 2 (PortClass B) 6 to 255: reserviert"	Unsi-gned8	0 bis 255
5	PortCycleTi-me	0: Betrieb des IO-Link-Devices erfolgt schnellst-möglich (Defaulteinstellung im PortMode IOL_MANUAL) 1 to 255: Cycle Time (dabei folgt die Kodie-rung hier der Tabelle 2.2)	Unsi-gned8	0 bis 255
6	IO-Link-VendorID	IO-Link-VendorID des angeschlossenen IO-Link-Devices	Unsi-gned16	1 bis 65535
8	IO-Link-DeviceID	IO-Link-DeviceID des angeschlossenen IO-Link-Devcies	Unsi-gned32	1 bis 16777215

Der letzte, mit "4" kodierte, Modus ermöglicht den Tausch von „Type kompatible Device V 1.1", jedoch nur in der Datenhaltungseinstellung Restore.

I/Q-Verhalten am Pin 2 des M12-Anschlusses
Dieser Parameter ermöglicht es, Einstellungen an dem zweiten Pin der M12-Anschlüsse, die außerhalb des IO-Link-Kontextes stehen, vorzunehmen. Gemäß der Kodierung in Tabelle 4.6 sind am Pin 2 unterschiedliche Funktionen einzustellen, sofern diese auch vom entsprechenden IO-Link-Master unterstützt sind. Ist eine Einstellung nicht unterstützt und soll diese zu Anwendung kommen, sendet der IO-Link-Master eine entsprechende Fehlermeldung. Die Anwenderdokumentation des Herstellers ist hierbei zu beachten.

PortCycleTime
Die PortCycleTime ist im Defaultfall auf „0" gestellt, was gleichbedeutend ist mit FreeRunning aus Kapitel 4.3.1.

Die PortCycleTime ist mit einer der weiteren Kodierungsmöglichkeiten gemäß der Tabelle 2.2 vorzugeben. Dies entspricht der Betriebsart FixedValue (siehe Kapitel 4.3.2).

IO-Link-VendorID
Die IO-Link-VendorID des zu betreibenden IO-Link-Devices ist hier vorzugeben, um den Anforderungen der Validierung gerecht zu werden bzw. die Vorgabe zu tätigen, auf was zu vergleichen ist (siehe Kapitel 2.2.1).

IO-Link-DeviceID
Die IO-Link-DeviceID des zu betreibenden IO-Link-Devices ist hier vorzugeben, um den Anforderungen der Validierung gerecht zu werden und eine Entscheidung über die Kompatibilität des IO-Link-Devices zu erreichen. Es ist zugleich die Vorgabe auf welche IO-Link-DeviceID zu vergleichen ist (siehe Kapitel 2.2.1).

4.9.3 IO-Link-SMI-PortStatusList

Die IO-Link-SMI-PortStausList gibt einen Überblick über Einstellungen am IO-Link-Master-Port und stellt zusätzlich Informationen zum angeschlossenen IO-Link-Device zur Verfügung (**Tabelle 4.7**).

ArgBlockID
Die ArgBlockID dieses Blockes ist die 0x9000.

PortStatusInfo
Die PortStatusInfo gibt an, in welchem Betriebsmodus sich der IO-Link-Master-Port befindet.

Tabelle 4.7: IO-Link SMI PortStatusList

Off-set	Element Name	Definition	Datentyp	Bereich
0	ArgBlockID	0x9000	Unsi-gned16	–
2	PortStatus-Info	0: kein IO-Link-Device 1: DEACTIVATED, IO-Link-Master-Port inaktiv 2: PORT_DIAG zeigt eine Diagnose des Master-Ports während des Starts, der Validierung und der Datenhaltung/ DataStorage an 3: PREOPERATE, IO-Link-Device in PREOPERATE aufgrund einer Aktivität oder eines Fehlers (PORT_DIAG) 4: OPERATE 5: DI_C/Q 6: DO_C/Q 7 to 8: reserviert für IO-Link-Safety 9 to 253: reserviert 254: PORT_POWER_OFF 255: NOT_AVAILABLE, nicht erreichbar	Unsigned8 (enum)	0 bis 255
3	PortQuality-Info	Bit 0: 0 = PDIn valid, 1 = PDIn invalid Bit 1: 0 = PDOut valid, 1 = PDOut invalid Bit 2 bis Bit 7: reserviert	Unsigned8	–
4	RevisionID	0: keine RevisionID gefunden (keine Kommunikation) ≠ 0: Kopie der RevisionsID aus der direkten Parameter-Seite (siehe Kapitel 2.2.1)	Unsigned8	0 bis 255
5	Übertra-gungs-geschwin-digkeit	0: NOT_DETECTED (keine Kommunikation an diesem Port) 1: COM1 (Übertragungsrate 4,8 kbit/s) 2: COM2 (Übertragungsrate 38,4 kbit/s) 3: COM3 (Übertragungsrate 230,4 kbit/s) 4 bis 255: reserviert	Unsigned8	0 bis 255
6	Master-CycleTime	Angabe der IO-Link-MasterCycleTime des Ports	Unsigned8	–
7	InputData-Length	Dieses Element enthält die Länge der Eingabedaten des Geräts, die vom PDIn-Dienst bereitgestellt werden	Unsigned8	0 bis 32
8	OutputData-Length	Dieses Element enthält die Länge der Eingabedaten des Geräts, die vom PDOut-Dienst bereitgestellt werden	Unsigned8	0 bis 32
9	IO-Link-VendorID	IO-Link-VendorID des angeschlossenen Devices (2 Oktets/Bytes)	Unsigned16	1 bis 65535

4

Tabelle 4.7: IO-Link SMI PortStatusList (Fortsetzung)

Offset	Element Name	Definition	Datentyp	Bereich
11	IO-Link-DeviceID	IO-Link-DeviceID des angeschlossenen Devices (3 Oktets/Bytes)	Unsigned32	1 bis 16777215
15	Number-OfDiags	Anzahl der Diagnosemeldungen von 0 bis DiagEnty x	Unsigned8	0 bis 255
16	DiagEntry0	dieses Element beinhaltet den „EventQualifier“ und den „EventCode“ der Diagnose (Event)	Struct Unsigned8/16	-
19	DiagEntry1	Weitere Einträge bis x, falls vorhanden	...	-

- Kein IO-Link-Device im ScanMode bzw. IOL_AUTOSTART zu ermitteln. D. h. in diesem Betriebsmodus ist kein IO-Link-Device zu finden oder das angeschlossene Gerät ist nicht fähig eine Kommunikation aufzubauen.
- DEACTIVATED heißt, der IO-Link-Master-Port ist inaktiv (siehe Kapitel 4.1).
- PORT_DIAG zeigt eine Diagnose des Master-Ports während des Starts, der Validierung und der Datenhaltung/DataStorage an (Gruppenfehler). Gerät befindet sich in PREOPERATE und DiagEntry enthält die Ursache der Diagnose, z. B. das Validierungsergebnis entspricht nicht der Vorgabe.
- PREOPERATE meint, das angeschlossene IO-Link-Device bzw. der IO-Link-Master-Port befinden sich in diesem Zustand aufgrund einer Aktivität oder eines aufgetretenen Fehlers (siehe auch Kapitel 1.4 und PORT_DIAG).
- OPERATE ist der normale Betriebszustand von IO-Link, das angeschlossene IO-Link-Device arbeitet aktuell in diesem (siehe auch Kapitel 1.4).
- DI_C/Q: Der IO-Link-Master-Port befindet sich im DI-Modus (siehe Kapitel 4.1).
- DO_C/Q: Der IO-Link-Master-Port befindet sich im DO-Modus (siehe Kapitel 4.1).
- PORT_POWER_OFF: Der SMI_PortPowerOffOn Dienst veranlasst die Abschaltung der Kommunikation zum IO-Link-Device. Alle Rückmeldungen des IO-Link-Devices sind damit hinfällig. Dieser Dienst ermöglicht das Aus-und Einschalten der Spannungsversorgung des jeweiligen IO-Link-Master-Ports, sofern dieser das Verhalten unterstützt. Der Herstellerdokumentation ist zu entnehmen, ob diese Funktion im IO-Link-Master implementiert ist.
- NOT_AVAILABLE: Es ist nicht möglich eine PortStatusInfo für den betreffenden IO-Link-Master-Port anzugeben.

PortQualityInfo

Dieser Eintrag gibt Aufschluss über die Gültigkeit der am betreffenden IO-Link-Masterort übertragenen Prozessdaten, dabei unterscheidet dieser Eintrag in PDIn-und PDOut-Daten.

RevisionID
Die RevisionID gibt an, nach welcher IO-Link-Version das angeschlossene IO-Link-Device implementiert ist (siehe Kapitel 2.2.1).

Übertragungsgeschwindigkeit/TransmissionRate
Der Eintrag gibt dem Anwender die Information, mit welcher Übertragungsgeschwindigkeit das angeschlossene IO-Link-Device arbeitet (siehe auch Kapitel 1.2).

MasterCycleTime
Der Eintrag gibt die aktuell verwendete IO-Link-MasterCycleTime an. Diese ist in Kapitel 2.2.1 beschrieben.

IO-Link-VendorID
Die IO-Link-VendorID des angeschlossenen IO-Link-Devices ist hier zum jeweiligen IO-Link-Master-Port eingetragen (siehe Kapitel 2.2.1).

IO-Link-DeviceID
Die IO-Link-DeviceID des angeschlossenen IO-Link-Devices ist hier zum jeweiligen IO-Link-Master-Port eingetragen (siehe Kapitel 2.2.1).

Inputdatenlänge/InputDataLength
In diesem Element findet sich die Prozessdatenlänge des angeschlossenen IO-Link-Devices bezüglich der Inputdaten

Outputdatenlänge/OutputDataLength
In diesem Element findet sich die Prozessdatenlänge des angeschlossenen IO-Link-Devices bezüglich der Outputdaten

NumberOfDiags
Dieser Eintrag gibt an, wie viele Diagnosemeldungen seitens des IO-Link-Devices vorhanden sind.

DiagEntry0
In diesem Element befindet sich der erste Diagnosedatensatz genau nach dem Aufbau aus Kapitel 3.1. Dabei sind immer die zusammengehörigen drei Octets/Bytes abgelegt. Gibt es weitere Event-Einträge, sind diese hinter dem ersten Eintrag bis zur Anzahl NumberOfDiags in gleicher Art und Weise aufgelistet. Die Interpretation der Inhalte ist in Kapitel 3.1 erläutert.

4.9.4 IO-Link-SMI-Datenhaltungsobjekt

Das IO-Link SMI Datenhaltungsobjekt stellt überlagerten Systemen die Daten der Datenhaltung zur externen Speicherung zur Verfügung (siehe auch Kapitel 8.3.1.1). Die dort abgelegten Daten sind nicht interpretierbar. In **Tabelle 4.8** ist die Struktur dieses Objektes dargestellt.

ArgBlockID
Die ArgBlockID dieses Blockes ist die 0x7000.

Datenhaltungsobjekt
Das Datenhaltungsobjekt kann, wie in Kapitel 2.3.1.1 beschrieben, maximal 2 KByte groß sein.

Hinweis:
Das Datenhaltungsobjekt, welches das IO-Link-Device zur Verfügung stellen kann, ist bis zu 2048 Byte lang. Hinzu kommen 12 Byte des IO-Link-Masters (Header), um diese Daten verwalten zu können. Manche IO-Link-Master hatten in der Vergangenheit Schwierigkeiten den maximalen Datensatz zu speichern, was an einer Unschärfe in der alten Spezifikationsbeschreibung lag. Sollte ein IO-Link-Device mit 2036 bis 2048 Byte zu speichernder Daten zu Einsatz kommen, ist zu prüfen, ob der IO-Link-Master nach Spezifikation 1.1.2 das Datenobjekt verwalten kann. IO-Link-Master nach Spezifikation 1.1.3 sind in der Lage solche großen Datenobjekte zu speichern.

Tabelle 4.8: IO-Link-SMI-Datenhaltungsobjekt

Offset	Elementname	Definition	Datentyp	Bereich
0	ArgBlockID	0x7000	Unsigned16	–
2 bis n	Datenhaltungsobjekt	Elemente der Datenhaltung	Record (octet string)	1 bis $2 \times 2^{10}+12$

4.9.5 DeviceParBatch

Mit dem DeviceParBatch lassen sich mehrere Parameter je IO-Link-Master-Port an und von dem jeweils angeschlossene IO-Link-Device übertragen. Die SMI-Dienste SMI_ParamWriteBatch und SMI_ParamReadBatch nutzen diesen ArgBock zum Transfer großer Datenmengen.

Tabelle 4.9 zeigt, wie sich die Parameter hintereinander mit den Daten Index, Subindex und Länge sowie den originalen Dateninhalten aufbauen. Diese Daten kann der Anwender via Tool, SPS-Programm, etc. vorher eintragen und diese kommen zur Übertragung an das entsprechende IO-Link-Device.

Der ArgBlock liefert bei erfolgreich abgeschlossenen Schreibzugriffenden Fehlercode 0x0000 zurück.

ArgBlockID
Die ArgBlockID dieses Blockes ist die 0x7001.

Object1_Index
In diesem Objekt befindet sich der Index des Parameters, der zu schreiben ist.

Tabelle 4.9: DeviceParBatch

Offset	Element Name	Definition	Datentyp	Bereich
0	ArgBlockID	0x7001	Unsigned16	
2	Object1_Index	Index des 1. Parameters	Unsigned16	0 bis 65535
4	Object1_Subindex	Subindex des 1. Parameters	Unsigned8	0 bis 255
5	Object1_Length	Länge des Parameter Records	Unsigned8	0 bis 255
6	Object1_Data	Parameter Record	Record	0 bis r
6+r	Object2_Index	Index des 2. Parameters	Unsigned16	0 bis 65535
6+r+2	Object2_Subindex	Subindex des 2. Parameters	Unsigned8	0 bis 255
6+r+3	Object2_Length	Länge des Parameter Records	Unsigned8	0 bis 255
6+r+4	Object2_Data	Parameter Record	Record	0 bis s
...				
...	Objectx_Index	Index des x. Parameters	Unsigned16	0 bis 65535
...	Objectx_Subindex	Subindex des x. Parameters	Unsigned8	0 bis 255
...	Objectx_Length	Länge des Parameter Records	Unsigned8	0 bis 255
...	Objectx_Data	Parameter Record	Record	0 bis t

Object1_Subindex
In diesem Objekt befindet sich der Subindex des Parameters. der zu schreiben ist.

Object1_Length
In diesem Objekt ist die Länge des Objektes bzw. der Daten hinterlegt.

Kommt es zu einem Fehler während der Übertragung, hinterlegt das System hier den ISDU Fehlerkode (siehe Kapitel 3.2)

Object1_Data
Das Objekt stellt die Daten, die zum Transfer stehen, zur Verfügung. Kommt es zu einem Fehler während der Übertragung, hinterlegt das System hier den ISDU Fehlerkode (siehe Kapitel 3.2)

Die gleiche Struktur gilt für alle weiteren Objekte.

4.9.6 IO-Link SMI PDIn

Die ArgBlockID PDIn gibt an, wie viele Prozessdaten als Input vom IO-Link-Device zu erwarten sind. Die Größe bzw. die Länge dieses Objektes ist aus der PortConfigList zu entnehmen, deren Erläuterung sich in Kapitel 4.9.5 findet.

Der Aufbau dieses Services ist in **Tabelle 4.10** angegeben.

ArgBlockID
Die ArgBlockID dieses Blockes ist die 0x1001.

Tabelle 4.10: SMI PDIn

Offset	Element Name	Definition	Datentyp	Bereich
0	ArgBlockID	0x1001	Unsigned16	–
2	PQI	Port qualifier input	Unsigned8	–
3	InputData-Length	Input Process Data (octet n)	Unsigned8	0 bis 32
4	PDI0	Input Process Data (octet 0)	Unsigned8	0 bis 255
5	PDI1	Input Process Data (octet 1)	Unsigned8	0 bis 255
...				
InputData-Length + 4	PDIn	Input Process Data (octet n)	Unsigned8	0 bis 255

Bild 4.13: PQI Byte
(Port Qualifier Information)
(Quelle: IO-Link Community)

PQI (Port Qualifier Information)
Nach der ArgBlockID schließt sich das PQI-Byte an. Dieses Byte gibt Auskunft über die Qualität der übertragenen PDIn Daten. Im Feld PQ ist angegeben, ob die Daten valid sind. Ist das Bit gesetzt ist, der Datentransfer valide.

Dev-Err (IO-Link-Device-Error) gibt an, ob das angeschlossene IO-Link-Device bzw. der IO-Link-Master-Port richtig arbeitet. Dieses Bit setzt das SMI der Regel dann, wenn ein IO-Link-Master-Port-Fehler vorliegt, das angeschlossene IO-Link-Device nicht zu erreichen ist oder gar kein IO-Link-Device angeschlossen ist (siehe Bild 4.11). Weitere Details sind in den Parametern „PortStatusInfo“ und „DiagEntry x“ des Dienstes „SMI_PortStatus“ hinterlegt und liefern weitere additive Informationen für dieses Bit. Dieses Bit wird zurückgesetzt, sofern kein Fehler oder keine Warnung am entsprechenden IO-Link-Master-Port vorliegt.

Das Bit Dev-Com zeigt im gesetzten Zustand an, dass sich das am IO-Link-Master-Port befindliche IO-Link-Device in Kommunikation befindet. Dabei ist der Zustand Kommunikation für Preoperate und Operate definiert, somit ist das Bit auch dann gesetzt, wenn sich am IO-Link-Master-Port ein IO-Link-Device befindet, welches nicht zur am IO-Link-Master-Port eingestellten Identifikation passt. Ein solches IO-Link-Device bleibt im Zustand Preoperate kommunikativ (siehe Kapitel 4.2).

Dieses Bit wird zurückgesetzt, sofern kein IO-Link-Device verfügbar am entsprechenden IO-Link-Master-Port verfügbar ist.

Der Parameter „PortStatusInfo“ des Dienstes „SMI_PortStatus“ liefert die notwendigen additiven Informationen für dieses Bit.

Eingangdatenlänge/InputDataLength
Dieser Parameter liefert wie viele Prozessdaten das IO-Link-Device zum IO-Link-Master sendet.

PDIx
Nach der Prozessdatenlänge schließen sich die bis zu 32 Byte Input-Prozessdaten an.

4.9.7 IO-Link SMI PDOut

Die ArgBlockID PDOut gibt an, wie viele Prozessdaten zum IO-Link-Device zu senden sind. Die Größe bzw. die Länge dieses Objektes ist aus der PortConfigList zu entnehmen, deren Erläuterung sich in Kapitel 4.9.5 findet.

Der Aufbau dieses Services ist in **Tabelle 4.11** angegeben.

ArgBlockID
Die ArgBlockID dieses Blockes ist die 0x1002.

OE (Output Enable)
Als erstes nach der ArgBlockID schließt sich das OE-Byte an. Dieses Byte gibt Auskunft über die Qualität der übertragenen PDOut-Daten. Im Feld OE (siehe **Bild 4.14**) ist die Validität der Daten angegeben. Ist das Bit gesetzt, ist der Datentransfer valide und der IO-Link-Master kann zum angeschlossenen IO-Link-Aktuator-Device das Kommando 0x98 (Process-DataOutputOperate) ausführen (siehe Kapitel 1.5.1).

Sind die zu übertragenden Werte ungültig, ist das OE-Bit zu Null gesetzt und der IO-Link-Master kennzeichnet dies seinen IO-Link-Devices gegenüber durch das Kommando 0x99 (DeviceOperate) (siehe Kapitel 1.5.1).

Ausgangdatenlänge/OutputDataLength
Dieser Parameter liefert wie viele Prozessdaten das IO-Link-Device zum IO-Link-Master sendet.

PDOx
Nach der Prozessdatenlänge schließen sich die bis zu 32 Byte Output-Prozessdaten an.

Tabelle 4.11: SMI PDOut

Offset	Element Name	Definition	Datentyp	Bereich
0	ArgBlockID	0x1002	Unsigned16	–
2	OE	Output Enable	Unsigned8	–
3	OutputData-Length	Output Process Data (octet n)	Unsigned8	0 bis 32
4	PDO0	Output Process Data (octet 0)	Unsigned8	0 bis 255
5	PDO1	Output Process Data (octet 1)	Unsigned8	0 bis 255
...				
OutputData-Length + 4	PDOm	Output Process Data (octet m)	Unsigned8	0 bis 255

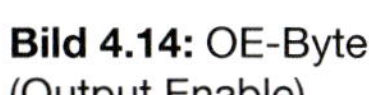

Bild 4.14: OE-Byte
(Output Enable)
(Quelle: IO-Link Community)

4.9.8 IO-Link SMI PDInOut

Die ArgBlockID PDInOut ermöglicht das zyklische Lesen von Prozessdaten (PD). Die Größe bzw. die Länge dieses Objektes ist aus der PortConfigList zu entnehmen, deren Erläuterung sich in Kapitel 4.9.5 findet.

Der Aufbau dieses Services ist in **Tabelle 4.12** angegeben.

ArgBlockID
Die ArgBlockID dieses Blockes ist die 0x1003.

Tabelle 4.12: SMI PDInOut

Offset	Element Name	Definition	Datentyp	Bereich
0	ArgBlockID	0x1003	Unsigned16	–
2	PQI	Port qualifier input	Unsigned8	–
3	OE	Output Enable	Unsigned8	–
4	InputData-Length	Input Process Data (octet n)	Unsigned8	0 bis 32
5	PDI0	Input Process Data (octet 0)	Unsigned8	0 bis 255
6	PDI1	Input Process Data (octet 1)	Unsigned8	0 bis 255
…				
InputDataLength + 5	PDIn	Input Process Data (octet n)	Unsigned8	0 bis 255
InputDataLength + 6	OutputData-Length	Output Process Data (octet n)	Unsigned8	0 bis 32
InputDataLength + 7	PDO0	Output Process Data (octet 0)	Unsigned8	0 bis 255
InputDataLength + 8	PDO1	Output Process Data (octet 1)	Unsigned8	0 bis 255
…				
InputDataLength + OutputDataLength + 6	PDOm	Output Process Data (octet m)	Unsigned8	0 bis 255

Die Argumente PQI, OE, Prozessdateneingangs und Ausgangslänge, sowie PDIx, PDOx, sind identisch zu den beschriebenen Elementen in den Kapiteln 4.9.6 und 4.9.7.

4.9.9 IO-Link SMI PDInIQ

Die ArgBlockID PDInIQ gibt an, wie viele Prozessdaten bits durch genutzte der Pins 2 der M12-Buchsen zu erwarten sind. Das heißt die Einzelbits des Pin 2 der jeweiligen IO-Link-Master-Ports sind in einer Datenstruktur zusammengeführt. Die Größe bzw. die Länge dieses Objektes ist aus der PortConfigList zu entnehmen, deren Erläuterung sich in Kapitel 4.9.5 findet.

Der Aufbau dieses Services ist in **Tabelle 4.13** angegeben.

ArgBlockID
Die ArgBlockID dieses Blockes ist 0x1FFE.

PDI0
Nach dem ArgBlockID schließen sich 1 Byte Input-Prozessdaten der Pin 2 eines IO-Link-Masters an.

Ist der Pin 2 nicht genutzt, so findet sich in diesen Prozessdatenbytes der Wert 0.

4.9.10 IO-Link SMI PDOutIQ

Die ArgBlockID PDOutIQ gibt an, wie viele Prozessdaten bits zu den jeweiligen Pin 2 der M12-Buchsen zum Versenden anstehen. Das heißt die Einzelbits des Pin 2 der jeweiligen IO-Link-Master-Ports sind in einer Datenstruktur zusammengeführt. Die Größe bzw. die Länge dieses Objektes ist aus der PortConfigList zu entnehmen, deren Erläuterung sich in Kapitel 4.9.5 findet. Der Aufbau dieses Services ist in **Tabelle 4.14** angegeben.

ArgBlockID
Die ArgBlockID dieses Blockes ist 0x1FFF.

PDO1
Nach dem ArgBlockID schließen sich 1 Byte Output-Prozessdaten an, die an den Pin 2 eines IO-Link-Masters zu versenden sind. Ist der Pin 2 nicht genutzt, so findet sich in diesen Prozessdatenbytes der Wert 0.

Tabelle 4.13: SMI PDInIQ

Offset	Element Name	Definition	Datentyp	Bereich
0	ArgBlockID	0x1FFE	Unsigned16	–
2	PDI0	Input Process Data I/Q signal (octet 0)	Unsigned8	0 bis 1

Tabelle 4.14: SMI PDOutIQ

Offset	Element Name	Definition	Datentyp	Bereich
0	ArgBlockID	0x1FFF	Unsigned16	–
2	PDO0	Output Process Data I/Q signal (octet 0)	Unsigned8	0 bis 255
3	PDO1	Output Process Data I/Q signal (octet 1)	Unsigned8	0 bis 255

Tabelle 4.15: SMI On-request_Data

Offset	Element Name	Definition	Datentyp	Bereich
0	ArgBlockID	0x3000 (Write) 0x3001 (Read)	Unsigned16	–
2	Index	Dieses Element enthält den Index, der geschrieben oder gelesen werden soll.	Unsigned16	0 bis 65535
4	Subindex	Dieses Element enthält den Subindex, der geschrieben oder gelesen werden soll.	Unsigned8	0 bis 255
5	OnRequest-Daten	Dieses Element enthält die OnRequest Date für den schreibenden Zugriff im ArgBlock 0x3000	Octet string	--

4.9.11 IO-Link SMI OnRequestDaten

Diese ArgBlockID ermöglicht es den Austausch von IO-Link-Device-Indices standardisiert sowohl lesend als auch schreibend vorzunehmen. **Tabelle 4.15** zeigt den Aufbau des entsprechenden ArgBlocks.

ArgBlockID

Die ArgBlockID dieses Blockes ist 0x3000 bzw. 0x3001. Dabei löst der ArgBlock 3000 ein Schreiben auf den im Folgenden angebenden Index/Subindex mit den entsprechend angehängten Daten aus. Dabei wird der Dienst SMI_ DeviceWrite verwendet, der den schreibenden Zugriff auf das angeschlossenen IO-Link-Device ermöglicht.

Der ArgBlock 0x3001 löst ein Lesen auf die im Folgenden angebenden Index/Subindex aus. Dabei wird der Dienst SMI_ DeviceRead verwendet, der den schreibenden Zugriff auf das angeschlossenen IO-Link-Device ermöglicht (Dem IO-Link-Device wird geschrieben, von welchen Index/Subindex der Dateninhalt zu liefern und damit zu lesen ist.).

Index
Dieses Element gibt an, welcher IO-Link-Index im IO-Link-Device geschrieben oder gelesen werden soll.

Subindex
Dieses Element gibt an welcher IO-Link-Subindex im IO-Link-Device geschrieben oder gelesen werden soll

OnRequestDaten
In diesem Element sind die für einen Schreibzugriff notwendigen Parameterdaten zum zugehörigen Index/Subindex abgelegt.

4.9.12 IO-Link SMI IndexList

Diese ArgBlockID ermöglicht gesammelt mehrere Indices von einem IO-Link-Device zu lesen. Dabei sind in diesem ArgBlock die gewünschten Indices gesammelt abgelegt und werden entsprechend gebündelt ausgelesen. **Tabelle 4.16** zeigt den Aufbau des entsprechenden ArgBlocks.

ArgBlockID
Die ArgBlockID dieses Blockes ist 0x7002.

ObjektX_Index
Dieses Element gibt den Index des zu lesenden Parameters im IO-Link-Device an.

ObjektX_Subindex
Dieses Element gibt den Subindex zum zugehörigen Index des zu lesenden Parameters im IO-Link-Device an, wenn dieser benötigt wird.

4.9.13 IO-Link SMI PortPowerOffOn

Diese ArgBlockID ermöglicht es, die Spannungsversorgung und damit ebenfalls die Kommunikation zum IO-Link-Device abzuschalten oder wieder einzuschalten. **Tabelle 4.17** zeigt den Aufbau des entsprechenden ArgBlocks.

Tabelle 4.16: SMI IndexList

Offset	Element Name	Definition	Datentyp	Bereich
0	ArgBlockID	0x7002	Unsigned16	–
2	Objekt1_Index	Index des ersten Datenobjektes	Unsigned16	0 bis 65535
4	Objekt1_Sub-index	Subindex des ersten Datenobjektes	Unsigned8	0 bis 255
5	Objekt2_Index	Index des zweiten Datenobjektes	Unsigned16	0 bis 65535
7	Objekt2_Sub-index	Subindex des zweiten Datenobjektes	Unsigned8	0 bis 255
8	Objekt3_Index	Index des dritten Datenobjektes	Unsigned16	0 bis 65535
10	Objekt2_Sub-index	Subindex des dritten Datenobjektes	Unsigned8	0 bis 255

Tabelle 4.17: SMI PortPowerOffOn

Offset	Element Name	Definition	Datentyp	Bereich
0	ArgBlockID	0x7003	Unsigned16	–
2	PortPower-Mode	0: Einmaliges Ausschalten (PowerOffTime) 1: PortPowerOff ausschalten (permanent) 2: PortPowerOn umschalten (permanent)	Unsigned8	--
3	PowerOffTime	Dauer des Ausschaltens des Master-Ports (ms)	Unsigned16	500 bis 65535

ArgBlockID

Die ArgBlockID dieses Blockes ist 0x7003

PortPowerMode

Dieses Element ermöglich ein kurzzeitiges Auszuschalten des Ports in Abhängigkeit von der eingestellten Zeit unter dem Parameter PowerOffTime. Zudem ist eine dauerhaftes Ein- und Ausschalten der Spannungsversorgung am IO-Link-Master-Port möglich. Dieser Mode kommt vorzugsweise in der IO-Link-Safety-Umgebung zum Einsatz. Ob eine IO-Link-Master diese Funktion unterstützt geht aus der jeweiligen Herstellerdokumentation hervor.

PowerOffTime
Dieses Element gibt an wie lange (Zeit in Millisekunden) ein IO-Link-Master-Port der mit dem Befehl „einmaliges Ausschalten" abgeschaltet wurde, den ausgeschalten Zustand einnehmen soll bis dieser selbständig wiedereinschaltet.

4.9.14 IO-Link SMI DeviceEvent

Dieser ArgBlockID stellt die vom IO-Link-Device gelieferten Events zur Verfügung in gleicher Kodierung wie diese in Kapitel 3.1 beschrieben ist. **Tabelle 4.18** zeigt den Aufbau des entsprechenden ArgBlocks.

ArgBlockID
Die ArgBlockID dieses Blockes ist 0xA000

EventQualifier
Dieses Element repräsentiert den Inhalt des Event-Qualifiers des angeschlossenen IO-Link-Devices, wie dies in Kapitel 3.1 beschrieben ist.

EventCode
Dieses Element repräsentiert den vom angeschlossenen IO-Link-Devices gelieferten Event-Code, wie dieser in Tabelle 3.1 angegeben ist.

4.9.15 IO-Link SMI PortEvent

Diese ArgBlockID stellt die Portevent eines IO-Link-Masters zur Verfügung, in gleicher Weise wie dies für ein IO-Link-Device erfolgt. Dabei sind die Kodierungen für den Event-Qualifier vom IO-Link-Device übernommen und folgen der Definition aus Kapitel 3.1. **Tabelle 4.19** zeigt den Aufbau des entsprechenden ArgBlocks.

ArgBlockID
Die ArgBlockID dieses Blockes ist 0xA001

EventQualifier
Dieses Element repräsentiert den Inhalt des Event-Qualifiers des betroffenen IO-Link-Masterprots, wie dies in Kapitel 3.1 definiert ist.

EventCode
Dieses Element repräsentiert den Event-Code an dem betreffenden IO-Link-Master-Port der Definition aus **Tabelle 4.22** folgend.

Tabelle 4.18: SMI DeviceEvent

Offset	Element Name	Definition	Datentyp	Bereich
0	ArgBlockID	0xA000	Unsigned16	–
2	EventQualifier	Event-Qualifier (Siehe Kapitel 3.1)	Unsigned8	0 bis 255
3	EventCode	EventCode (siehe Tabelle 3.1)	Unsigned16	0 bis 65535

Tabelle 4.19: SMI DeviceEvent

Offset	Element Name	Definition	Datentyp	Bereich
0	ArgBlockID	0xA001	Unsigned16	–
2	EventQualifier	Event-Qualifier (Siehe Kapitel 3.1)	Unsigned8	0 bis 255
3	EventCode	EventCode (siehe Tabelle 4.22)	Unsigned16	0 bis 65535

4

4.9.16 IO-Link SMI VoidBlock

Diese ArgBlockID findet immer dann Anwendung, wenn kein SMI-Dienst zu übertragen ist. Dies kommt vor, wenn z. B. ein System einen Bereich für IO-Link-SMI-Dienst reserviert hat und dieser Bereich in jeder Übertragungszyklus vorhanden, jedoch keine Aktion auszuführen ist.

Das System verlangt in diesem Falle die gleiche Struktur wie das für aktive IO-Link-SMI-Dienste üblich ist. Der VoidBlock erfüllt diese Anforderungen an die Struktur und ist ansonsten leer, was den Zustand „Keine Aktion auszuführen“ widerspiegelt. Identisch zum IDLE in der ISDU Übertragung.

Tabelle 4.20 zeigt den Aufbau des entsprechenden ArgBlocks.

ArgBlockID

Die ArgBlockID dieses Blockes ist 0xFFF0.

Tabelle 4.20: SMI VoidBlock

Offset	Element Name	Definition	Datentyp	Bereich
0	ArgBlockID	0xFFF0	Unsigned16	–

4.9.17 IO-Link SMI JobError

Diese ArgBlockID stellt eine Fehlermeldung für negativ quittierte SMI Dienste zur Verfügung und nutzt dabei den bekannten Aufbau für IO-Link-Device-Kommunikationsfehler, jedoch ergänzt um die ArgblockID. Fehleraufbau siehe Kapitel 3.2. **Tabelle 21** zeigt den Aufbau des entsprechenden ArgBlocks.

ArgBlockID
Die ArgBlockID dieses Blockes ist 0xFFFF

ExpArgBlockID
Dieses Element gibt die ArgBlockID zurück, bei der es zu einem Fehler bei einem Dienstzugriff kam.

ErrorCode
Dieses Element repräsentiert den ersten Teil der Fehlermeldung in Anlehnung an die Definition des IO-Link-Device in Kapitel 3.2 in diesem Fall für die SMI Dienste Siehe Tabelle 4.23.

AdditionalCode
Dieses Element repräsentiert den zweiten Teil der Fehlermeldung in Anlehnung an die Definition des IO-Link-Device in Kapitel 3.2 in diesem Fall für die SMI Dienste Siehe Tabelle 4.23.

Tabelle 4.21: SMI JobError

Offset	Element Name	Definition	Datentyp	Bereich
0	ArgBlockID	0xFFFF	Unsigned16	–
2	ExpArgBlockID	Erwartete ArgBlockID für den Aufgerufenen Dienst	Unsigned16	0 bis 65535
4	ErrorCode	SMI-Dienst-bezogener Fehlertype oder verbreiteter IO-Link-Device/Master-Fehler (oberes Byte)	Unsigned8	siehe Tabelle 4.23
5	AdditionalCode	SMI-Dienst-bezogener Fehlertype oder verbreiteter IO-Link-Device/Master-Fehler (unteres Byte)	Unsigned8	

4.9.18 IO-Link SMI Diagnose

Die IO-Link SMI Diagnose bezieht sich in der Hauptsache auf den IO-Link-Master, der standardisierte Diagnosemeldungen abgeben kann. Die IO-Link-Master-Diagnosen sind in Analogie zu den IO-Link-Device-Diagnosen aufgebaut und gleich zu nutzen.

In **Tabelle 4.22** sind die standardisierten IO-Link-Masterfehler aufgeführt. Diese Definitionen sind in standardisierten IO-Link-Mastern vorzufinden und sind durch höhere Instanzen zu nutzen. Die Instanz im Eventqualifier, der genau analog zum IO-Link-Device aufgebaut ist (siehe Kapitel 3.1), ist dabei immer der IO-Link-Master.

Die meisten Fehlermeldungen sind selbstsprechend, deshalb finden sich in der folgenden Erklärung nur die, die nicht ganz so einfach zu verstehen sind.

IO-Link-Device Event Überlauf 0x1808
IO-Link-Device Event Überlauf meldet der IO-Link-Master immer dann, wenn die vom IO-Link-Device gemeldeten Events durch die höhere Ebene noch nicht abgearbeitet sind, das angeschlossenen IO-Link-Device jedoch schon weitere Events meldet und die Eventspeicherkapazität im IO-Link-Master erschöpft ist. Die anstehenden Events sind zeitnah einer Verarbeitung zu unterziehen. Oft meldet das IO-Link-Device Folge-Events, da für die Hauptursache bis zum Zeitpunkt des Sendens des Folge-Events noch keine Beseitigung erfolgte.

P24 (Klasse B) fehlt oder Unterspannung 0x180E
Dieser Fehler meldet, dass die IO-Link-Master-Ports der Port Class B nicht oder nicht ausreichend mit einer Spannung versorgt sind.

Es ist die Spannung zu prüfen und gegebenenfalls eine weitere Spannungsversorgung am IO-Link-Master anzuschließen. Wo sich die Anschlüsse befinden, ist der Anwenderdokumentation des IO-Link-Masterherstellers zu entnehmen.

Kurzschluss an P24 (Klasse B) 0x180F
Es liegt ein Kurzschluss an der zweiten Spannungsversorgung der Port Class B vor.

Dieser Kurzschluss ist zu beseitigen und sicherzustellen, dass die galvanische Trennung zwischen der Spannungsversorgung auf den Pins 1 und 3 und der additiven Aktuatorversorgung auf Pin 2 und 5 weiterhin gegeben ist (siehe hierzu Kapitel 1.2: Port Class A und B).

Portstatus hat sich geändert 0xFF26
Der Portstatus hat sich geändert, mit Hilfe des Dienstes „SMI_PortStatus" ist der aktuelle Portstatus auszulesen. In Abhängigkeit von diesem können entsprechende Maßnahmen ergriffen werden. Diese Indikation ist eine Option und kann von IO-Link-Master unterstützt werden. Die Anwenderdokumentation des IO-Link-Masters gibt hier Aufschluss.

Tabelle 4.22: Diagnosemeldungen des IO-Link-Masters

Event Qualifier	Event-Code IDs	Definition und empfohlene Maßnahmen	Definition and recommended maintenance action
INSTANZ: Applikation Quelle:	0x0000 bis 0x17FF	reserviert	Reserved
IO-Link-Master/-Port (lokal)	0x1800	Kein IO-Link-Device/keine Kommunikation	No IO-Link Device/no communication)
	0x1801	Startparametrierungsfehler – Parameter prüfen	Startup parametrization error – check parameter
	0x1802	Falsche VendorID – Die Identifikation schlägt fehl	Incorrect VendorID – Inspection Level mismatch
	0x1803	Falsche DeviceID – Die Identifikation schlägt fehl	Incorrect DeviceID – Inspection Level mismatch
	0x1804	Kurzschluss an C/Q – Kabel-verbindung prüfen	Short circuit at C/Q – check wire connection
	0x1805	PHY Übertemperatur –	PHY overtemperature –
	0x1806	Kurzschluss an L + – Kabel-ver-bindung prüfen	Short circuit at L+ – check wire connection
	0x1807	Überstrom an L+ – Stromversorgung prüfen (z. B. L1 +)	Overcurrent at L+ – check power supply (e.g. L1+)
	0x1808	IO-Link-Device Event Überlauf	IO-Link-Device Event overflow
	0x1809	Backup-Inkonsistenz – Speicher außerhalb des Bereichs (2048 Octet)	Backup inconsistency – memo-ry out of range (2048 octets)
	0x180A	Backup-Inkonsistenz – Datenspeicherindex nicht verfügbar	Backup inconsistency – Data Storage index not available
	0x180B	Backup-Inkonsistenz – Daten-speicher nicht angegebener Fehler	Backup inconsistency – Data Storage unspecific error
	0x180C	Backup-Inkonsistenz – Upload-Fehler	Backup inconsistency – upload fault
	0x180D	Parameter-Inkonsistenz – Downloadfehler	Parameter inconsistency – download fault
	0x180E	P24 (Klasse B) fehlt oder Unterspannung	P24 (Class B) missing or undervoltage
	0x180F	Kurzschluss an P24 (Klasse B) – Kabelverbindung prüfen (z. B. L2 +)	Short circuit at P24 (Class B) – check wire connection (e.g. L2+)
	0x1810	Kurzschluss am Digitalinput I/Q (Pin 2)	Short circuit at I/Q – check wiring (Pin 2)

Tabelle 4.22: Diagnosemeldungen des IO-Link-Masters (Fortsetzung)

Event Qualifier	Event-Code IDs	Definition und empfohlene Maßnahmen	Definition and recommended maintenance action
INSTANZ: Applikation Quelle: IO-Link-Master/-Port (lokal)	0x1811	Kurzschluss an C/Q im digital Ausgangsmode-Verdrahtung prüfen	Short circuit at C/Q (if digital output) – check wiring
	0x1812	Überstrom an I/Q-Last prüfen	Overcurrent at I/Q – check load
	0x1813	Überstrom an C/Q im digital Ausgangsmode --Last prüfen	Overcurrent at C/Q (if digital output) – check load
	0x1814 bis 0x1EFF	Reserviert	Reserved
	0x1F00 bis 0x1FFF	Vendorspezifisch	Vendor specific
siehe Kapitel 16	0x2000 bis 0x2FFF	Sicherheitserweiterungen	Safety extensions
zukünftig Wireless	0x3000 bis 0x3FFF	Wireless-Erweiterungen	Wireless extensions
	0x4000 bis 0x5FFF	reserviert	Reserved
INSTANZ: Applikation Quelle : IO-Link-Master (lokal)	0x6000	ungültige Zykluszeit	Invalid cycle time
	0x6001	Revisionsfehler – inkompatible Protokollversion	Revision fault – incompatible protocol version
	0x6002	ISDU-Stapel fehlgeschlagen – Parameter-Inkonsistenz?	ISDU batch failed – parameter inconsistency?
	0x6003 bis 0xFF20	reserviert	Reserved
INSTANZ: Applikation Quelle : IO-Link-Master (lokal)	0xFF21 bis 0xFF25	siehe Kapitel 3.3, Tabelle 3.3	see chapter 3.3, table 3.3
	0xFF26	Portstatus hat sich geändert -Verwenden Sie den Dienst „SMI_PortStatus“ für den Portstatus im Detail	Port status changed ⊠ Use „SMI_PortStatus“ service for port status in detail
	0xFF27	Datenhaltungs-Upload abgeschlossen und neues Datenobjekt verfügbar	Data Storage upload completed and new data object available
	0xFF28 bis 0xFF30	Reserviert	Reserved
INSTANZ: Applikation Quelle: IO-Link-Master (lokal)	0xFF31	siehe Kapitel 3.3, Tabelle 3.3	see chapter 3.3, table 3.3
	0xFF32 bis 0xFFFF	Reserviert	Reserved

4

Datenhaltungs-Upload abgeschlossen 0xFF27
Der IO-Link-Master hat einen Parameterupload innerhalb der Datenhaltung durchgeführt und gibt hier mit bekannt, dass der Upload abgeschlossen ist und nun neune Daten am Port gültig sind. Zudem kann hieraus abgeleitet werden, ob dieses Datenobjekt nochmals global gesichert werden soll.

Sicherheitserweiterungen 0x2000 bis 0x2FFF
Diese Erweiterungen sind IO-Link-Safety-Mastern vorbehalten. Die Bedeutung der Kodierung legt die IO-Link-Safety-Spezifikation fest (siehe Kapitel 10).

Wireless Erweiterungen 0x3000 bis 0x3FFF
Diese Erweiterungen sind IO-Link-Wireless-Mastern vorbehalten. Die Bedeutung der Kodierung legt die IO-Link-Wireless-Spezifikation fest. Die Fehlercodes sind der zukünftigen IO-Link-Wireless-Spezifikation zu entnehmen, die auf der Homepage der IO-Link-Community (www.io-link.com) einzusehen sein wird.

Vendorspezifisch 0x4000 bis 0x5FFF
Es sind vendorspezifische Erweiterungen der Fehlermeldungen eines IO-Link-Masters vorgesehen. Deren Funktion und Bedeutung ist der Anwenderdokumentation des IO-Link-Masters des jeweiligen Herstellers zu entnehmen.

Ungültige Zykluszeit 0x6000
Die vom Anwender über IO-Link-Master eingestellte Zykluszeit an einem IO-Link-Master-Port ist entweder zu klein, so dass das IO-Link-Device damit nicht arbeiten kann, oder eventuell außerhalb des durch IO-Link definierten Bereiches (siehe Kapitel 2.2.1).

Revisionsfehler – Inkompatible Protokollversion 0x6001
Der IO-Link-Master kann mit der Protokollversion des angeschlossenen IO-Link-Devices nicht arbeiten. Prüfen der beteiligten IO-Link-Komponenten auf den Revisionsstand. Klären, ob es bei unterschiedlichen Revisionsständen zu Problemen kommen kann (siehe Kapitel 1.9.4). Das Problem liegt aber eher in der Zukunft, sofern es zu Erweiterungen des IO-Link-Standards kommt und neue Revisionsstände entstehen, die nicht mehr komplett kompatibel sind.

ISDU-Stapel fehlgeschlagen 0x6002
Eine unter DeviceParBatch (Kapitel 4.9.3) beschriebene Parametrierung mit mehreren Parametern ist fehlgeschlagen. Es sind die Parameter zu prüfen, ob diese in Bereichen, den Längen und Inhalten den Anforderungen des IO-Link-Devices entsprechen.

4.9.19 IO-Link SMI Fehlermeldungen/Diagnosen

Die SMI Diagnosemeldungen sind an die Struktur der Diagnosemeldungen aus der Kommunikation angelehnt und liefern auf einen fehlgeschlagenen Dienstaufruf eine Fehlermeldung zurück. Anders ausgedrückt, auf einen nicht erfolgreich ausgeführten Serviceaufruf kommt in der Antwort eine auf das Problem hindeutende Antwort in Form der passenden Diagnosemeldung. Zusammenfassend folgen diese Diagnosemeldungen auf nicht erfolgreich abgeschlossenen Read-oder Write-Services im IO-Link-SMI-ArgBlock-Bereich. Üblicherweise geben die IO-Link-Master-Hersteller an, welche weiteren vedorspezifischen Diagnosemeldungen der jeweilige IO-Link-Master unterstützt.

Im Allgemeinen lehnen IO-Link-ArgBlocks ungültige Parameter bzw. Parametersätze ab und quittieren solche fehlerhaften Zugriffe mit einer Fehlermeldung (siehe Kapitel 4.9.19).

Diese kommunikationsbezogenen Diagnosecodes sind zwei Byte lang. Ähnlich wie bei den Applikationsdiagnosemeldungen des IO-Link-Devices in Kapitel 3.1 setzt sich der Code aus zwei Teilen zusammen. Das erste Byte ist der sogenannte Error-Code. Das zweite Byte, der Additional-Code, bezeichnet den Teil der Fehlermeldung, der den aufgetretenen Fehler detailliert bzw. präzisiert.

Tabelle 4.23 listet die spezifizierten Fehler in der IO-Link-SMI auf und erläutert den Grund, der sich hinter der Diagnosemeldung verbirgt.

Die Diagnosemeldungen aus **Tabelle 4.23** sind im Folgenden weiter erläutert:

ArgBlock nicht bekannt (0x4002 – Tabelle 4.23, Zeile 1)
Diese Fehlermeldung sendet das IO-Link-SMI auf einen Request, sofern ein Zugriff auf einen nicht vorhanden ArgBlock bzw. auf eine nicht vorhandene ArgBlockID erfolgt.

Es ist vom Anwender zu prüfen, ob der richtige Service bzw. der richtige ArgBlock zur Anwendung kam.

Falscher Inhaltstyp im ArgBlock (0x4002 – Tabelle 4.23, Zeile 2)
Der Inhalt des ArkBlocks hat in der Struktur einen Fehler. Dies wird durch den SMI Dienst festgestellt und dem Anwender mit dem entsprechenden Fehlercode zurückgemeldet.

Es ist zu prüfen ob der der richtige SMI-Dienst für den entsprechenden Argblock angewendet wurde bzw. die richtigen Inhalte ausgewählt sind.

Tabelle 4.23: Fehlermeldungen der SMI Dienste

Nummer	Fehlerfall	fault	Errorcode (hex)	Additional-code (hex)
1	ArgBlock nicht bekannt/ ArgBlock wird nicht unterstützt	ArgBlock unknown/ ARGBLOCK_NOT_SUPPORTED	0x40	0x01
2	Falscher ArgBlock-Inhaltstyp / ArgBlock Inhalt ist nicht konsistent	Incorrect ArgBlock content type/ ARGBLOCK_INCONSISTENT	0x40	0x02
3	Gerät kommuniziert nicht/ IO-Link-Device nicht erreichbar	Device not communicating/ DEVICE_NOT_ACCESSIBLE	0x40	0x03
4	Service oder Dienst nicht bekannt/ Der Dienst wird nicht unterstützt	Service unknown/ SERVICE_NOT_SUPPORTED	0x40	0x04
5	Prozessdaten nicht verfügbar/IO-Link-Device ist nicht im Operate	Process Data not accessible/ DEVICE_NOT_IN_OPERATE	0x40	0x05
6	Unzureichender Speicherplatz/ Der Speicher ist zu klein	Insufficient memory/ MEMORY_OVERRUN	0x40	0x06
7	Falsche Portnummer/ Portnummer invalid	Incorrect Port number PORT_NUM_INVALID	0x40	0x11
8	Nicht korrekte ArgBlock Länge/ ARGBLOCK länge invalid	Incorrect ArgBlock length/ ARGBLOCK_LENGTH_INVALID	0x40	0x34
9	Master busy/ Der Service ist temporär nicht erreichbar	Master busy/ SERVICE_TEMP_UNAVAILABLE	0x40	0x36
10	IO-Link-Device/-Master Fehler/Propagierter Fehler, für „ee“ und „aa“	Device/Master error / Propagated error, for „ee“ and „aa“	0xaa	0xee
11	Reserviert/vendorspezifisch	Reserved Vendor specific	0x40	0xFF

IO-Link-Device kommuniziert nicht (0x4003 – Tabelle 4.23, Zeile 3)
Der SMI Dienst meldet diesen Fehler auf eine Anfrage auf ein IO-Link-Device an einem IO-Link-Master-Port zurück, sofern der Port sich nicht in Kommunikation befindet.

Es bleibt zu prüfen, ob der entsprechende angewählte IO-Link-Master-Port richtig eingestellt ist und z. B. nicht deaktiviert durch die Portkonfiguration wurde. Ebenfalls ist zu prüfen, ob sich ein IO-Link-Device am IO-Link-Master-Port befindet.

Service nicht bekannt (0x4004 – Tabelle 4.23, Zeile 4)
Der IO-Link-SMI-Dienst meldet diese Fehlermeldung, wenn der IO-Link-Master diesen Dienst nicht unterstützt. In der Herstellerdokumentation sind alle IO-Link-SMI Dienste gelistet, die ein IO-Link-Master unterstützt.

Prozessdaten nicht erreichbar (0x4005 – Tabelle 4.23, Zeile 5)
Das IO-Link-Device selbst führt z. B. im Parametersatz-Aktionen aus, etwa einen Teachprozess.

Nach Abschluss der beispielsweise laufenden Teachfunktion steht der Service wieder zur Verfügung.

Unzureichender Speicherplatz (0x4006 – Tabelle 4.23, Zeile 6)
Sollte der IO-Link-SMI mehr Speicher benötigen als zur Verfügung steht meldet der IO-Link-SMI-Dienst diesen Fehlercode zurück.

Gründe für dieses Verhalten sind vielfältig. Z. B. ist der gewählte ArgBlock in seiner Speichergröße limitiert und kann die Datenmenge nicht speichern. Aufschluss kann die Herstellerdokumentation zum IO-Link-Master geben.

Falsche Portnummer (0x4011– Tabelle 4.23, Zeile 7)
Der IO-Link-SMI-Dienst gibt diese Fehlermeldung zurück, wenn z. B. der gewählte IO-Link-Master-Port nicht vorhanden ist.

Abhilfe schafft hier die Überprüfung der Ausgewählten IO-Link-Master-Portnummer.

Falsche ArgBlocklänge (0x4034 – Tabelle 4.23, Zeile 8)
Der IO-Link-SMI-Dienst meldet diesen Fehler, wenn die angegebene ArgBlocklänge nicht zum aufgerufenen ArgBlock passt.

Abhilfe schafft hier die Überprüfung des angegebenen ArgBlcokes. Ist hier ein falscher ArgBlock angegeben, kann es zu diesem Fehler kommen.

Master busy (0x4036 – Tabelle 4.23, Zeile 9)
Zu dieser Fehlermeldung kommt es, wenn der SMI-Dienst aufgrund anderer laufender Prozesse im IO-Link-Master blockiert ist und somit nicht sofort zur Ausführung kommt.

Der Dienst ist zu einem späteren Zeitpunkt zu wiederholen.

IO-Link-Device/-Master Fehler (0xaa ee – Tabelle 4.23, Zeile 10)
Diese Fehlermeldungen werden vom IO-Link-SMI-Dienst zurückgeliefert, falls ein Zugriff auf den IO-Link-Master-Port oder auf ein angeschlossenen IO-Link-Device nicht erfolgreich war. Die Fehlercodierung folgt in diesem Falle den Codierungen aus Tabelle 3.2 und 3.4.

Abhilfe schafft die Prüfung des Zugriffes, ist der richtige IO-Link-Master-Port gewählt oder das richtige IO-Link-Device. Sind die richtigen Datentypen gewählt, unterstützt das IO-Link-Device den vorgesehenen Zugriff.

5 IO-Link-Profile

Die IO-Link-Kommunikation erlaubt grundsätzlich eine beliebige Darstellung von Messwerten. Als Folge können viele verschiedene Datenstrukturen mit unterschiedlichen Datentypen auftreten, die bei Inbetriebnahme, Wartung (Austausch von IO-Link-Devices) und der Portierung von Anwenderprogrammen von einer SPS eines Herstellers auf eine andere – eventuell erschwerend noch eines anderen Herstellers – zu erhöhten Aufwandskosten führen können.

Daher ist es das Ziel der Profile, die Varianz in der Abbildung der IO-Link-Device-Fähigkeiten auf eine standardisierte Form zu reduzieren und damit die Einsetzbarkeit wesentlich zu erhöhen. Dies betrifft hauptsächlich die Prozessdaten, beinhaltet aber ebenfalls die zur Konfiguration notwendigen Parameter in ihrer Struktur und Kodierung und allgemeine Identifikations- und Diagnoseparameter.

Zunächst definiert das IO-Link-CommonProfile die Grundidee und fundamentale Anforderungen an IO-Link-Profile. Dies beinhaltet als Basis die Definition von ProfileIDs zur eindeutigen Identifikation von Funktionalitäten, die Auslesbarkeit dieser IDs aus einem Gerät zur automatischen Verarbeitung bis hin zur Definition von Mindestanforderung an Gerätefunktionen in Bezug auf generische Funktionen, wie Identifikation und Diagnose. Hinzukommen weitere Fähigkeiten, wie FirmwareUpdate oder BinaryLarge-Object-Übertragungen, für die Systemhersteller entsprechende Komponenten für ihre Systeme anbieten können. Damit sind die Fähigkeiten über die einfachen sensorischen oder aktuatorischen Eigenschaften hinaus um Funktionen wie FirmwareUpdate oder erweiterte Diagnose standardisiert. Weitere Profile sind die SmartSensorProfile, welche die Prozessdaten in ihrer Struktur, in Zahlenbereichen und Verhalten in Extremfällen definieren. Hinzu kommen grundlegende Definitionen von Parametrierung und Teach-Verhalten.

Ein Ziel ist es, profilierte IO-Link-Devices ohne die IODD in einen rudimentären Betrieb zu überführen, der einen Anwendernutzen bringt. Spezielle Fähigkeiten sind im Profil nicht angeboten, diese sind in einem großen Teil der Anwendungen nicht zwingend notwendig.

Ein weiteres Ziel ist es, durch standardisierte Funktionsbausteine Funktionalitäten bereitzustellen, sodass der Anwender nur die Kombination von Profilgerät und Baustein zu erstellen hat. Dies trägt zu Fehlerminimierung bei, da für alle Profilgeräte die gleichen Fähigkeiten im System zur Verfügung stehen.

Das Profil ist allerdings kein Garant für die Möglichkeit, IO-Link-Devices über Herstellergrenzen hinweg austauschen zu können. Das ist zum einen durch die Prüfung auf die Herstelleridentifikation vom System, als auch durch unterschiedliche, nicht IO-Link relevante, Fähigkeiten wie Sensorperformance (Messbereich, Auflösung, Messgeschwindigkeit) oder dynamische Eigenschaften nicht möglich bzw. nicht so einfach möglich.

5.1 Einfache Sensorstandards vor IO-Link

Vor IO-Link war der akzeptierte Stand der Technik relativ einfach gestaltet. Es gab, wenn eventuell auch nicht bewusst, sehr primitive, aber eindeutige Profile. Bis heute existieren die Binärdaten, die via Stromsenke nach IEC 61131-2 auszuwerten sind. Ebenso verhält es sich mit der Analogwertübertragung, die per Strom- (4...20 mA) oder Spannungssignal (0...10 V) im System zur Verfügung stehen. Jedoch gab es hier schon Unterschiede in der zu repräsentierenden Messgröße, z. B. bei einem Drucksensor, der statt 1000 Pa die Referenzgröße 13 mA ausgibt. Hier ist der physikalische Messwert (z. B. in diesem Fall Pascal) nur durch eine für den Sensor im Datenblatt angegebene Skalierung zu berechnen. Diese ist abhängig vom Sensormessbereich und der Messwertskalierung des analogen Eingangs. Hinzu kommt, dass der Sensor häufig mittels Parametrierung nachträglich skalierbar ist. Diese Art der Darstellung von unterschiedlichsten Messwerten mittels z. B Stromsignal ist Stand der Technik. Diese war noch nie eindeutig und wird es auch nie werden.

5.2 Das IO-Link-Common-Profil

Das IO-Link-Common-Profil ist ein grundlegendes Profil für IO-Link und legt grundsätzliche Funktionen eines Profils fest.

5.2.1 Allgemeine Festlegungen

Der erste Teil legt allgemeine Anforderungen an zukünftige IO-Link Profile fest wie:

- Identifikation,
- Definition von Parametern,
- Definition von Events,
- Definition von Prozessdaten,
- Definition von IODD-Inhalten,
- Bereitstellung von Testspezifikationen für die Profileigenschaften zur automatisierten Prüfung im IO-Link-Conformance-Test.

5.2.2 Funktion ProfileIdentifier

Hierbei gilt der folgende Grundgedanke: Definitionen von Prozessdaten, Parametern und dynamischem Verhalten sind durch eine FunctionClassID unterteilt oder gekennzeichnet. Diese sind die Grundlage für die anderen ProfileIDs, welche mehrere FunctionClassIDs in bestimmter Weise kombinieren, um eine bestimmte Geräteart mittels DeviceProfile oder CommonApplicationProfile zu beschreiben.

Zur Identifikation nutzt IO-Link ProfileIDs, die in drei Bereiche aufgeteilt sind (siehe **Tabelle 5.1**).

Bei der Einteilung gelten folgende Festlegungen:

- DeviceProfileIDs definieren Profile, die einer bestimmten Funktionsgruppe oder Deviceklasse wie Sensoren oder Aktuatoren zugeordnet sind.
- CommonAplicationProfileIDs definieren Profile, die in allen DeviceProfile-Geräten Anwendung finden, da sie übergreifende Eigenschaften beschreiben.
- FunctionClassIDs definieren bestimmte Funktionen, aus denen die ProfileIDs zusammengesetzt sind.

Das IO-Link-Common-Profil definiert ebenfalls grundlegend für alle aufbauenden Profile den ProfileIdentifier. In **Tabelle 5.2** ist der Aufbau darstellt.

Tabelle 5.1: Kodierung der ProfileIdentifier

Name des Parameter-Objekts	Datentyp	Bereich	Profiltype
ProfileIdentifier (PID)	UIntegerT16	0x0000	nicht unterstützt
		0x0001 bis 0x3FFF	DeviceProfileID
		0x4000 bis 0x7FFF	CommonApplicationProfileID
		0x8000 bis 0xBFFF	FunctionClassID
		0xC000 bis 0xFFFF	reserviert

Tabelle 5.2: ProfileCharacteristics

Index (dec)	Sub-index (dec)	Offset	R/W	Name	Länge	Datentyp
0x000D(14)	1	(n-1) * 2	R	ProfileIdentifier 1	16 bit	UIntegerT16
			...			
	n	0	R	ProfileIdentifier n		
n: Anzahl der unterstützen ProfileIdentifier						

Jedes Profilgerät stellt die unterstützten ProfileIDs im Parameter ProfileCharacteristic in aufsteigender Reihenfolge zur Verfügung. Zur Vereinfachung sind alle in einer ProfileID (siehe Tabelle 5.1) bereits enthaltenen FunctionClassIDs nicht mehr explizit aufgeführt.

5.2.3 Funktionsklasse ProcessDataMapping (0x8002)

Funktionsklasse 0x8002 ProcessDataMapping
Diese Funktionsklasse definiert, wo sich die Prozesswerte, sowohl die Analog- als auch die Digital-Werte in der Übertragung wiederfinden. Dabei führt IO-Link für die Digital-Werte, die sogenannte Schaltinformation, den Begriff BDC (BinaryDataChannel) ein und für die Analogwerte PDV (ProcessDataVariables).

Um den Wildwuchs bei den Prozessdaten einzudämmen, sind bereits 2012 im ersten SmartSensorProfil einige Empfehlungen bezüglich des Aufbaus der Prozessdaten beschrieben. Diese Prozessdatendefinitionen sind weiterhin gültig und sind dem CommonProfile zugeordnet.

Grundlegende Strukturregeln für Prozessdaten
Für den Aufbau der Prozessdaten sind zwingend folgende Regeln zu beachten:

- BDCs stehen rechtsbündig mit aufsteigender Reihenfolge, immer beginnend mit dem Offset 0.
- PDV sind linksbündig an der nächstgrößeren Bytegrenze ausgerichtet, zum Beispiel hat ein UIntegerT12 den Offset 4.
- Hilfsvariablen (zum Beispiel Qualifier) sind rechtsbündig an den BDCs ausgerichtet.
- Alle Variablen mit einem Bitoffset größer 16 sind bytegranular ausgerichtet. Eine Lücke und leere Bits sind akzeptiert.

Zusätzlich gelten folgende empfohlene Regeln:

- Üblicherweise sind die Variablen im Format UIntegerT16 oder IntegerT16 abgebildet.
- IntegerT ist der bevorzugte Datentyp vor UIntegerT.
- Herstellerspezifische Prozessdaten können ihre eigenen Regeln befolgen.
- Für die Profile gilt jedoch, dass die vorstehenden Regeln vom IO-Link-Devicehersteller einzuhalten sind und der Anwender sich darauf verlassen kann.

Damit kann jeder Anwender sich an diesen Regeln in seinen zu erstellenden Applikationen ausrichten und die Daten entsprechend entgegennehmen und weiterverarbeiten. Dies führt zu folgenden häufig verwendeten Prozessdatenstrukturen.

Das IO-Link-Common-Profil definiert zudem den Aufbau der zyklischen Prozessdatenübertragung. Allgemein stellt sich das Prozessdatum aus BDC- und PDV-Daten wie in **Bild 5.1** gezeigt zusammen.

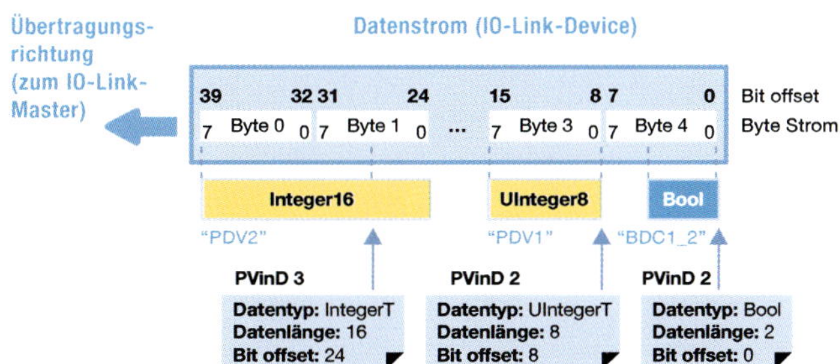

Bild 5.1: Beispiel für die Übertragung von zyklischen Daten im Profil

Nachfolgend werden ein paar Beispiele für den Prozessdatenaufbau, wie ihn das IO-Link-Common-Profil definiert, erläutert. Allgemein sind die PDV-Werte immer linksbündig angeordnet.

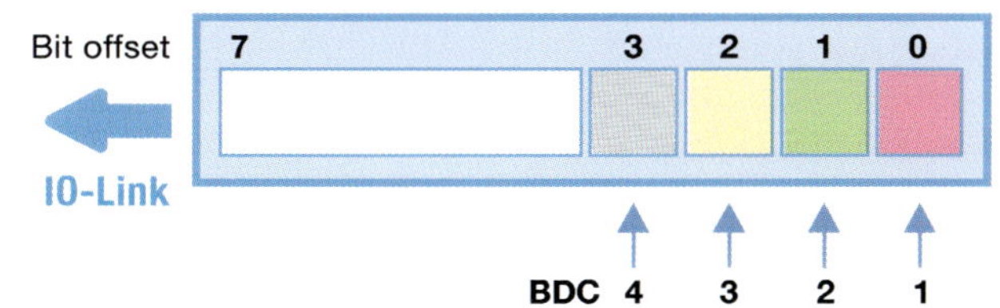

Bild 5.2: Aufbau des BDC-Bytes nach IO-Link-Common-Profil

Handelt es sich um ein Prozessdatum, das ausschließlich Binär- oder Schaltinformationen beinhaltet, so stellt sich der Aufbau wie in **Bild 5.2** dar.

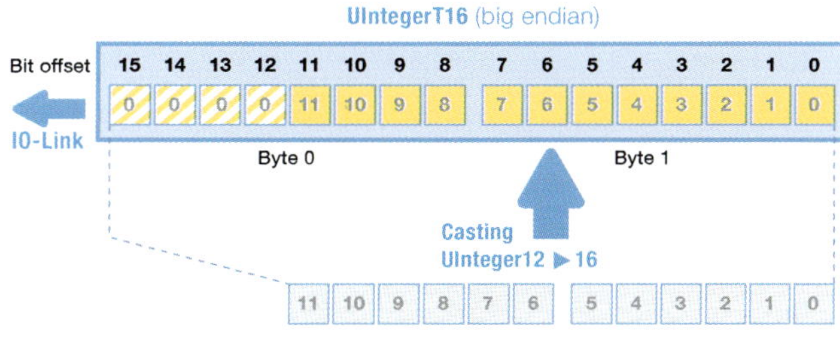

Bild 5.3: Aufbau einer reinen PDV-Übertragung im IO-Link-Common-Profil

Handelt es sich bei der Übertragung um einen reinen PDV-Wert, so ist das Prozessdatum wie in **Bild 5.3** aufgebaut.

Die Mischform aus BDC und PDV ist möglich und ist in **Bild 5.4** gezeigt.

Bild 5.4: Kombination aus BDC und PDV im IO-Link-Common-Profil

Es gibt noch eine weitere Möglichkeit, die das IO-Link-Common-Profil zulässt: Ein Profil im zyklischen Prozessdatumskanal überträgt mehrere

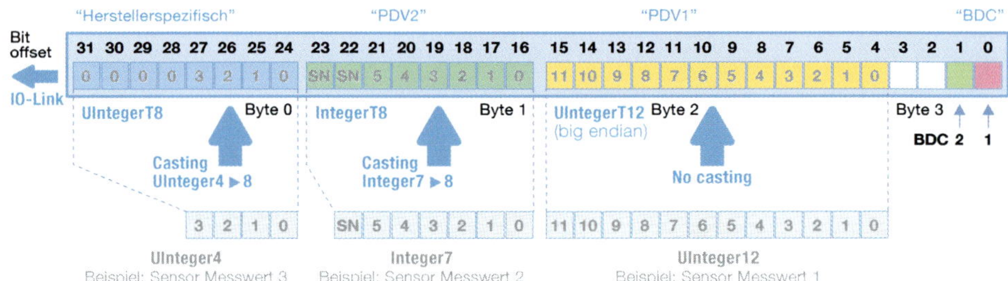

Bild 5.5: Mischung von PDV-, BDC- und herstellerspezifischen Prozessdaten

PDV- und BDC-Daten und weist außerdem noch einen herstellerspezifischen Bereich aus (**Bild 5.5**).

Wie sich letztlich die Prozessdaten zusammensetzen, sagt das verwendete Profil aus. Eines der verwendenden Profile ist z. B. das Smart-Sensor-Profil Edition 2.

Damit die Prozessdaten automatisiert in ihre einzelnen Elemente zu zerlegen sind, ist der Aufbau in einem Parameter hinterlegt und das IO-Link-Common-Profil definiert den Inhalt der Prozessdaten Descriptoren (PD Input und PD Output Descriptor, siehe Kapitel 2.3). Die Kodierung für die verwendeten Datentypen steht zuerst. **Tabelle 5.3** listet die Kodierungen und Möglichkeiten der verwendbaren Datentypen für die Prozesswerte oder auch Process Values (PV). Dabei sind der PDInputDescriptor und PDOutputDescriptor (PVinD und PVoutD) gleichermaßen definiert.

Als weiteres Element definiert das IO-Link-Common-Profil für die Prozessdaten Input als auch für die Prozessdaten Output die interpretierbare und aus den Index 0x000E und 0x000F auslegbare Aufstellung der im zyklischen Kanal übertragenen Prozessdaten.

Tabelle 5.3: Kodierung des PVinD und PVoutD

Bit	Element	Kodierung
Octet 1	DataType	0: OctetStringT 1: Set of BoolT 2: UIntegerT 3: IntegerT 4: Float32T 5 bis 255: reserviert / reserved
Octet 2	TypeLength	0 bis 255 Bit
Octet 3	Bit offset	0 bis 255 Bit

Alle weiteren Profile definieren hierauf aufbauend den Inhalt bzw. die Bedeutung des Wertes. In den **Tabellen 5.4** und **5.5** sind jeweils die Beschreibungen für den PDInputDescriptor und den PDOutputDescriptor aufgelistet.

Zur Umrechnung der Informationen von messenden Sensoren ein vom System bzw. Anwender gewünschtes Zahlenformat oder einer gewünschten Einheit sind die Daten zu verrechnen. Insbesondere bei Sensoren mit kompakten Prozessdaten (14 Bit Analog, 2 Bit Schaltinformation) ist die Extraktion der analogen Information wichtig und muss unter Beachtung des Vorzeichens korrekt stattfinden. Hierbei ist mit einem Gradienten und einem Offset zu rechnen.

Die durch das IO-Link-Device zur Verfügung gestellten Prozessdaten stellen in der Regel einen herstellerspezifischen Messwert dar, der mit einer physikalischen Einheit verknüpft ist. Die Prozessdaten-Variable ist über eine einfache Geradengleichung auszuwerten, in dem der übertragene Wert mit einer Konstante (Gradient) zu multipliziert und ein eventueller Offset zu addiert ist. Der Messwert lässt sich somit interpretieren und verarbeiten. Die Geradengleichung ist in der Anwenderdokumentation des IO-Link-Device-Herstellers angegeben. Mit den genannten Angaben ist jedes Tool und SPS in der Lage, den Prozesswert einfach umzurechnen. Die üblicherweise im Integer-Format übertragenen Prozesswerte sind wie in Gleichung (5.1) in den zu nutzenden Prozesswert (Float32) umzurechnen:

Variable (float32T) = gradient (Float32T) · PDV(UInt/Int) + offset(Float32T) **(5.1)**

Tabelle 5.4: Struktur des PDInputDescriptors

Index (dec)	Sub-index (dec)	Offset	R/W	Name	Länge	Datentyp
0x000E(14)	1	(n-1) * 3	R	PVinD 1	24 bit	OctetStringT3
			...			
	n	0	R	PVInD 1		
n: Anzahl der unterstützen Prozesswertinput-Diskriptoren						

Tabelle 5.5: Struktur des PDOutputDescriptors

Index (dec)	Sub-index (dec)	Offset	R/W	Name	Länge	Datentyp
0x000E(15)	1	(n-1) * 3	R	PVoutD 1	24 bit	OctetStringT3
			...			
	n	0	R	PVoutD 1		
n: Anzahl der unterstützen Prozesswertinput-Diskriptoren						

5

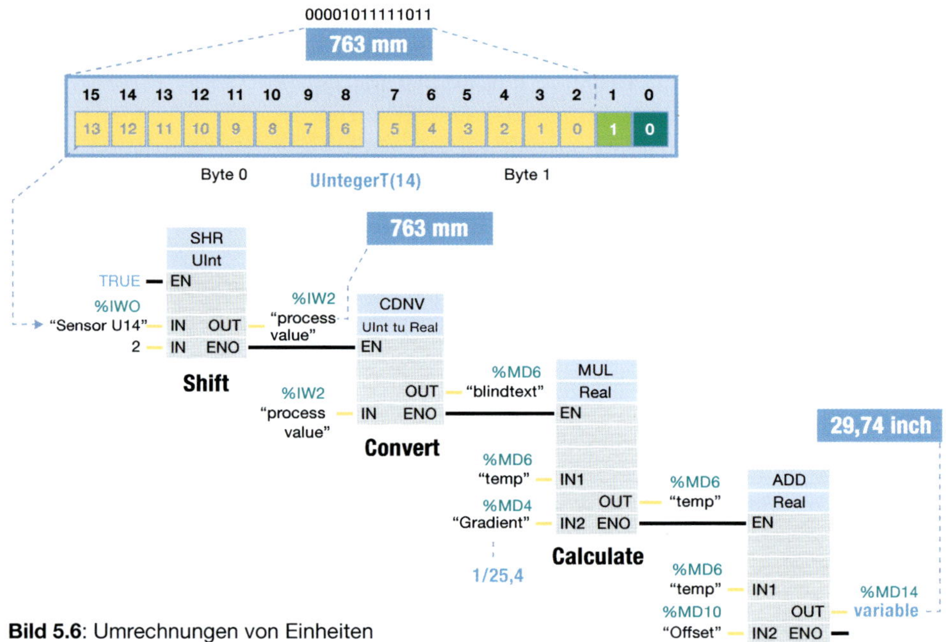

Bild 5.6: Umrechnungen von Einheiten

Im Normalfall liefert ein Sensor seinen Messwert in einer Basiseinheit. Diese Basiseinheiten (manchmal Rohwerte) lassen sich durch das angegebene Verfahren beliebig in andere Einheiten oder Zehnerpotenzen umrechnen. In **Bild 5.6** ist beispielhaft das Verfahren aufgezeigt.

5.2.4 Funktionsklasse DeviceIdentification (0x8000)

Diese Funktionsklasse enthält die ProductID, die Firmware Revision und den Application Specific Tag (siehe hierzu Kapitel 2.3, Tabelle 2.9). Diese sind hiermit im Gegensatz zur Kommunikationsspezifikation nicht mehr optional, sondern verpflichtend für alle profilierten IO-Link-Devices. Der Anwender kann sich darauf verlassen, diese Parameter in allen IO-Link-Devices, die diesem Profil folgen, vorzufinden.

5.2.5 Funktionsklasse DeviceDiagnosis (0x8003)

In dieser Funktionsklasse sind der Device-Status und der Detailed-Device-Status hinterlegt. Diese sind somit Pflicht für Profilgeräte (siehe Kapitel 2.3, Tabelle 2.10). Der

Anwender kann diese Informationen für seine Zwecke nutzen und z. B. vorbeugende Wartungsmaßnahmen (Maintenance) aus dem Status ableiten.

5.2.6 Funktionsklasse ExtendedIdentification (0x8100)

In dieser Funktionsklasse sind der Function Tag und der Location Tag hinterlegt. Diese sind somit Pflicht für diese Profilgeräte (siehe Kapitel 2.3, Tabelle 2.9) und stehen dem Anwender bei IO-Link-Devices mit dieser Funktionsklasse immer zur Verfügung. Bei der Anlagenplanung kann die Nutzungsmöglichkeit dieser Parameter ausschlaggebend sein.

Sie dienen der erweiterten Identifikation der IO-Link-Devices im Rahmen von Asset-Management-Systemen oder Planungstools wie e-plan.

5

5.2.7 Weitere Vorgaben des IO-Link-Common-Profils

Das Common-Profil als Basis-Profil nutzt im Wesentlichen die Optionen der Basisspezifikation von IO-Link und münzt viele Optionen in Standardparameter um, die von Profil-IO-Link-Devices immer unterstützt sein müssen. Zur Übersicht sind in Tabelle 5.9 alle vom Profil unterstützten Parameter gelistet. Dabei sind die einzelnen Parameter in Kapitel 2.3 erläutert.

Bei den Systemkommandos verhält es sich wie bei den Parametern: das IO-Link-Common-Profil schreibt vor, welches ein Profil-IO-Link-Device unterstützen muss. In der Tabelle 5.40 sind die Systemkommandos gelistet, die im Profil zur Verfügung stehen.

5.2.8 Funktionsklasse Locator (0x8101)

Die Funktionsklasse definiert die visuelle Lokalisierung über eine optische Anzeige im IO-Link-Device, die bei der Einrichtung der Anlage sehr hilfreich sein kann, um ein bestimmtes Device unter anderen Devices zu lokalisieren. Diese Funktionsklasse kann sofern das IO-Link-Device Anzeigeelemente hat der ProfilID 0x4000 zugeordnet sein.

Diese Funktionsklasse ermöglicht dem Anwender eine Sequenz eines wiederholten Doppelblinkens mittel Systemkommando „LocatorStart“, siehe Tabelle 5.43, gestartet und dauert zwischen 9 und 11 Minuten. Das Blinken stoppt entweder nach genannter Zeitspanne oder ist aktiv durch den Anwender mittels Systemkommando „LocatorStop“ abzuschalten. Sendet der Anwender vor Ablauf der maximalen Zeit des Blinkens erneut das Systemkommando „LocatorStart“ verlängert sich die Blinkzeit auf weiter 9 bis 11 Minuten. Die Sequenz zeigt ein doppeltes Blinken, um Verwechslungen mit

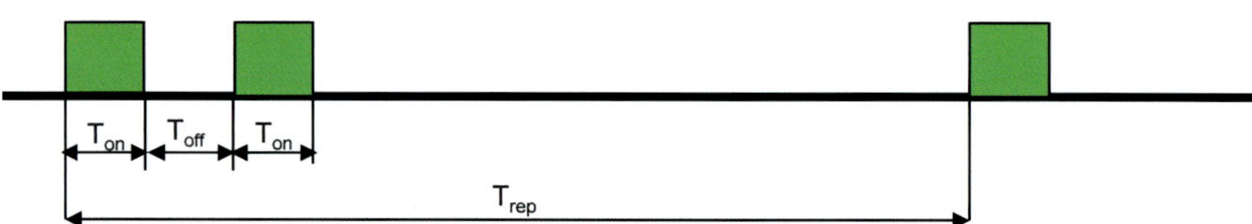

Bild 5.7: Zeitverhalten der optischen Anzeige des Doppelblinkens zur Lokalisierung

anderen Anzeigen wie z. B. Ausgangsanzeigen zu vermeiden. Die Umsetzung der Visualisierung dieser Funktion liegt in der Verantwortung der Hersteller. Die Lokalisierung des IO-Link-Devices basiert auf dem doppelten Blinken eines oder mehrere Anzeigeelement des IO-Link-Devices. Die Farbe von LEDs oder Display sowie das Blinken von Symbolen sind nicht vorgesehen. Im **Bild 5.7** ist die Blinksequenz dargestellt. Das zeitliche Verhalten des Doppelblinkens ist 100 ms an (T_{on}), 100 ms aus (T_{off}) und die Wiederholung erfolgt nach einer Sekunde (T_{rep}).

5.2.9 CommonApplicationProfile Identifikation und Diagnose I&D

Das IO-Link-Common-Profil definiert die in **Tabelle 5.6** gelisteten Funktionen und ist somit Basis für alle abgeleiteten DeviceProfiles.

Tabelle 5.6: Übersicht der Funktionsklassen im CommonApplicationsProfile I&D

ProfileID	Profilmerkmalsname	Funktionsklassen	
0x4000	Identification and Diagnosis	0x8000	DeviceIdentification
		0x8003	DeviceDiagnosis
		0x8002	ProcessDataMapping
		0x8100	ExtendedIdentification

5.3 SmartSensor Edition 2

Das SmartSensorProfil stellt den ersten Schritt in Richtung Profilierung von IO-Link-Sensordaten dar.

5.3.1 Geschichte

Das SmartSensorProfile aus dem Jahr 2012 war der erste Versuch die Vielfalt der Geräteeigenschaften zu reduzieren. Durch die zu dieser Zeit gering ausgeprägte Neigung strenge Profile über Firmengrenzen zu definieren, entstand eine Spezifikation mit vielen Möglichkeiten und Varianzen. Die Reduktion der Prozessdatenvielfalt hat sehr gut funktioniert, es haben sich einige Standards etabliert, allerdings sind die Inhalte der Prozessdaten, insbesondere der analogen Werte, sehr unterschiedlich.

Aufgrund von Kundendruck und der gewachsenen Einsicht, dass dieses Problem nur gemeinsam zu lösen ist, entstand die Edition 2.

Vereinfacht ausgedrückt definiert das SmartSensorProfile 2012 einen Werkzeugkasten mit vielen Werkzeugen. Es definiert jedoch nicht, welche Kombination von Werkzeugen oder Werkzeugausprägungen zusammen anzubieten sind.

In der Edition 2 wurde dies realisiert. Auf Basis der schon vorhandenen Werkzeuge und notwendigen Erweiterungen sind hier jetzt klare Werkzeugtaschen definiert, die immer den gleichen Inhalt und Funktionsumfang haben. Diese sind wesentlich besser herstellerübergreifend einsetzbar.

Als weitere und entscheidende Bedingung ist folgende Regel eingeführt:

- *Ein Profilgerät ist gegen ein anderes Profilgerät gleichen Profils austauschbar, ohne die Programmierung der SPS zu verändern. Eine Anpassung der Auswertung in anderen Geräten als der SPS muss ebenfalls nicht erfolgen, da die Inhalte und Strukturen durch das Profil festgelegt sind.*

Dies hat Auswirkungen auf die zu verwendenden Funktionen und eventuell auf die Prozessdateninhalte.

Damit lassen sich Funktionsbausteine für eine SPS definieren, welche die Profile vereinheitlicht unterstützt und den Anwender von den technischen Untiefen der Geräte entkoppeln.

Einfacher ausgedrückt sind die Prozessdatenstruktur und Inhaltfestlegungen die Grundlage für jede einzelne Profildefinition. Weitere Parameter dienen nur noch der gleichartigen Konfigurierbarkeit.

5.3.2 Function SSC (Single Channel SSC)

Die FunctionClass SSC definiert den Aufbau des Prozessdatums, der von jedem Sensor, der diesem Profil folgt, zu befolgen ist (**Bild 5.8**). Dabei sind zusätzlich die Festlegungen des IO-Link-Common-Profils berücksichtigt bzw. die zugeordneten Eigenschaften des Common-Profils sind vorhanden, somit kann der Anwender diese Eigenschaften für seinen Applikation nutzen.

Dabei standardisiert das Profil nur das Bit 0 im Prozessdatum als das relevante und profilierte Prozessdatum. Zu weiteren Prozessdatenbits, die sich im Prozessdatum befinden können, ist die IO-Link-Device-Hersteller-Dokumentation zu beachten. Diese weiteren Prozessdatenbits sind somit keine Profil-Eigenschaft, die bei einem etwaigen Tausch gegen andere Profil-Geräte garantiert ist. Für das Profil-Bit gilt, es kann eine „High"-aktive Ausgabe bei Erkennen des Targets (normaly open/Schließerfunktion) oder eine „Low"-aktive Ausgabe (normaly closed/Öffnerfunktion) haben. Die Standardeinstellung ist die „High"-aktive (Schließerfunktion). Um die Definition des High-aktiven Ausgangs (Schließerfunktion) zu verdeutlichen dient **Bild 5.9**.

Für einen Schwellwert gilt ähnliches, der Schaltpunkt ist dort analog definiert und in **Bild 5.10** für den High-aktiven Fall dargestellt.

Die Konfiguration erfolgt mit Index 0x0039.

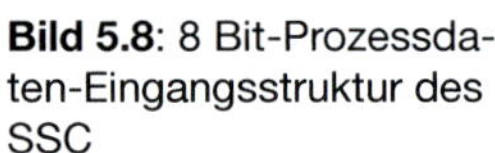

Bild 5.8: 8 Bit-Prozessdaten-Eingangsstruktur des SSC

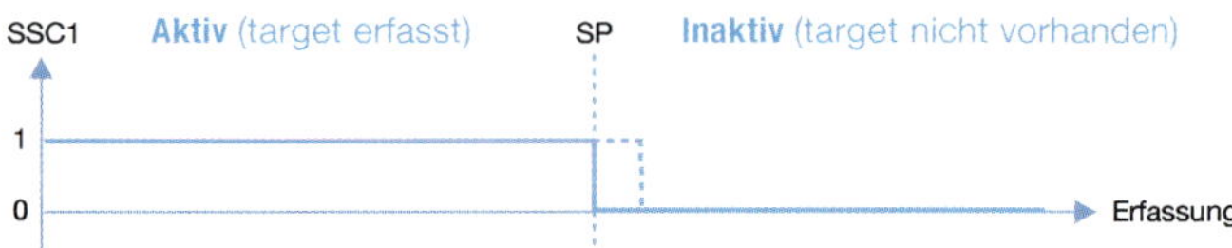

Bild 5.9: Schaltsignal – Anwesenheitserkennung des Targets

Bild 5.10: Schaltsignal – Schwellwert erreicht

5

Tabelle 5.7: Logik des Schaltsignals im FSS-Profil

Index	Subindex	Offset	Zugriff	Parametername	Kodierung	Datentyp
0x0039 (57)	n/a	n/a	R/W	Logic	"0" = high active (Target erfasst oder Messwert über SP)	BooleanT (1 bit)
					"1" = low active (kein Target erfasst oder Messwert unter dem SP)	
					Default: "0"	

Tabelle 5.8: Logik des Schaltsignals im AdSS-Profil

Index	Subindex	Offset	Zugriff	Parametername	Kodierung	Datentyp
0x0038 (56)	n/a	n/a	R/W	SP	Minimum SP ≤ SP ≤ maximum SP	IntegerT16 (16 bit)
					Default: technologieabhängig	

Der Index 0x0039 definiert das Schaltverhalten bzw. die Logik der Switching Signal Channels. **Tabelle 5.7** definiert die Logik, die der Anwender ändern kann. Dabei sind Subindex und Offset nicht anzuwenden. Das Systemkommando FactoryReset setzt diesen Parameter auf den Default-Wert zurück.

5.3.3 Function AdjustableSwitchingSignalChannel (AdSS)

In dieser Funktionsklasse ist die Funktion SSC um verstellbare Schaltpunkte erweitert.

Die Schaltschwelle kann über den Index 0x0038 direkt eingestellt werden.

Der Index 0x0038 (**Tabelle 5.8**) definiert die Schaltschwelle des Switching Signals innerhalb des Profiltyps AdSS-Profiles. Dabei sind Subindex und Offset nicht anzuwenden. Das Systemkommando FactoryReset setzt diesen Parameter auf den Default-Wert zurück.

5.3.4 Function Teach

Bei einfachen schaltenden Sensoren, wie Näherungssensoren, ist oft die Schaltschwelle wie bei heutigen Geräten per Teach einzulernen.

Dieser Teach ist heute schon bei vielen Geräten ähnlich, die Bedienung unterliegt jedoch eventuell hier den Besonderheiten der Hersteller.

Die IO-Link-Teach-Funktionalität standardisiert das Teachen sowohl bezüglich der Bedienung als auch der Art des Teaches. Es gibt drei verschiedene Verfahren, die für verschiedene Applikationen sinnvoll verwendbar sind. Wenige Sensoren unterstützen mehrere Teach-Verfahren.

In den **Bildern 5.11** bis **5.13** ist das Verhalten der drei Teach-Arten schematisch dargestellt, wobei darauf zu achten ist, ob ein Teach-Apply zu senden ist. Dieses ist optional und in der Herstellerdokumentation finden sich die Angaben, ob dieses Signal zu schicken ist, oder ob der Teachwert automatisch angewendet wird.

Der Teach ist immer mittels eines Systemkommandos zu starten. Nach Durchführung quittiert das IO-Link-Device das Systemkommando mit einem positiven oder negativen Feedback. Der Status des Teach-Verfahrens ist über einen Status-Parameter auslesbar.

Zur Vereinfachung ist das Verfahren in einem explizit beschriebenen Funktionsbaustein integriert, sodass ein Anwender nur die vereinfachte Funktionsbausteinschnittstelle zu bedienen hat, anstelle der einzelnen Parameter- oder Statusaktionen. Diese Funkti-

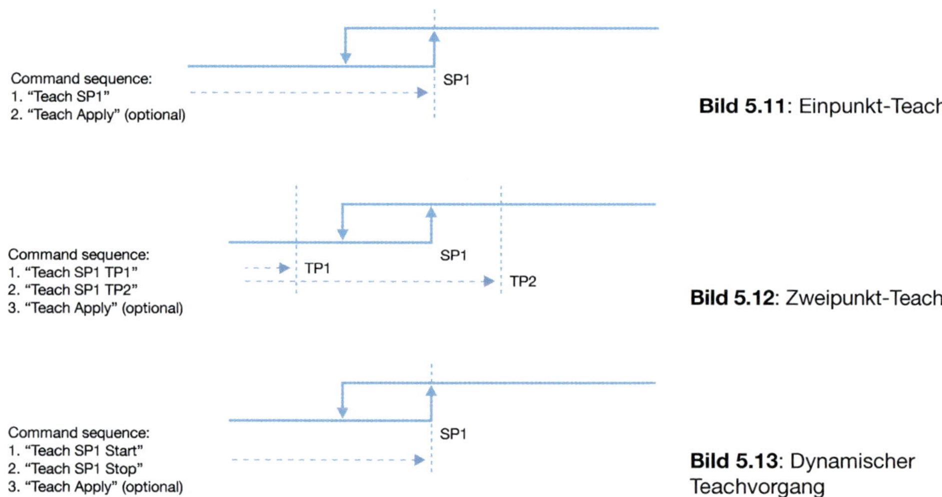

Bild 5.11: Einpunkt-Teach

Bild 5.12: Zweipunkt-Teach

Bild 5.13: Dynamischer Teachvorgang

onsbausteine können von den Systemherstellern in ihrem System fest integriert sein, oder sie sind als Zusatzbibliotheken erhältlich.

Tabelle 5.9 listet die standardisierten Kommandos sowie die Aufteilung auf die drei Teach-Arten auf.

Index 0x003B
In diesem Index ist das Teach-in Ergebnis zurück zu lesen, das das IO-Link-Device abgespeichert hat. Der Aufbau dieses 1 Byte langen Parameters ist in **Bild 5.14** dargestellt. Ein FactoryReset stellt die Default-Werte in diesem Parameter wieder her. Diese sind der IO-Link-Device-Dokumentation zu entnehmen.

Die Interpretation der Werte des Parameters ist in **Tabelle 5.10** beschrieben.

Tabelle 5.9: Standardisierte Profil-Kommandos

Teach-Kommando	Wert	Bemerkung	FC 8007	FC 8008	FC 8009
Teach Apply	0x40	berechnet den SP und wendet diesen an	-	M	-
Teach SP	0x41	bestimmt den Teachpunkt 1 für den Sollwert (Setpoint)	M	-	-
Teach SP TP1	0x43	bestimmt den Teachpunkt 1 für den Sollwert (Setpoint)	-	M	-
Teach SP TP2	0x44	bestimmt den Teachpunkt 2 für den Sollwert (Setpoint)	-	M	-
Teach SP Start	0x47	startet den dynamischen Teach-In für den Sollwert (Setpoint)	-	-	M
Teach SP Stop	0x48	stoppt den dynamischen Teach-In für den Sollwert (Setpoint)	-	-	M
Teach Custom	0x4B bis 0x4E	herstellerspezifische Verwendung	O	O	O
Teach Cancel	0x4F	Teach-In abbrechen	-	M	M

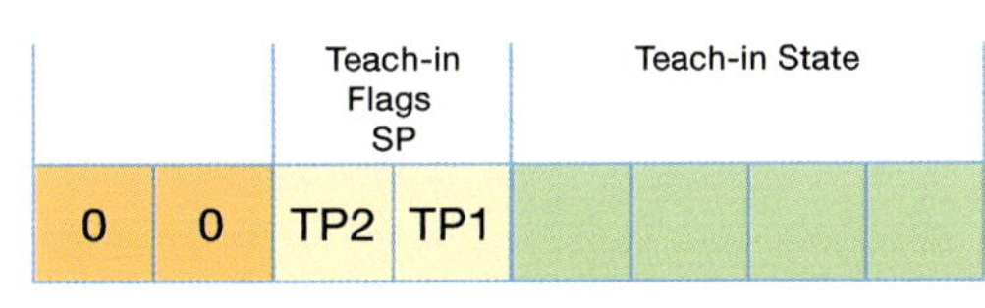

Bild 5.14: Struktur der „Teach Flags“ und des „Teach State“

Tabelle 5.10: Rücklesbare Ergebnisse des Teach-In-Parameters und dessen Kodierung

Index	Sub-index	Off-set	Zu-griff	Para-meter-name	Kodie-rung	Beschreibung	Datentyp
0x003B (59)	3	5	R	Flag SP TP2	"0"	Teachpoint nicht übernommen oder nicht erfolgreich	BooleanT (1 bit)
					"1"	Teachpoint erfolgreich übernommen	
	2	4	R	Flag SP TP1	"0"	Teachpoint nicht übernommen oder nicht erfolgreich	
					"1"	Teachpoint erfolgreich überneommen	
	1	0	R	State	0	IDLE	UInte-gerT4 (4 bit)
					1	erfolgreich / SUCCESS	
					2	reserviert	
					3	reserviert	
					4	warten auf ein Kommando / WAIT FOR COMMAND	
					5	beschäftigt / BUSY	
					6	reserviert	
					7	Fehler / ERROR	
					8 bis 11	reserviert	
					12 bis 15	herstellerspezifisch	

5.3.5 Function SSC (Multiple Channel SSC)

Die FunctionClass Multiple Channel SSC definiert neben dem Single Point Mode auch die Möglichkeiten mehrere Single Point Modi in einen Prozessdatum abzulegen, als auch sich aus mehreren Schaltpunkten ergebende Modi abzubilden. Hierbei folgt der Aufbau des Prozessdatums, der von jedem Sensor, der diesem Profil folgt, zu befolgen ist, dem **Bild 5.15**. Dabei sind zusätzlich die Festlegungen des IO-Link-Common-Profils berücksichtigt bzw. die zugeordneten Eigenschaften des Common-Profils sind vorhanden, somit kann der Anwender diese Eigenschaften für seinen Applikation nutzen.

Dabei standardisiert das Profil nur das Bit 0 und Bit 1 im Prozessdatum als das relevante und profilierte Prozessdatum. Zu weiteren Prozessdatenbits, die sich im Prozessdatum befinden können, ist die IO-Link-Device-Hersteller-Dokumentation zu beachten. Diese weiteren Prozessdatenbits sind somit keine Profil-Eigenschaft, die bei einem etwaigen Tausch gegen andere Profil-Geräte garantiert ist. Für das Profil-Bit

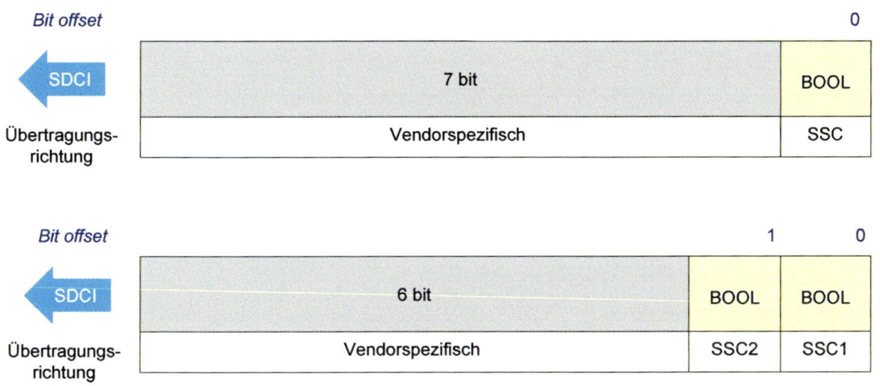

Bild 5.15: 8 Bit-Prozessdaten-Eingangsstruktur mit ein und zwei SSCs

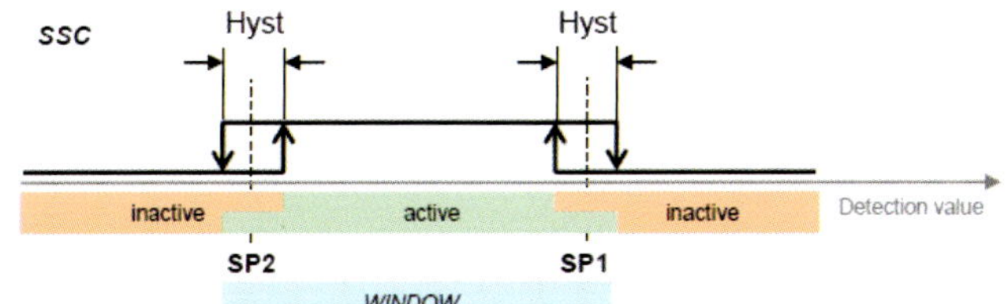

Bild 5.16: Beispiel für den Window Mode

gilt, es kann eine „High"-aktive Ausgabe bei Erkennen des Targets (normaly open/Schließerfunktion) oder eine „Low"-aktive Ausgabe (normaly closed/Öffnerfunktion) haben. Die Standardeinstellung ist die „High"-aktive (Schließerfunktion). Um die Definition des High-aktiven Ausgangs (Schließerfunktion) zu verdeutlichen dient Bild 5.9.

Für einen Schwellwert gilt ähnliches, der Schaltpunkt ist dort analog definiert und in Bild 5.10 für den High-aktiven Fall dargestellt.

Neben dem Single Point Mode sind ein Zwei-Punkt Mode und ein Window Mode möglich, die sich in logischer Konsequenz ergeben.

Der Window Mode in **Bild 5.16** dargestellt, ist für das Smart Sensor Profil wie folgt definiert. An den Außenseiten befindet sich jeweils der durch die Hysterese gegebene Rückschaltpunkte, das Fenster wird durch die zwei Schaltpunkte SP1 und SP2 gebildet. Die Funktion ist ergibt sich durch das sich ändern des Schaltzustands, wenn der aktuelle Wert entweder Sollwert SP1 oder Sollwert SP2 passiert. Diese Änderung erfolgt mit steigendem oder fallendem Prozesswerte. Die definierte Hysterese kann dabei symmetrisch oder unsymmetrisch sein.

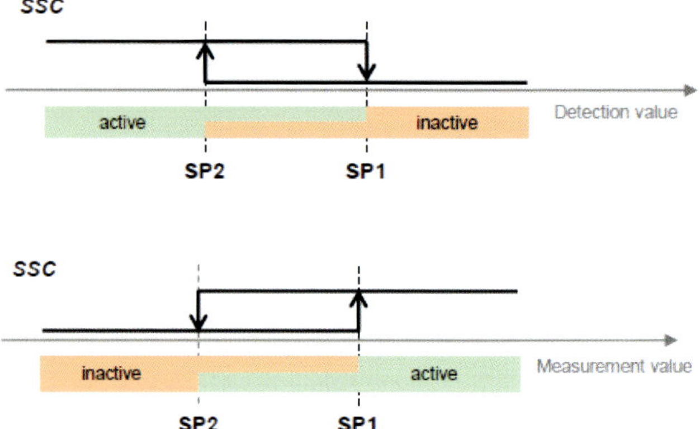

Bild 5.17: Schaltsignal – Anwesenheitserkennung des Targets

Bild 5.18: Schaltsignal – Schwellwert erreicht

Der Zweipunkt Mode ergibt sich wie der Name schon sagt aus zwei Schaltpunkten. Im Prinzip verhält es sich wie beim Schaltpunkt mit Hysterese, nur dass die Hysterese durch einen zweiten Schaltpunkt gegeben ist.

Die **Bilder 5.17** und **5.18** zeigen das Schaltverhalten im Zwei-Punkt-Modus. Der Schaltzustand ändert sich, wenn der aktuelle Wert den Sollwert SP1 passiert. Diese Änderung tritt nur bei steigendem oder zunehmendem Messwert auf. Der Schaltzustand ändert sich auch, wenn der aktuelle Messwert den Sollwert SP2 in fallender Richtung passiert. Die Hysterese ist in diesem Modus nicht relevant. Liegt der ermittelte Wert des Prozessdatums beim Einschalten zwischen SP1 und SP2, hängt das Verhalten vom herstellerspezifischen Design des IO-Link-Devices ab.

Wie beim Single Point Mode sind beim Zweipunkt Mode wiederum die Möglichkeiten der Anwesenheitserkennung (siehe Bild 5.9) und der Schwellwerterreichung (siehe Bild 5.10) gegeben.

5.3.6 Dual Function AdjustableSwitchingSignalChannel

Diese Funktionsklasse bietet einen zweifach einstellbaren Schaltsignalkanal, der die Funktionen aus Kapitel 5.3.2 enthält und um einen weiteren Schalpunkt erweitert. Daher ergibt sich der Name Dual Adjustable Switching Signal Channel (dassc).

Zu den Funktionen gehören die Logik, die Hysterese, der Mode, die Schaltpunkte SP1 und SP2. Diese Parameter sind üblicherweise unter dem Begriff SSCParam angegeben.

Die Logik folgt dabei der Definition aus Tabelle 5.7, für diese Porfildefinition ist die Logik aus dem Index 0x003D oder 0x003F in **Tabelle 5.11** ersichtlich. Ob den Sollwerten

Tabelle 5.11: Konfigurationsparameter des Multiple Channel SSC

Index	Sub-index	Offset	Zugriff	Para-meter-name	Kodierung	Datentyp
0x003D(61) oder 0x003F (63)	01	24	R/W	Logic	0x00 : High active 0x01 : Low active 0x02 … 0x7F : reserviert 0x80 … 0xFF : herstellerspezifisch	IntegerT8 (8 bit)
	02	16	R/W	Mode	0x00 : ausgeschaltet/ Deactivated 0x01 : Single point 0x02 : Window 0x03 : Two point 0x04 to 0x7F : reserviert 0x80 to 0xFF : herstellerspezifisch	IntegerT8 (8 bit)
	03	0	R/W	Hyst	0 : mandatory, keine Hysterese, Default Wert Alle ande-ren Werte sind herstellerspezifisch	IntegerT32 (32 bit)

SP1 und SP2 eine Hysterese zugeordnet ist, Schaltsignal-Anwesenheitserkennung des Targets geht ebenfalls aus dem jeweiligen Index hervor und ist in Tabelle 5.11 in Subindex 3 angegeben. Das Profil legt jedoch nicht fest, ob die Hysterese in Bezug auf SP1 und SP2, z. B. symmetrisch, rechtsbündig oder linksbündig usw. ist. Hier ist die IO-Link-Devicedokumentation des jeweiligen Herstellers zu beachten. Gleiches gilt für die Ausführung der Hysterese, diese kann relativ oder absolut ausgeführt sein.

Der Mode legt fest wie die binäre Schaltinformation (SP1 und SP2) in Bezug auf den Prozesswert erzeugt wird. Dabei definiert der Parameter Mode nicht die Schaltfunktion selbst, sondern die verschiedenen Sensortypen verwenden unterschiedliche Schaltfunktionen in Abhängigkeit von den verschiedenen herstellerspezifischen Technologien.

Diese FunctionClass unterstützt die Modi Deaktiviert, Single Point, Windows-Modus und Two Point -Modus. Diese Modi sind in diesem Profil immer vorhanden, weitere können existieren.

5

Die Definition der Schaltpunkte folgt der des schon bekannten SSCs aus Kapitel 5.3.2. Ein Smart-Sensor besitzt die verstellbaren Sollwerte SP1 und SP2 pro SSC. Die Interpretation der Sollwerte SP1 und SP2 hängt von der jeweiligen Implementierung des Herstellers ab. Stellt ein Sensor den Messwert für die Schaltzustandsinformation (SSC) als Prozessdatenvariable (PDV) zur Verfügung, dann stellt sich der Sollwert auf die gleiche Weise dar, d. h. ist der gleiche Gradient und Offset in der Verwendung. In jedem Fall ist der Datentyp für SP1 und SP2 IntegerT32, der auch IntegerT16-Profile durch Vorzeichenerweiterung unterstützt (**Tabelle 5.12**).

Das Smart-Sensor-Device führt wie bereits in Kapitel 2 beschrieben für die Parameter Plausibilitätsprüfungen durch, so dass die Einstellungen für Hysterese Hyst und Sollwerte SP1 und SP2 immer zu einer definierten Auswertung des Schaltsignals führen.

Kommt es zu einer fehlgeschlagenen Prüfung, so gibt das IO-Link-Device eine negative Quittung zurück und stellt die vorherigen Werte wieder her. Das IO-Link-Device sendet somit gültige Prozessdaten auf der Grundlage der zuvor gültigen Parameterdaten.

Das Objekt ist persistent gespeichert und folgt den in Kapitel 2 Tabelle 2 definierten Regeln für die Option IO-Link-Devicereset. Der Datentyp ist für alle FunctionClasses fest auf IntegerT(32) festgelegt. Dies kann eine Vorzeichenerweiterung erfordern, um das Vorzeichen des Wertes zu erhalten, sofern dieser auf IntegerT(16)-Variablen basiert.

Eine weitere Erweiterung für die digital messenden Sensoren ist der Parameter MDCDeskriptor. Dieser Parameter enthält die Struktur der Prozessdateninformation innerhalb mehrerer Subindizes und beinhaltet folgende Parameter:

- Unterer Messbereich
- Oberer Messbereich
- Einheitencode, und
- die Skalierung

Tabelle 5.12: Schaltpunktparameter des Multiple Channel SSC

Index	Sub-index	Offset	Zugriff	Para-meter-name	Kodierung	Datentyp
0x003C(60) oder 0x003E (62)	01	4	R/W	SP1	Schaltpunkt 1	IntegerT32 (32 bit)
	02	0	R/W	Mode	Schaltpunkt 2	IntegerT32 (32 bit)

Tabelle 5.13: Konfigurationsparameter des Multiple Channel SSC

Index	Sub-index	Offset	Zugriff	Parame-tername	Kodierung	Datentyp
0x4080 (16512) 0x4081 (16513) 0x4082 (16514) 0x4083 (16515)	01	56	R	Lower-Value	Lower-Value des Messbereichs (siehe Tabelle 5.18)	IntegerT32 (32 bit)
	02	24	R	Upper-Value	Upper-Value des Messbereichs (siehe Tabelle 5.18)	IntegerT32 32 bit)
	03	8	R	Einheiten Code	Siehe Tabelle 5.22	IntegerT16 (16 bit)
	04	0	R	Skalie-rung	Siehe Tabelle 5.20 und 5.21	IntegerT8 (8 bit)

Tabelle 5.13 zeigt die zusätzlichen Geräteparameter für messende Sensoren (Digital-Measuring-Sensors). Im Falle von ProfileIDs, die Datensätze des Datentyps IntegerT16 enthalten, wurden die Datentypen LowerValue und UpperValue von einem IntegerT(16) zu IntegerT(32) erweitert. Daraus ergibt sich, dass der Wert vorzeichengerecht erweitert ist.

5.3.7 Function Teach des Multiple Channel SSC

Ähnlich wie bei den einfachen schaltenden Sensoren (Kapitel 5.3.4), z.B. Näherungssensoren, ist bei diesen Sensorprofil die Schaltschwelle per Teach einzulernen.

In den **Bildern 5.19** bis **5.21** sind die Erweiterungen für das Verhalten der drei Teach-Arten schematisch dargestellt. Dabei handelt es sich im Wesentlichen um die Ergänzung des zweiten Schaltpunktes.

Bei diesen drei Bildern ist sehr schön die Analogie der Teach-Sequenzen zu den Bildern 5.11 bis 5.13 zu erkennen.

5

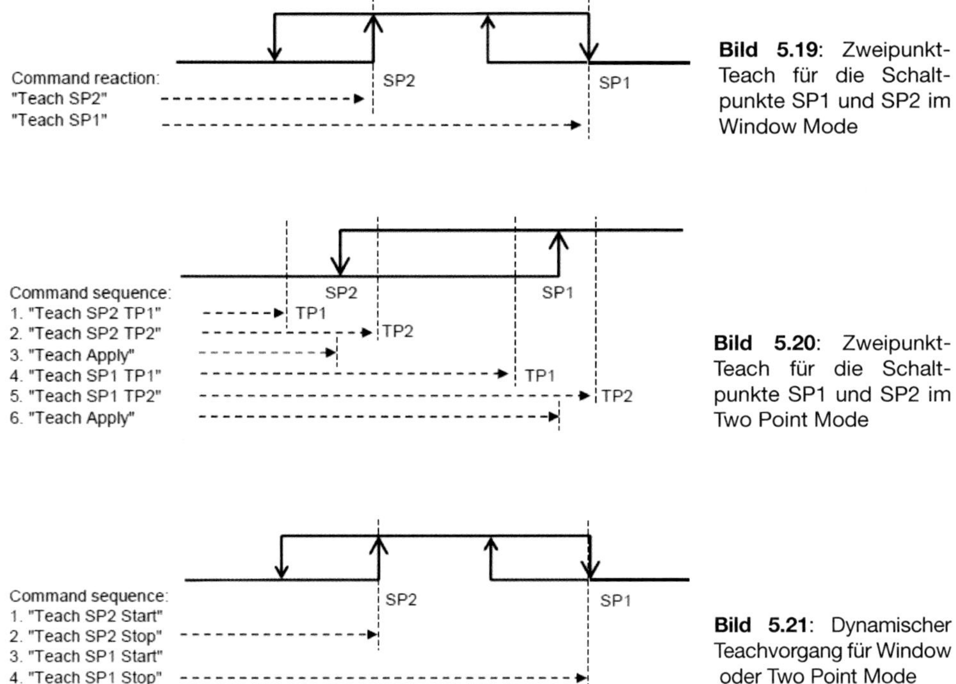

Bild 5.19: Zweipunkt-Teach für die Schaltpunkte SP1 und SP2 im Window Mode

Bild 5.20: Zweipunkt-Teach für die Schaltpunkte SP1 und SP2 im Two Point Mode

Bild 5.21: Dynamischer Teachvorgang für Window oder Two Point Mode

Der Teach ist immer mittels eines SystemCommandos zu starten. Nach Durchführung quittiert das IO-Link-Device das SystemCommando mit einem positiven oder negativen Feedback. Der Status des Teach-Verfahrens ist über einen Status-Parameter auslesbar.

Zur Vereinfachung ist das Verfahren in einem explizit beschriebenen Funktionsbaustein integriert, sodass ein Anwender nur die vereinfachte Funktionsbausteinschnittstelle zu bedienen hat, anstelle der einzelnen Parameter- oder Statusaktionen. Diese Funktionsbausteine können von den Systemherstellern in ihrem System fest integriert sein, oder sie sind als Zusatzbibliotheken erhältlich.

Tabelle 5.14 listet die standardisierten Kommandos sowie die Aufteilung auf die drei Teach-Arten auf.

Index 0x003A

Mit dem Index 0x003A bzw. Parameter TeachSelect wählt der Anwender den gewünschten Schaltsignalkanal für den nächsten Teach-Vorgang an. **Tabelle 5.15** stellt den Aufbau des Indices dar. Das Objekt ist flüchtig und folgt den in Kapitel 2 Tabelle 2 definierten Regeln für die Option IO-Link-Devicereset.

Tabelle 5.14: Standardisierte Profil-Kommandos

Teach-Kommando	Wert	Bemerkung	FC 0x8010	FC 0x8011	FC 0x8012
Teach Apply	0x40	berechnet den SP und wendet diesen an	-	M	-
Teach SP Teach SP1	0x41	bestimmt den Teachpunkt 1 für den Sollwert 1 (Setpoint 1)	M	-	-
Teach SP2	0x42	bestimmt den Teachpunkt 1 für den Sollwert 2 (Setpoint 2)	M	-	-
Teach SP TP1 Teach SP1 TP1	0x43	bestimmt den Teachpunkt 1 für den Sollwert (Setpoint)	-	M	-
Teach SP TP2 Teach SP1 TP2	0x44	bestimmt den Teachpunkt 2 für den Sollwert 1 (Setpoint 1)	-	M	-
Teach SP2 TP1	0x45	bestimmt den Teachpunkt 1 für den Sollwert 2(Setpoint 2)	-	M	-
Teach SP2 TP2	0x46	bestimmt den Teachpunkt 2 für den Sollwert 2(Setpoint 2)	-	M	-
Teach SP Start Teach SP1 Start	0x47	startet den dynamischen Teach-In für den Sollwert 1 (Setpoint 1)	-	-	M
Teach SP Stop Teach SP1 Stop	0x48	stoppt den dynamischen Teach-In für den Sollwert 1 (Setpoint 1)	-	-	M
Teach SP2 Start	0x49	startet den dynamischen Teach-In für den Sollwert 2 (Setpoint 2)	-	-	M
Teach SP2 Stop	0x4A	stoppt den dynamischen Teach-In für den Sollwert 2 (Setpoint 2)	-	-	M
Teach Custom	0x4B bis 0x4E	herstellerspezifische Verwendung	O	O	O
Teach Cancel	0x4F	Teach-In abbrechen	-	M	M
Parameter TeachSelect		Index zum Auswählen des nötigen Teachkanals	M	M	M

5

Tabelle 5.15: Auswahl des Teach-Kanals

Index	Sub-index	Off-set	Zu-griff	Parame-tername	Kodierung	Daten-typ
0x003A (58)	-	-	R/W	Teach-Select	0x00: herstellerspezifische Default:SSC 0x01 bis 0x80: Adresse des SSC1 bis SSC128 0x81 bis BF: reserviert 0xC0 bis 0xFE: unterschiedliche Herstellerspezifische SSC-Sets 0xFF: Adressierung aller implementierten SSCs	IntegerT8 (8 bit)

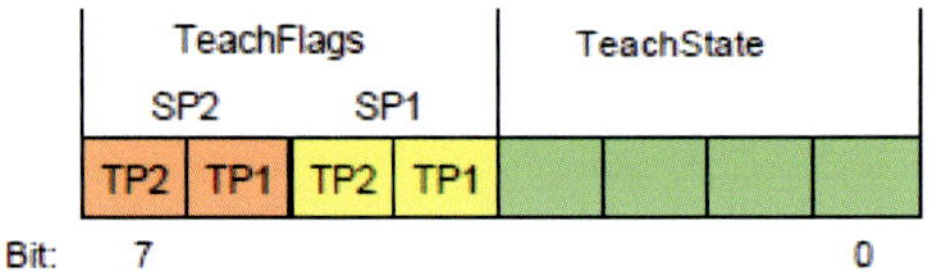

TeachFlags | TeachState
SP2 SP1
TP2 TP1 TP2 TP1
Bit: 7 0

Bild 5.22: Struktur der „Teach Flags" und des „Teach State"

Index 0x003B
In diesem Index ist das Teach-in Ergebnis zurück zu lesen, das das IO-Link-Device abgespeichert hat. Der Aufbau dieses 1 Byte langen Parameters ist in **Bild 5.22** dargestellt. Ein Resetkommando stellt abhängig von der in Kapitel 2 Tabelle 2 gelisteten Eigenschaften die Default-Werte in diesem Parameter wieder her. Diese sind der IO-Link-Device-Dokumentation zu entnehmen.

Die Interpretation der Werte des Parameters ist in **Tabelle 5.16** beschrieben.

5.3.8 Function Measuring

Das Smart-Sensor-Profil des Typs 3 bzw. das Profil für Digital-Measuring-Sensors reduziert zu allererst die möglichen Datenstrukturen für zu übertragende Messwerte deutlich. Ähnlich zu den Profilen für schaltende Sensorik definiert das DMS-Profil vier Gruppen der Messwertübertragung, dabei je zwei ohne die Abschaltungsmöglichkeit des Messwandlers im Sensor und zwei mit der Abschaltungsmöglichkeit des Messwandlers. In Tabelle 5.30 sind alle vier Varianten beschrieben.

Allgemein gilt für das DMS-Profil, dass der Wertebereich der definierten Datenstrukturen in mehrere Bereiche aufgeteilt ist. Des Weiteren existieren Ersatzwerte für bestimmte Warn- und Fehlerzustände, so dass beim Erstellen eines SPS-Programms

Tabelle 5.16: Rücklesbare Ergebnisse des Teach-In-Parameters und dessen Kodierung

Index	Subindex	Offset	Zugriff	Parametername	Kodierung	Beschreibung	Datentyp
0x003B	5	7	R	Flag SP2 TP2	"0"	Teachpoint nicht übernommen oder nicht erfolgreich	BooleanT (1 bit)
	4	6	R	Flag SP2 TP1	"1"	Teachpoint erfolgreich übernommen	
	3	5	R	Flag SP1 TP2	"0"	Teachpoint nicht übernommen oder nicht erfolgreich	BooleanT (1 bit)
					"1"	Teachpoint erfolgreich übernommen	
	2	4	R	Flag SP1 TP1	"0"	Teachpoint nicht übernommen oder nicht erfolgreich	
					"1"	Teachpoint erfolgreich übernommen	
	1	0	R	State	0	IDLE	UIntegerT4 (4 bit)
					1	SP1 erfolgreich/ SUCCESS	
					2	SP2 erfolgreich/ SUCCESS	
					3	SP1/2 erfolgreich/ SUCCESS	
					4	warten auf ein Kommando/WAIT FOR COMMAND	
					5	beschäftigt/BUSY	
					6	reserviert	
					7	Fehler/ERROR	
					8 bis 11	reserviert	
					12 bis 15	herstellerspezifisch	

5

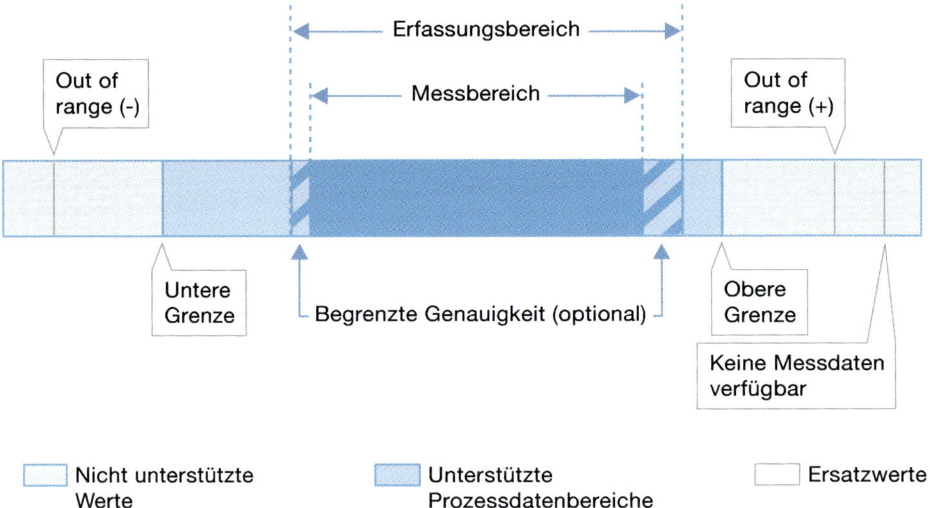

Bild 5.23: Erweiterte Messbereiche und Grenzen

solche Zustände leicht erkannt werden und entsprechende Reaktionen zu hinterlegen sind. Dies ermöglicht es, spezielle Handhabungen dieser Zustände in einem SPS-Programm immer wieder zu verwenden. Die Bereiche sind für alle Profildatentypen der messenden Sensoren spezifiziert. Dabei können die Profildatentypen jeweils spezifische Ersatzwerte haben. Das Verhalten von Messsensoren, die einen bestimmten Typ verwenden, ist jedoch immer gleich. **Bild 5.23** zeigt den grundlegenden Prozessdatenbereich mit Grenz- und Ersatzwerten.

Für die aufgezeigten Bereiche gelten die in **Tabelle 5.17** beschriebenen Definitionen.

Das DMS-(SSP3) Profil definiert für 16 und 32 Bit Messwerte den gültigen Bereich, dieser ist aus **Tabelle 5.18** ersichtlich.

Die Ersatzwerte für die in Bild 5.23 gekennzeichneten Bereiche sind in **Tabelle 5.19** angegeben.

Im DSM-Profil stehen zwei Prozessdatenbreiten zur Verfügung. Dabei ist die Prozessdatenstruktur des PDI32.INT16_INT8 wie in **Bild 5.24** dargestellt aufgebaut.

Der untere Prozessdatenbereich ist ein 8 Bit Vendor-spezifischer Bereich. Im Anschluss schließt sich der Gradient bzw. die Skalierung an. Zudem ist der 16 Bit breite, tatsächliche Messwert enthalten. In **Tabelle 5.20** ist der Aufbau des Prozessdatums beschrieben.

Tabelle 5.17: Definitionen der Messwertbereiche

Bezeichung	Definition
Out of Range (-)	Ersatz-Prozesswert (Ersatz-PD-Wert) ist definiert, um zu signalisieren, dass der gemessene Wert außerhalb des messbaren Bereichs liegt. Untere Bereichsgrenze.
Out of Range (+)	Ersatz-Prozesswert (Ersatz-PD-Wert) ist definiert, um zu signalisieren, dass der gemessene Wert außerhalb des messbaren Bereichs liegt. Obere Bereichsgrenze.
No measurement data	Ersatz-Prozesswert (Ersatz-PD-Wert), um zu signalisieren, dass keine Messdaten für einen nicht spezifizierten Grund vorliegen.
Permitted PD values	Die Prozessdaten können einen beliebigen Wert zwischen der unteren und der oberen Grenze einschließlich dieser Grenzwerte annehmen. Es liegt jedoch in der Verantwortung der IO-Link-Device-Hersteller, den „Erkennungsbereich" innerhalb der unteren und oberen Grenzen zu definieren. Zusätzlich können die Prozessdaten einen der Ersatzwerte bereitstellen, wenn dies wie zuvor angegeben erforderlich ist."
Not permitted PD values	Die Prozessdaten können keinen Wert unterhalb der unteren Grenze oder höher als die obere Grenze bereitstellen, mit Ausnahme der Ersatzwerte.
Detection range	Der Erfassungsbereich ist der Bereich von Werten, in denen der Sensor einen Messwert in den Prozessdaten bereitstellen kann. Dieser Bereich besteht aus dem Messbereich und optional dem begrenzten Genauigkeitsbereich. Der Erkennungsbereich ist von den IO-Link-Device-Herstellern festgelegt.
Measurement range	Die IO-Link-Device-Hersteller definieren für den jeweiligen Sensor den gültigen Messbereich. Dies ist der Bereich, in dem der Sensor die Genauigkeit der Messung gewährleisten kann.
Limited accuracy range	Die IO-Link-Device-Hersteller von Messgeräten können optional Bereiche mit „begrenzter Genauigkeit" definieren. Dies sind Bereiche, in denen der Sensor Messwerte erfassen kann, jedoch nicht die angegebene Genauigkeit gewährleistet ist. Diese Bereiche können Sensoren definieren und verwenden, um die Tendenz eines Messwertes anzuzeigen, sofern dies für die Applikation nützlich ist.

Tabelle 5.18: Zulässige Werte für den Erfassungsbereich

Funktionsklasse Daten Type	0x800A IntegerT(16)	0x800B IntegerT(32)	0x800E Float32T
Lower limit	-32000	-2147482880	-1,7014118E+38
	0x8300	0x80000300	0xFF000000
Upper limit	32000	2147482880	1,7014118E+38
	0x7D00	0x7FFFFD00	0x7F000000

5

Tabelle 5.19: Durch das DMS-Profil definierte Ersatzwerte

Funktionsklasse	0x800A	0x800B	0x800E		
Daten Type	IntegerT(16)	IntegerT(32)	Float32T a)	Float32T b)	
Out of Range (-)	-32760	-2147483640	-2.65E+38	-2.764794E+38	-2.5521178E+38
	0x8008	0x80000008	-	0xFF4FFFFF	0xFF400000
Out of Range (+)	32760	2147483640	2.65E+38	2.764794E+38	2.5521178E+38
	0x7FF8	0x7FFFFFF8	-	0x7F400000	0x7F4FFFFF
No measurement data	32764	2147483644	3.3E+38	3.1901472E+38	3.4028235E+38
	0x7FFC	0x7FFFFFFC	-	0x7F700000	0x7F7FFFFF

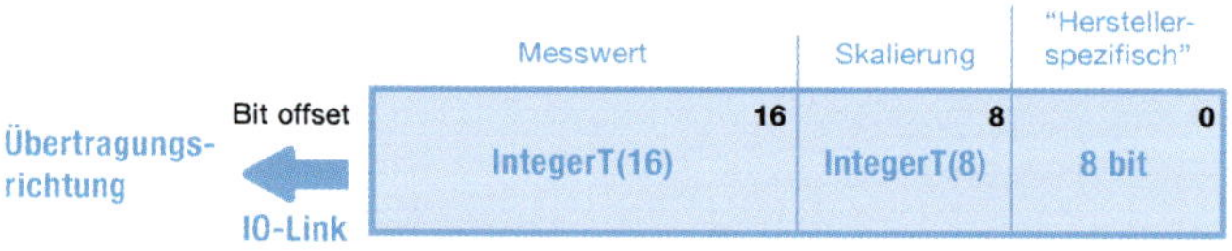

Bild 5.24: 32-Bit-Prozess-daten-Eingangsstruktur

Tabelle 5.20: Kodierung der Prozessdaten des Typs PDI32.INT16_INT8

Bezeich-nung	Subindex	Offset	Funktion	Typ	Wertebe-reich	Definition
Vendor-spezifisch	Vendor specific	0	Vendorspezifi-sche Werte	beliebiger 8 bit Typ	Vendor-spezifisch	Vendor-spezifisch
Skalierung	2	8	Gradient mit Basisfaktor 10	IntegerT(8)	-128 bis 127	–
Messwert	1	16	Prozesswert	IntegerT(16)	-32768 bis 32767	

Um Messwerte mit größeren Bereichen ebenfalls im Profil abbilden zu können, existiert eine Möglichkeit 32 Byte im Profil zu übertragen. Der standardisierte PDI48. INT32_INT8 ist in **Bild 5.25** dargestellt. Seine Codierung orientiert sich genau am PDI32.INT16_INT8. **Tabelle 5.21** stellt die Kodierung dieses Prozesswertes dar.

Für beide Typen gilt jedoch immer die Vorschrift, dass der resultierende Prozesswert aus dem Messwert $10^{\text{Skalierung}}$ zu berechnen ist. Nur wenn Ersatzwerte im Messwert zu erkennen sind, ist es möglich diese direkt zu bearbeiten. Die Skalierung ist statisch und ändert sich nicht dynamisch im Betrieb. Der Begriff Skalierung ist in der IODD nicht beschrieben, sondern setzt sich dort aus der Angabe des Gradienten und des Offsets zusammen. Im Falle einer IODD-Anwendung ist die in der IODD hinterlegte Angabe des Gradienten und des Offsets zu verwenden.

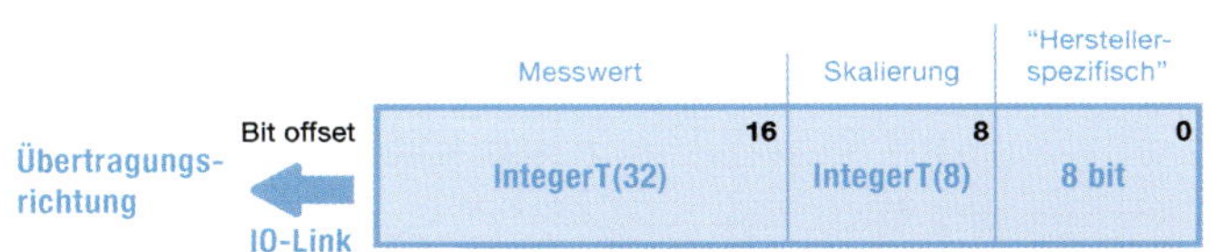

Bild 5.25: 48-Bit-Prozessdaten-Eingangsstruktur

Tabelle 5.21: Kodierung der Prozessdaten des Typs PDI48. INT32_INT8

Bezeichnung	Subindex	Offset	Funktion	Typ	Wertebereich	Definition
Vendor-spezifisch	Vendor specific	0	Vendorspezifische Werte	beliebiger 8 bit Typ	Vendor-spezifisch	Vendor-spezifisch
Skalierung	2	8	Gradient mit Basisfaktor 10	IntegerT(8)	-128 bis 127	–
Messwert	1	16	Prozesswert	IntegerT(32)	-2147483647 bis 2147483648	

Zur Vereinfachung ist hier ein Funktionsbaustein definiert, der alle notwendigen Rechen- und Testoperationen sicher durchführt.

Eine Aufteilung in Integer Wert mit zugehöriger 10er Skalierung wurde gewählt, um aufwändige Float-Rechnungen und Vergleiche in den Sensoren zu vermeiden. Die Auflösung ist in jedem Fall ausreichend groß, um die Dynamik des Sensors abbilden zu können.

Als weitere Reduktion sind bevorzugte physikalische Einheiten definiert, in denen der Messwert zur Verfügung steht. Dies vereinfacht die Interpretation noch weiter.

Das Profil DMS unterstützt die in **Tabelle 5.22** aufgelisteten SI-Einheiten. Dabei ist die Angabe Celsius äquivalent zu Kelvin, da es als akzeptierte Temperatureinheit wesentlich gebräuchlicher ist.

Um die Fähigkeiten des Sensors zur Verfügung zu stellen, sind alle wichtigen Daten in einem Parameter auslesbar. Dies erleichtert noch einmal die Integration dieser Sensoren ohne IODD.

5

Tabelle 5.22: Einheiten des DMS-Profils

Messgröße	Einheit (SI)	Einheiten-kodierung in IO-Link	Datentyp der Messwerte
Temperatur / Temperature	°C	1001	IntegerT(16)
Neigung / Inclination	°	1005	IntegerT(16)
Abstand / Distance	m	1010	-
Volumen / Volume	m^3	1034	IntegerT(32)
Geschwindigkeit / Velocity	m/s	1061	-
Beschleunigung / Acceleration	m/s^2	1076	-
Frequenz / Frequency	Hz	1077	-
Drehzahl / Rotation	rpm	1085	-
Gewicht / Weight	kg	1088	IntegerT(16)
Kraft / Force	N	1120	IntegerT(16)
Drehmoment / Torque	N·m	1126	IntegerT(16)
Druck / Pressure	Pa	1130	IntegerT(16)
Viskosität / Viscosity	cSt	1164	IntegerT(16)
Leistung / Power	W	1186	IntegerT(16)
Strom / Current	A	1209	IntegerT(16)
Spannung / Voltage	V	1240	IntegerT(16)
Leitfähigkeit / Conductivity	S/m	1299	-
Massenstrom / Mass flow	kg/s	1322	IntegerT(16)
Prozentual / Percentage	%	1342	IntegerT(16)
Volumenstrom / Volume Flow	m^3/h	1349	IntegerT(16)
Dämpfung / Attenuation	dB	1383	IntegerT(16)
pH-Wert (Säuregrad) / Acidity	pH	1422	IntegerT(16)
Massenanteil / Mass fraction	ppm	1423	IntegerT(16)
Byte-Rate / Byte rate	B/s	1675	-
Bit-Rate / Bit rate	bit/s	1684	-
Dezibel / decibel	dBm	1689	IntegerT(16)
Drehgeschwindigkeit / Turn rate	°/s	1691	IntegerT(16)
Drehbeschleunigung / Turn acceleration	$°/s^2$	1692	IntegerT(16)
Datenmenge / Data quantity	bit	1694	IntegerT(16)
n/a	"keine" / "none"	1997	-

Tabelle 5.23: Beschreibung des Measurement Data Channels (MDC) im Profil DMS

Index	Sub-index	Offset	Zugriff	Parametername	Kodierung	Datentyp
0x4080 (16512)	1	56	R	Lower Limit	unterer Mess-wertbereich, siehe Tabelle 5.18	IntegerT32 (32 bit)
	2	24	R	Upper Limit	oberer Messwert-bereich, siehe Tabelle 5.18	IntegerT32 (32 bit)
	3	8	R	Einheitenkodie-rung in IO-Link	siehe Tabelle 5.22	IntegerT16 (16 bit)
	4	0	R	Skalierung	siehe Tabelle 5.21	IntegerT8 (8 bit)

Der erwähnte Parameter enthält die Struktur der Prozessdaten des DMS-Profils innerhalb mehrerer Subindizes. Enthalten sind:

- unterer Messwertbereich,
- oberer Messwertbereich,
- Einheitencodierung,
- Skalierung/Gradient des Messwertes.
- Die Einheiten „keine" als auch die Angabe „prozentual" verwenden Hersteller ausschließlich in dem Falle, dass keine andere Einheit anzuwenden ist. Bei der Einheitenangabe „keine" sowie „prozentual" ist das Tauschen erlaubt, nicht der Tausch unterschiedlicher der Profile möglich ist. Dies liegt im Wesentlichen an den unterschiedlichen Definitionen der übertragenen Werte, die als herstellerspezifisch zu betrachten sind.

In **Tabelle 5.23** sind die obengenannten Parameter angegeben. Zur Vereinfachung ist der Datentyp „Unterer Grenzwert" und „Oberer Grenzwert" von IntegerT (16) auf IntegerT (32) erweitert.

5.3.9 Digital Measuring and Switching Sensors (DMSS)

Eine weitere Profilklasse stellt die digital messenden und schaltenden Sensoren dar. Diese Profilklasse befindet sich im Augenblick noch in Definition, ist jedoch weitestgehend stabil. Das Hauptaugenmerk bei diesen Profilen liegt in der standardisierten Übertragung von mehreren Prozesswerten und der Einbindung von zwei Schaltpunkten.

Bild 5.26: 16-Bit-Prozessdaten-Eingangsstruktur

Tabelle 5.24: Kodierung der Prozessdaten des Typs MSDC32

Bezeichnung		Sub-index	Off-set	Funktion	Typ	Definition
SSCn.1		4	0	Schaltsignal	BooleanT	
SSCn.2		3	1	Schaltsignal	BooleanT	
Vendor-spezifisch			5 bis 10	Vendorspezifische Werte	Vendorspezifisch	
MDCn	Skalierung	2	8	Gradient auf Basisfaktor 10	IntegerT (8)	-128 bis 127
	Messwert	1	16	Prozesswert	IntegerT (16)	

Der Profiltyp SSP4 kombiniert die Messwerte mit den Schaltpunkten, um eine neue Klasse von Sensoren zu bilden – digitale Mess- und Schaltsensoren. Darüber hinaus erlaubt diese Klasse 1 bis 4 Instanzen von Mess- und Schaltdatenkanälen, so dass bis zu vier Messwerte mit zwei Schaltsignalen für jeden Kanal möglich sind.

Eine bestimmte Funktionsklasse Sensor Control (wandlerdekativiert) ermöglicht das Aus- und Einschalten des Wandlers des Messgeräts. In Tabelle 5.30 weiter hinten sind die möglichen Kombinationen der Funktionsklassen für das Profil des digitalen Mess- und Schaltdatenkanals definiert. Jede ProfileID stellt eine einzige Kombination dar, die die obligatorischen FunctionClasses umfasst. Da es keine Optionen gibt, wird nur die ProfileID im ProfileCharacteristic-Index aufgeführt.

Wie bereits beim SSP3 existieren mehrere Prozessdatenaufbauten mit Messwert und Schaltwerten. Für jeden Wandlerkanal und somit für jedes Analogdatum im Prozesswert sind die Grundlagen für Subindex und Offset in den folgenden Beschreibungen definiert. Die Aufzählung „n" bei den Bezeichnungen MDCn und SSCn gibt die Nummer des entsprechenden Transducerkanals wieder.

Für die Kombination von Analogwerten und Schaltinformationen stehen im SSP4 zwei Prozessdatentypen zur Verfügung. Einer der beiden kann 16 Bit Werte und der zweite 32 Bit Werte mit jeweils zwei Schaltinformationen übertragen (siehe hierzu **Bild 5.26** und **Tabelle 5.24**, sowie **Bild 5.27** und **Tabelle 5.25**).

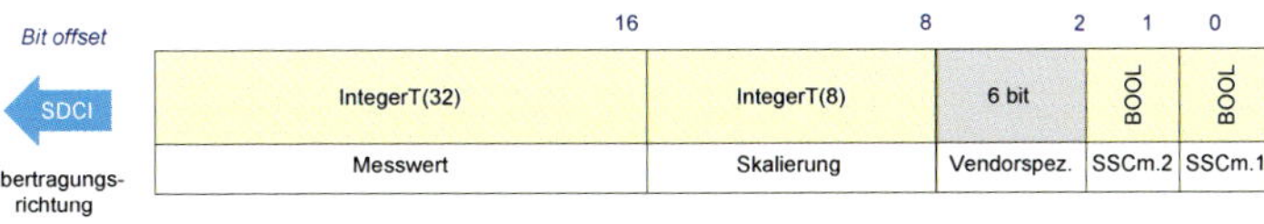

Bild 5.27: 32-Bit-Prozessdaten-Eingangsstruktur

Tabelle 5.25: Kodierung der Prozessdaten des Typs MSDC48

Bezeichnung		Sub-index	Off-set	Funktion	Typ	Definition
SSCn.1		4	0	Schaltsignal	BooleanT	
SSCn.2		3	1	Schaltsignal	BooleanT	
Vendor-spezifisch			5 bis 10	Vendorspezifische Werte	Vendorspezifisch	
MDCn	Skalierung	2	8	Gradient auf Basisfaktor 10	IntegerT (8)	-128 bis 127
	Messwert	1	16	Prozesswert	IntegerT (32)	

Neben diesen Mischformen existieren jeweils Prozessdatumsdefinitionen für einen bis hin zu vier Analog-Werten. Abhängig ist die Anzahl der Anlagewerte von dem jeweils eingesetzten IO-Link-Device und dessen Messmöglichkeiten. Beispiele für die jeweilige Prozessdatenkonfiguration sind in den **Bildern 5.28 und 5.29** sowie in **Tabelle 5.26** dargestellt. Welche Konfiguration tatsächlich im IO-Link-Device genutzt wird, ist aus der IO-Link-Devicedokumentation zu entnehmen, oder anhand der vom IO-Link-Device unterstützten Funktionsklasse abzuleiten. Tabelle 5.30 einige Seiten weiter listet die für SSP4 unterstützten Funktionsklassen.

Eine weitere Ausprägung der SSP4 Profile sind auf eine Floatwerte Übertragung ausgerichtete Messdaten, die sogenannten MSDCF.

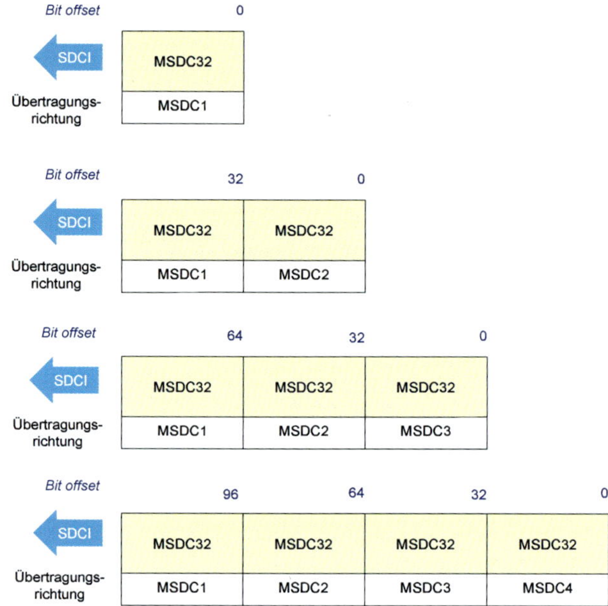

Bild 5.28: 32-Bit-Prozessdaten-Eingangsstruktur für ein bis vier 32 Bit Werte

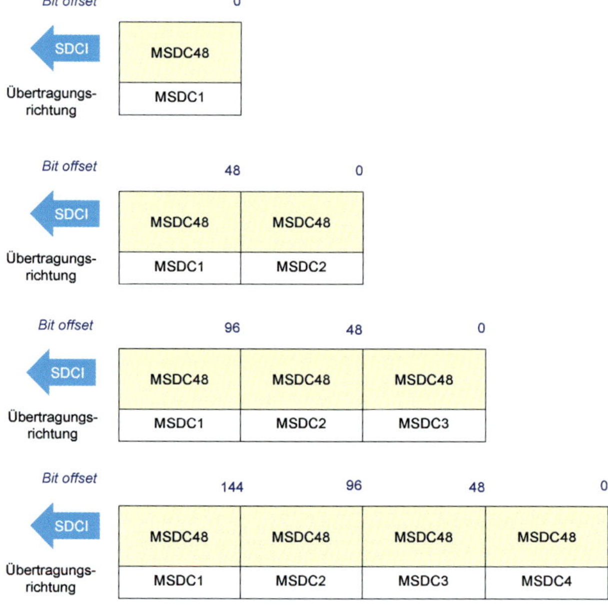

Bild 5.29: 48-Bit-Prozessdaten-Eingangsstruktur für ein bis vier 48 Bit Werte

Tabelle 5.26: Kodierung der Prozessdaten des Typs MSCD 32_1 bis und 4 MSDC48_1 bis 4

Bezeichnung	Subindex MSDC 32 /48	Offset MSDC 32	Offset MSDC 48
MSDC4	30	0	0
MSDC3	20	32	48
MSDC3	10	64	96
MSDC1	0	96	124

5

Die Definition der Übertragung folgt weitgehend der bereits vorstehend beschriebenen der MSDC mit Integer-Werten. Im Folgenden soll das Prozessdaten Layout für den Messdatenkanal mit Fließkommadatentypen vorgestellt werden. Es werden bis zu vier Sensorkanäle mit je einem Float-Wert und zwei Schaltsignalkanäle unterstützt. Dabei existieren 4 Ausprägungen mit einem bis zu vier Fließkommawerten, sowie den jeweils 2 Schaltpunkten pro Messwert. Die **Bilder 5.30** bis **5.33** zeigen den Aufbau der standardisierten Übertragung dieser profilierten Prozessdaten. Die zugehörigen **Tabellen 5.27 bis 5.30** geben Aufschluss über die Datentypen und den jeweiligen Offset im Prozessdatum

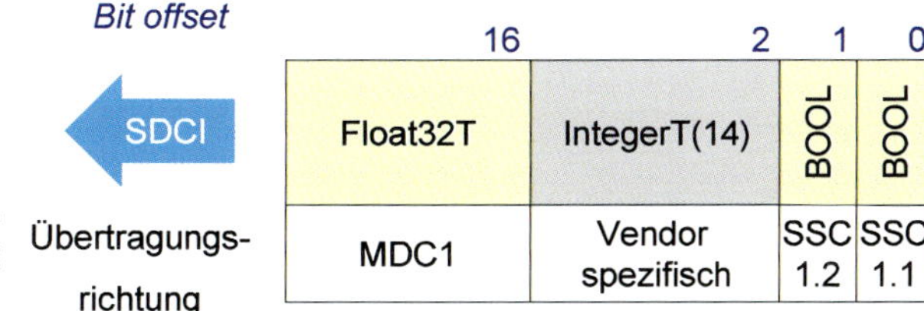

Bild 5.30: 48-Bit-Prozessdaten-Eingangsstruktur mit einem Messwert und zwei Schaltpunkten

Tabelle 5.27: Kodierung der Prozessdaten des Typs PDI48.MSDCF_1

Bezeichnung	Subindex	Off-set	Funktion	Typ	Definition
MDC1	1	16	Prozessdaten	Float32T	Siehe Tabellen 5.17 bis 5.19
Vendorspezifisch	2 bis 22	2 bis 15	Vendorspezifische Werte	Vendorspezifisch	
SSC1.2	23	1	Schaltsignal	BooleanT	
SSC1.1	24	0	Schaltsignal	BooleanT	

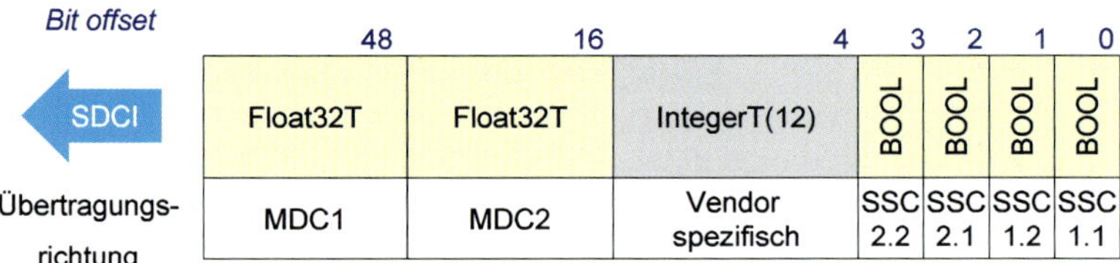

Bild 5.31: 48-Bit-Prozessdaten-Eingangsstruktur mit zwei Messwerten und vier Schaltpunkten

Tabelle 5.28: Kodierung der Prozessdaten des Typs PD80.MSDCF_2

Bezeichnung	Subindex	Offset	Funktion	Typ	Definition
MDC1	1	48	Prozessdaten	Float32T	Siehe Tabellen 5.17 bis 5.19
MDC2	2	16	Prozessdaten	Float32T	Siehe Tabellen 5.17 bis 5.19
Vendorspezifisch	3 bis 21	4 bis 15	Vendorspezifische Werte	Vendorspezifisch	
SSC2.2	21	3	Schaltsignal	BooleanT	
SSC2.1	22	2	Schaltsignal	BooleanT	
SSC1.2	23	1	Schaltsignal	BooleanT	
SSC1.1	24	0	Schaltsignal	BooleanT	

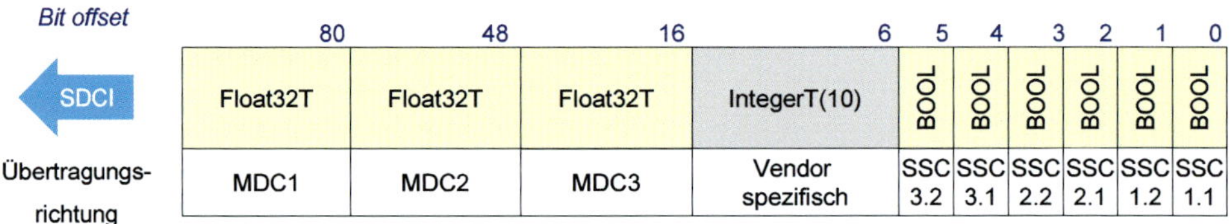

Bild 5.32: 48-Bit-Prozessdaten-Eingangsstruktur mit drei Messwerten und sechs Schaltpunkten

Tabelle 5.29: Kodierung der Prozessdaten des Typs PD112.MSDCF_3

Bezeichnung	Subindex	Offset	Funktion	Typ	Definition
MDC1	1	80	Prozessdaten	Float32T	Siehe Tabellen 5.17 bis 5.19
MDC2	2	48	Prozessdaten	Float32T	Siehe Tabellen 5.17 bis 5.19
MDC3	3	16	Prozessdaten	Float32T	Siehe Tabellen 5.17 bis 5.19
Vendorspezifisch	4 bis 18	6 bis 15	Vendorspezifische Werte	Vendorspezifisch	
SSC3.2	19	5	Schaltsignal	BooleanT	
SSC3.1	20	4	Schaltsignal	BooleanT	
SSC2.2	21	3	Schaltsignal	BooleanT	
SSC2.1	22	2	Schaltsignal	BooleanT	
SSC1.2	23	1	Schaltsignal	BooleanT	
SSC1.1	24	0	Schaltsignal	BooleanT	

Bit offset	112	80	48	16	8	7	6	5	4	3	2	1	0
SDCI	Float32T	Float32T	Float32T	Float32T	IntegerT(8)	BOOL	BOOL	BOOL	BOOL	BOOL	BOOL	BOOL	BOOL
Übertragungsrichtung	MDC1	MDC2	MDC3	MDC4	Vendor spezifisch	SSC 4.2	SSC 4.1	SSC 3.2	SSC 3.1	SSC 2.2	SSC 2.1	SSC 1.2	SSC 1.1

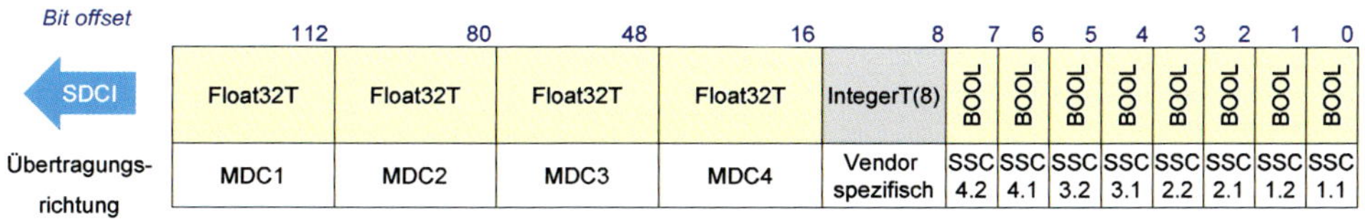

Bild 5.33: 48-Bit-Prozessdaten-Eingangsstruktur mit vier Messwerten und acht Schaltpunkten

Tabelle 5.30: Kodierung der Prozessdaten des Typs PD144.MSDCF_4

Bezeichnung	Subindex	Offset	Funktion	Typ	Definition
MDC1	1	112	Prozessdaten	Float32T	Siehe Tabellen 5.17 bis 5.19
MDC2	2	80	Prozessdaten	Float32T	Siehe Tabellen 5.17 bis 5.19
MDC3	3	48	Prozessdaten	Float32T	Siehe Tabellen 5.17 bis 5.19
MDC4	4	16	Prozessdaten	Float32T	Siehe Tabellen 5.17 bis 5.19
Vendorspezifisch	5 bis 16	8 bis 15	Vendorspezifische Werte	Vendorspezifisch	
SSC4.2	17	7	Schaltsignal	BooleanT	
SSC4.1	18	6	Schaltsignal	BooleanT	
SSC3.2	19	5	Schaltsignal	BooleanT	
SSC3.1	20	4	Schaltsignal	BooleanT	
SSC2.2	21	3	Schaltsignal	BooleanT	
SSC2.1	22	2	Schaltsignal	BooleanT	
SSC1.2	23	1	Schaltsignal	BooleanT	
SSC1.1	24	0	Schaltsignal	BooleanT	

5.3.10 Function Sensor Control (Wandlerdeaktiviert) (CSC)

Eine Besonderheit der SSP-Profile liegt darin, dass zu den Input-Prozessdaten ein weiteres 8 Bit Output Prozessdatenbyte hinzukommt. Dieses ist ähnlich aufgebaut wie das Inputprozessdatum aus Bild 5.8, jedoch mit der anderen Datenrichtung. **Bild 5.33** zeigt das Output-Prozessdatum.

Wie bereits beim Eingangsprozessdatum beschrieben, ist beim Ausgangsprozessdatum ebenfalls das unterste Bit als Steuersignal definiert, alle weiteren obliegen der Nutzung durch den IO-Link-Device-Hersteller. Die eventuellen Bedeutungen sind in der entsprechenden Dokumentation nachzuschlagen.

Dieses Ausgangsdatenbit dient im Profil zum Ein- und Ausschalten einer Messeinrichtung, wie z. B. der Laserquelle bei einem optischen Sensor. Die Gründe für solche Abschaltmöglichkeiten sind vielfältig, z. B. zur Vermeidung einer gegenseitigen Beeinflussung benachbarter Sensoren, um Energie zu sparen oder um die Lebenszeit des Sensorelementes zu verlängern. Weitere Gründe sind denkbar, liegen jedoch in der Umsetzung des Anwenders und der Voraussetzung durch den Sensorhersteller.

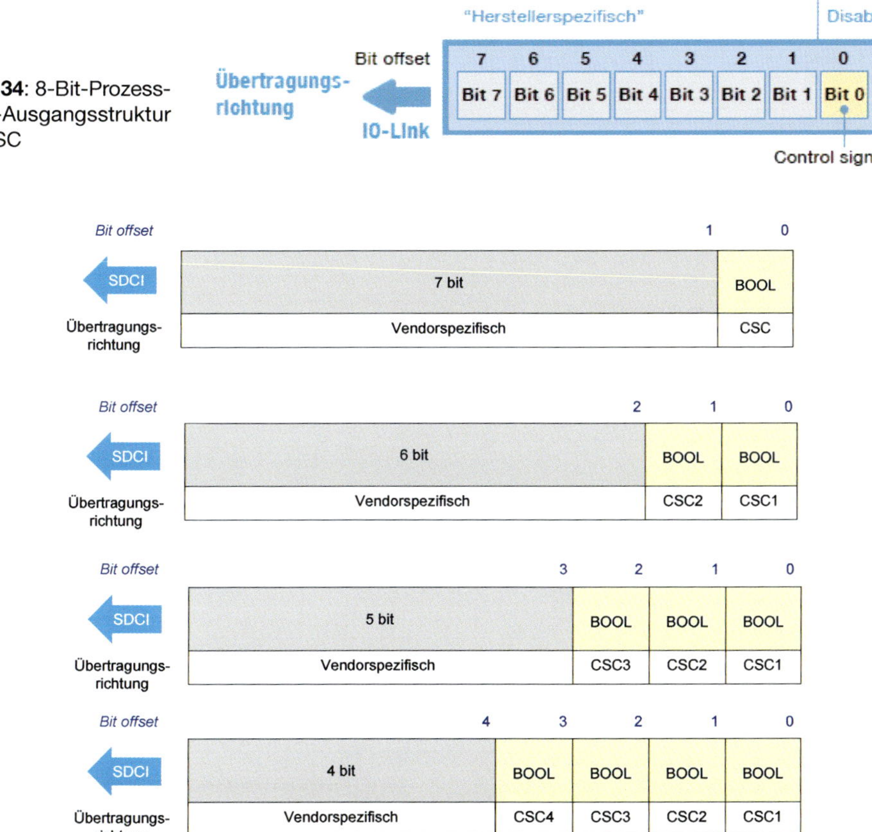

Bild 5.34: 8-Bit-Prozess-daten-Ausgangsstruktur des SSC

Bild 5.35: 8-Bit-Prozessdaten-Ausgangsstruktur des SSC mit 1 bis 4 CSCs

Zusätzlich ist der Inhalt oder die Verwendung der Prozessdaten im abgeschalteten Zustand definiert. Beim DMS zum Beispiel wird „NoData" übertragen.

Die Erweiterung des Smart Sensor Profil sieht vor, da es unter Umständen mehr als einen Messwandler in einem Sensor geben kann, hier weitere Abschaltmöglichkeiten zu schaffen. Es kann somit in dem Prozessausgangsdatum bis zu vier Control Signals geben (Control Signal Channel, CSC 1 bis CSC 4) jeweils als Bool-Wert. Die volle Ausbaustufe ist in **Bild 5.35** dargestellt.

Die CSCs sind dabei immer von unten her gefüllt. Wie viele CSCs ein IO-Link-Device hat, hängt von der Anzahl der abschaltbaren Wandler im Gerät ab und geht in der Regel aus der Herstellerdokumentation hervor.

5.3.11 DeviceProfile Schaltende Sensoren mit festem Schaltpunkt

Diese Profile bieten eine festen Schaltpunkt mit der Kombination einer deaktivierbaren Sensorik. Die Funktionsklassen sind in **Tabelle 5.31** kombiniert.

5.3.12 DeviceProfile Schaltende Sensoren mit veränderlichem Schaltpunkt

Diese Profile bieten einen variablen Schwellwert mit unterschiedlichen Teachverfahren und deaktivierbarer Sensorik. Die Möglichkeiten, die sich ergeben, sind in **Tabelle 5.32** aufgelistet. Dabei lassen sich bestimmte Profile nicht kombinieren aufgrund verschiedener Prozessdaten. **Tabelle 5.33** listet die erlaubten Kombinationen auf.

5.3.13 DeviceProfile Digital Messende Sensoren

In dieser Profilklasse ist es wieder die Kombination der verschiedenen Prozessdatenbreiten, die die Unterschiede ausmachen. **Tabelle 5.34** listet die möglichen Ausprägungen auf.

5.3.14 DeviceProfile Digital Messende und schaltende Sensoren

In dieser Profilklasse sind neben verschiedener Prozessdatenbreiten auch die Kombination von Mess- bzw. Analogwerten und Schaltinformationen möglich. **Tabelle 5.35** listet die möglichen Ausprägungen auf.

Tabelle 5.31: Beschreibung des Profiltyps SSP1 – FSS

Profil Typ	Profil-ID	Profil-charakteristischer Name	Funktionsklasse		Prozessdatenstruktur
			Switching signal channel	Wandler deaktivieren	
SSP 1.1	0x0002	Fixed Switching Sensor	0x8005	–	PDI8.BOOL1
SSP 1.2	0x0003	Fixed Switching Sensor, Funktion deaktivieren		0x800C	PDI8.BOOL1 PDO8.BOOL1

Tabelle 5.32: Beschreibung des Profiltyps SSP2 – AdSS

Profil Typ	Profil-ID	Profilcharakteristischer Name	Funktionsklasse			Prozessdaten-struktur
			Switching signal channel	Teach-in	Wandler-deaktiviert	
SSP 2.1	0x0004	Adjustable Switching Sensor, Single Wert Teach	0x8006	0x8007	- 0x800C[a]	PDI8.BOOL1 PDO8.BOOL1[a]
SSP 2.2	0x0005	Adjustable Switching Sensor, Zwei Werte Teach		0x8008		
SSP 2.3	0x0006	Adjustable Switching Sensor, Dynamischer Teach		0x8009		
SSP 2.4	0x0007	Adjustable Switching Sensor, Single Wert Teach, Funktion deaktivieren		0x8007	0x800C	PDI8.BOOL1 PDO8.BOOL1
SSP 2.5	0x0008	Adjustable Switching Sensor, Zwei Werte Teach, Funktion deaktivieren		0x8008		
SSP 2.6	0x0009	Adjustable Switching Sensor, Dynamischer Teach, Funktion deaktivieren		0x8009		
SSP 2.7	0x000E	Adjustable Switching Sensor, 2 Kannal	0x800D	0x8010 oder 0x8011 oder 0x8012	- 0x800C[b]	PDI8.BOOLI2 PDO8.BOOL1[b]

a) Die Profiltypen SSP 2.1 bis 2.3 können von der Funktionklasse Wandlerdeaktiviert begleitet werden, dies erfordert eine entsprechendes PDO Byte in den Prozessdaten.

b) Der Profiltyp 2.7 kann von Kombinationen der Funktionsklassen Wandlerdeaktiviert, Teach Zwei Werte und Dynamischer Teach begleitet werden.

5

Tabelle 5.33: Kombinationen des SSP2-Profils

SSP Typen	Profil-IDs
SSP 2.1 + SSP 2.2	0x0004 + 0x0005
SSP 2.1 + SSP 2.3	0x0004 + 0x0006
SSP 2.2 + SSP 2.3	0x0005 + 0x0006
SSP 2.1 + SSP 2.2 + SSP 2.3	0x0004 + 0x0005 + 0x0006
SSP 2.4 + SSP 2.5	0x0007 + 0x0008
SSP 2.4 + SSP 2.6	0x0007 + 0x0009
SSP 2.5 + SSP 2.6	0x0008 + 0x0009
SSP 2.4 + SSP 2.5 + SSP 2.6	0x0007 + 0x0008 + 0x0009

Tabelle 5.34: Beschreibung des Profiltyps SSP3-DMS

Profil Typ	Profil-ID	Profil-charakter-istischer Name	Funktions-klasse		Prozessdatenstruktur
			Messwert	Wandler-deaktiviert	
SSP 3.1	0x000A	Measuring Sensor	0x800A	- 0x800C[a)]	PDI32.INT16_INT8 PDO8.BOOL1[a)]
SSP 3.2	0x000B	Measuring Sensor, high resolution	0x800B		PDI48.INT32_INT8 PDO8.BOOL1[a)]
SSP 3.3	0x000C	Measuring Sensor, disable function	0x800A	0x800C	PDI32.INT16_INT8 PDO8.BOOL1
SSP 3.4	0x000D	Measuring Sensor, high resolution, disable function	0x800B		PDI48.INT32_INT8 PDO8.BOOL1

a) Die Profiltypen SSP 3.1 bis 3.2 können von der Funktionklasse Wandlerdeaktiviert begleitet werden, dies erfordert eine entsprechendes PDO Byte in den Prozessdaten.

Tabelle 5.35: Beschreibung des Profiltyps SSP4 – DMSS

Profil Typ	Profil-ID	Profilcharakteristischer Name	Funktionsklasse			Prozessdaten-struktur
			Messdaten-Kanal	Wandler-deaktiviert	Teach in	
SSP 4.1.1	0x0010	Digital Measuring and Switching Sensor, 1 channel	0x800A	- 0x800C[a)]	0x8011 oder 0x8012[b)]	PDI32.MSDC32_1 PDO8.BOOL1[a)]
SSP 4.1.2	0x0011	Digital Measuring and Switching Sensor, 2 channel				PDI64.MSDC32_2 PDO8.BOOL2[a)]
SSP 4.1.3	0x0012	Digital Measuring and Switching Sensor, 3 channel				PDI96.MSDC32_3 PDO8.BOOL3[a)]
SSP 4.1.4	0x0013	Digital Measuring and Switching Sensor, 4 channel				PDI128.MSDC32_4 PDO8.BOOL4[a)]
SSP 4.2.1	0x0014	Digital Measuring and Switching Sensor, high resolution, 1 channel	0x800B			PDI48.MSDC48_1 PDO8.BOOL1[a)]
SSP 4.2.2	0x0015	Digital Measuring and Switching Sensor, high resolution, 2 channel				PDI96.MSDC48_2 PDO8.BOOL2[a)]
SSP 4.2.3	0x0016	Digital Measuring and Switching Sensor, high resolution, 3 channel				PDI144.MSDC48_3 PDO8.BOOL3[a)]
SSP 4.2.4	0x0017	Digital Measuring and Switching Sensor, high resolution, 4 channel				PDI192.MSDC48_4 PDO8.BOOL4[a)]
SSP 4.3.1	0x0018	Digital Measuring and Switching Sensor, floating point,1 channel	0x800E			PDI48.MSDCF_1 PDO8.BOOL1[a)]
SSP 4.3.2	0x0019	Digital Measuring and Switching Sensor, floating point, 2 channel				PDI80.MSDCF_2 PDO8.BOOL2[a)]
SSP 4.3.3	0x001A	Digital Measuring and Switching Sensor, floating point, 3 channel				PDI112.MSDCF_3 PDO8.BOOL3[a)]
SSP 4.3.4	0x001B	Digital Measuring and Switching Sensor, floating point, 4 channel				PDI144.MSDCF_4 PDO8.BOOL4[a)]

a) Die Profiltypen SSP 4.1.1 bis 4.2.4 können von der Funktionklasse wandlerdeaktiviert begleitet werden, dies erfordert eine entsprechendes PDO Byte in den Prozessdaten.

b) Bei einem Zweipunkt Teach oder dynamischen Teach ist zu berücksichtigen, die SSCn.1 und SSCn.4 unterschiediche Teachkanäle haben, die Zuordnung im Folgenden:

PDV	Teachkanal	Definition
SSC1.1	1	Siehe **Tabelle 5.15**
SSC1.2	2	
SSC2.1	11	
SSC2.2	12	
SSC3.1	21	
SSC3.2	22	
SSC4.1	31	
SSC4.2	32	

5.3.15 Function/Profil nach SmartSensorProfil von 2012

Das bereits 2012 veröffentlichte SmartSensorProfil ist durch das SmartSensorProfil Ed. 2 abgelöst worden. Die bisherigen Definitionen sind gemäß den neuen Regeln neu kombiniert, die alten SmartSensor-Möglichkeiten blieben erhalten. Damit sind weiterhin Sensoren nach diesen Prinzipien möglich, insbesondere Sensoren, die mehr Fähigkeiten haben, als die oben beschriebenen Profile gestatten. Anwender, die Sensoren nach dem alten Profil nutzen, haben einen Mehraufwand bei der Definition der Nutzung des profilierten Sensors.

Im Laufe der Zeit ist es jedoch Ziel, diese sehr freien Profile nach und nach durch spezifische Profile zu ersetzen.

5.4 FirmwareUpdate/BLOB

IO-Link hat ein Profil definiert, das es ermöglicht, IO-Link-Devices, die bereits in Applikationen eingebaut sind, zentral über Standardtools zu erreichen und das angewählte IO-Link-Device einem Firmware-Update zu unterziehen. Dabei spielen die bereits in den Kapiteln 2.3.1.2 und 4.2 beschriebenen Identifikationsparameter und deren Auswertung eine wichtige Rolle, um auf das richtige Geräte die richtige bzw. die zugehörige Firmware zu bringen.

Das Profil FirmwareUpdate sind eigentlich zwei Profile. Um überhaupt große Datenpakete konsistent zu übertragen, bedient sich das Profil einer Definition eines erweiterten Protokolls, das beide Endstellen kennen müssen. Dieses Protokoll ist der BLOB (Binary Large Object). Der Vorteil dieser Definition des überlagerten Protokolls ist, dass alle Schnittstellen zwischen den beiden Endpunkten keine Ertüchtigung benötigen, d. h. in bereits vorhanden Infrastrukturen und IO-Link-Mastern besteht die Möglichkeit, an einem IO-Link-Device ein Firmware-Update durchzuführen, sofern dieses dafür geeignet ist.

Die folgenden Erläuterungen ermöglichen die Umsetzung des BLOB-Transfers durch den Anwender auf geeigneten Endgeräten.

5.4.1 Function BLOB

Der Unterbau des Firmware-Updates besteht aus dem BLOB, der in **Bild 5.36** schematisch dargestellt ist. Aus dieser Abbildung ist ersichtlich, dass ausschließlich die beiden Endpunkte ein Wissen über die Funktion und den Aufbau des BLOBs benötigen, die gesamte Infrastruktur dazwischen nicht. Die Infrastruktur transportiert die

BLOB-Daten, ohne diese zu interpretieren.

Die einzelnen Schritte sind nachfolgend erläutert, die Tools der Systeme bieten im Laufe der Zeit diesen zusätzlichen Datenkanal als Standard an.

Der BLOB-Transfer ist als eigenes (unterlagertes) Profil definiert und hat im ProfilID-Bereich (siehe Tabelle 5.1) die ProfilID 0x0030.

Im Profilbereich belegt der BLOB zwei Indices. Der Index 0x0031 ist die BLOB-ID für Profil- und herstellerspezifische Schreib- und Lesezugriffe (**Tabelle 5.36**). Der Index 0x0032 ist der BLOB-CH, in dem die Daten und die zugehörigen Steuerinformationen adressiert sind. In **Tabelle 5.37** sind beide Indices aufgelistet.

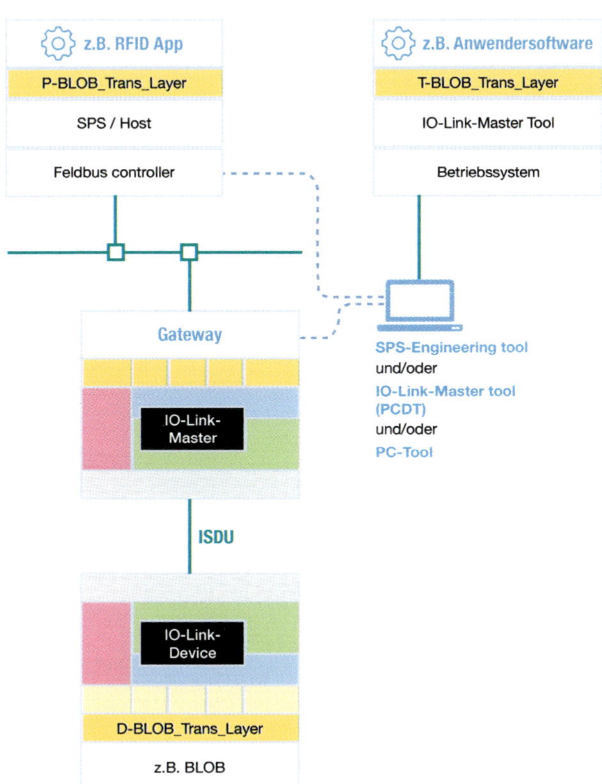

Bild 5.36: Darstellung des BLOB-Transfers

5

Tabelle 5.36: BLOB-IDs

Wertbereiche (dec)	Definition
-32768	nicht zulässig
-32767 bis -8193	reserviert
-8192 bis -4096	Hersteller-spezifisch lesend (read)
-4095 bis -1	Profile-spezifisch lesend (read)
0	IDLE-Zustand des BLOB
1 bis 4095	Profile-spezifisch schreibend (write)
4096 bis 8191	Hersteller-spezifisch schreibend (write)
8192 bis 32767	reserviert

Tabelle 5.37: BLOB-Indizes

Index	Objektname	Zugriff	Länge	Datentyp
0x0031 (49)	BLOB_ID	R	2 octets	IntegerT
0x0032 (50)	BLOB_CH	R/W	variable	OctetStringT

Tabelle 5.38: Header-Kodierung des BLOBs

Übertra-gungsge-genstand	Read/ Write	Funktion	Subfunktion	Definition/Parameter
–	–	0x0	0x0 to 0xF	reserviert
BLOB_ Info_Read	R	0x1 (Read Info block)	0x0	Parameter (Informationen für den Lesekanal)
BLOB_ Info_Write	R		0x1	Parameter (Informationen für den Schreibkanal)
BLOB_ Segment	R/W	0x2	0x0 to 0xF (flow control)	Zählen der Segmente modulo 16. Es beginnt bei 0 und rollt nach 15 auf 0. Parameter: Segment.
BLOB_ Last	R/W	0x3	0x0	Parameter: letztes Segment des BLOB
BLOB_ CRC	R/W	0x4	0x0	Parameter: CRC des gesamten BLOBs
–	–	0x5 to 0xE	0x0 to 0xF	reserviert
BLOB_ Abort	W	0xF (commands)	0x0	Kommando zum Abbrechen des aktiven Übertragungskanals. Kein Parameter.
BLOB_ Start	W		0x1	Kommando zum Auswählen der BLOB_ID und zum Einrichten des Übertragungskanals. Parameter: BLOB_ID
BLOB_ Finish	W		0x2	Kommando zum Beenden des aktiven Übertragungskanals. Kein Parameter.
–		0xF	0x3 to 0xF	reservierte Kommandos

Der Parameter BLOB_ID stellt eine Zustandsanzeige dar, um den aktuell laufenden BLOB identifizieren zu können. Außerdem gibt es festgelegte Zahlenbereiche für bestimmte Inhalte. Zukünftige Profile könne diese erweitern.

Ist die BLOB_ID gleich IDLE, so ist der Start eines BLOB-Transfers möglich.

Eine Aufzählung der vom IO-Link-Device unterstützten BLOB_IDs ist in der Geräte-IODD zu diesem Parameter aufgeführt.

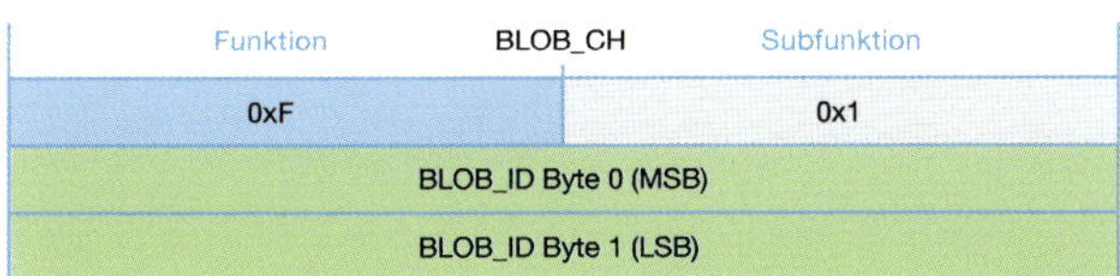

Bild 5.37: Aufbau des BLOB-Start-Kommandos

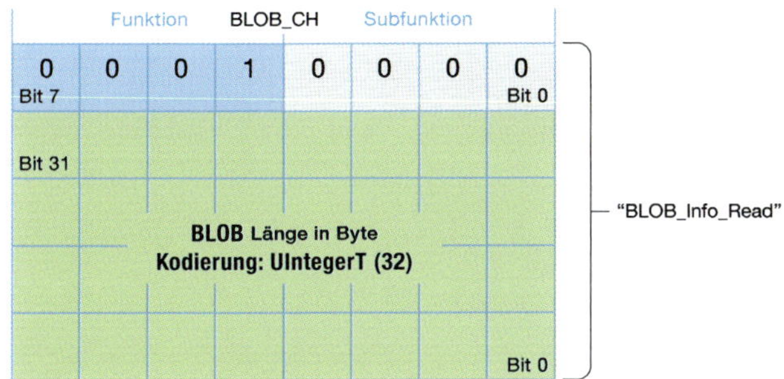

Bild 5.38: Aufbau des BLOB_Info_Read

5

Der BLOB-CH (BLOB-Channel) ist ähnlich einer ISDU aufgebaut. Ein zu übertragender Datenblock erhält einen Header, in dem die Funktion und eine Ergänzung der Funktion durch eine Subfunktion hinterlegt sind. Zudem ist der zu übertragende Teil mit einer Checksumme gesichert, um bei der segmentierten Übertragung die Richtigkeit bzw. Plausibilität der Daten sicher zu stellen. Eine Längeninformation des zu übertragenden Objektes ist ebenfalls codiert.

Im Einzelnen stehen die in **Tabelle 5.38** aufgeführten Kodierungen innerhalb des BLOBs zu Verfügung.

Das Starten eines BLOBs erfolgt mit dem Kommando BLOB_Start, dabei ist dieses an die ISDU-Übertragung angelehnt und hat einen Fehlerkanal, der es ermöglicht, eine Fehlermeldung auf das Kommando zu erhalten. Des Weiteren ist dem Kommando die BLOB-ID, also die Richtung (lesend oder schreibend), mitzugeben. Der Aufbau des BLOB-Starts stellt **Bild 5.37** dar.

Das BLOB-Start-Kommando kann die Fehlermeldungen 0x8030 (Parameterwert ist außerhalb des Wertebereichs) und 0x8036 (Funktion vorübergehend nicht verfügbar, BLOB-Kanal schon aktiv) verursachen. Die Fehlermeldungen sind standardisiert und in Kapitel 3.2, Tabelle 3.2 beschrieben.

Abhängig von der Kommunikationsrichtung erfolgt im zweiten Zugriff die Ermittlung der zu lesenden BLOB-Größe oder die maximal schreibbare BLOB-Größe sowie die maximale ISDU-Größe der gewählten BLOB-ID. Damit sind die Kommunikationsgrößen festgelegt und ein segmentierter Transport ähnlich der ISDU startet. **Bild 5.38**

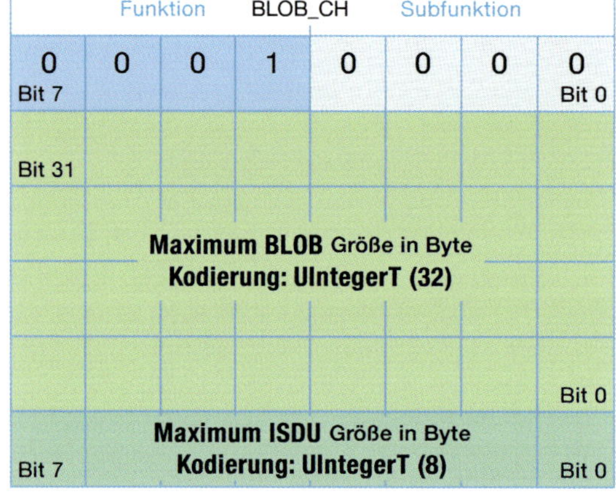

Bild 5.39: Aufbau des BLOB_Info_Write

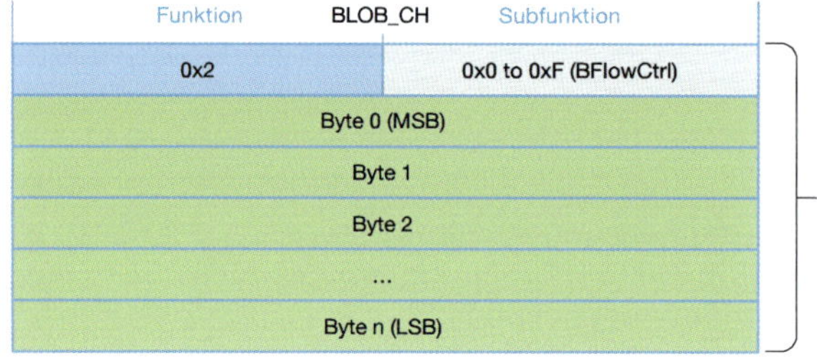

Bild 5.40: Aufbau eines BLOB-Segments

zeigt den Aufbau, neben dem Header erfolgt die Angabe der Länge eines BLOBs in UIntegerT32 Kodierung.

Für die Schreibrichtung des BLOBs, die nach dem BLOB_Start mit der entsprechenden BLOB-ID angewählt ist, gibt es ebenfalls eine Information über die BLOB-Länge. Dies ist über BLOB_Info_Write zu lesen. Im Gegensatz zur BLOB_Info_Read ist zur Länge des BLOBs noch die Länge der nutzbaren ISDU als Information hinterlegt, dies erlaubt es dem IO-Link-Device zur Ressourcenschonung kürzere ISDU-Längen als die maximalen 232 zu verwenden. **Bild 5.39** zeigt diesen Aufbau.

Die zu bildenden Segmente des BLOBs unterliegen, wie in **Bild 5.40** dargestellt, der vom IO-Link-Device unterstützen ISDU-Größe. Die maximale Größe ist aufgrund des genutzten ISDU-Mechanismus auf 232 Byte begrenzt. D. h. der BLOB-Transfer segmentiert die zu übertragenden Daten in entsprechend viele Einzelpakete und überträgt diese. Dabei ist der Header gemäß Tabelle 5.34 codiert und im Anschluss befinden sich die segmentierten Daten für die Übertragung. Damit Reihenfolgefehler zu erkennen sind, unterliegt die Übertragung einer sogenannten Flow Control, die es

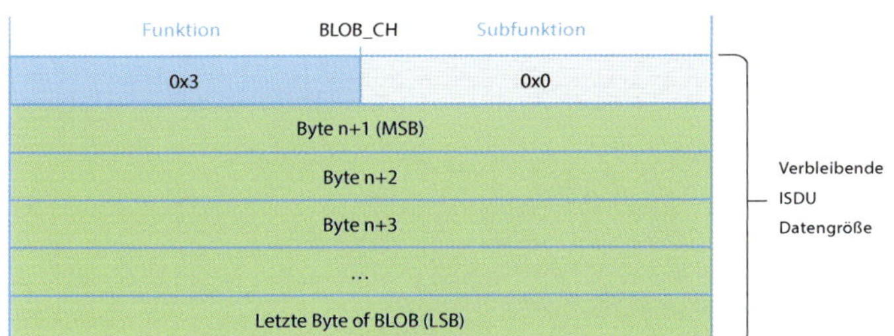

Bild 5.41: Aufbau des letzten BLOB-Segments

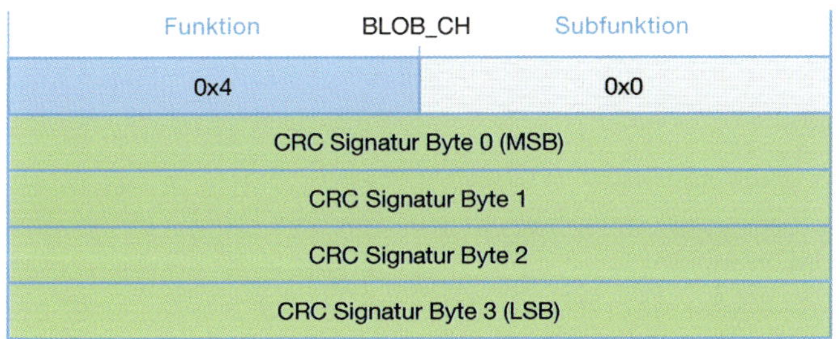

Bild 5.42: Aufbau des CRC im BLOB-Channel

ermöglicht, jedes Segment in der richtigen Reihenfolge zu übertragen und fehlende oder doppelt übertragene Blöcke zu identifizieren. Bezüglich des Aufbaus eines Segments gibt es für die Schreib- und Leserichtung keinen Unterschied, lediglich der Header unterscheidet sich, da dort die Richtung des Segments codiert ist.

Für das letzte Segment gilt, dass die Nutzdaten des letzten Segments kürzer sein dürfen als die Länge des Segmentes im BLOB-Kanal, d. h. im BLOB-Kanal verschickt das System nur noch die restlich verbliebenen Daten und füllt das Segment nicht auf die maximale Größe auf. Deshalb sieht das letzte Segment etwas anders aus. **Bild 5.41** zeigt diesen Unterschied.

Der BLOB definiert für das gesamte zu übertragende Datenpaket einen CRC, so dass nach dem Übertragen sichergestellt ist, dass kein Fehler im Datenpaket vorhanden ist.

Der Aufbau der CRC-Übertragung lehnt sich an die Übertragungssegmente des BLOBs an. Der Aufbau ist **Bild 5.42** zu entnehmen.

Der CRC ist beim Auslesen durch den Empfänger über die Daten zu berechnen und mit dem empfangenen CRC zu vergleichen. Beim Schreiben eines BLOB berechnet der Sender den CRC über die Daten und sendet diese an den Empfänger. Dieser prüft den CRC gegen seine intern über die empfangenen Daten berechneten CRC. Bei Gleichheit wird dieses CRC-Schreiben positiv quittiert. Bei Fehlern kommt es zu einer negativen Rückmeldung und zum Verwerfen des empfangenen Blocks.

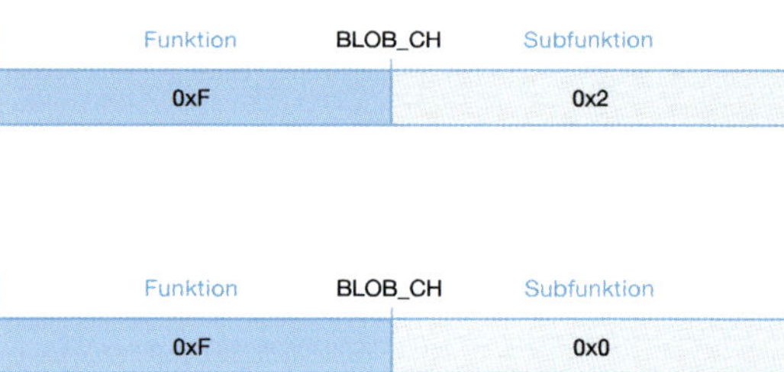

Bild 5.43: Aufbau des BLOB-Finish-Kommandos

Bild 5.44: Aufbau des BLOB-Abort-Kommandos

Im positiven Fall erhält der Empfänger immer ein positives Acknowledge, damit ist die aktuelle Übertragung beendet und der Kanal wieder frei. **Bild 5.43** zeigt dieses Kommando.

Falls Fehler in der Kommunikation auftreten, ist ein aktiver Abbruch des BLOB-Transfers möglich. In **Bild 5.44** ist beispielhaft das Abort-Kommando dargestellt. Dieses kann zum Beispiel zum Einsatz kommen, wenn ein PC-Tool eine Übertragung gestartet, aber aufgrund eines eigenen Absturzes nicht beendet hat. Auf diese Weise ist der blockierte Kanal wieder freizugeben.

Der BLOB-Transfer ist für alle großen Datenmengen ein Übertragungswerkzeug. Momentan ist der BLOB-Transfer für das Firmware-Update definiert.

5.4.2 Function FirmwareUpdate

Das Firmware-Update selbst definiert für die IO-Link-Device-Hersteller ein Schema, wie eine FirmwareUpdate-Datei aufzubauen ist. Die darin enthaltene Firmware über trägt der unterlagerte BLOB an das betreffende IO-Link-Device. **Bild 5.45** zeigt schematisch diesen Vorgang.

Da das Update von Firmware in einer Anlage gewissen Sicherheitsansprüchen genügen soll, um unbeabsichtigtes Laden von Software bzw. eine Zerstörung des IO-Link-Devices durch eine ungeeignete Firmware zwingend zu verhindern, besitzt das System nachfolgende Maßnahmen.

Im FirmwareUpdate-File ist die Identifikation des IO-Link-Devices hinterlegt. Die Herstellerkennung muss mit dem Gerät übereinstimmen. Zusätzlich sendet IO-Link-Device die Hardware-Identifikation, die durch die neue Firmware auf Akzeptanz zu prüfen ist, dabei sind Platzhalter erlaubt. Für die Platzhalter muss der Hersteller Sorge tragen, dass spätere Firmware-Releases mit der vorhandenen Hardware funktionieren. Zur weiteren Absicherung kann das IO-Link-Device die Abfrage eines Passwortes verlangen, welches das IO-Link-Device anschließend auf Gültigkeit prüft.

Zum Abschluss kann der Hersteller ebenfalls noch innerhalb des FW-Update-Datenblocks eine weitere Identifikation einbauen, um Manipulationen am FW-Update-File zu erkennen.

Nach diesen Identifikationsabfragen wird das IO-Link-Device durch eine Abfolge von Kommandos in den Bootloader versetzt.

Sollte ein IO-Link-Device während der Updateprozedur zum Beispiel die Spannung verlieren, so steht nach der Spannungsunterbrechung mindestens der Bootloader unverändert zur Verfügung, damit in einem zweiten Anlauf die Programmierung erfolgen kann.

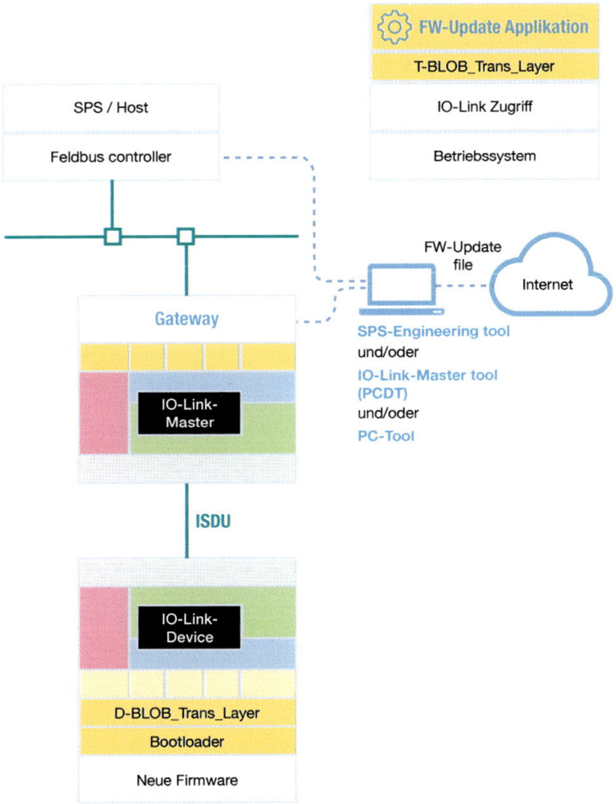

Bild 5.45: Schematische Darstellung der Übertragung einer Firmware-Datei

Bei der ganzen Prozedur ist zu beachten, dass das IO-Link-Device beim Update keine Prozessdaten oder Parameter zur Verfügung stellen kann.

Ebenso ist zwingend die Identifikation des IO-Link-Devices im Bootload-Zustand unterschiedlich zur normalen IO-Link-Device-Identifikation, damit lässt sich ein unbeabsichtigter Anlauf der Anlage ohne korrekte Firmware sicher erkennen. Damit das Firmware-Update erfolgen kann ist vorher die Portkonfiguration entsprechend anzupassen.

Nach Abschluss des Updates ist es vom Hersteller, IO-Link-Device und Art des Updates, abhängig, ob die Parameter unverändert zur Verfügung stehen, eine Reparametrierung notwendig ist, oder sogar die IO-Link-Device-Identifikation zur Vorgänger-Firmware geändert ist.

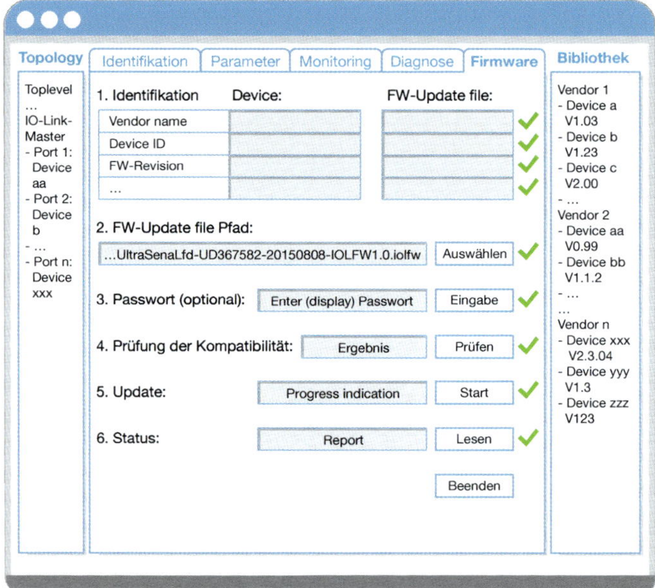

Bild 5.46: Beispiel einer Firmware-Update-Oberfläche in einem Tool

Das Firmware-Update-Profil definiert die in **Tabelle 5.39** beschriebenen Parameter.

Das Passwort obliegt dem IO-Link-Device-Hersteller, dieser stellt es dem Anwender bei Bedarf zur Verfügung. Der HW_ID_Key ist ebenfalls vom IO-Link-Device-Hersteller definiert, dieser ist fest mit möglichen Firmware-Updates verknüpft und lässt ein Update der vorhandenen Firmware im IO-Link-Device nur zu, wenn der Key übereinstimmt.

Der letzte Parameter (Bootmode-Status) dient vor allem der Ablaufsteuerung des Firmware-Updates. In ihm sind momentan zwei Zustände definiert, „Bootloader aktiv" und „Bootloader nicht aktiv". In **Tabelle 5.40** ist dies aufgeführt.

Das Firmware-Update definiert Systemkommandos, um das Firmware-Update zu starten und die neue Firmware im IO-Link-Device zu aktivieren. In **Tabelle 5.41** sind die Systemkommandos aufgelistet, die die jeweils zum Firmware-Update genutzte Toolumgebung im Hintergrund ausführt.

Der Anwender muss bezüglich des Firmware-Updates in der Regel ein Tool anwenden, das dieses Profil unterstützt. In einer Oberfläche ist das vom IO-Link-Device-Hersteller gelieferte Firmware-Paket einzufügen und anschließend das Firmware-Update zu starten. Ein Beispiel für eine Tool-Oberfläche ist in **Bild 5.46** dargestellt. Alle Prüfmechanismen übernimmt das Tool, der Anwender gibt an, welches IO-Link-Device mit der jeweils zugehörigen Update-Firmware einem Update zu unterziehen ist.

Tabelle 5.39: Firmware-Update-Profil-Parameter

Index (dec)	Objektname	Zugriff	Länge	Datentyp
0x43BD (17341)	FW-Password	W	variable	StringT
0x43BE (17342)	HW_ID_ Key	R	variable	StringT
0x43BF (17343)	Bootmode-Status	R	1 octet	UIntegerT

Tabelle 5.40: Bootmode-Status

Kodierung	Definition
0x00	Bootloader inaktiv
0x01	Bootloader aktiv
0x02 bis 0xFF	reserviert

Tabelle 5.41: Systemkommandos des Firmware-Updates

Kommando in hex	Kommando in dez	Name	Bemerkung
0x50	80	BM_UNLOCK_S	Start Entsperrsequenz
0x51	81	BM_UNLOCK_F	Entsperrbefehl 1
0x52	82	BM_UNLOCK_T	Entsperrbefehl 2
0x53	83	BM_ACTIVATE	stoppt die Kommunikation und startet die neu geladene Firmware

Bezüglich des Firmware-Updates ist die IO-Link-Device-Dokumentation zu beachten, in dem der Hersteller angibt, welche Bereiche von dem Update betroffen sind.

Dient das Firmware-Update einer reinen Fehlerbehebung ändert sich in der Regel die IO-Link-Device-ID nicht. Enthält die neue Firmware des IO-Link-Devices neue oder erweiterte Funktionalitäten, so ändert sich die IO-Link-Device-ID.

Hinweis:
Kommt es durch ein Firmware-Update zur Änderung der IO-Link-Device-ID, so ist die Identifikation in der Portkonfiguration entsprechend anzupassen (siehe Kapitel 4.2). Ist die neue Firmware mit neuer IO-Link-Device-ID nicht zur Vorgänger-IO-Link-Device-ID rückwärtskompatibel (siehe Kapitel 2.5), ist das IO-Link-Device mit der aktualisierten IODD in die Konfiguration der SPS neu aufzunehmen.

5.5 Übersicht der aktuell definierten ProfileIDs, Parameter und SystemCommandos

5.5.1 ProfileIDs

In **Tabelle 5.42** sind alle IDs der Profile mit Angabe der Spezifikation aufgeführt.

5.5.2 Parameter

Nachfolgend sind alle in den Profilen definierten Parameter aufgeführt. Alle diese Parameter sind bei Unterstützung der entsprechenden FunctionClass garantiert vorhanden (siehe **Tabelle 5.43**).

Tabelle 5.42: ProfileIDs

Profile type	Long name	Abk.	Types	Profile ID		Specification
				hex value	dec value	
DevicePro-files	Generic Profiled Sensor	GPS	GPS	0x0001	1	IO-Link Smart Sensor Profile 2nd Edition
	Fixed Switching Sensor	FSS	SSP 1.1	0x0002	2	
	Fixed Switching Sensor, disable function		SSP 1.2	0x0003	3	
	Adjustable Switching Sensor, single value teach	AdSS	SSP 2.1	0x0004	4	
	Adjustable Switching Sensor, two value teach		SSP 2.2	0x0005	5	
	Adjustable Switching Sensor, dynamic teach		SSP 2.3	0x0006	6	
	Adjustable Switching Sensor, single value teach, disable function		SSP 2.4	0x0007	7	
	Adjustable Switching Sensor, two value teach, disable function		SSP 2.5	0x0008	8	
	Adjustable Switching Sensor, dynamic teach, disable function		SSP 2.6	0x0009	9	
	Measuring Sensor	MDC	SSP 3.1	0x000A	10	
	Measuring Sensor, high resolution		SSP 3.2	0x000B	11	
	Measuring Sensor, disable function		SSP 3.3	0x000C	12	
	Measuring Sensor, high resolution, disable function		SSP 3.4	0x000D	13	
Common Application Profiles	BinaryLargeObject Transfer	BLOB		0x0030	48	BLOB transfer & Firmware Update
	FirmwareUpdate	FWUP		0x0031	49	

5

Tabelle 5.42: ProfileIDs (Fortsetzung)

Profile type	Long name	Abk.	Types	Profile ID		Specification
				hex value	dec value	
Common Application Profiles	Identification and Diagnosis	I&D		0x4000	16384	IO-Link Common Profile
Function Classes	Device Identification			0x8000	32768	IO-Link Smart Sensor Profile 2nd Edition
	Switching Signal Channel (SSC)		SSC	0x8001	32769	
	Process Data Variable (PDV)		PDV	0x8002	32770	
	Diagnosis			0x8003	32771	
	Teach Channel		TI	0x8004	32772	
	Fix Switching Signal Channel			0x8005	32773	
	Adjustable Switching Signal Channel			0x8006	32774	
	Teach-in single value			0x8007	32775	
	Teach-in two value			0x8008	32776	
	Teach-in dynamic			0x8009	32777	
	Measurement Data Channel		MDC	0x800A	32778	
	Measurement Data Channel, high resolution		MDC	0x800B	32779	
	Transducer Disable			0x800C	32780	
	IO-Link Safety			0x8020	32800	IO-Link Safety Extension
	Extended Identification			0x8100	33024	IO-Link Common Profile

Tabelle 5.43: Alle für ein Profil relevanten Parameter

	Index in hex	Index in dez	Name	read-/ wri-teable	Länge	Datentyp	Bemerkung
System Index	0x0002	2	System Command	W	1 Byte	Octet	Bei Unterstützung des Indexes siehe Erklärung unten
	0x000D	13	Profile Characteristic	R	variable	ArrayT of UIntegerT16	Liste der ProfileIDs die das Gerät unterstützt
	0x000E	14	PDInput Decriptor	R	variable	ArrayT of OctetStringT3	Beschreibung der Struktur der Input-Prozessdaten
	0x000F	15	PDOut Discriptor	R	variable	ArrayT of OctetStringT3	Beschreibung der Struktur der Output-Prozessdaten
Identifikationdaten							
	0x0013	19	Product ID	R	max. 64 Byte	StringT	z. B. Klartext der Artikelnummer/ Bestelltext
	0x0015	21	Serial number	R	max. 16 Byte	StringT	vendorspezifische Angabe
	0x0016	22	Hardware Revision	R	max. 64 Byte	StringT	vendorspezifische Angabe
	0x0017	23	Firmware Revision	R	max. 64 Byte	StringT	vendorspezifische Angabe
	0x0018	24	Application Specific Tag	R/W	max. 64 Byte	StringT	Anwenderspezifische Anlagenkennung
	0x0019	25	Function Tag	R/W	max. 32 Byte	StringT	Anwenderspezifische Funktionskennung
	0x001A	26	Location Tag	R/W	max. 32 Byte	StringT	anwenderspezifische Ortskennung
Diagnose							
	0x0024	36	Device Status	R	1 Byte	UIntegerT	Wellnesfaktor des Devices
	0x0025	37	Detailed Device Status	R	variabel	RecordT	in Verbindung mit Profilen Zusatz-Infos

5

Tabelle 5.43: Alle für ein Profil relevanten Parameter (Fortsetzung)

	Index in hex	Index in dez	Name	read-/ wri- teable	Länge	Datentyp	Bemerkung
Erweiterte Profilparameter	0x0031	49	BLOB_ID	R	2 Bytes	IntegerT	BLOB-ID des aktiven BLOB-Transfers
	0x0032	50	BLOB_CH	R/W	variable	OctetStringT	Transportkanal des BLOB
	0x0038	56	SSC Param	R/W	2 Byte	IntegerT	Schaltschwelle des binären Signales
	0x0039	57	SSC Konfiguration	R/W	1 Byte	IntegerT	Konfiguration des binären Signales
	0x003A	58	TeachSelect	R/W	1 Byte	IntegerT	ausgewählten Schaltsignalkanal für Teach-Vorgang
	0x003B	59	TI Resultat	R	1 Byte	IntegerT	Status der Teach Statemachine
	0x003C	60	SSC1.1Param	R/W	8 Byte	RecordT	Einstellung der Setpoints
	0x003D	61	SSC1.1Config	R/W	6 Byte	RecordT	Einstellung der Konfigurationsparameter
	0x003E	62	SSC1.2Param	R/W	8 Byte	RecordT	Einstellung der Setpoints
	0x003F	63	SSC1.2Config	R/W	6 Byte	RecordT	Einstellung der Konfigurationsparameter
	0x400C	16396	SSC2.1Param	R/W	8 Byte	RecordT	Einstellung der Setpoints
	0x400D	16397	SSC2.1Config	R/W	6 Byte	RecordT	Einstellung der Konfigurationsparameter
	0x400E	16398	SSC2.2Param	R/W	8 Byte	RecordT	Einstellung der Setpoints
	0x400F	16399	SSC2.2Config	R/W	6 Byte	RecordT	Einstellung der Konfigurationsparameter
	0x401C	16401	SSC3.1Param	R/W	8 Byte	RecordT	Einstellung der Setpoints
	0x401D		SSC3.1Config	R/W	6 Byte	RecordT	Einstellung der Konfigurationsparameter

Tabelle 5.43: Alle für ein Profil relevanten Parameter (Fortsetzung)

	Index in hex	Index in dez	Name	read-/ writeable	Länge	Datentyp	Bemerkung
Erweiterte Profilparameter	0x0031	49	BLOB_ID	R	2 Bytes	IntegerT	BLOB-ID des aktiven BLOB-Transfers
	0x0032	50	BLOB_CH	R/W	variable	OctetStringT	Transportkanal des BLOB
	0x0038	56	SSC Param	R/W	2 Byte	IntegerT	Schaltschwelle des binären Signales
	0x0039	57	SSC Konfiguration	R/W	1 Byte	IntegerT	Konfiguration des binären Signales
	0x003A	58	TeachSelect	R/W	1 Byte	IntegerT	ausgewählten Schaltsignalkanal für Teach-Vorgang
	0x003B	59	TI Resultat	R	1 Byte	IntegerT	Status der Teach Statemachine
	0x4080	16512	MDC Descriptor	R/W	6 Byte	RecordT	Einstellung der Konfigurationsparameter
	MDC 1 Descriptor	R	11 Bytes	RecordT	Beschreibung des messen-den Prozess-datums	RecordT	Einstellung der Setpoints
	0x4081	16513	MDC 2 Descriptor	R	11 Bytes	RecordT	Beschreibung des messenden Prozessdatums
	0x4082	16514	MDC 3 Descriptor	R	11 Bytes	RecordT	Beschreibung des messenden Prozessdatums
	0x43BD	17341	FW_Password	W	max. 64 Byte	StringT	vom Gerät zu prüfendes Passwort
	0x43BE	17342	HW_ID_Key	R	max. 64 Byte	StringT	eindeutige Hardwarekennung
	0x43BF	17343	Bootmode Status	R	1 Byte	UIntegerT	Status des Bootloaders

5

5.5.3 SystemCommands

Bei den Systemkommandos verhält es sich wie bei den Parametern: das IO-Link-Common-Profil schreibt vor, welches ein Profil-IO-Link-Device unterstützen muss. Im Profil sind alle Systemkommandos aus Kapitel 2 Tabelle 2.15 verpflichtend (Mandatory) und stehen zur Verfügung. In der **Tabelle 5.44** sind die Systemkommandos gelistet, die zusätzlich zu den Systemkomandos aus Kapitel 2 Tabelle 2.15 im Profil zur Verfügung stehen.

Tabelle 5.44: Unterstützte Systemkommandos

Kommando in hex	Kommando in dez	Name	Pflicht / Optional in Basis-Spezifikation	Pflicht / Optional im IO-Link-Common-Profil	Bemerkung
0x01	1	ParamUpload-Start	O	M	Start parameter upload
0x02	2	ParamUploadEnd	O	M	Stop parameter upload
0x03	3	ParamDownload-Start	O	M	Start parameter download
0x04	4	ParamDownload-End	O	M	Stop parameter download
0x05	5	ParamDownload Store	O	M	beendet die Paramet- rierung und startet die Datenhaltung
0x06	6	ParamBreak	O	M	dieses Kommando unterbricht die Datenhaltung sowie die Parametrierung
0x7E	126	Locator Start		M	Startet Doppelblinken
0x7F	127	Locator Stop		M	Stoppt Doppelblinken
0x81	129	Application reset	H	H	
0x83	131	Back-to-box	M	M	Herstellen des Auslieferzustandes

H = highly recommended; M = mandatory; O = optional;

5.5.4 Profile und Fuktionsbausteine

Die Profile in IO-Link sind durch Funktionsbausteine in Steuerungen zu nutzen. Hierzu existieren Beispiel-Implementierungen, die auf die jeweiligen Profil-IDs abgestimmt sind.

Diese Beispiel-Implementierungen sind auf www.io-link.com einzusehen bzw. werden im Download-Bereich als Spezifikation zum Download bereitgestellt.

6 Input Output Device Description (IODD)

IO-Link möchte den größtmöglichen Anwenderkomfort während der Inbetriebnahme erzielen, dies ist aber bei der Komplexität der Geräte ohne ein geeignetes Hilfsmittel nicht möglich. Um diesem Anspruch Rechnung zu tragen und zu gewährleisten, entstand die IODD (Input Output Device Description). Die IODD ist ein XML-File, das auf Basis der elektronischen Datenverarbeitung ein vorliegendes IO-Link-Device in allen Einzelheiten beschreibt. Diese Beschreibung ist zwar ausführlicher als ein Datenblatt, jedoch ist es möglich die IODD mit einem konventionellen Datenblatt zu vergleichen. Die wesentlichen Informationen sind in beiden Beschreibungsmedien angegeben.

Ein Vorteil der standardisierten Beschreibung ist die Verfügbarkeit von systemspezifischen Tools, die alle IO-Link-Devices aller Hersteller parametrieren können. Dadurch stellen sich alle IO-Link-Devices in der gewohnten Oberfläche der Anwender ähnlich dar.

6.1 Die IO-Link IODD

Die IODD ist eine gerätespezifische Beschreibungsdatei, die zwingend mit einem IO-Link-Device verknüpft ist. Das heißt jede IO-Link-DeviceID hat ihre eigene zugehörige Beschreibungsdatei (IODD).

Verfügt ein IO-Link Device z. B. über mehrere komplexe Funktionen, die sich nicht in einer IODD abbilden lassen, kann es vorkommen, dass IO-Link-Device-Hersteller mehrere IODDs für das gleiche Gerät zur Verfügung stellen (siehe Kapitel 2.5). Dies wiederum bedeutet, dass das IO-Link-Device über mehrere IO-Link-DeviceIDs verfügt. Mit Hilfe der Tools ist es möglich, die richtige Funktion für das IO-Link-Device herauszusuchen und in der Portkonfiguration (siehe Kapitel 4.2) die richtige Identifikation bzw. die benötigte IO-Link-DeviceID zu hinterlegen.

Der Aufbau bzw. das Schema einer IODD folgt einem sehr stringenten und herstellerunabhängigen Muster. Die IODD besteht aus einer Hauptdatei für Variablen, Prozesswertbeschreibung, Menüs und Logik. Die Standardsprache der Grund-IODD ist immer Englisch. Neben der eigentlichen Beschreibungsdatei (XML-File) liegen noch ein

Bild des IO-Link-Devices, ein Icon des IO-Link-Devices, ein Firmenlogo und meistens auch ein Bild der Anschlussbelegung.

Da die eigentliche IODD anstelle von direkten Texten nur sogenannte TextIDs benutzt, ist es relativ einfach möglich, andere Sprachen zu nutzen. Je nach Hersteller stehen weitere XML-Files zur Verfügung, die nur auf die TextIDs der Grund-IODD referenzieren.

Um die mehreren Dateien zusammenzuhalten, befinden sich alle Dateien in einem Zip-File. Die Namensgebung der IODD ist strikt nach der Regel „Firmenname-DeviceID-Datum-IODD1.1.xml" aufgebaut.

In **Bild 6.1** ist sehr schön zu sehen, dass die Grund-IODD das größte XML-File ist, die danebenliegenden Sprachdateien beinhalten nur die entsprechend übersetzten Texte mit den zugehörigen TextIDs. Die Sprach-XML-Files sind mit den internationalen Kürzeln der Länder gekennzeichnet, deren Sprache sie beinhalten. Zudem handelt es sich um eine IODD der IO-Link-Revision V1.1, wie aus dem Namen am Ende mit IODD1.1 hervorgeht.

Ein Engineering-Tool verwendet die IODD, um dem Anwender die Parameter, deren Grenzen und Diagnosen darzustellen sowie komfortabel zu ändern. Andre Tools oder Systeme wie z. B. ERP Anwendungen können ebenfalls die IODD nutzen, um die Daten zu interpretieren und anzuzeigen.

Eine IODD stellt sich in einem Tool zum Beispiel wie in **Bild 6.2** dar.

Name	Änderungsdatum	Typ	Größe
Beispiel-Firma-000315-20171213-IODD1.1.xml	29.12.2017 15:47	XML-Datei	20 KB
Beispiel-Firma-000315-20171213-IODD1.1-de.xml	29.12.2017 15:47	XML-Datei	4 KB
Beispiel-Firma-000315-20171213-IODD1.1-es.xml	29.12.2017 15:47	XML-Datei	4 KB
Beispiel-Firma-000315-20171213-IODD1.1-fr.xml	29.12.2017 15:47	XML-Datei	4 KB
Beispiel-Firma-000315-20171213-IODD1.1-it.xml	29.12.2017 15:47	XML-Datei	4 KB
Beispiel-Firma-000315-20171213-IODD1.1-ja.xml	29.12.2017 15:47	XML-Datei	4 KB
Beispiel-Firma-000315-20171213-IODD1.1-ko.xml	29.12.2017 15:47	XML-Datei	3 KB
Beispiel-Firma-000315-20171213-IODD1.1-pt.xml	29.12.2017 15:47	XML-Datei	4 KB
Beispiel-Firma-000315-20171213-IODD1.1-ru.xml	29.12.2017 15:47	XML-Datei	3 KB
Beispiel-Firma-000315-20171213-IODD1.1-zh.xml	29.12.2017 15:47	XML-Datei	3 KB
Beispiel-Firma-AB1234-con-pic.png	29.12.2017 15:47	PNG-Bild	9 KB
Beispiel-Firma-AB1234-icon.png	29.12.2017 15:47	PNG-Bild	2 KB
Beispiel-Firma-AB1234-pic.png	29.12.2017 15:47	PNG-Bild	21 KB
Beispiel-Firma-logo.png	29.12.2017 15:47	PNG-Bild	5 KB

Bild 6.1: Inhalt eines IODD Zip-Files

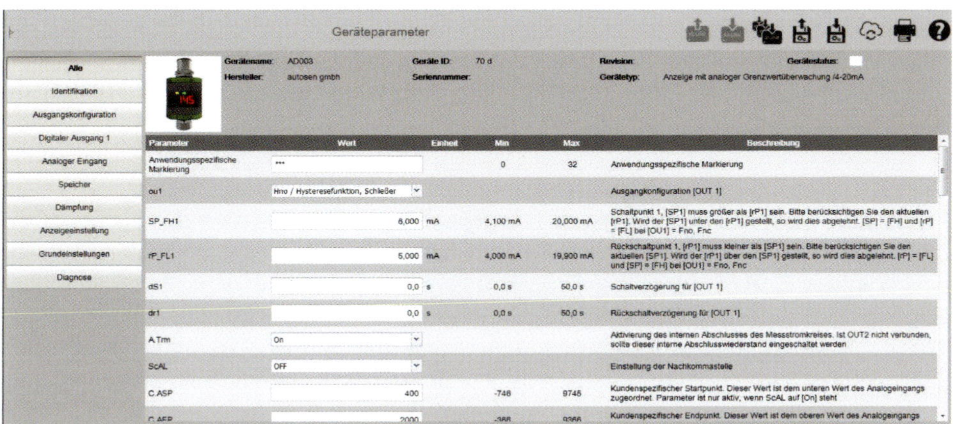

Bild 6.2: Darstellung einer IODD in einer Toolumgebung

In diesem Beispiel sind die Parameter der IODD über das linke Menü themenspezifisch zu vereinzelt. Es ist jedoch möglich, wie in Bild 6.2 zu sehen, alle Parameter und Diagnosen auf einmal zu zeigen. Nachteil der Gesamtdarstellung ist, dass es eventuell – je nach Anzahl der Parameter und Diagnosen – unübersichtlich und aufwändig zu scrollen ist.

6.2 Die IODD im Detail

Eine IODD beschreibt ein IO-Link-Device in Bezug auf:

- Identifikation,
- Parameter mit Adresse, Wertebereich oder ENUMs, Default-Wert und Datentypen,
- Prozessdatenaufbau inklusive Länge, Struktur und Wertebereiche,
- Eventliste,
- Textverweise für Sprachdateien,
- Menü-Strukturen
- IO-Link-M_Sequenztypen für Preoperate und Operate
- O-Link-Devcies Min. cycle time

In den Menüstrukturen kann das verwendete Tool aufgrund von Beschreibungen in der IODD in Abhängigkeit von gewählten Parametern Menüs aus- und einblenden, um auf diese Weise unnötige oder unpassende Parametereingaben zu verhindern und somit die Bedienung zu vereinfachen. Zusammengefasst ermöglicht die IODD dem Tool kontextabhängig Parameter anzuzeigen oder nicht zum aktuellen Kontext passend Parameter auszublenden.

Für Parameter und Prozessdaten gilt gleichermaßen eine in der IODD beschriebene Skalierung mit Gradient, Offset und Nachkommastellen.

Des Weiteren sind IO-Link-Device-spezifische Inhalte in der IODD angegeben, die einen informativen Charakter haben. Für die Transportschicht lassen sich die Übertragungsrate, MinCycleTime und die in Preoperate und Operate verwendeten M-Sequenztypen angeben.

Die IODD bietet die Möglichkeit, Nutzerrollen zu verwenden. Die sogenannten User Roles sind Observer, Maintenance und Specialist. Abhängig von der eingestellten Anwenderrolle ist es möglich, den Zugriff und die Sichtbarkeit von Parametern einzuschränken. Z. B. kann so der Programmierer eines HMIs (Human Interfaces) den Zugang über die Rolle Observer soweit einschränken, dass der Observer sich alle Werte nur anzeigen lassen, jedoch keine Veränderung der Parameter vornehmen kann. Ein Spezialist könnte hier auch die Parameterwerte beeinflussen und verstellen.

In der IODD sind neben den elektrischen und protokollspezifischen Teilen auch die mechanischen Ausprägungen beschrieben, so z. B. der verwendeten elektrischen Anschlusstechnik eines IO-Link-Devices wie M5, M8, M12 oder Kabel. Jedoch sind die mechanischen Ausprägungen nicht für die Vergabe einer neuen IO-Link-DeviceID und somit zur Erstellung einer weiteren IODD zwingend vorgeschrieben. Die IO-Link-DeviceID und damit die direkt verknüpfte IODD hängen an der elektrischen bzw. der applikativen Ausprägung eines IO-Link-Devices. IO-Link-Devices mit gleicher IO-Link-DeviceID können sich z. B. bezüglich ihrer Prozessanschlüsse (1/4 Zoll und 1/2 Zoll) unterscheiden und stellen eine mechanische Gerätevarianten dar, die eventuell als Ersatzgeräte zur Anwendung kommen können, sofern diese mechanisch adaptierbar sind. Um im Vorfeld eines Tausches eines IO-Link-Devices nicht in mechanische Probleme zu geraten, empfiehlt es, sich vorher zu informieren, was genau der mechanische Unterschied zwischen den beiden IO-Link-Devices gleicher IO-Link-DeviceID ist. So kann das Ersatz-IO-Link-Device mit identischer DeviceID über z. B. eine kürzere Kabellänge verfügen, oder besitzt einen anderen Prozessanschluss. Im Einzelnen können sich die IO-Link-Device-Varianten mit gleicher IODD wie folgt unterscheiden:

- Zulassungsunterschiede,
- mechanische Unterschiede (Farbe, Kabellänge, Bauform, Material usw.).

In der IODD sind in aller Regel diese nicht für die IO-Link-DeviceID relevanten Merkmale informativ beschrieben, ebenfalls gibt die IODD über die unterschiedlichen Bestellnummern der IO-Link-Device-Familie Aufschluss. D. h. in einer IODD sind alle Artikelnummern gelistet (bis maximal 255), die die selbe IO-Link-DeviceID besitzen.

Hinweis:
Zu einem IO-Link-Device gehört immer genau eine IODD bzw. präziser zu einer IO-Link-DeviceID gehört genau eine IODD. Kommt beim IO-Link-Device eine weitere Funktion hinzu, ist der IO-Link-Device-Hersteller verpflichtet eine neue IO-Link-De-

viceID zu vergeben, zu der wiederum eine neue IODD gehört. Kommt es bei IODDs zu Versionsänderungen, liegt das in der Regel an Korrekturen innerhalb der IODD, die nicht die Funktionen des IO-Link-Devices betreffen. Meistens sind dies Korrekturen von Rechtschreibfehlern oder fehlerhaft angegebenen Parameterbereichen, Aus- und Einblende-Funktionen von Menüs, sowie Ergänzungen von Sprachdateien.

6.3 IODD zum IO-Link-Device finden

Auf den Homepages aller IO-Link-Device-Hersteller ist zu jedem IO-Link-Device eine IODD verfügbar, die herunter zu laden ist. Die IODD ist ein fester Bestandteil eines IO-Link-Devices, den der Anwender mit dem IO-Link-Device zusammen erwirbt.

Der einfachste Weg, um eine IODD zu erhalten, ist, die Nutzung der IODDfinder-Homepage. Diese ist über die Adresse www.io-link.com zu erreichen. Alle namhaften IO-Link-Device-Hersteller legen auf dieser Seite ihre IODDs ab. **Bild 6.3** zeigt den Aufbau der Seite. Die Oberfläche des IO-Link-IODDfinders lässt das Suchen nach Artikeln, Produktbezeichnungen, Herstellern, IO-Link-Revisionen und IO-Link-DeviceIDs zu.

Hat eine IODD mehrere Versionsnummern, da es Korrekturen durch den Hersteller an der IODD gab, so sind diese in der Oberfläche einsehbar und unter dem Link „Alle Versionen“ einzusehen. Es ist auch möglich eine ältere Version zu laden. **Bild 6.4** zeigt diese Eigenschaft des IODDfinders.

Der Anwender lädt eine IODD herunter, in dem dieser das Downloadsymbol in der ersten Spalte anwählt. Der Download erfolgt als Zip-File, in dem die entsprechend zugehörigen Dateien, wie unter Kapitel 6.1 beschrieben, zusammengefasst sind.

Händisch alle IODDs von dem IODDfinder zu laden, ist eine Möglichkeit, jedoch die vergleichsweise mühsamste. Die meisten der heutigen Tools haben bereits ein Plug-In, der sich über einen entsprechenden API-Key mit dem IODDfinder verbindet und sehr komfortabel die benötigten IODDs lädt und im Tool sofort zur Verfügung stellt. So sind die meistern Tools in der Lage eine Anlage abzuscannen, die gefundenen

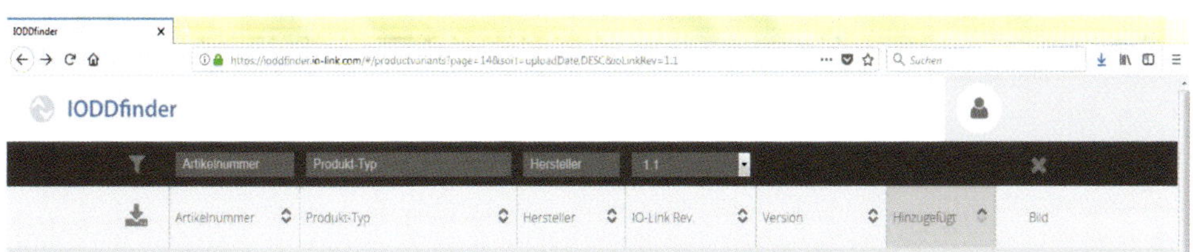

Bild 6.3: IODDfinder

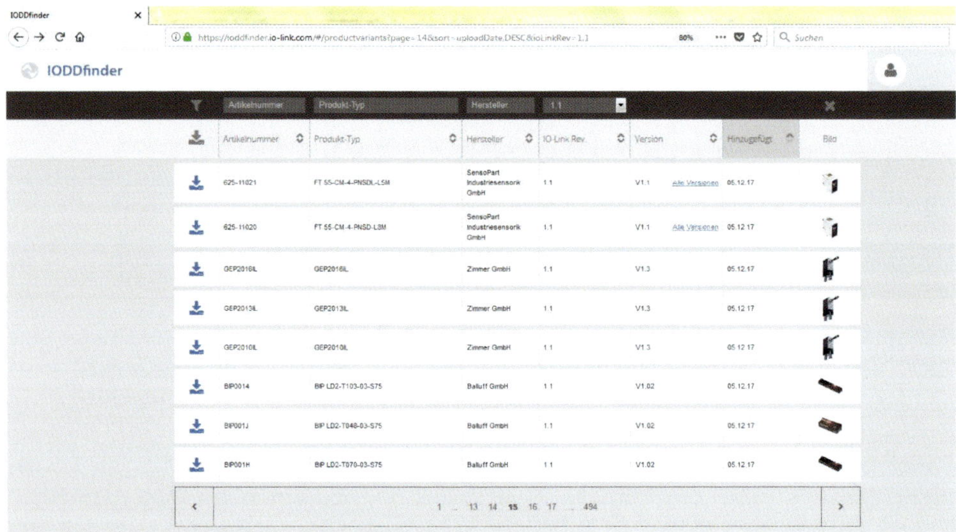

Bild 6.4: IODDfinder mit Link zu älteren IODD Versionen

IO-Link-Devices zu identifizieren und selbständig die benötigten IODDs herunterzuladen. Bei den Downloads von IODDs durch ein Tool spart sich der Anwender die händischen Schritte der Suche, z. B. nach Hersteller und Artikelnummer. Das Tool liest über den IO-Link-Master die IO-Link-VendorID und die IO-Link-DeviceID aus, im Anschluss fordert dieses eine Freigabe durch den Anwender (PopUp-Fenster mit entsprechender Freigabeanforderung) an, um sich auf den IODDfinder einzuwählen. Ist dies erfolgt, lädt das Tool die passende IODD im Hintergrund herunter, entpackt diese und hinterlegt die geladene IODD im Gerätekatalog des Tools. Somit steht sie sofort zur Nutzung bereit.

Der IODDfinder eignet sich ebenfalls, um sich herstellerübergreifend einen umfassenden Überblick auf die am Markt vorhandenen IO-Link-Devices zu verschaffen.

6.4 Der IODD-Checker

Um die Qualität der IODD sicherzustellen, stellt die IO-Link-Community – ähnlich den Testtools für die Herstellererklärung (siehe Kapitel 7) – ein Prüfwerkzeug zur Verfügung. Der so genannte IODD-Checker muss zwingend vor der IODD-Freigabe eine IODD geprüft haben. Der IODD-Checker analysiert im Wesentlichen den Aufbau einer IODD und prüft die IODD auf fehlende Teile. Nach einer erfolgreichen Prüfung trägt der IODD-Checker eine Prüfsumme in der IODD-Hauptdatei ein. Interpreter-Tools und die einschlägigen Engineering-Tools, die eine IODD importieren, erstellen ihrerseits ebenfalls eine Checksumme über die Inhalte der IODD. Stimmen beide Prüfsummen überein, akzeptieren die Interpreter- und Engineering-Tools die IODD als eine gültige IO-Device-Description. Üblicherweise ist im Anschluss die IODD autorisiert in dem jeweiligen System hinterlegt. Nimmt der Anwender eine Änderung im IODD-XML-File vor, so ist die IODD aufgrund der vorgenommenen Manipulation nicht mehr gültig, da die Checksumme verfälscht ist. Alle Interpreter-Tools, sowie die anderen Tools, die IODDs nutzen, stellen fest, dass die vorliegende IODD ungültig ist. Die entsprechenden Systeme lehnen solche IODDs ab.

Der IODDfinder prüft beim Hochladen der IODD durch die Hersteller ebenfalls die Gültigkeit der IODD. Ungültige IODD können nicht auf den IODDfinder hinterlegt werden.

6.5 Interpretertools

Ein IODD-Interpreter liest eine IODD ein und kann die Inhalte anwendergerecht darstellen.

Gleich mehrere Hersteller bieten solche Tools an. Im Folgenden ist eine Auflistung angeben, die jedoch keinen Anspruch auf Vollständigkeit erhebt. Für weitere Informationen zu Interpreter-Tools ist die IO-Link-Community www.io-link.com zu kontaktieren. Ebenso können die IO-Link-Kompetenzzentren dazu Auskünfte geben, siehe ebenfalls www.io-link.com.

Vorhandene Interpretertools:

- SIMATIC Step7 PCT (Siemens),
- TIA-Portal (Siemens),
- IODD Interpreter DTM für FDT (M&M),
- PC works (Phoenix Contact),
- LR Device (ifm electronic).

6.6 IODD und was nun?

Anhand eines Beispiels möchte dieses Kapitel die Arbeit des IODD-Interpreters, sowie die Einbindung einer IODD in die Anlagenkonfiguration erläutern. Dabei geht es im Wesentlichen um die Grundzüge, die bei allen Herstellern gleich sind. Für Unterschiede von Hersteller zu Hersteller ist die jeweilige Anwenderdokumentation zu Rate zu ziehen.

6.6.1 IODD-Interpreter und DTM (IODD-DTM)

Der IODD-Interpreter und DTM vereinen die Vorzüge von IODDs und DTMs.

Der Anwender stellt dem IODD-DTM eine IODD zur Verfügung. Mit Aktualisierung des Gerätekatalogs innerhalb des verwendeten FDT-Umgebung (z. B. PACTWare) erzeugt der IODD-DTM einen generischen DTM für das jeweilige IO-Link-Device. Dabei läuft der IODD-DTM im Hintergrund.

- Kopieren Sie die Dateien der IODD in das Verzeichnis

> C:\Dokumente und Einstellungen\All Users\IO-Link (**Bild 6.5**). Nach Update des Gerätekatalogs erscheint das Gerät unter dem Namen

- Hersteller (IODDs),
- IO-Link (IODDs)

und ist im Gesamtsystem komfortabel einzubinden.

Unterstützt eine IODD mehr als ein IO-Link-Device, so sind im Gerätekatalog alle IO-Link-Devices dargestellt, deren IODD gleich ist.

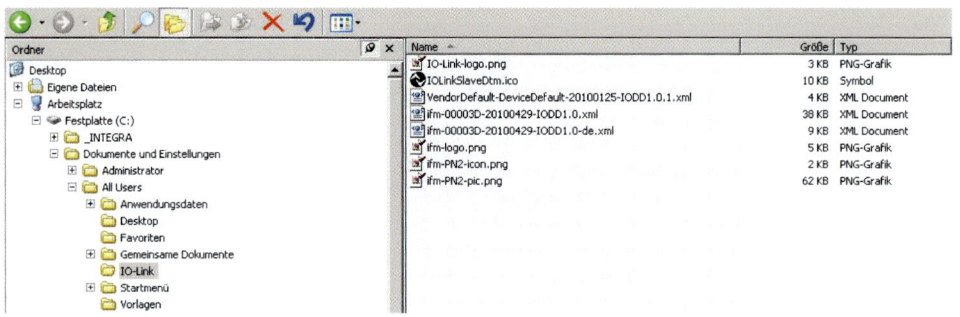

Bild 6.5: Verzeichnisstruktur

6.6.2 Einbindung der IODD in die Anlagenkonfiguration

Die meisten SPS- bzw. PLC-Hersteller bieten Anlagenkonfigurationstools. Da nicht auf alle Konfiguratortools einzugehen ist, sind die folgenden Kapitel als Beispiel zu sehen, um ein Verständnis für die Einbindung der IODD zu bekommen. Alle Tools gehen im Wesentlichen ähnlich vor. Für Details sind jedoch die Dokumentationen der jeweiligen Tools zu Rate zu ziehen.

6.6.3 Starten des Konfiguratortools

Das betreffende Konfiguratortool starten. Im Anschluss baut sich ein Fenster auf, ähnlich dem aus **Bild 6.6**.

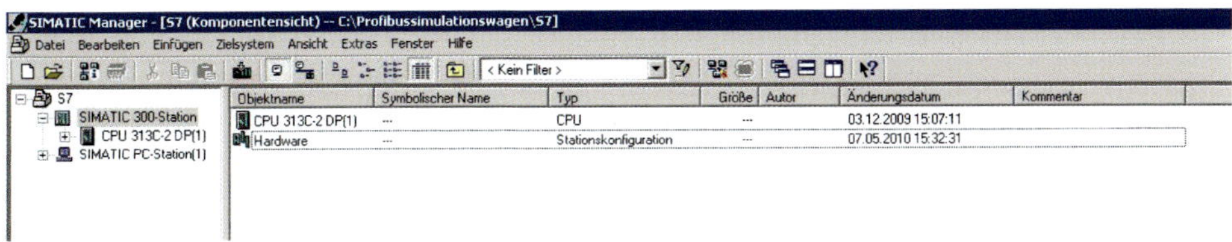

Bild 6.6: Konfiguratortool

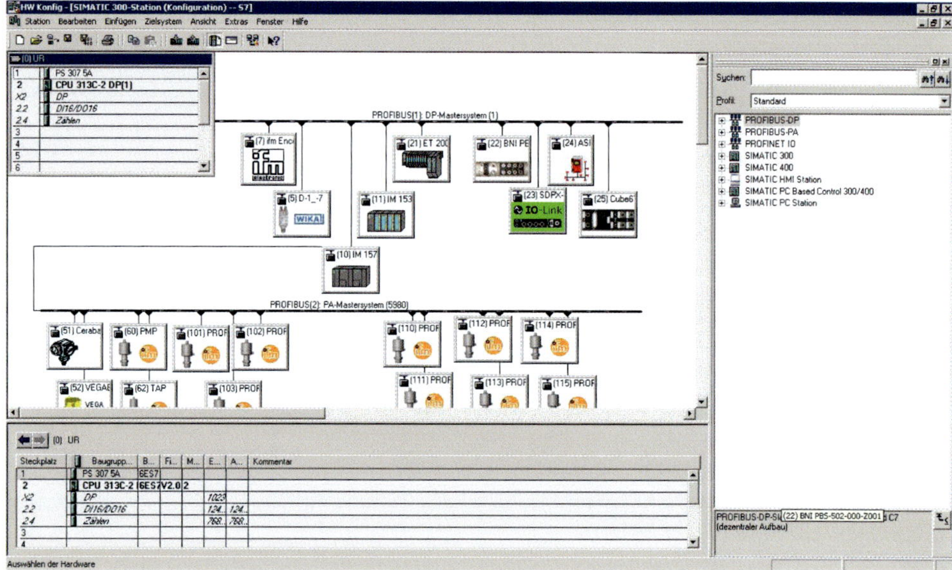

Bild 6.7: Tool-Oberfläche

In der Regel zeigt das Konfiguratortool im Anschluss die Anlage schematisch an. In **Bild 6.7** ist an Hand eines Beispiels aufgezeigt, wie in etwa eine solche Anzeige aussehen könnte.

In den Tools bzw. in den Konfiguratorumgebungen ist es möglich, über entsprechende Menüs den IODD-Interpreter zu starten. Wie dies im Einzelnen bei den unterschiedlichen Tools funktioniert, ist der Konfiguratortool-Dokumentation jedes Herstellers zu entnehmen.

6.6.4 IODD-Import

Alle Konfiguratortools ermöglichen den Import der einzubindenden IODDs. Im Normalfall steht anschließend ein Gerätekatalog zur Verfügung, in dem die eingebunden IODDs aufgelistet sind. Die IODDs stellen sich als Bild des IO-Link-Devices und dem jeweiligen Firmenlogo dar. Anschließend ist es dem Anwender möglich die entsprechenden virtuellen Geräte in die virtuelle Anlage einzubinden. Dies kann per „Drag and Drop“ geschehen, oder über entsprechende Menüs. In **Bild 6.8** ist dieser Fall beispielhaft dargestellt.

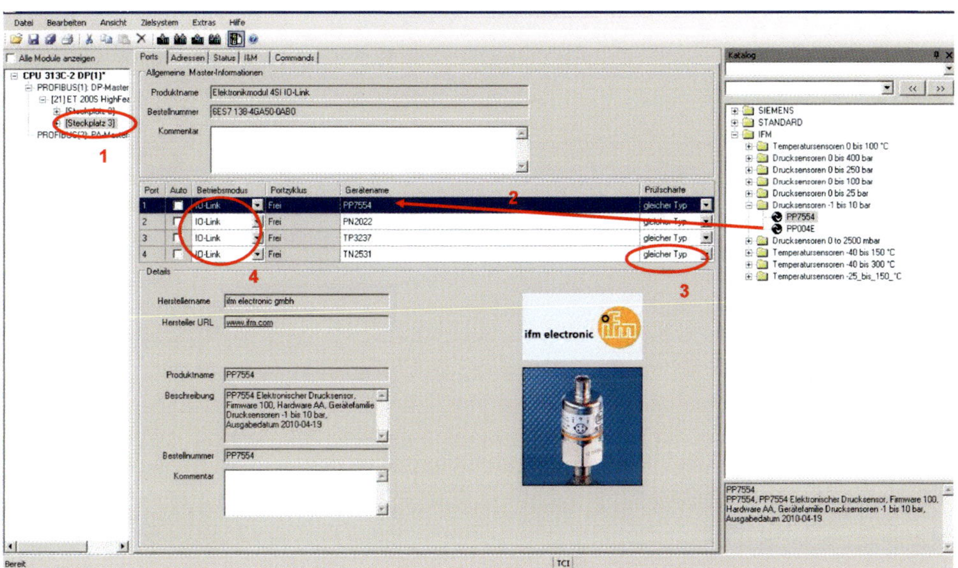

Bild 6.8: Geräte in die Anlage überführen

Dabei ist der Steckplatz mit 1 gekennzeichnet. An den gewählten Steckplatz bildet der IO-Link-Master die Daten vom noch zu wählenden IO-Link-Device ab. Anschließend zieht der Anwender ein IO-Link-Device aus dem Gerätekatalog (2) per Drag-and-Drop auf den gewählten Steckplatz. Die Prüfschärfe, der das IO-Link-Device unterliegt, ist ebenso einzustellen (3) (siehe Kapitel 4.2). Durch die Einführung des SMI (siehe Kapitel 4.9) ist der Begriffe der Prüfschärfen bei der Identifikation eindeutig definiert worden. Vor der Einführung des SMI variierten die Begrifflichkeiten innerhalb der unterschiedlichen Tool-Hersteller. In diesem Beispiel ist mit „gleicher Typ" die Prüfung auf identische IO-Link-VendorID und identischer IO-Link-DeviceID gemeint, wobei das IO-Link-Device auch kompatibel sein darf.

Mit der Einstellung „Betriebsmodus" (4) stellt der IO-Link-Master auf dem entsprechenden Port die gewünschte Betriebsart ein (siehe Kapitel 4.3).

7 Die Qualität des IO-Link-Standards

IO-Link verfolgt das Ziel, einen hohen Qualitätsstandard der Kommunikation zu gewährleisten. Dazu gehören drei Säulen. Zu jeder Spezifikation, die entsteht, steht eine entsprechende Testspezifikation zur Verfügung. Des Weiteren arbeitet die IO-Link-Community ständig an der Verbesserung der Spezifikationen und gibt kontinuierlich ein sogenanntes Package und Corrigendum heraus. Und als dritte Säule fungiert der jährlich stattfindende IO-Link-Interoperabilitätstest, bei dem sich die IO-Link-Hersteller treffen und ihre Komponenten testen.

Das für den Anwender sichtbarste Qualitätsmerkmal ist die zu jedem IO-Link-Gerät gehörende Herstellererklärung.

7.1 Die Testspezifikationen

Zu jeder Spezifikation entsteht eine Testspezifikation, um die Implementierungen testen zu können. In der Regel setzen die Testtool-Hersteller die Testfälle aus den Testspezifikationen in ihren Testsystemen um, so dass es nicht nötig ist, alle Tests händisch durchzuführen.

7.2 Packages und Corrigenden

IO-Link unterliegt einem ständigen Verbesserungsprozess, hierzu trägt im Wesentlichen bei, dass die Spezifikationen öffentlich sind. Jeder, der mit den Spezifikationen arbeitet und vermeintliche Fehler, oder Definitionsschwächen findet, darf unter Nennung des Namens und der Firma sogenannte Change Requests (CRs) stellen. Zu diesem Zweck befinden sich auf der zweiten Seite jeder veröffentlichten Spezifikation ein Login und das zugehörige Passwort, mit denen jeder Zugriff auf die zur verwendeten Spezifikation gehörende Change-Request-Datenbank erhält. Über diesen Link lässt sich für jeden die Bearbeitung seiner und anderer Change-Requests nachverfolgen und die Entscheidungen der Spezialistengruppe innerhalb der IO-Link-Community einsehen.

Aus den Change-Requests, die jeder auf die veröffentlichten Spezifikationen stellen kann, erzeugt eine Spezialistengruppe (das sogenannte Kernteam) entsprechende Responses. Diese Responses fasst die IO-Link-Community je nach Bedarf in einem Corrigendum zusammen. Aus einem Corrigendum und den zugehörigen Dokumenten, wie „IO-Link Interface and System Specification“, „IO-Link Test Specification“, „IODD – IO Device Description Specification“ und der Herstellererklärung schnürt die IO-Link-Community immer wieder ein sogenanntes Package, welches als Zusatz die Jahreszahl der Veröffentlichung erhält. Für alle IO-Link-Hersteller sind die Change-Request-Datenbank und die veröffentlichen Packages für Implementierungen verpflichtend.

Geplante Erweiterungen des IO-Link-System erarbeitet die Spezialistengruppe innerhalb eines sogenannten Addendums, welches mit der gesamten IO-Link-Community abgestimmt ist. Diese Erweiterungen fließen in Neuentwicklungen ein und spiegeln sich in den später zu erstellenden Spezifikationserweiterungen wider. Durch diese Prozesse ist eine stetige Qualitätszunahme sichergestellt und dem Anwender steht ein hoher Qualitätsstandard der IO-Link-Kommunikation zur Verfügung.

7.3 Interoperabilität

Ein weiterer wichtiger Bestandteil der Verbesserung der Qualität des IO-Link-Kommunikationsstandards ist ein jährlich stattfindendes Interoperabilitätstreffen. Zu diesem Treffen sind alle IO-Link-Komponentenhersteller eingeladen. Im Vorfeld des Treffens beratschlagt die IO-Link-Community, ob es Schwerpunkte geben soll, meistens sind dies drei bis vier Themen, die sich beim Interoperabilitätstreffen über gesonderte und mit Experten ausgestattete Testplätze repräsentieren. Alle anwesenden Hersteller an solchen Treffen testen ihre Komponenten mit den Komponenten anderer Hersteller. Zudem steht die IO-Link-Spezialistengruppe aus der Spezifikationsarbeit zur Verfügung, um Fragen zu klären, eventuell auftretende Schwierigkeiten bei der Interoperabilität über Hersteller hinweg zu analysieren und gegebenenfalls Change-Requests auf die betroffenen Spezifikationsteile zu stellen. Diese Treffen sind ein wesentlicher Bestandteil der Qualität des Kommunikationsstandards IO-Link und geben dem Anwender die Sicherheit, dass die Komponenten, die am Markt zur Verfügung stehen, untereinander und herstellerübergreifend seitens der IO-Link-Kommunikation richtig funktionieren.

7.4 Die Herstellererklärung

IO-Link möchte den Anwendern eine hohe Qualität des Standards liefern bei gleichzeitig niedrigen Mehrkosten. Deshalb ist jeder IO-Link-Hersteller verpflichtet, für seine

IO-Link-Geräte eine Herstellererklärung abzugeben. Diese Herstellererklärung erfolgt im Rahmen der vorgeschriebenen CE-Erklärung.

Die Herstellererklärung ist von jedem IO-Link-Hersteller, der ein IO-Link-Gerät oder ein SDCI (Single Drop Communication Interface)-Gerät in Umlauf bringt, abzugeben. Handelt es sich bei dem zu erklärenden Gerät um ein IO-Link-Device, muss ebenfalls eine durch den IODD-Checker geprüfte IODD vorliegen. Die Herstellererklärung verlangt auf Basis der IO-Link-Interface-and-System-Specification eine Prüfung bezüglich der elektromagnetischen Verträglichkeit, so wie der Unbedenklichkeit des Gerätes, dies erfolgt mit der CE-Erklärung auf Basis der gelten Normen. Im Anschluss sind die vorgeschriebenen IO-Link-Physik- und Protokolltests durchzuführen. Nur wenn diese erfolgreich absolviert sind, ist es möglich, eine Herstellererklärung abzugeben. Es besteht alternativ die Möglichkeit, alle Prüfungen durch die IO-Link-Kompetenzcenter und -Prüflabore durchführen zu lassen.

Für den Anwender ist durch die veröffentlichten Herstellererklärungen gewährleistet, dass der IO-Link-Standard eingehalten ist. Sollte für ein Gerät keine Herstellererklärung vorliegen, sollte sich der Anwender an den betreffenden Hersteller wenden und sich die Herstellererklärung vorlegen lassen. Bei Zweifeln an der Qualität eines IO-Link-Gerätes kann der Anwender darauf drängen, die Testprotokolle und Logfiles einzusehen. Kann der Anwender diese nicht beurteilen, besteht die Möglichkeit sich an ein IO-Link-Kompetenz- oder Testcenter zu wenden.

Die Qualität der Herstellererklärung ist dadurch gewährleistet, dass die IO-Link-Hersteller in der Regel Standardtesttools nutzen, die einen Testreport für die Herstellererklärung liefern. Dabei decken die Testtools die IO-Link-Testspezifikationen ab. Ausnahmen für nicht bestandene Testfälle müssen begründet sein oder werden von der IO-Link-Community über ihre Spezialistengruppe erteilt.

7.5 Aufbau der Herstellererklärung

Die veröffentliche Herstellererklärung ist ein Dokument, das der üblichen CE-Erklärung ähnelt. Das Dokument ist für die Anwender eines IO-Link-Gerätes (-Masters und/oder -Devices) einsehbar bzw. gehört zum IO-Link-Gerät genau wie die CE-Erklärung.

Bild 7.1 zeigt das standardisierte Formblatt der Herstellererklärung. Auf diesem Formblatt gibt der entsprechende IO-Link-Hersteller an, wie das Produkt heißt, welche Normen und IO-Link Spezifikationen zur Prüfung des IO-Link-Gerätes (IO-Link-Master, wie IO-Link-Device) zur Anwendung kamen. Zudem ist auf dem Papier die Identifikation des IO-Link-Protokolltestes anzugeben. Die Testidentifikation gibt das jeweilige Testtool aus und deklariert den Testreport eindeutig und nachvollziehbar.

MANUFACTURER'S DECLARATION OF CONFORMITY

We:

Beispiel Firma GmbH

Musterstraße 1

34120 Musterstadt, Germany

declare under our own responsibility that the product(s):

MusterDevcie 2232 " IO-Link Optical Sensor M12 IP67"

IO-Link Device

to which this declaration refers conform to:

☒
- IO-Link Interface and System Specification, V1.1, July 2013 (NOTE 1,2)
- IO Device Description, V1.1, August 2011

☐
- IO-Link Interface and System Specification, V1.0, January 2009 (NOTE 1)
- IO Device Description, V1.0.1, March 2010

The conformity tests are documented in the test report:

Beispiel-Firma-MD-2232-M12-20170526-Device Test Report.pdf

Issued at *Musterstadt, June 10, 2017* **Authorized signatory**

Name:	Max Mustermayer
Title:	Vice President R&D
Signature:	Max Mustermayer

Reproduction and all distribution without written authorization prohibited

NOTE 1 Relevant Test specification is V1.1, July 2014

NOTE 2 Additional validity in Corrigendum Package 2015

Bild 7.1: Herstellererklärung Beispiel Formblatt

7.6 Test-, Analyse- und Diagnosetools

Wie jedes andere Kommunikationssystem benötigt IO-Link ebenfalls Test-, Analyse- oder Diagnosetools. Dabei ist die Ausprägung durchaus unterschiedlich. Es existieren reine IO-Link-Monitore bzw. sogenannte Sniffer, die die IO-Link-Kommunikation auf der IO-Link-Physik mithören und interpretieren können. Für die Erstellung der Herstellererklärung existieren Protokolltesttools, sogenannte IO-Link-Master- und IO-Link-Devicetester.

Die Analyse eines IO-Link-Systems gestaltet sich im Vergleich zu Bussystemen recht einfach; da es sich um eine Punkt-zu-Punkt-Verbindung handelt, gibt es keine Adress- und Potenzialproblematiken. Zudem hat das IO-Link-System den Vorteil, dass es einige Fehlverhalten durch Selbstdiagnosen anzeigt. Schwierig ist die Fehleranalyse immer dann, wenn es zu Drifteffekten kommt, die z. B. das zeitliche Verhalten von IO-Link-Device oder IO-Link-Master negativ beeinflussen. Häufig sind es Dateninhalte, die die Probleme auslösen und nicht die Kommunikation an sich.

Um bei nicht eindeutig nachzuvollziehenden Problematiken die Applikation bzw. die Anlage zu untersuchen, können die im Folgenden beschrieben Analysetools oder Methoden zum Einsatz kommen.

7.7 Testtools

Die IO-Link-Hersteller sind verpflichtet, eine Herstellererklärung bezüglich der Einhaltung des IO-Link-Standards abzugeben. Um nicht alle vorgeschrieben Testfälle aus den IO-Link-Testspezifikationen händisch durchführen zu müssen, gibt es durch die IO-Link-Community autorisierte Testtools. Für den IO-Link-Mastertest gibt es ein definiertes IO-Link-Test-Device. Dieses IO-Link-Test-Device besteht aus einer Hardware, einer Schnittstelle zum Rechner, sowie einer zugehörigen Software, die das IO-Link-Test-Device steuert und die gewonnenen Daten analysiert. Zusätzlich gehört zum IO-Link-Test-Device eine Busanschaltung, so dass der IO-Link-Master ausreichend zur Prüfung eingebunden ist und die originalen Schnittstellen eines IO-Link-Masters der Nutzung unterliegen. Dieses Verfahren erlaubt es, den IO-Link-Master genauso einer Prüfung zu unterziehen, wie dieser letztlich in Applikationen real zum Einsatz kommt. Die Toolumgebung (Anwendersoftware auf einem geeigneten Rechner) kann das IO-Link-Test-Device kontrollieren und neben Prüfungen, die sich im Rahmen der IO-Link Spezifikationen bewegen, auch Tests durchführen, bei denen das Test-Device gezielt falsch regiert. Somit ist das richtige IO-Link-Masterverhalten prüfbar.

Für den IO-Link-Devicetest gibt es das passende Gegenstück zum IO-Link-Test-Device, den sogenannten IO-Link-Test-Master.

Dieser IO-Link-Test-Master ist genau wie das IO-Link-Test-Device via USB mit einem Rechner verbunden, auf dem wiederum eine entsprechende Anwendersoftware zur Steuerung des IO-Link-Test-Masters und der Auswertung der Testfallergebnisse installiert ist. Der IO-Link-Test-Master prüft – wie auch das IO-Link-Test-Device – in erster Linie die Funktion der in den IO-Link-Spezifikationen definierten Abläufe. Zudem kann der IO-Link-Test-Master gezielt einzelne Testfälle durchführen, die sich am Rande der Definitionen bewegen, um zu prüfen, ob sich das IO-Link-Device nach wie vor spezifikationskonform verhält. Es kann nützlich sein, einzelne Testfälle durchzuführen, um eventuelle Fehler aus Anlagen zu reproduzieren oder analysieren zu können. Aber auch in der Entwicklung von IO-Link-Devices kann eine Einzeldurchführung von Testfällen hilfreich sein, um Fehler aufzudecken und zu beseitigen.

Bei den IO-Link-Kompetenzcentern und -Prüflaboren sind diese Tools Standard und liegen dort vor. Diese Tools sind von den entsprechenden Herstellern zu erwerben, wenn man dieses möchte und sich mit den Gepflogenheiten des Tests auskennt.

7.8 Tools zur Diagnose

Einige Hersteller bieten spezielle IO-Link-Monitore an. Dabei setzt sich der IO-Link-Monitor aus mehreren Komponenten zusammen. Ein IO-Link-Monitor besteht in der Regel aus einem Hardwareteil, der in die IO-Link-Leitung eingreift, einer Schnittstelle zum Rechner (z. B. via USB) und einer Software, die die mitgelesenen Daten analysiert. Mit der Hardware ist es möglich, die über die IO-Link-Leitung gehenden Daten mitzulesen/mitzuschreiben (Snifferfunktion). Über das USB-IO-Link-Interface gelangen die Rohdaten zur Analysesoftware. Die Analysesoftware ist in der Lage, die mitgelesenen Rohdaten in die entsprechenden Datenstrukturen zu zerlegen und so die Phasen der IO-Link-Kommunikation darzustellen. Zudem besteht die Möglichkeit, die Dateninhalte, sofern sie standardisiert sind, in Klartext anzuzeigen. Einige Tools nutzen mittlerweile die IODD, um alle über die Leitung geschickten Daten interpretieren zu können. Die meisten IO-Link-Monitore können, insbesondere dann, wenn der Anlauf schon ausgeführt ist und dem IO-Link-Monitor die entsprechenden Daten fehlen, aus der laufenden Kommunikation den M-Sequenz-Typ nicht mehr bestimmen und haben somit keine Möglichkeit, die Kommunikation zu analysieren. An dieser Stelle haben IO-Link-Monitore, die die IODD nutzen, einen Vorteil, da in der IODD die entsprechenden Daten hinterlegt sind (siehe Kapitel 6).

Führt die Analyse des Protokolls auf der IO-Link-Physik zu dem Schluss, dass das Protokoll nicht richtig abläuft, sind die elektrischen Einflüsse zu prüfen. Die statischen elektrischen Werte sind zu prüfen. Diese finden sich in Kapitel 9.1.2 und 9.2.2.

Potenzialverschiebungen können zu Kommunikationsschwierigkeiten bei IO-Link führen, deshalb ist zwingend darauf zu achten, dass die beiden Spannungen (U_S und U_A) an einem Port Class B galvanisch getrennt sind.

Obwohl das IO-Link-System sehr EMV-robust ist, empfiehlt es sich, das Umfeld bezüglich möglicher EMV-Störungen zu untersuchen. Die IO-Link-Monitore liefern hierbei wertvolle Informationen, die auf ein negatives EMV-Verhalten hindeuten. Typisch für elektromagnetische Einflüsse (EMV-Einflüsse) kann z. B. sein, dass es zu M-Sequenz-Wiederholungen kommt, die die IO-Link-Monitore visuell hervorheben bzw. kennzeichnen. Schlimmstenfalls sind mit dem IO-Link-Monitor sogar Neuanläufe der Kommunikation zu detektieren, die auf einen größeren Einfluss der EMV zurückzuführen sein können. Bezüglich der EMV-Stabilität ist IO-Link bestens gerüstet und bis jetzt sind keine Schwierigkeiten bekannt.

Sollten die Prüfungen zu keinem Ergebnis führen, sind der IO-Link-Device- und IO-Link-Masterhersteller zu kontaktieren. Ebenfalls besteht die Möglichkeit, sich an eines der IO-Link-Kompetenzzentren und -Prüflabore zu wenden (Infos unter www.io-link.com).

7

Einige IO-Link-Monitore sind in der Lage, über längere Zeiträume die IO-Link-Kommunikation aufzuzeichnen, dies ist immer dann interessant, wenn es zu sporadischen Fehlern kommt, die z. B. im Ablauf einer Maschine zu einem Fehlverhalten oder im einfachsten Fall zu einem sporadisch komischen Verhalten führen. Durch Langzeitaufzeichnungen ist es möglich zu erkennen, welche Informationen zum Zeitpunkt des Fehlverhaltens von einzelnen IO-Link-Devices auf der IO-Link-Leitung waren und ob diese mit dem Verhalten in Verbindung zu bringen ist.

Hinweis:
Haben Anwender Probleme in Anlagen, sind die IO-Link-Hersteller in der Lage, mit Analysetools zu schauen, was die einzelnen IO-Link-Devices an Informationen gesendet bzw. bekommen haben. Es gilt der Satz: Wenden Sie sich an die betroffenen Hersteller der IO-Link-Komponenten. Bestehen Zweifel an der Einhaltung der IO-Link Spezifikation kann ein Kompetenzcenter zu Rategezogen werden.

7.9 Analyse von Parametersätzen

Einige IO-Link-Hersteller bieten USB-IO-Link-Master an. Diese können ebenfalls zur Analyse zum Einsatz kommen. Vorwiegend dann, wenn Datensätze bzw. Parametersätze versehentlich eine Änderung erfahren haben. Mit einem Rechner und dem entsprechenden Tool sind die Parametersätze des IO-Link-Devices einzusehen und mit zugehöriger IODD wieder in den originalen Zustand bzw. in für die Applikation sinnvolle Einstellungen zu überführen.

Zudem kann dieses Tool Anwendung finden, wenn das IO-Link-Device als ein konventionelles Device in einer älteren Anlage zum Einsatz kommt und am „Schreibtisch" per Off-Side-Parametrierung sehr komfortabel seinen Parametersatz (z. B. Schaltpunkt und Rückschaltpunkt) geschrieben bekommt (siehe Kapitel 4.8).

7.10 Elektromagnetische Einflüsse

Die IO-Link-Spezifikation schreibt für die Elektromagnetische Verträglichkeit (EMV) die für Kommunikationssysteme üblichen Messungen vor. Da die IO-Link-Definition mit einer Leitungslänge von 20 m unter der für die Surge-Messung vorgeschriebenen minimalen 30 m Leitungslänge bleibt, ist diese Messung für IO-Link-Komponenten nicht nötig.

Die Messungen bezüglich Burst, leitungsgebundener Störeinstrahlung und der Störabstrahlung zeigen, dass das IO-Link seine Umgebung trotz des hohen Spannungshubes von typisch 24 V unwesentlich beeinflusst. Die Kommunikation ist gegenüber Störungen sehr robust, selbst unter Störeinflüssen wie z. B. Burst. Dies liegt zum einen an der Physik, zum anderen an den Mechanismen der Wiederholung von unter Umständen zerstörten M-Sequenzen. Mit einer Hemming-Distanz von 4 ist die Anzahl der möglichen unerkannten Fehler innerhalb einer M-Sequenz sehr gering. Damit ist die IO-Link-Kommunikation für das raue Industrieumfeld geeignet.

Für die Messung der EMV-Einflüsse existieren sogenannte IO-Link-EMV-Master und -Devices, die einer hohen Qualität der EMV-Prüfungen garantieren.

8 IO-Link Wireless

Um alle Applikationen abzudecken hat sich IO-Link mit dem Thema Wireless beschäftigt. Dabei stand die Übernahmen der IO-Link-Gene wie sie bei der standardisierten und simplen Leitungsgebunden Variante bekannt sind im Vordergrund. Die Ideen, die hinter IO-Link Wireless stehen sind durchaus vielfältig. So lassen sich autarke IO-Link-Devices, die sich über Batterien oder Energy-Harvesting versorgen, in eine Anlage einbinden. Einige Ideen sehen die Verdrahtungsreduktion als Vorteil an; andere wiederum, dass sich Datenströme an kritischen Punkten zuverlässig übertragen lassen. Somit ergib sich ein interessantes Feld für IO-Link Wireless in verschiedenen Umfeldern wie z. B. dem Maschinen- und Anlagenbau.

Die Herausforderung besteht im Wesentlichen darin, mit der IO-Link Wireless-Technologie die Anlagen-Performance von fest verdrahteten IO-Link-Devices im System zu erreichen. Diese Anforderung zu erfüllen ist nicht ganz einfach, weshalb einige Anforderungen in die IO-Link Wireless-Spezifikation eingeflossen sind, die diesem Anspruch Rechnung tragen.

Als Ansprüche gelten Zykluszeiten unterhalb von 10 ms für Input- und Output-Daten sowie eine hohe Zuverlässigkeit der Verbindung, die der leitungsgebundenen Variante in nichts nachsteht. Zusätzlich wurde gefordert, dass 30 bzw. mehr als 30 IO-Link-Devices über eine Zelle respektive Funkkanal mit einem IO-Link-Master kommunizieren. Bei der Definition der Funkstrecke ist Augenmerk auf vorhandene Technologien gelegt worden. Das 2,4-GHz-Band nutzen neben IO-Link auch Standards wie z. B. Bluetooth, und es existieren Erfahrungen mit Ausprägung sowie Abstrahl- und Empfangsrichtung von Antennen. Eine weitere Bedingung ist, dass ein solches Funknetzwerk mit anderen Systemen koexistieren kann und bis zu drei IO-Link-Wireless-Master mit 120 IO-Link-IO-Link-Wireless-Devices Kontakt halten können.

8.1 Der prinzipielle Aufbau von IO-Link Wireless

IO-Link Wireless ist einfach gesagt nur der Ersatz der Leitung durch eine Funkstrecke. Demzufolge unterscheiden sich Bild 1.2 aus Kapitel 1 und **Bild 8.1** aus diesem Kapitel fast gar nicht, außer dass das Übertragungsmedium ein anderes ist. Der IO-Link-Nutzer bekommt von der unterlagerten Übertragung über Funk nichts mit. Jedoch bedarf es bei der Einrichtung der Funkstrecke einiger Tätigkeiten, um die Zuordnung der

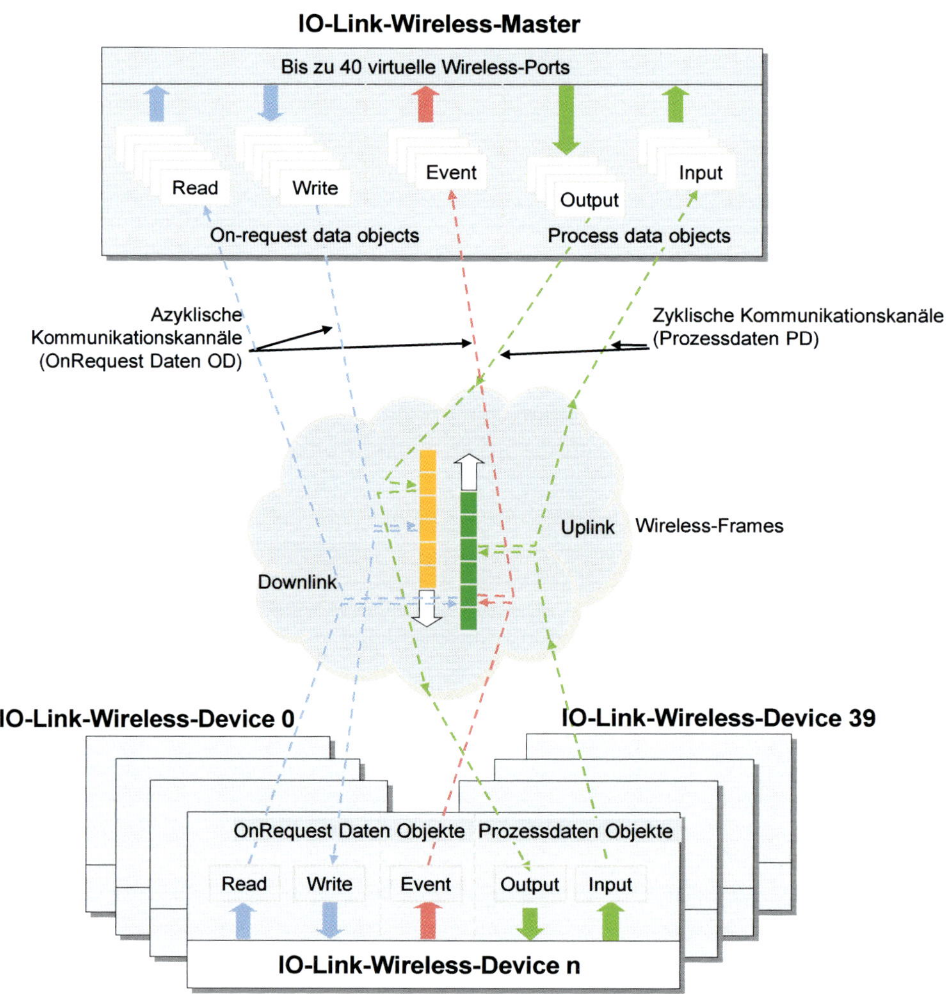

Bild 8.1 Prinzipieller Aufbau des IO-Link Wireless Systems (Quelle: IO-Link-Community)

IO-Link-Devices und der IO-Link-Master sicherzustellen – im Gegensatz zum Kabel, bei dem der mechanische Anschluss die Portzuordnung implizit vornimmt.

Der Downlink und der Uplink stellen den Übertragungskanal wie er auch bei Kabel vorhanden ist dar. In diesem Kanal überträgt das System die üblichen IO-Link-Master und IO-Link-Device Telegramme, die aus der kabelgebundenen Variante bekannt sind (siehe Kapitel 9.5). Da der Funkkanal weiter Informationen benötigt sind die zu übertragenden abweichend von den IO-Link-Standard-Telegrammen mit weiteren Zusatzinformationen bezüglich der Funkstrecke versehen, es handelt sich somit um eine Tunnelung der der IO-Link-Standard-Daten auf der Funkstrecke. Anders ausgedrückt ist die Übertragungsphysik getauscht, jedoch die Dateninhalte sind an den überlagerten Schichten des IO-Link-Systems wieder im bekannten Format zugreifbar. Beim Blick auf das Gesamtsystemschaubild (**Bild 8.2**) ist schnell erkennbar, dass sich die Funkstrecke als Datenkanal einbettet (vergleiche Kapitel 1, Bild 1.2.).

Das **Bild 8.2** deutet zwei Arten von Wireless-Endgeräten an. Zum einen ist das Kabel durch eine Funkstrecke ersetzt. Am Ende findet sich jedoch ein klassisches IO-Link-Device, das über eine sogenannte W-Bridge an die Funkstrecke angebunden ist. Zum anderen gibt es sogenannte W-Device, also reine IO-Link-Wireless-Devices.

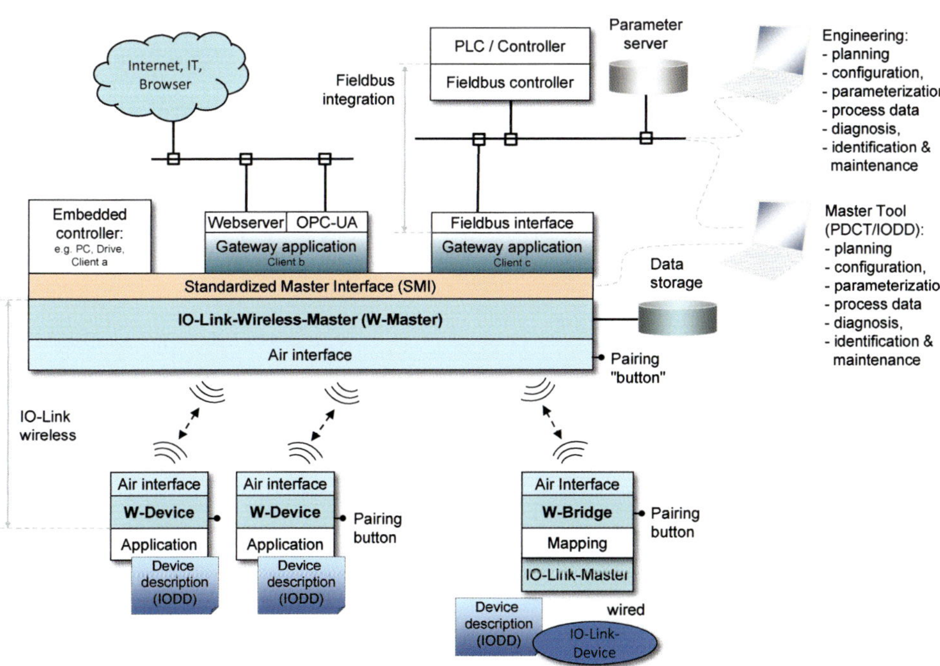

Bild 8.2 Systemaufbau IO-Link Wireless Systems (Quelle: IO-Link-Community)

8

8.2 Parameter der IO-Link-Wireless-Strecke

Die Funkstrecke und die damit betriebenen Geräte müssen entsprechend eingerichtet werden, so dass das überlagerte IO-Link-System von der Übertragungsphysik entkoppelt ist. Einen Sonderfall stellt dabei die Auftrennung des Kabels zu einer Funkstrecke dar, an deren Ende wieder kabelgebundene IO-Link-Devices arbeiten können. Hierbei handelt es sich um die zusätzlichen Bridge-Parameter.

Die Funkparameter sind in **Tabelle 8.1** aufgelistet. Diese fügen sich in den reservierten Bereich aus Tabelle 2.14 in Kapitel 2 ein.

Tabelle 8.1: Funkparameter von IO-Link Wireless

	Index in hex	Index in dez	Name	Read/ Writeable	Länge	Datentyp	Pflicht/ optional	Bemerkung
Wirelessparameter	0x5000	20480	WDevice-Mode	R	1 Byte	UIntegerT	M	Betriebsart des IO-Link-Wireless-Devices
	0x5001	20481	WirelessSystemMgmt	R	9 Byte	RecordT	M	UniqueID für Wireless
	0x5002	20482	WirelessSystemCfg	R/W	4 Byte	RecordT	M	Wireless Systemparameter
	0x5003	20483	Wireless-Quality	R	1 Byte	UIntegerT	M	Qualität der Funkstrecke
	0x5004	20484	WBridgeInfo	R	12 Byte	RecordT	O	Bridge Informationen
	0x5005	20485	WRadioInfo	R	12 Byte	RecordT	M	Wireless-spezifische Informationen des Gerätes
	0x5006	20486	Adaptive-HopTable	R	82 Byte	RecordT	M	Liste für Frequenzhopping

Index 0x5000 (WDeviceMode)
Dieser Parameter speichert die IO-Link-Wireless-Betriebsart. In **Tabelle 8.2** sind die möglichen Betriebsarten aufgelistet. Die Parameter werden vom System selbst ausgehandelt. Dabei ist die einzige Vorgabe, die der Anwender am Port vorgeben kann, die, ob der Port aktiv oder inaktiv, sprich abgeschaltet, sein soll. Dieser Parameter ist ein reiner Informationsparameter zur Systemanalyse, der nur ausgelesen werden kann.

Tabelle 8.2: IO-Link-Wireless-Betriebsarten (Modi)

Wert	Bemerkung
0x00	INACTIVE
0x01	STARTUP
0x02	IDENT_STARTUP
0x03	IDENT_CHANGE
0x04	PREOPERATE
0x05	OPERATE

Abweichend vom kabelgebunden IO-Link-System kennt das IO-Link Wireless-System zwei weitere Betriebsarten, den IDENT_STARTUP und den IDENT_CHANGE.

In dem IDENT_STARTUP Zustand werden die Kommunikationsparameter der Direct Parameter Page 1, Adressen 0x03 bis 0x07 vom IO-Link-Master gelesen. Zur den Identifikationsdaten gehören dabei die VID, DID und FID. Diese verifiziert der IO-Link-Wireless-Master mit den konfigurierten Portvorgaben. Stimmen diese überein, geht das System in den PreOperate. Ist ein Inaktiv für den betreffenden Port hinterlegt, geht das System in den Inaktiv-Mode.

Im IDENT_CHANGE Zustand wartet das System auf eine Neuinitialisierung der Identifikationsparameter durch die Applikation. Das IO-Link-Wireless-Device verlässt diesen Zustand, sofern der Port auf inaktiv konfiguriert ist, oder wenn die Direct Parameter Page gelesen wird und es so zu einer Neuinitialisierung kommt.

Index 0x5001 (WirelessSystemMgmt)
Dieser Parameter besteht aus der IO-Link üblichen 2 Byte VendorID, gefolgt von der 3 Byte Wireless-IO-Link-DeviceID und einer weiteren 4 Byte Device-Kennzeichnung. Dabei ist die Device-Kennzeichnung (Distinguishing ID) angelehnt an die Definition der IO-Link-DeviceID und liegt in der Verantwortung des jeweiligen Herstellers.

Aus den vorstehenden Einzeldaten ergibt sich die sogenannte UniqueID für das jeweilige IO-Link-Wireless-Device.

Index 0x5002 (WirelessSystemCfg)
Dieser Index setzt sich aus mehreren Einzelparametern zusammen, die es dem System ermöglichen, Auskünfte über Alive-Zeiten, maximale Retrys des IO-Link-Wireless-Devices und die Qualität der Funkstrecke zu erhalten.

Tabelle 8.3: Subindices des Indexes 0x5002 Wireless-SystemCfg

0x01	R/W	IMATime	OctetStringT2
0x02	R/W	MaxRetry	UIntegerT8
0x03	R/W	TxPower	UIntegerT8

Die Einzelparameter sind vom System in Subindices gegliedert, um ein gezieltes Auslesen zu ermöglichen. In **Tabelle 8.3** sind die Parameter mit zugehörigem Subindex aufgelistet.

- **IMATime**

Die IMATime ist die Rückmeldezeit, die ein IO-Link-Wireless-Device unterstützt. Der IO-Link-Wireless-Master nutzt diese vom IO-Link-Wireless-Device zur Verfügung gestellte Zeit, um zu prüfen, ob das angeschlossene IO-Link-Wireless-Device noch vorhanden ist. Wenn dies nicht der Fall ist, meldet der IO-Link-Wireless-Master einen Kommunikationsfehler. Der IO-Link-Wireless-Master prüft dabei, ob das betreffende IO-Link-Wireless-Device innerhalb der angegebenen IMATime antwortet. Mit dieser Zeit steuert der IO-Link-Wireless-Master die Kommunikation zu den IO-Link-Wireless-Devices und zudem kann der IO-Link-Wireless-Master diese Information in der Konfigurationsphase zur Leistungsoptimierung heranziehen.

Die IMATime unterliegt der Festlegung durch den jeweiligen Hersteller des IO-Link-Wireless-Devices. Die IMATime ist auf maximal 10 Minuten begrenzt, die minimale IMATime unterliegt der minimalen Zykluszeit des IO-Link-Wireless-Devices multipliziert mit der maximalen Anzahl der zulässigen Retrys inklusive eines weiteren Retrys.

Für schreibende Zugriffe ergibt sich die Berechnungsformel (8.1):

$$T_{IMAmin} = \text{W-Sub-Zyklusszeit} * (\text{MaxRetry} + 1) \text{ [in ms]} \quad (8.1.)$$

Die IMATime überträgt das IO-Link-Wireless-Device immer, sofern keine anderen Daten zu übertragen sind (vergleiche Idle in der ISDU im Kapitel 9.6)

Der strukturelle Aufbau der IMATime ist in **Tabelle 8.4** dargestellt.

Tabelle 8.4: Kodierung der IMATime

Byte 0	Byte 1
Kodierung der Zeitbasis	Faktor, Gültiger Wertebereich: 1 bis 255

Im Wesentlichen besteht die IMATime aus zwei Byte, wobei das Byte 0 die Zeitbasis kodiert und das Byte 1 den Multiplikator darstellt.

Die Zeitbasis für das Byte 0 der IMATime ist in **Tabelle 8.5** aufgelistet.

Tabelle 8.5: Kodierung der IMATime

Zeitbasiskodierung	Zeitbasiswert	Umwandlung in W-Sub-Zyklen	Bemerkung
0x00	-	-	Reserved
0x01	1.664 ms	1	Unterliegt der Min und Max IMATime
0x02	5 ms	3	
0x03	1 s	600	
0x04	1 min	36,000	
0x05 ...0xFF	-	-	Reserved

Tabelle 8.6: Kodierung der Anzahl der Wiederholungen

Wert	Bemerkung
0x00...0x01	Reserved
0x02	2 retry
0x03	3 retry
0x04	4 retry
...	...
0x1F	31 retry
0x20 ...0xFF	Reserved

- **MaxRetry**

Für die Funkstrecke kann je nach Anforderung der Umgebung eine erhöhte Anzahl an Retrys vorgesehen werden. Die Mindestzahl ist jedoch wie auch bei Standard IO-Link zwei Wiederholungsversuche. Die entsprechende Kodierung für die Anzahl der Wiederholungen ist **Tabelle 8.6** zu entnehmen.

- **TxPower**

In diesem Parameter hinterlegt das IO-Link-Wireless-Device die aktuell angewendete Sendeleistung. Die entsprechende Sendeleistung ist entweder der Dokumentation des Herstellers zu entnehmen oder sie folgt den Werten aus **Tabelle 8.7**.

Stimmt die vom Funkgerät unterstützte Sendeleistung nicht mit der geforderten überein, so rundet das System diese jeweils auf den nächstliegenden, unterstützten Leistungswert auf. Der neue Sendeleistungswert wird dann entsprechend im Parameter abgespeichert und so dem System zugänglich.

Tabelle 8.7: Kodierung der Sendeleistungen

TxPower Sendleistung	Vordefinierte Sendeleistungsstufe	Werte [dBm]
0x00	-	Reserved
0x01	Level 1	-20
0x02	Level 2	-19
...	...	...
0x14	Level 20	0
...	...	...
0x0F	Level 30	9
0x1F	Level 31	10
0x20 – 0xFF	-	Reserved

Index 0x5003 (WirelessQuality)
In diesem Parameter hinterlegt das IO-Link-Wireless-Device die Zuverlässigkeit der Funkstrecke in Prozent. Dieser Parameter liefert Erkenntnisse über die Qualität der genutzten Funkstrecke in der jeweiligen Umgebung und kann zur Fehlerbeseitigung zur Anwendung kommen. Aus **Tabelle 8.8** des Parameters geht hervor, dass die Qualität der Funkstrecke in zwei Parameter aufgeteilt ist. Zum einen in den Parameter Link Quality Indication (LQI) und in den Parameter Received Signal Strength Indication (RSSI).

Tabelle 8.9 stellt die Kodierung des Inhaltes des Parameters LQI dar. Dieser Parameter dient in erster Linie bei der Inbetriebnahme zur Beurteilung der Funkstrecke. Ebenfalls kann dieser zur Überwachung der Funkqualität während des Betriebs herangezogen werden, um z. B. signifikante Änderungen feststellen zu können. Diese Änderungen können z. B. in Organisatorischen Maßnehmen zur Verbesserung der Funkstrecke münden.

Tabelle 8.8: Qualitätsindex der Funkstrecke

Sub-index	Name	Read/ Writeable	Beschreibung	Datentyp
0x01	LQI_D	R	Wert der Verbindungsqualität	UIntegerT8
0x02	RSSI_D	R	Wert der empfangenen Signalstärke	IntegerT8

Tabelle 8.9: Kodierung der Funkstreckenqualität

LQI	Wert
0x00	0 %
0x01	1 %
0x02	2 %
...	...
0x64	100 %
0x65 – 0xFE	Reserved
0xFF	INVLID

Um die Qualitätswerte besser einordnen zu können, eine kurze Erklärung zur Aussage der Prozentangabe. Als Grundlage dient die Paketfehlerwahrscheinlichkeit PER (Packet Error Ratio) über alle Subzyklen (PERSubCycle) und der maximalen Wiederholung der Pakete. Daraus lässt sich LQI nach Gleichung 8.2. berechnen:

$$LQI = Min(100, aMaxRetry * \log 10 PERSubCycle) \tag{8.2.}$$

Für die Steigung mit MaxRetry gilt die Berechnung nach Gleichung 8.3 mit der Normierung auf einen Wert von 70 % für ein System RFP (Residual Failure Probability) von 10^{-9}.

$$a_{maxRetry} = -\frac{70}{9} * (MaxRetry + 1) \tag{8.3.}$$

Das System berechnet dabei die Paketfehlerrate alle 2^{12} Wireless-Sub-Zyklen mit Gleichung 8.4.

$$PERSubCycle = \frac{SubCycleErrorCounter}{SubCycleCounter} \tag{8.4}$$

Ist der SubCycleCounter kleiner als 2^{12}, ergibt sich der Wert 0xFF (INVALID) für LQI.

Tabelle 8.10 stellt die Kodierung des Inhaltes des Parameters RSSI dar. Dieser Parameter hinterlegt die gemessene Empfangssignalstärke. Diese Information kann ebenfalls hilfreich sein, um die Funkverbindung zu beurteilen. Dabei wird die Signalstärke in dBm angegeben.

Das RSSI ist dabei ein geschätztes Maß für den Leistungspegel, den ein IO-Link-Wireless-Master oder -Device von seinem Gegenüber empfängt. Es wird als Referenz auf die ankommende Signalleistungsstärke an der Antenne interpretiert. Die Werte des RSSI kann eine Applikation als Benutzerinformation verwenden.

Tabelle 8.10: Kodierung der empfangenen Signalstärke

RSSI	Wert
-128 bis 20	1 Byte IntegerT Bereich: -128 ≤ N ≤ +20
+127	INVALID Der Wert 0x81 kommt zur Übertragung und gibt so an, dass das RSSI nicht verfügbar ist oder von IO-Link Wireless-Master oder -Device nicht unterstützt wird
21 bis 126	Reserved

Index 0x5004 (W-Bridge Information)
Die Wireless-Bridge Informationen dienen der Identifikation und Einrichtung der angeschlossenen Brücke, die später zu einem Standard IO-Link-Device kommuniziert.

Zur Identifikation der Wireless-Bridge beinhaltet dieser Parameter die geräteeigenen Vendor-, Device- und FunctionIDs. Dabei sind diese Parameter identisch zu denen der kabelgebundenen IO-Linkversion (siehe Kapitel 2.2.1). Zusätzlich ist in diesem Parameter eine weitere sogenannte BDeviceDistinguishingID aus der Definition von Index 0x5001 untergebracht, in der die Seriennummer mit einfließt, um eine eindeutige Geräteidentifikation zu ermöglichen. Als letztes findet sich eine Statusangabe, die Auskunft über die Verbindung zum angeschlossenen IO-Link-Device gibt, der sogenannte ConnectionStatus.

In **Tabelle 8.11** ist der gesamte Aufbau des Parameters dargestellt.

Der W-Bridge Information Parameter ermöglicht als erstes die Funkstrecke einzurichten und anschließend das angeschlossene IO-Link-Device.

Die Tools bedienen sich hier unterschiedlicher Möglichkeiten. Sie nutzen in der Regel die IODD des IO-Link-Devices in Verbindung mit der weiteren IODD der W-Bridge. Durch die Nutzung beider IODDs ist das Tool in der Lage, sowohl die Wireless-Bridge als auch das angeschlossene IO-Link-Device zu parametrieren. Allgemein lässt sich jedoch sagen, dass nach der Einstellung der IO-Link-Wireless-Bridge, diese selbst quasi transparent ist und die Daten des angeschlossenen IO-Link-Devices zur Verfügung stellt.

Index 0x5005 (WRadioInfo)
In diesem Parameter finden sich, wie in Kapitel 2.3.1.1. die Indices 22_{dez}/$0x16_{hex}$ und 23_{dez}/$0x17_{hex}$, Identifikationsmerkmale, wie Funk-Software- und Funk-Hardwareversionen des genutzten IO-Link-Wireless-Devices.

Der Aufbau der Indices ist in **Tabelle 8.12** dargestellt. Dabei erhalten die Funkmodule vom Hersteller wie bei kabelgebundenen IO-Link-Device jeweils eine Vendor- und DeviceID, die innerhalb der angegebenen Subindices abgelegt sind.

Index 0x5006 (AdaptiveHopTable)
Dieser Parameter ist ein Systemparameter, in dem die aktuell möglichen Sprungsequenzen hinterlegt sind, um z. B. bei Beeinträchtigungen der aktuell genutzten Kanäle auf einen anderen zu wechseln.

Tabelle 8.11: Kodierung des Parameters W-Bridge Information

Sub-index	Name	Read/ Writeable	Beschreibung	Datentyp
0x01	BDeviceID	R	Byte 1: DeviceID 1 (MSB) Byte 2: DeviceID 2 Byte 3: DeviceID 3(LSB)	OctetStringT3
0x02	BVendorID	R	Byte 1: VendorID 1 (MSB) Byte 2: VendorID 2(LSB)	OctetStringT2
0x03	BFunctionID	R	Byte 1: FunctionID 1 (MSB) Byte 2: FunctionID 2(LSB)	OctetStringT2
0x04	BDevice DistinguishingID	R	Byte 1: DeviceD_ID1 (MSB) Byte 2: DeviceD_ID 2 Byte 3: DeviceD_ID 3 Byte 4: DeviceD_ID4(LSB)	OctetStringT4
0x05	ConnectionStatus	R	0x00: Keine Verbindung zum Device 0x10: Device verbunden 0x11: Device verbunden jedoch kann keine Kommunikation aufgebaut werden	UIntegerT8

Tabelle 8.12: W-Bridge Informationen innerhalb der Subindices

Sub-index	Name	Read/ Writeable	Beschreibung	Data type
0x01	RadioVendorID	R	Identisch zur IO-Link VendorID	OctetStringT2
0x02	RadioModuleID	R	Vendorspezifisch, identisch zur DeviceID	OctetStringT2
0x03	RadioHWRevision	R	Vendorsperzifische Hardwareverion	OctetStringT4
0x04	RadioSWRevision	R	Vendorsperzifische Softwareversion	OctetStringT4

Die adaptive Sprungtabelle ist pro Track definiert und wird weitgehend vom System immer wieder unter Berücksichtigung einer Backlist aktualisiert. Für IO-Link-Wireless-Devices ist eine spezielle Wakeup-Sequenz hinterlegt. Zudem findet sich ein Index, über den die Sprungstelle im IO-Link-Wireless-Device aktualisiert wird. Der IO-Link-Wireless-Master löst einen Wechsel des Tracks über ein Masterkommando aus, der über einen Countdown synchronisiert ist. Zudem sind die Datentypen, die vom entsprechenden Dienst verwendet werden, hinterlegt. Der Anwender an sich kann in diesem Index nichts beeinflussen. **Tabelle 8.13** zeigt den Inhalt der sogenannte Update-Hopping-Tabellenindex-Zuweisungs-Tabelle.

8

Tabelle 8.13 Update-Hopping-Tabellenindex-Zuweisung

Subindex	Parameter name	Read/Writeable	Data type
0x01	WakeUpTime	W	3 Octet
0x02	UpdateType	W	Octet
0x03	Index	W	Octets
0x04	Frequency value	W	OctetString

8.3 Inbetriebnahme Wireless-Geräte (Pairing)

IO-Link-Wireless kennt unterschiedliche Möglichkeiten der Zuordnung von IO-Link-Wireless-Devices zu einem IO-Link-Wireless-Master, was wiederum in der kabelgebundenen IO-Link-Welt die Punkt zu Punkt Verbindung darstellt.

Allgemein ist der Verbindungsaufbau so umgesetzt, dass jedes nicht zugeordnete (ungepaarte) IO-Link-Wireless-Device auf einen Verbindungsaufbau seitens des IO-Link-Wireless-Masters in den definierten Konfigurationsfrequenzkanälen wartet. Der IO-Link-Wireless-Master sendet einen sogenannten User-Request zur IO-Link-Wireless-Device Erkennung, gefolgt von einer Scan-Anforderung. Diese Nachrichten seitens des IO-Link-Wireless-Masters beantwortet das nicht verbundene (ungepaarte) IO-Link-Wireless-Device mit seiner eindeutigen Identifikation (UniqueID). Dieses Vorgehen des IO-Link-Wireless-Masters dient der Aufdeckung aller noch nicht gekoppelten IO-Link-Wireless-Devices, die sich im Umfeld befinden. Nachdem alle ungekoppelten IO-Link-Wireless-Devices gefunden sind, kann die Anwendung oder der Einrichter darüber entscheiden, welche Geräte gekoppelt werden sollen. Innerhalb des Uplinks können mehrere IO-Link-Wireless-Devices antworten, die dabei zufällig bestimmte Zeitschlitze nutzen, um Kollisionen innerhalb des Uplinks zu vermeiden. Mit diesem Verfahren ist der IO-Link-Wireless-Master in der Lage über die Zeit alle nicht gekoppelten IO-Link-Wireless-Devices aufzuspüren.

8.3.1 Die Kopplung der IO-Link-Wireless-Devices

Das Koppeln bzw. Pairing der IO-Link-Wireless-Devices ist mit dem Anschluss der Kabelverbindung von IO-Link-Device zum entsprechenden IO-Link-Masterport zu vergleichen. Mit diesem Anschluss entsteht eine eindeutige Zuordnung. Dieses Prinzip ist in der Wirelesstechnologie beibehalten und kann auf drei unterschiedliche Weisen erzeugt werden.

8.3.1.1 Kopplung des IO-Link-Wireless-Devices mittels UniqueID

Die Kopplung eines IO-Link-Wireless-Devices über die UniqueID entspricht dem Top-Down-Modell und verlangt vom Anwender eine Vorkonfiguration des IO-Link-Wireless-Masters, ähnlich wie die Portkonfiguration eines klassischen IO-Link-Masters über entsprechende Engineering-Tools. Dabei erhält der IO-Link-Wireless-Master die Information, welche UniqueIDs von den gefundenen bzw. der zu findenden IO-Link-Wireless-Devices verbundenen werden sollen. Dieses Kopplungsverfahren ist das üblichste.

8.3.1.2 Kopplung mittels manuellen Knopfdrucks

Eine weitere Möglichkeit des Koppelns von IO-Link-Wireless-Devices stellt die Verbindungsherstellung mittels manuellem Knopfdrücken dar. Für diese Art der Kopplung muss keinerlei detaillierte Kenntnis über das vorliegende IO-Link-Wireless-Device vorliegen bzw. es muss ebenfalls kein Engineering Tool genutzt werden. Die Kopplung erfolgt auf beiden Geräten (IO-Liml-Wireless-Master und -Device), oft mit Identitäten oder auch Entitäten bezeichnet, durch einfaches Drücken einer dafür vorgesehenen Taste. Dieser Vorgang ist vergleichbar mit dem Betriebsmodus IOL_MANUAL in der kabelgebundenen Version (siehe Kapitel 4.1). Kommt es zu dem Fall, dass das bereits arbeitende IO-Link-Wireless-Device einen Defekt erleidet und zu tauschen ist, so wird das neue identische IO-Link-Wireless-Device erkannt, jedoch erst wieder mit Tastendruck gekoppelt. Somit ist ein einfacher Tausch von defekten Geräten ohne Engineering-Tool-Einsatz möglich.

8.3.1.3 Erneute Kopplung oder wiederholte Kopplung

War ein IO-Link-Wireless-Device bereits mit einem anderen IO-Link-Wireless-Master gekoppelt, so kann dieses parametriert werden. Sollte das IO-Link-Wireless-Device dabei noch über Verbindungsparameter zu einem anderen IO-Link-Wireless-Master verfügen, bleibt das IO-Link-Wireless-Device in diesem Zustand konfiguriert. Durch einen Tastendruck bzw. mit dem unter 8.3.1.2 beschrieben manuellen Knopfdruck lässt sich das IO-Link-Wireless-Device in den Zustand Reparametrierung versetzen und hört wieder auf den Konfigurationskanälen und versetzt den IO-Link-Wireless-Master in die Situation, eine Kopplung dieses IO-Link-Wireless-Device durchzuführen. Die Kopplung ist abgeschlossen, sobald am entsprechenden IO-Link-Wireless-Master ein manueller Eingriff in Form eines Sendens der UniqueID oder Drücken eines entsprechenden Knopfes erfolgt.

8.3.1.4 Abkoppeln/Unpairing

Genauso wichtig wie das Koppeln eines IO-Link-Wireless-Devices ist das gezielte Abkoppeln oder auch Unpairing. IO-Link-Wireless stellt diesen Mechanismus über den IO-Link-Wireless-Master zur Verfügung. Das Entkoppeln eines IO-Link-Wireless-Devices erfolgt durch den Anwender über z. B. ein HMI oder per Tool, dabei muss das gewünschte IO-Link-Wireless-Device explizit angegeben sein. Der IO-Link-Wireless-Master sendet die entsprechende Entkopplungsanforderung an das ausgewählte IO-Link-Wireless-Device, dieses bestätigt die Anforderung und löscht die entsprechenden Kopplungsparameter. Der IO-Link-Wireless-Master löscht ebenfalls alle Verbindungsparameter, die zum betreffenden IO-Link-Wireless-Device gehörten.

8.3.1.5 Spezielle Form der Kopplung (Roaming)

Für manche Applikationen ist es notwendig, dass ein IO-Link-Wireless-Device die Funkzellen von IO-Link-Wireless-Mastern wechselt. Für diese Betriebsart steht das Roaming zur Verfügung, das sich der vorgenannten Kopplungs- und Abkopplungsmechanismen bedient.

Die Voraussetzung für die Nutzung von Roaming bzw. die Mobilität der IO-Link-Wireless-Devices ist, dass ein entsprechendes IO-Link-Wireless-Device bei den betreffenden IO-Link-Wireless-Mastern vordefiniert ist.

IO-Link-Wireless-Master, die einen aktiv eingestellten Roaming-Modus haben, reservieren einen Track (Track) für entsprechend wandernde IO-Link-Wireless-Devices und senden auf diesem im Konfigurationskanal Scan-Anforderungsnachrichten. Dieses Verfahren ermöglich dem IO-Link-Wireless-Master wandernde bzw. roamende IO-Link-Wireless-Devices zu erkennen. Hat ein IO-Link-Wireless-Master ein wanderndes IO-Link-Wireless-Devices gefunden, kann die Applikation entscheiden, ob für das entsprechend gefundene IO-Link-Wireless-Device in die Applikation einzubinden ist. Ist dies der Fall, initiiert der IO-Link-Wireless-Master die Kopplungs- und Konfigurationssequenz.

Steht es an, ein IO-Link-Wireless-Device applikationsbedingt in eine andere Zelle weiterzugeben, so initiiert der betreffende IO-Link-Wireless-Master den Verbindungsabbruch auf Anweisung der Applikation. Applikationen können hier z. B. Werkzeugwechsler, Montagebänder oder AGVs (Automated Guided Vehicle) sein. Eine weitere Möglichkeit für einen Verbindungsabbruch kann sein, dass der IO-Link-Wireless-Master aus dem auf das absolute Minimum abgesunkenen Wert des Parameters LinkQuality (siehe Kapitel 8.2) ein die IO-Link-Wireless-Masterfunkzelle verlassendes IO-Link-Wireless-Device ableitet.

Eine Neuverbindung durch den IO-Link-Wireless-Master erfolgt ausschließlich bei einer Verbesserung der Verbindungsqualität innerhalb der gleichen Funkzelle.

Hinweis:
Bei jeder Übergabe eines IO-Link-Wireless-Devices von einer Funkzelle zur nächsten sendet der jeweils koppelnde IO-Link-Wireless-Master eine Scan-Nachricht gefolgt von Kopplungs- und eine IO-Link-Wireless-Device-Startsequenz. Diese Prozedur erfordert einen zeitlichen Aufwand, innerhalb dieser Zeit stehen somit keine Prozessdaten zur

Verfügung. Kommt es während dieses sogenannten Handovers zu einem Fehler bezüglich der Alive-Signalisierung (IMA-Fehler (I am Alive Fehler), so wird das betreffende IO-Link-Wireless-Device autonom entkoppelt. Das IO-Link-Wirelss-Device fällt somit in den COMLOST und kann damit wieder neu aufgenommen werden.

IO-Link-Wireless-Master, die das Roaming-Verfahren unterstützen, sind entsprechend zu konfigurieren.

Hinweis:
Auf jedem IO-Link-Wireless-Master darf nicht mehr als ein Track für den Roaming-Modus konfiguriert werden.

Das Nutzen eines Tracks pro IO-Link-Wireless-Master ist in **Bild 8.3** dargestellt. Dabei ist am IO-Link-Wireless-Master 1 und 3 eine entsprechende Roaming-Track konfiguriert, um das wandernde IO-Link-Wireless-Device bedienen zu können. Dabei verwenden die im Roaming-Modus befindlichen Tracks eine dedizierte Frequenzsprungtabelle, die die Konfigurationskanäle enthält. Zudem unterdrücken die im Roaming-Modus befindlichen Tracks im sogenannten „Handover Disconnect“-Verfahren

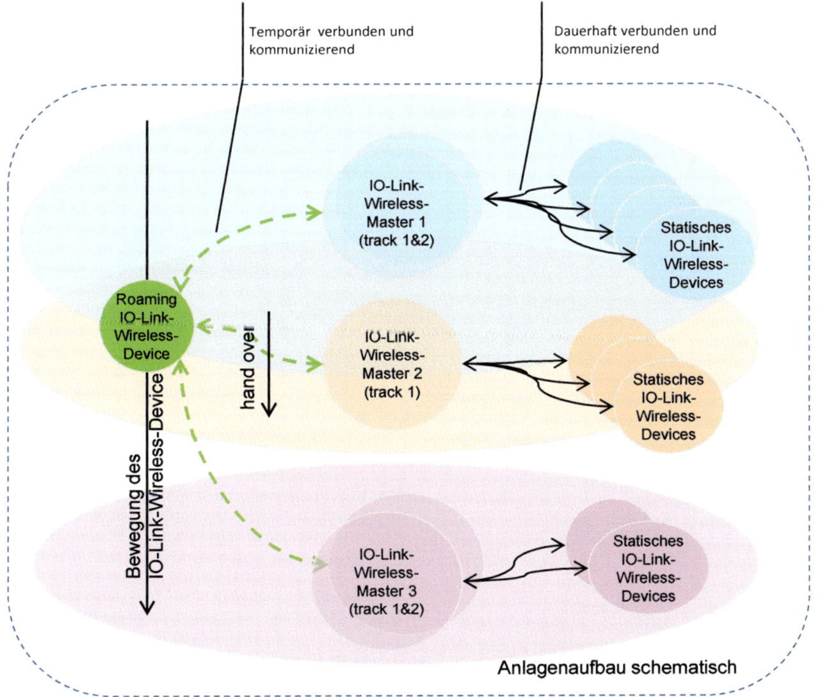

Bild 8.3: Schematische Darstellung des Roamings mit 3 IO-Link-Wireless-Mastern

8

die Fehlermeldungen an überlagerte Schichten bzw. an den Anwender, da diese sich auf beabsichtigte Aktionen beziehen würden. Zu solchen Fehlermeldungen gehört z. B. ein IMA-Timeout, die in diesem Betriebsmodus zwangsweise auftreten, jedoch aufgrund der beabsichtigten Entkoppel- und Koppelvorgänge keine Relevanz hat. Nach erfolgreichem Koppeln bzw. Entkoppeln werden alle Diagnosemeldungen des zugehörigen IO-Link-Wireless-Masterports und IO-Link-Wireless-Devices gelöscht. Ausschließlich Diagnosemeldungen aus dem Regelbetrieb, also während der festen Kopplung des IO-Link Wireless-Devices, gelangen zur Applikation respektive zum Anwender. Somit ist sichergestellt, dass Diagnosemeldungen, die aus der „Handover Disconnect"-Prozedur stammen, keinen störenden Einfluss auf die Gesamtapplikation haben, da sie nicht von Bedeutung sind.

Wanderende IO-Link-Wireless-Devices speichern Kopplungsinformationen nicht persistent, sondern verwerfen diese Information, sobald eine Entkopplung („Handover Disconnect"-Prozedur) erfolgt.

8.4 Leistungsdaten IO-Link Wireless

Das IO-Link Wireless-System kann um den IO-Link-Wireless-Master herum eine Distanz von ±20 m überbrücken, so dass man in der Diagonalen eine Netzausdehnung von 40 m nutzen kann. Diese Ausdehnung kann jedoch von baulichen Gegebenheiten der Applikationen beeinflusst werden, so dass nur kürzere Entfernungen möglich sind.

Eine weitere Reichweitenminimierung ergibt sich, sobald zwei und mehr Tracks betrieben werden. Dann sinkt die Reichweite auf unter ±10 m.

Allgemein gilt, je mehr Tracks pro IO-Link-Wireless-Master existieren, desto geringer ist die Sendeleistung und damit ebenso die Reichweite.

Typische Ausprägungen in einem Track sind acht Singleslot-IO-Link-Wireless-Devices, oder vier Doubleslot-IO-Link-Wireless-Devices oder auch Mischungen aus beiden. Die Grenze des Systems ist jedoch bei fünf Tracks. So lassen sich maximal 40 Singleslot-IO-Link-Wireless-Devices oder 20 Doubleslot-IO-Link-Wireless-Devices oder Mischungen innerhalb der Slot-Anzahlen betreiben. Dabei kann das System im SingleSlot 2 Byte Nutzdaten übertragen. Demgegenüber hat ein DoubleSlot mehr Nutzdaten, hier können bis zu 15 Byte Nutzdaten übertragen werden.

Das System stellt eine Zykluszeit von 5 ms für die die jeweilige Anzahl von Teilnehmern – also 40 SingleSlots, 20 DoubleSlots oder Mischungen – zur Verfügung. D. h. innerhalb eines Zyklus überträgt das System 2 Byte Nutzdaten im SingleSlot oder bis zu 14 Byte im DoubleSlot. Dabei geht die Anzahl der DoubleSlots zu Lasten der IO-Link-Wireless-Device Anzahl.

Sind Daten aufgrund ihrer Größe einer Segmentierung zu unterziehen, so ergeben sich weitere Zyklen, die das System zum Übertragen der Daten benötigt. Dabei ist zu beachten, dass die Übertragungszeit nicht trivial ist: So lässt sich nicht pauschal angeben, wie lang eine solche Übertragung dauert.

Zusammengefasst ergibt sich innerhalb eins SingleSlots die Übertragung eines Bytes Prozessdaten, d. h. auf diese Weise lassen sich 40 SingleSlots realisieren, oder 20 DoubleSlots mit 15 Byte Nutzdaten, die mit einer Zykluszeit von 5 ms arbeiten.

Kurzübersicht Prozessdaten in IO-Link Wireless

Down-Link

Maximaler Payload pro IO-Link-Wireless Frame: 37 Byte

Maximale Datenlänge gemäß Control Octet: 32 Byte

- ➔ Schnellster zyklischer Datentransfer: Max. 8 IO-Link-Wireless-Devices mit 3 Byte PDOut bei 5 ms (gilt bis max. 40 IO-Link-Wireless-Devices mit 5-Track IO-Link-Wireless-Master)
- ➔ Schnellster zyklischer Datentransfer: Max. 1 IO-Link-Wireless-Device mit 32 Byte PDOut bei 5ms (gilt bis max. 5 IO-Link-Wireless-Devices mit 5-Track IO-Link-Wireless-Master)

Up-Link

SingleSlot:

Maximaler Payload pro IO-Link-Wireless Frame: 2 Byte

- ➔ Schnellster zyklischer Datentransfer: Max. 1 Byte PDIn bei 5 ms (gilt bis max. 40 IO-Link-Wireless-Devices mit 5-Track IO-Link-Wireless-Master, nur bei SingleSlot IO-Link-Wireless-Devices)
- ➔ Zyklischer Datentransfer IO-Limk-Wireless-Device mit 32 Byte PDIn: 160 ms (bis max. 40 IO-Link-Wireless-Devices mit einem 5-Track IO-Link-Wireless-Master, nur SingleSlot IO-Link-Wireless-Devices)

DoubeSlot:

Maximaler Payload pro W-Frame: 15 Byte

- ➔ Schnellster zyklischer Datentransfer: Max. 15 Byte PDIn bei 5 ms (bis max. 20 IO-Link-Wireless-Devices mit 5-Track IO-Link-Wireless-Master, nur bei DoubleSlot IO-Link-Wireless-Devices)
- ➔ Zyklischer Datentransfer IO-Link-Wireless-Devices mit 32 Byte PDIn: 15 ms (bis max. 20 IO-Link-Wireless-Devices mit 5 mit 5-Track IO-Link-Wireless-Master, nur bei DoubleSlot IO-Link-Wireless-Devices)

8.5 IO-Link Wireless Bridge

Die IO-Link-Wireless Bridge ermöglicht das Anschließen konventioneller IO-Link-Devices. D. h. ein Standard IO-Link-Device ist über einen „Adapter" zum IO-Link-Wireless-Device zu ertüchtigen. Dieser Adapter ist die sogenannte IO-Link-Wireless-Bridge. Betrachtet man diese Ausprägung des IO-Link-Wireless Systems aus Sicht des Anwenders, so ist nicht zu erkennen, dass eine Funkstrecke zu dem angeschlossenen IO-Link-Device existiert. Der prinzipielle Aufbau ist in **Bild 8.4** dargestellt.

Die Inbetriebnahme der IO-Link-Wireless Bridge ist recht einfach. Als erstes gilt es, die IO-Link-Wireless-Bridge zu parametrieren. Dies erfolgt mit der IO-Link-Wireless-IODD der IO-Link-Wireless Bridge. Neben den normalen Funkparametern ist der Index 0x5004 von Interesse. In diesem Parameter ist die Identität der IO-Link-Wireless-Bridge angegeben und dient dem Anwender zur Identifikation. Zusätzlich fungiert die Seriennummer in Verbindung mit der Vendor- und DeviceID zum Erreichen einer eindeutigen Kennung an der IO-Link-Wireless Verbindung über den Parameter BDevice DistinguishingID. Für den Anwender und das Tool ist recht einfach festzustellen, ob die IO-Link-Wireless Bridge aktiv ist. Diese sendet auf Anfrage der M-Sequence Capability in der Direct Parameter Page den Wert 0xFF zurück. Dies entspricht nicht der erwarteten M-Sequence Capability des Standard IO-Link-Devices und ist somit der Hinweis, dass eine IO-Link-Wireless Bridge eingebunden ist.

Nachdem die IO-Link-Wireless Bridge parametriert ist, ist eine Parametrierung des angeschlossenen IO-Link-Devices möglich. Diese erfolgt mit der zugehörigen IODD des IO-Link-Devices. Im genutzten Tool kommt somit entweder die IODD der IO-Link-Wireless Bridge oder die IODD des angeschlossenen IO-Link-Devices zum Einsatz, je nachdem welches Gerät eingestellt werden soll. Letztlich ist bei der Einstellung und Nutzung des angeschlossenen IO-Link-Devices die IO-Link-Wireless Bridge nicht sichtbar. Es ergibt sich die Aussage: Ist die IO-Link-Wireless Bridge im Regelbetrieb, ist sie transparent und überträgt die Daten des angeschlossenen IO-Link-Devices. **Bild 8.5** zeigt das Datenmapping der IO-Link-Wireless Bridge.

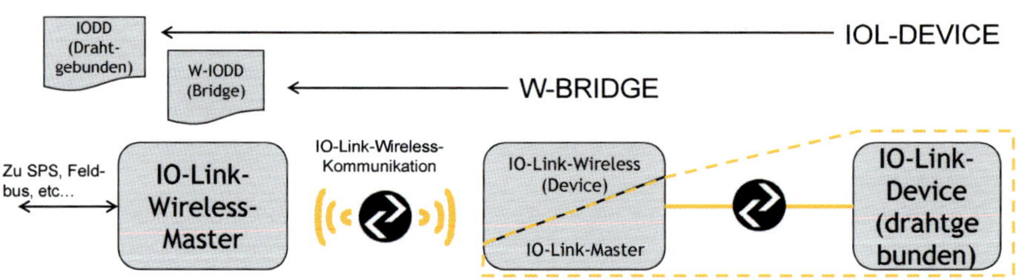

Bild 8.4: Schematische Darstellung einer IO-Link-Wireless Bridge

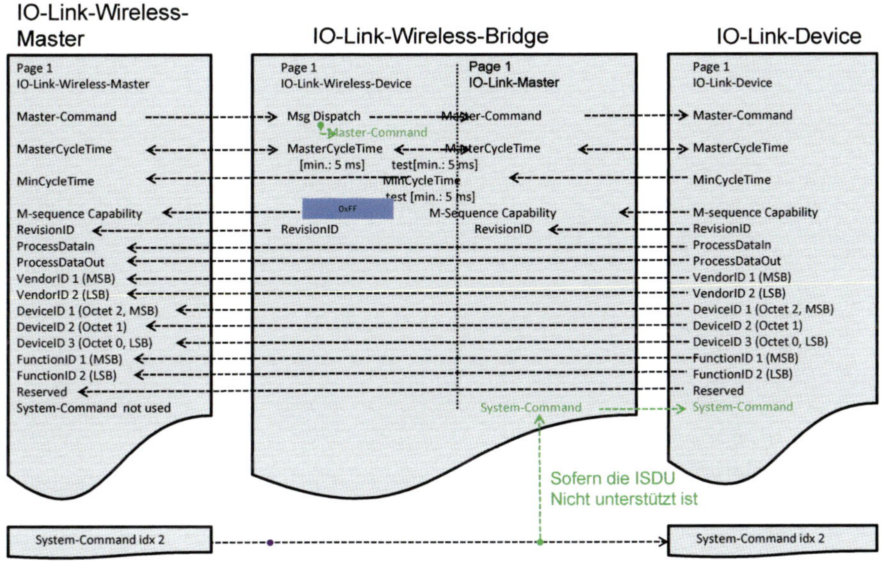

Bild 8.5: Die IO-Link-Wireless Bridge im Regelbetreib.

8.6 IO-Link Wireless im Detail

Das IO-Link-Wireless unterscheidet in das Versenden von Nachrichten vom IO-Link-Wireless-Master zu den gekoppelten IO-Link-Wireless-Devices und das Empfangen von Nachrichten von den IO-Link-Devices. Dabei wird das Versenden von Nachrichten als Downlink und das Empfangen als Uplink bezeichnet.

Der IO-Link-Wireless-Master versendet innerhalb seiner Kanäle alle Nachrichten für die jeweils im Kanal gekoppelten IO-Link-Wireless-Devices. In **Bild 8.6** ist dies schematisch dargestellt.

Beim Senden schickt der IO-Link-Wireless-Master gebündelt alle Informationen an alle gekoppelten IO-Link-Wireless-Devices. Für das Empfangen zeichnet sich ein anderes Bild: Jedes IO-Link-Wireless-Device versendet seine Nachricht jeweils innerhalb des Kanals im entsprechenden Slot. **Bild 8.7** zeigt den Unterschied zwischen Down- und Uplink deutlich auf.

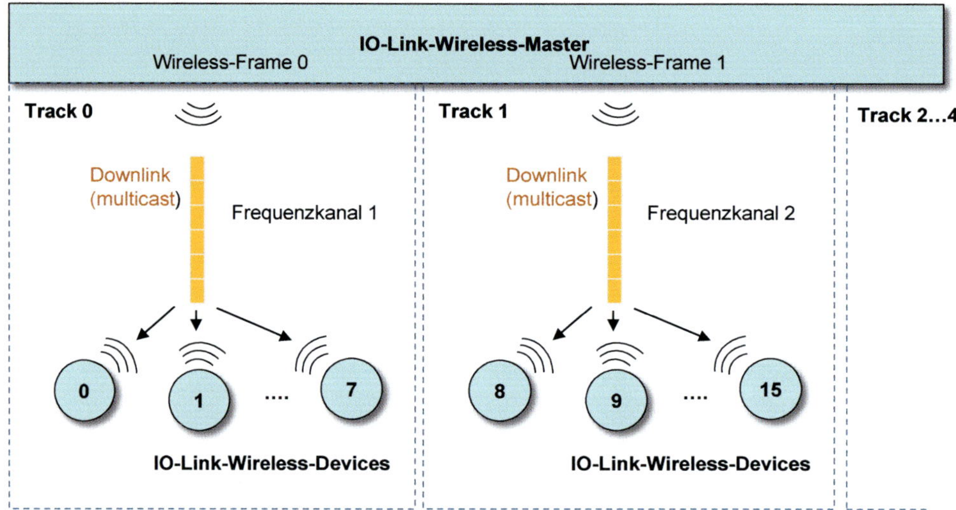

Bild 8.6: Schematische Darstellung des Downlinks

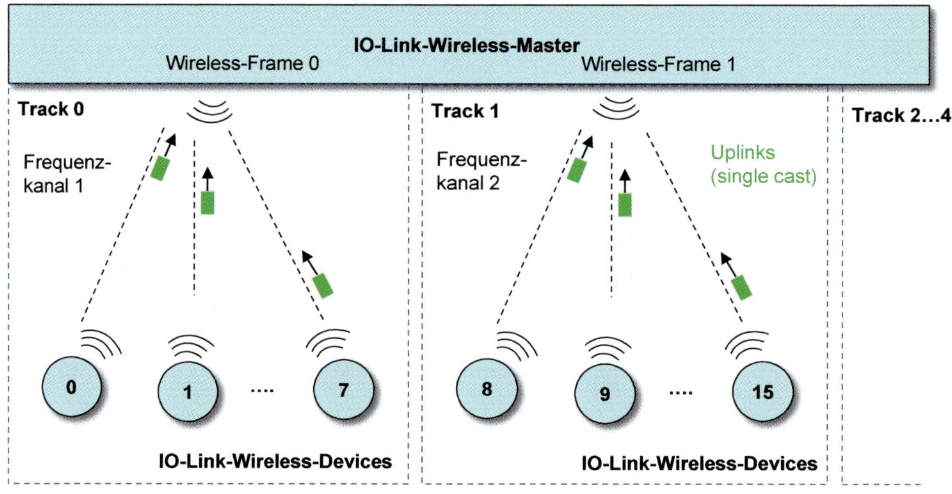

Bild 8.7: Schematische Darstellung des Uplinks

8.6.1 Synchronisation

Damit vor allem die Upload-Nachrichten immer den richtigen Slot nutzen, bedarf es einer Synchronisation. Der IO-Link-Wireless-Master stellt deshalb die Hauptuhr des Systems zur Verfügung, dabei sendet er innerhalb des Downlinks eine entsprechende Synchronisationsnachricht im Sub-Zyklus. Diese kontinuierliche Synchronisation mit der Hauptuhr ist nötig, um zu gewährleisten, dass der Funkmodus rechtzeitig umschaltet und die Uplinks in den jeweiligen Zeitschlitzen senden. Hatte ein IO-Link-Wireless-Device eine längere Kommunikationspause, was für Geräte des LowPower-Segments üblich ist, hört dieses IO-Link-Wireless-Device längerer Zeit zu, bis es seinen IO-Link-Wireless-Master Downlink wiedererkennt und sich synchronisiert.

Üblicherweise kennen gekoppelte IO-Link-Wireless-Devices, die ihre Synchronisation verloren haben, über die Frequenztabelle (siehe Tabelle 8.13) die Frequenzkanäle noch, die zum gekoppelten IO-Link-Wireless-Master gehören. Somit hört dieses IO-Link-Wireless-Device einen bestimmten Frequenzkanal ab, bis es den entsprechenden Downlink erhält und sich anhand der Sprungsequenzen und des Uplink-Zeitslots wieder synchronisiert.

8.6.2 Überttragunsgkapszitäten inerhalb von Single- und DoubleSlots

8

Die Übertragungskapazität in im Down- und Uplink ist schematisch in **Bild 8.8** gezeigt. Dabei ist es dem System möglich, innerhalb eines Downlinks bis zu 52 Byte zu senden.

Der Uplink ermöglicht eine Kapazität von 2 oder 15 Bytes (entspricht 12 und 25 Bytes inklusive Overhead), je nachdem ob es sich um einen Single- oder DoubleSlot handelt. DoubleSlots nutzen den Nutzdaten-Payload zweier SingleSlots, um größere Datenmengen entsprechender IO-Link-Wireless-Devices übertragen zu können, jedoch geht dies zu Lasten der Anzahl der IO-Link-Wireless-Devices, die ein IO-Link-Wireless-Master betreiben kann, da sich die Anzahl der IO-Link-Wireless-Devices pro Track reduziert.

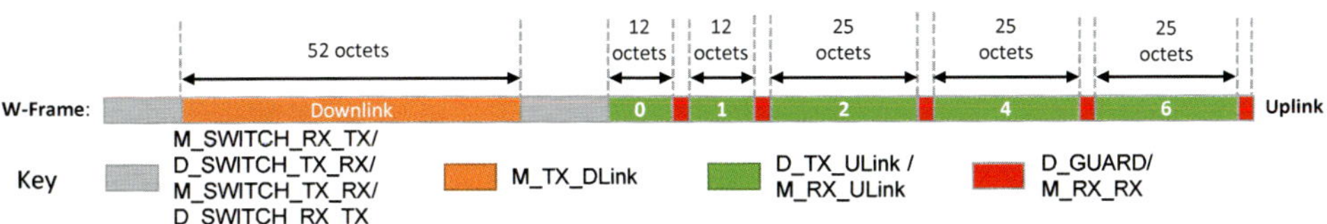

Bild 8.8: Schematischer Aufbau einer Download- und Upload-Übertragung

Bild 8.8 zeigt zudem die Übertragungskapazität mit SingleSlots und DoubleSlots, wobei zu beachten ist, dass diese Angaben mit den nötigen Overhead-Daten versehen sind, um das Protokoll zu organisieren. Dazu zählen Prüfsummen und Protokollkontrolldaten. Dieser Umstand mindert letztlich die Anzahl der möglichen Nutzdaten für z. B. die zyklischen Prozessdaten. Eine Erläuterung der Nutzdaten im Protokoll beschreiben Kapitel 1 und 2.

8.6.3 Zuweisung der Tracks (Tracks) und Slots

Ein IO-Link-Wireless-Master kann bis zu fünf Tracks, die von 0 bis 4 nummeriert sind, betreiben. Jeder Track beinhaltet bis zu 8 Slots, die wiederum von 0 bis 7 nummeriert sind. Dies erlaubt dem Anwender den Anschluss von maximal 40 IO-Link-Wireless-Devices pro IO-Link-Wireless-Master. **Bild 8.9** zeigt die Zuordnung der nummerierten IO-Link-Wireless-Devices zu den jeweiligen Slots und Tracks. Die Zuweisung von IO-Link-Wireless-Devices zu den vorgesehenen Tracks und Slot-Nummer erfolgt bei der Inbetriebnahme durch das Koppeln (Pairing).

Es kann bei der Zuweisung zu Nummerierungslücken kommen. Dies begründet sich zum einen darin, dass IO-Link-Wireless-Devices einen DoubleSlot nutzen, die immer auf geradzahlige Slotnummern platziert sind und dass es in jedem Track zu nicht genutzten Slots kommen kann.

8.6.4 Zuweisung der Ports zum IO-Link-Wireless-Device

Die Zuweisung der IO-Link-Wireless-Masterports zu den IO-Link-Wireless-Devices erfolgt im ersten Schritt virtuell. Ein IO-Link-Wireless-Master kann nur eine begrenzte Anzahl virtueller IO-Link-Wireless-Masterports zur Verfügung stellen. Die begrenzte Anzahl der verfügbaren Tracks und der Slots hängt von deren Konfiguration ab. Ein DoubleSlot z. B. reduziert die verfügbare Anzahl an Slots. Somit ist der IO-Link-Wireless-Master gezwungen, die vorhanden IO-Link-Wireless-Device-Steckplätze administrativ auf diese virtuellen Ports abzubilden, was typischerweise auf Applikationsebene durch den Einsatz das entsprechende Tool erfolgt. Das Tool bzw. die Anwendung führt bei der Eintragung in die IO-Link-Wireless-Portliste eine monoton aufsteigende Nummerierung durch. Die Eintragsnummerierung spiegelt dabei die Reihenfolge der Inbetriebnahme wider. Der Startwert ist immer 0. In der Inbetriebnahme weist das Tool dem jeweiligen IO-Link-Wireless-Device autonom einen Port zu. Die anschließende Zuordnung der IO-Link-Wireless-Masterportnummern zu den jeweiligen IO-Link-Wireless-Deviceslots erfolgt über den IO-Link-Wireless-Masterport-Handler des IO-Link-Systemmanagements. Der Track und IO-Link-Wireless-Device Mapper (TD-Mapper) nutzt diese Informationen, um einen IO-Link-Wireless-Masterport auf entsprechende Track (Track) und Slot abzubilden.

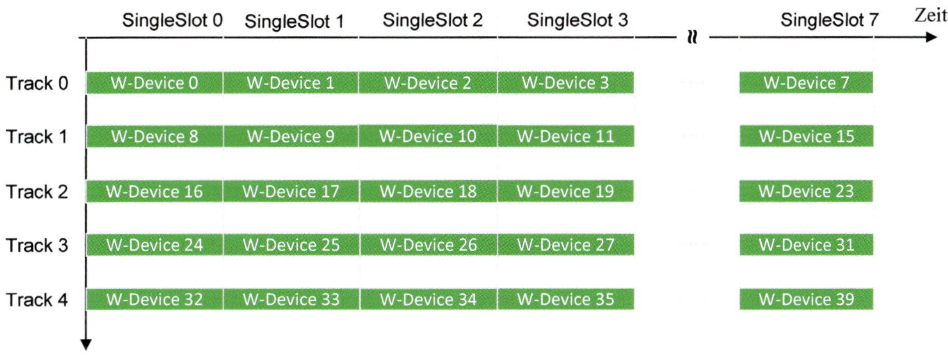

Bild 8.9: Aufbau der Uplink-Zuweisungen 1177

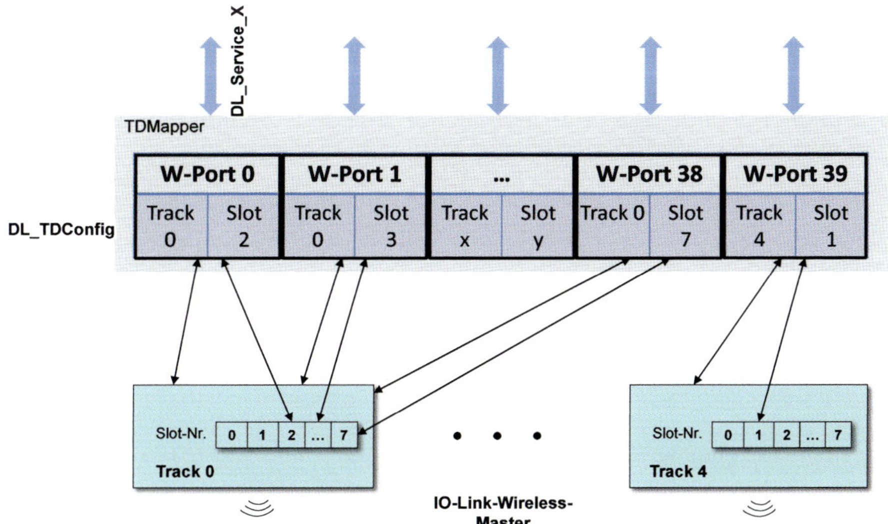

Bild 8.10: Funktionsprinzip des Track- und IO-Link-Wireless-Device Mappers

Der Track und IO-Link-Wireless-Device Mapper (TD-Mapper) legt eine Tabelle an, eine sogenannte Mapping-Tabelle. Diese Mapping-Tabelle ermöglicht eine flexible Zuordnung von IO-Link-Wireless-Devices ohne Änderung des IO-Link-Wireless-Masterports, z. B. bei einer Verteilung der IO-Link-Wireless-Devices innerhalb der Tracks. In **Bild 8.10** ist der Aufbau des Track- und IO-Link-Wireless-Device Mappers dargestellt.

8.6.5 Beschreibung des IO-Link-Wireless Zyklus

Ein IO-Link-Wireless Zyklus verwendet das Zeitmultiplexverfahren TDMA (Time Division Multiple Access) und das Frequenzmultiplexverfahren FDMA (Frequency Division Multiple Access) in Kombination mit einem Weiterleitungsmechanismus. Diese dient maßgeblich der Zuverlässigkeit der drahtlosen Übertragung. Ein vollständiger IO-Link-Wireless Zyklus dauert 5 ms, wie in **Bild 8.11** gezeigt. Dabei besteht dieser IO-Link-Wireless Zyklus aus drei IO-Link-Wireless-Unterzyklen.

Der IO-Link-Wireless-Master verwendet die verbleibenden IO-Link-Wireless-Unterzyklen für Wiederholungsversuche im Falle von Übertragungsfehlern, die ihre Ursache in etwaigen Interferenzen des Kanals haben können. Verschiedene Frequenzkanäle der Unterzyklen sowie für jeden Track stellen die Gegenmaßnahme zur Kanalinterferenzen dar und ermöglichen auf diese Weise eine robuste Kommunikation. Benötigt das System keine Übertragungswiederholung, steht die nicht genutzte Bandbreite zur Übertragung azyklischer Daten zur Verfügung. Dies sind im Regelfall On-Request Daten oder wenn benötigt Event-Daten.

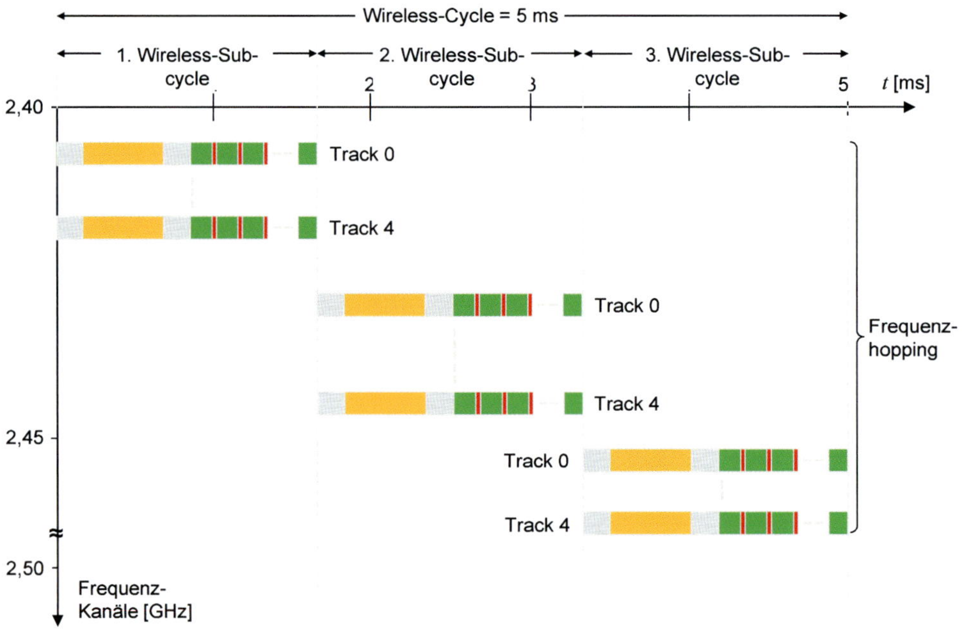

Bild 8.11: Funktionsprinzip des TDMA und FDMA innerhalb des IO-Link-Wireless Zyklus

Bild 8.12: IO-Link-Wireless Unterzyklus

Ein IO-Link-Wireless-Master kann aus bis zu fünf (schmalbandigen) Transceivern mit eigener Antenne und dedizierten Frequenzkanälen bestehen. Dabei kann jeder Track bis zu acht IO-Link-Wireless-Devices bedienen und abwechselnd senden und empfangen. Alle Tracks eines IO-Link-Wireless-Masters senden gleichzeitig auf verschiedenen Frequenzen entsprechend den berechneten Frequenzsprungtabellen. Dadurch erreicht das System eine optimale Medienausnutzung.

8.6.6 Der IO-Link-Wireless Frame

Der IO-Link-Wireless Frame, vergleichbar mit der IO-Link M-Sequenz im Standard IO-Link Protokoll, ist die Datenstruktur, mit der ein Kommunikationsaustausch zwischen einem IO-Link-Wireless-Master den gekoppelten IO-Link-Wireless-Devices organisiert ist. **Bild 8.12** zeigt den Prinzipaufbau (siehe auch Bild 8.8). Der Frame teilt sich dabei in Kontrollintervalle, Downlink und Uplinks auf. Innerhalb des Kontrollintervalls wechselt der Transceiver zwischen Senden und Empfangen. Innerhalb des ersten Kontrollintervalls findet typischerweise das Frequenzhopping statt. Über den Downlink spricht ein IO-Link-Wireless-Master alle IO-Link-Wireless-Devices mit einer breiten Streuung an. Der sich anschließende Uplink setzt sich hingegen aus den Übertragungen der jeweiligen IO-Link-Wireless-Device im entsprechenden Zeitschlitzen zusammen. Den IO-Link-Wireless-Frame überträgt das System innerhalb eines IO-Link-Wireless-Unterzyklus von 1,664 ms.

8.7 Aufbau der IO-Link-Wireless-Frames

Im Allgemeinen übertragen die Nutzdaten des IO-Link-Wireless Frames genau den gleichen Inhalt wie die kabelgebundene IO-Link Variante. D. h. in einem Download- und Uploadlink finden sich die gleichen Dateninhalte, die aus dem Standard IO-Link bekannt sind. **Bild 8.13** zeigt den Aufbau eines IO-Link-Wireless-Frames inklusive der IO-Link Dateninhalte.

W-Frame
Switch | DLink | Switch | ULinks (each device)
Header | Payload | CRC
C O | Data | Data | C O | Data
W-Message | W-Message
H F C | H F C | H F C | H F C
0 | 2 | 4 | 6

Bild 8.13: Aufbau eines IO-Link-Wireless-Frames

Um jedoch die Wireless-Übertragung abzusichern und die Zuordnung zum jeweiligen IO-Link-Wireless-Device zu ermöglichen, sind sogenannte Control Octets eingebunden. Damit lässt sich der Aufbau des Down- und Uplinks wie im Bild 8.13 beschreiben, d. h. er besteht immer aus einem Header, gefolgt von den Control Octets. Es schließen sich die Nutzdaten an, die auch leer sein können

Das im DownLink enthaltene Control Octet steuert die Nachrichten so, dass jedes gekoppelte IO-Link-Wireless-Device seine dedizierten Daten erhält. **Bild 8.14** zeigt den Aufbau eines Control Octets für einen DownLink-Massage, dabei besteht das Control Octet im Downlink aus zwei Bytes.

Bit 0 bis 4 geben die Datenlänge des DownLinks an. D. h. die fünf Bits können Werte von 0 bis 31 darstellen. Damit gibt das System den Teilnehmern bekannt, welche Länge die nachfolgenden Daten haben. Sollte hier keine Datenlänge angegeben sein, so wird die Datenlänge vom Empfänger ignoriert.

Die Kodierung der Länge folgt der in **Tabelle 8.14** dargestellten Art und Weise.

Bit 5 bis 9 stellen die sogenannte Flow Control (FC) dar. Die Flow Control steuert den segmentierten Datenfluss für alle zu übertragenden Daten, dazu gehören Prozessdaten, Event- oder ISDU-Daten. Das System ist dabei so gebaut, dass es die Flow Control zur fehlerfreien segmentierten Übertragung der Daten nutz und eigenständig Fehler feststellen kann.

Bit 10 bis 12 sind der Kanalcode (ChC). Diese Bits geben den Kommunikationskanalcode für den Zugriff auf die Benutzerdaten an. Die definierten Werte für den Kommunikationskanalparameter sind in **Tabelle 8.15** aufgeführt.

Bit 13 bis 15 stellen die Slotnumber (SN) dar. Diese Bits enthalten die „Adresse“ (Slotnummer 0 bis 7), bzw. an welches IO-Link-Wireless-Device die Nachricht zu senden ist.

In dieser Art und Weise sind alle Nachrichten aufgebaut.

Als weiteres Beispiel soll hier die Übertragung eines IO-Link-Master Kommandos dargestellt werden.

Bild 8.15 zeigt den Aufbau des Control Octets für ein zu übertragendes IO-Link-Master Kommandos.

Bit 0 bis 7 sind das IO-Link-Master-Kommando, das bereits in Kapitel 2 erwähnt wurde und als private Kommandoschnittstelle für den IO-Link-Master definiert ist. Diese Kommandos sind bei IO-Link-Wireless erweitert worden, um den Funkansprüchen gerecht zu werden.

Octet 0								Octet 1							
Slotnumber (SN) ("DeviceAddress")			ChannelCode (ChC)			FlowControl (FC)					DataLength (DLen)				
Bit 15	Bit 14	Bit 13	Bit 12	Bit 11	Bit 10	Bit 9	Bit 8	Bit 7	Bit 6	Bit 5	Bit 4	Bit 3	Bit 2	Bit 1	Bit 0

Bild 8.14: Definition des DownLink Control Octet

Tabelle 8.14 Kodierung der Datenlänge

DataLength (DLen)	
DLen	Datenlänge in Octet gefolgt vom Control Octet
0	1
1	2
...	...
31	32

Tabelle 8.15: Kanalcodes für den DownLink

Channel Code (Kanalcode) (CnC)		
Werte	Definition	Bemerkung
0	INVALID	Die gesendete Nachricht ist ungültig, wird vom IO-Link-Wireless-Device ignoriert
1	Process Data	IO-Link-Wireless-Master sendet die Output-Prozessdaten
2	Process DataINVALID	IO-Link-Wireless-Master sendet PDOut_INVALID
3	ISDU	IO-Link-Wireless-Master sendet ISDU Daten
4	EVENT	IO-Link-Wireless Master sendet ein Eventacknowlege
5	Master-Command	IO-Link-Wireless-Master sendet ein MasterCommand
6	Reserviert	-
7	Reserviert	-

Octet 0								Octet 1							
Slotnumber (SN) ("DeviceAddress")			ChannelCode (ChC) = 5			Reserved	BC	MasterCommand							
Bit 15	Bit 14	Bit 13	1	0	1	Bit 9	Bit 8	Bit 7	Bit 6	Bit 5	Bit 4	Bit 3	Bit 2	Bit 1	Bit 0

Bild 8.15: Control Octet für ein IO-Link-Master Kommando

8

Bit 8 markiert die Nachricht und veranlasst, wenn dieses Bit auf 1 gesetzt ist, dass das IO-Link-Master Kommando für alle IO-Link-Wireless-Devices eines Tracks gilt.

Bit 9 ist bei dieser Übertragung reserviert.

Bit 10 bis 15 sind identisch zu dem vorgenannten Beispiel.

Ein UpLink folgt bei den Control Octets in der gleichen Art und Weise.

Im Gegensatz zum DownLink enthält es nur ein Byte. **Bild 8.16** zeigt den Aufbau des UpLink Control Octets. Dabei fällt auf, dass hier nur der Kanalcode und die Flow-Control benötigt werden.

Bit 0 bis 4 sind dabei identisch zu den Bits 5 bis 9 aus Bild 8.14.

Bit 5 bis 7 sind die Kanalcodes für den UpLink, die einer eigenen Kodierung folgen. **Tabelle 8.16** listet alle Kodes für den UpLink.

Octet 0							
ChannelCode (ChC)			FlowControl (FC)				
Bit 7	Bit 6	Bit 5	Bit 4	Bit 3	Bit 2	Bit 1	Bit 0

Bild 8.16: Aufbau des UpLink Control Octets

Tabelle 8.16: Kanalcodes für den UpLink

code (CnC) Werte	Definition	Bemerkung
0	INVALID	Die gesendete Nachricht ist ungültig,wird vom IO-Link-Wireless-Master ignoriert
1	Process Data	IO-Link-Wireless-Device sendet die Input-Prozessdaten
2	Process DataINVALID	IO-Link-Wireless-Device sendet PDIN_INVALID
3	ISDU	IO-Link-Wireless-Device sendet ISDU Daten
4	EVENT	IO-Link-Wireless-Device sendet die Eventdaten
5	Reserviert	-
6	Reserviert	-
7	Reserviert	-

8.8 Kodierung von IO-Link-Wireless-Frames des DownLinks

Allgemein benötigt IO-Link-Wireless sogenannte Connection Parameter. Diese Parameter dienen der Zuordnung von IO-Link-Wireless-Devices zu den entsprechenden IO-Link-Wireless-Mastern und den zugehörigen Tracks sowie Slots. Diese Parameter vergibt das System beim Koppelvorgang, so dass jedes IO-Link-Wireless-Device weiß welche Kommunikationsverbindung zu ihm gehört. IO-Link-Wireless-Devices, die dem Roaming unterliegen, speichern diese Parameter nicht remanent, da diese bei jedem Zellenwechsel neue Connection Parameter vom jeweiligen Zellen-IO-Link-Master erhalten.

Tabelle 8.17 listet die Connection Parameter.

Tabelle 8.17: Verbindungsparameter

Connection Parameter	TYPE
MasterID	5 Bit (1-29)
Slot_N	3 Bit (0-7)
Track_N	3 Bit (0-4)
HoppingTable	Octet String
DataSyncword	3 Octet

Das IO-Link-Wireless System nutzt im normalen Betrieb den folgenden Aufbau eines DownLinks. **Bild 8.17** zeigt die allgemeine Struktur eines IO-Link-Wireless-Subzyklus, also einen DownLink-Ausschnitt.

Jeder Downlink oder Uplink beginnt immer mit der sogenannten „Präambel“, einem eindeutigen Bitmuster. Die beiden Bytes der Präambel können entweder den Wert 0xAA oder 0x55 enthalten. Wenn das erste Bit des Syncwortes mit einer logischen 0 beginnt, ergibt sich für die Präambel der Wert 0xAA, andernfalls ist der Wert der Präambel 0x55. Soll zum Beispiel das Syncwort 0x59943E versendet werden, ergibt sich für die Präambel der Wert 0xAA.

Das Syncwort folgt unmittelbar auf die Präambel. Das Syncword wird für die Byte-Synchronisation und die Identifikation des Pakets als drahtloses IO-Link-Paket

Octet	1	2		3	4
Bit	0 1 2 3 4 5 6 7	0 1 2 3 4	5 6 7	0 1 2 3 4 5 6 7	0 1 2 3 4 5 6 7
0	Preamble			DataSyncword	
4	DataSyncword	MasterID	Track_N	ACK	Payload
8	Payload	CRC16			Payload
12	Payload				
16	Payload				
..	Payload				
44	Payload				
48	CRC 32				

Bild 8.17: Aufbau IO-Link-Wireless-Subzyklus

8

benötigt. Das drei Byte lange Syncwort wird im Sendepuffer direkt nach der Präambel gespeichert.

Im Anschluss findet sich die MasterID, anhand der das IO-Link-Wireless-Device die Zuordnung vornehmen kann, ob die Daten von dem ihm zugeordneten Master kommen. Entsprechend verhält es sich mit der Tracknummer. In dem ACK Byte ist bitgranular für die IO-Link-Wireless-Devices angegeben, dass die zuletzt im UpLink gesendeten Daten empfangen wurden. Der vorgeschriebene Teil stellt den sogenannten Pre-DownLink dar, der mit einem CRC16 abschließt. Die weiteren Bytes (Payload) kommen hinzu und werden mit einem CRC32 abgesichert. Innerhalb der Payload finden sich die üblichen IO-Link-Daten aus dem zyklischen und azyklischen Bereich. Benötigt die Übertragung nicht den vollen Nutzdatenbereich sind die ungenutzten Bytes mit Nullen aufgefüllt.

8.9 Kodierung von IO-Link-Wireless-Frames des UpLinks

Das IO-Link-Wireless System nutzt im normalen Betrieb den folgenden Aufbau eines UpLinks für einen DingleSlot IO-Link-Wireless-Device. **Bild 8.18** zeigt dazu die allgemeine Struktur eines IO-Link-Wireless-Subzykluses, also einen Singleslot UpLink-Ausschnitt. Der Aufbaubau bezüglich Präambel, Syncwortes, MasterID und ACK (hier ist jedoch das ACK auf die empfangen Daten des IO-Link-Wireless-Devices bezogen) ist vollkommen identisch, jedoch sendet das IO-Link-Wireless-Device nicht die Trackinformation, sondern seinem „I am alive"-Status mit. Der 16 Bit CRC entfällt, stattdessen schließen sich die 2 Byte Payload eines SingleSlot IO-Link-Wireless-Devices an, in denen die üblichen IO-Linkdaten wie zyklischen Prozessdaten und die azyklischen OnRequest Daten befinden. Abgeschlossen ist der Block mit der zur Datenintegrität nötigen 32 Bit Checksumme.

Bei IO-Link-Wireless-Device, die einen DoubleSlot nutzen, verändert sich die Größe der Nutzdaten (Payload), die übertragen werden kann. Der Aufbau eines solchen Datenpaketes ist grundsätzlich der gleiche wie bei einem SingleSlot UpLink Datenpaketes, jedoch sind weitere Nutzdaten im Paket ergänzt. In **Bild 8.19** ist die Nutzdatengröße eines UpLink-Datenpaketes erweitert und dargestellt.

Octet	1	2	3	4
Bit	0 1 2 3 4 5 6 7	0 1 2 3 4 5 6 7	0 1 2 3 4 5 6 7	0 1 2 3 4 5 6 7
0	Preamble		DataSyncword	
4	DataSyncword	MasterID (Bit 0–4), IMA=0 (Bit 5–6), ACK (Bit 7)	Payload	
8	CRC 32			

Bild 8.18: UpLink-Datenpaket eines SingleSlot IO-Link-Wireless-Devices

Octet	1	2	3	4
Bit	0 1 2 3 4 5 6 7	0 1 2 3 4 5 6 7	0 1 2 3 4 5 6 7	0 1 2 3 4 5 6 7
0	Preamble		DataSyncword	
4	DataSyncword	MasterID IMA= 0 ACK	Payload	
8	Payload			
12	Payload			
16	Payload			
20	Payload	CRC 32		
24	CRC 32			

Bild 8.19: UpLink-Datenpaket eines DoubleSlot IO-Link-Wireless-Devices

9 Vertiefendes Wissen

Die folgenden Kapitel geben weitere Einblicke in das IO-Link-System. Dieses vertiefende Wissen kann bei Schwierigkeiten mit dem System helfen, das Problem zu lösen, ist aber für das normale Anwenden von IO-Link nicht zwingend nötig.

9.1 Aufbau eines IO-Link-Interfaces

Das IO-Link-Interface besteht im Wesentlichen aus zwei unterschiedlichen Teilen (**Bild 9.1**). Der IO-Link-Masterteil, dem dazwischenliegenden Übertragungsmedium (Kabel) und dem IO-Link-Device-Teil. Die Unterschiede zwischen dem IO-Link-Device- und dem IO-Link-Masterinterface sind im Folgenden ausführlich beschrieben.

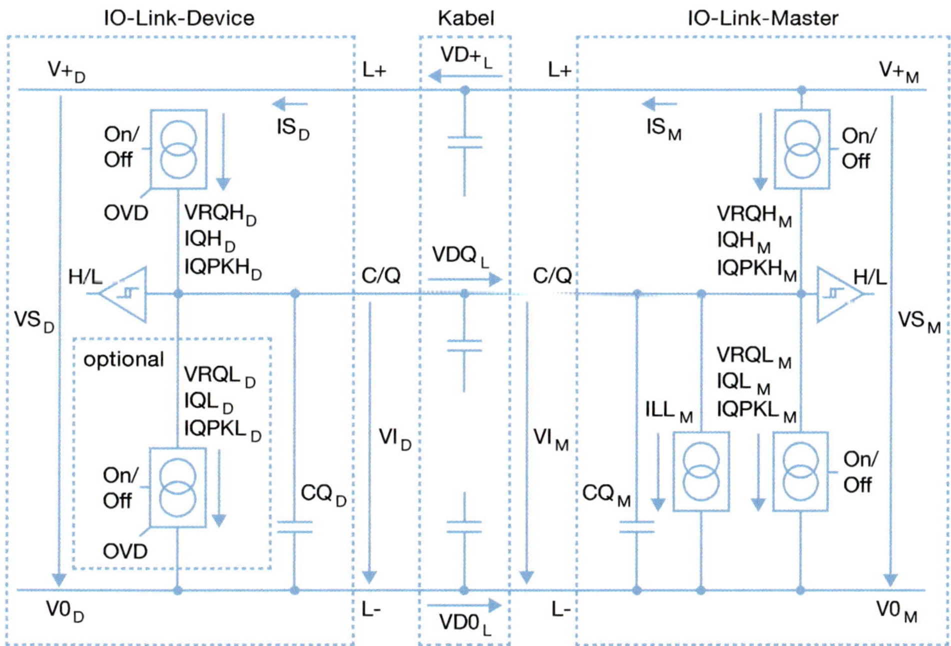

Bild 9.1: IO-Link-Interface im Überblick (Quelle: IO-Link Community)

9.2 Aufbau des Interfaces im IO-Link-Device

Das IO-Link-Device verfügt je nach Ausprägung über eine reine P-Schaltstufe oder über eine Push-Pull-Endstufe. Die Push-Pull-Endstufe ist bei den Übertragungsgeschwindigkeiten COM2 und COM3 auf der IO-Link-Device-Seite üblich, um die Leitung entsprechend schnell umladen zu können, damit die Signale mit hoher Qualität an dem Empfänger anliegen. IO-Link-Devices, die reine P-Schalter sind, arbeiten mit der kleinsten Übertragungsgeschwindigkeit COM1. Dabei ist die COM1 so gewählt, dass die Zeiten ausreichend lang sind, um eine logische wie auch eine physikalische „0" zu erkennen.

Ein IO-Link-Device verfügt wie in Kapitel 1.2 dargestellt, immer über drei Anschlüsse. In **Bild 9.2** sind diese mit L+, L- und C/Q gekennzeichnet. Die mit optional gekennzeichnete Stromsenke in Bild 9.2 ist als der nach L-schaltende Zweig der IO-Link-Device-Endstufe in einer Push-Pull-Ausführung zu verstehen. Zudem ist ein Komparator nötig, um die empfangenen Daten auszuwerten. Die dargestellte Kapazität ist die so genannte Eingangskapazität des IO-Link-Device-Interfaces. Für diese Eingangskapazität ist ein Maximalwert festgelegt, an den sich alle IO-Link-Device-Hersteller zu halten haben (siehe Tabelle 9.1 weiter unten). Somit ist das IO-Link-Interface komplett

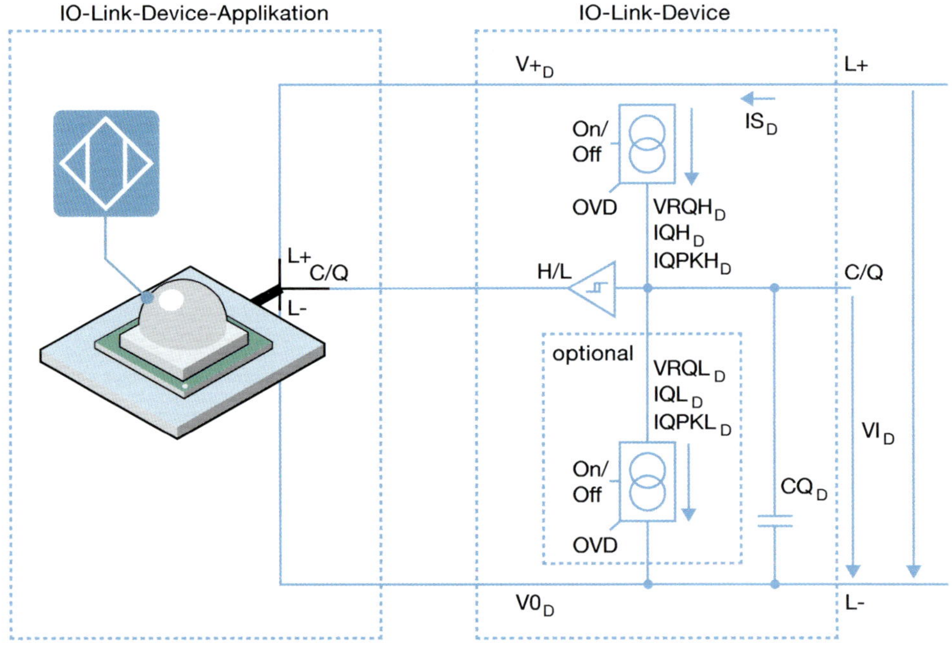

Bild 9.2: IO-Link-Device-Interface (Quelle: IO-Link Community)

dargestellt. In der IO-Link-Applikation befinden sich ein oder mehrere Kontroller, der/die die Applikation eines IO-Link-Devices kontrollieren und das IO-Link-Interface bedienen.

Der gezeigte funktionale Aufbau nach Bild 9.2 ist je nach Hersteller diskret bzw. heute mit einer der zahlreichen am Markt verfügbaren integrierten Schaltungen (ASIC) realisiert. Die verfügbaren integrierten Ein- und Ausgangsstufen (ASIC) haben unterschiedliche Ausprägungen, manche haben den M-Sequenzhandler integriert, andere sind als reine Pegelwandler ausgeprägt.

Je nach Ausprägung und reeller Umsetzung des Interfaces ist durch die IO-Link-Testspezifikation sichergestellt, dass jedes IO-Link-Device-Interface mit jedem IO-Link-Master-Interface interoperabel funktioniert.

Hinweis:
Der Strombedarf des IO-Link-Devices sollte vom IO-Link-Master zur Verfügung gestellt werden können. Die Datenblattangaben bezüglich der Stromversorgung von IO-Link-Device und IO-Link-Master sind zu beachten.

9.2.1 Funktion des Device-Interfaces

Die Stromquelle/-senke in Bild 9.2 steuert die Kommunikationsschicht, d. h. der Kommunikationskontroller bzw. die Ausgangsstufe setzt entsprechend des zu übertragenden UART-Bits eine Stromquelle ein. Der Komparator liefert im empfangenden Modus dem Kommunikationskontroller die empfangenen Daten in den UART. Während der Empfangsphase sind die Stromquellen ausgeschaltet bzw. passiv, so dass die C/Q-Schnittstelle einen hochohmigen Zustand einnimmt.

Befindet sich das IO-Link-Device im SIO-Modus, schaltet der Kommunikationskontroller die Stromquellen entsprechend dem geforderten Ausgangssignals an und gibt somit „High“- bzw. „Low“-Pegel aus.

9.2.2 Parameterdaten zum IO-Link-Device-Interface

Es ist wichtig, bei einer Störung bzw. bei der Inbetriebnahme die Spannungspegel zu prüfen.

In **Tabelle 9.1** sind die charakteristischen Werte angegeben. Beim Messen ist darauf zu achten, dass das Massepotential (L-) des IO-Link-Devices (VD0) maximal 1 V höher liegen darf als das des IO-Link-Masters. Gleiches gilt für das Potential an L+, dieses darf am IO-Link-Device maximal 1 V kleiner sein als das des IO-Link-Masters. Trotzdem

Tabelle 9.1: Charakteristische Größen der IO-Link-Device-Seite

Bezeichnung	Bedeutung	Minimum	typisch	Maximum	Einheit	Bemerkung
V_{SD}	Versorgung	18	24	30	V	
V_{SD}	Ripple	n/a	n/a	1,3	Vpp	Peak-to-peak sind absolut nicht zu überschreiten. Die Frequenz des Ripple liegt zwischen 0 bis maximal 100 kHz
IQH_D	Ausgangsstrom bei „High"-Pegel	50	n/a	Max.-Strom des IO-Link-Masters	mA	
IQQ_D	Ruhestrom	0	n/a	15	mA	
V_{hi}	High Schwellspannung	10,5	n/a	13	V	
V_{lo}	Low Schwellspannung	8	n/a	11,5	V	
CQ_D	Eingangskapazität	0	n/a	1	nF	effektive Kapazität zwischen C/Q und L+ oder L- des IO-Link-Devices im Empfangszustand

muss der Spannungswert für die Versorgung gemäß Tabelle 9.1 eingehalten sein. Ist dies nicht der Fall, kann das System nicht störungsfrei arbeiten.

Bei der Wahl der Spannungsversorgung ist darauf zu achten, dass sich auf der Versorgungsleitung vom IO-Link-Device kein größerer Rippel befindet als in Tabelle 9.1 angegeben.

Zudem ist der Ruhestrom mit maximal 15 mA angegeben, dieser Wert bezieht sich auf den C/Q-Eingang. Ist der Strom größer, ist zu prüfen ob ein Defekt am IO-Link-Device vorliegt.

Im schaltenden Modus (SIO-Modus) kann ein IO-Link-Device in der Regel maximal den Strom IQH_D aufnehmen. In der Regel nutz ein IO-Link-Device im SIO-Modus diesen Strom, um direkte Schaltfunktionen in einer Anlage auszuführen, wie z. B. das Ansteuern von Ventilen. Ein IO-Link-Master lässt aufgrund der SIO-Stromsenke nur den maximalen Strom ILL_M zu. D. H. ein IO-Link-Device kann im SIO-Mode wesentlich höhere Schaltströme realisieren, als dies an einem IO-Link-Masterport der Fall ist. Dies ist Teil der Rückwärtskompatibilität zu bestehenden schaltentenden.

Generell gilt für die Stromaufnahme eines IO-Link-Devices, dass die Anwenderdokumentation der Hersteller zu beachten ist, um einen fehlerfreien des IO-Link-Devices an einem IO-Link-Masterprot zu gewährleisten.

Ebenfalls ist zu beachten, dass sich die Schaltschwelle für einen „High"-Pegel zwischen den Werten von 10,5 bis 13 V befindet. Für den „Low"-Pegel gilt die Schwelle von 8 bis 11,5 V. Diese Werte sind in Anlehnung an die IEC 61131-2 festgelegt.

9.3 Aufbau des Interfaces im IO-Link-Master

Der IO-Link-Master verfügt über eine Push-Pull-Endstufe je Port. IO-Link-Master nach Spezifikation 1.1 beherrschen alle Übertragungsgeschwindigkeiten, ein IO-Link-Master nach Spezifikation 1.0 unterstützt nicht zwingend COM3. Hier ist die Herstellerdokumentation zu beachten.

Ein IO-Link-Master verfügt, wie in Kapitel 1.2 dargestellt, immer über drei Anschlüsse (Port Class A). In **Bild 9.3** sind diese aufgelistet und mit L+, L- und C/Q gekennzeichnet. Aus Bild 9.3 geht hervor, dass im IO-Link-Master eine weitere Stromsenke parallel

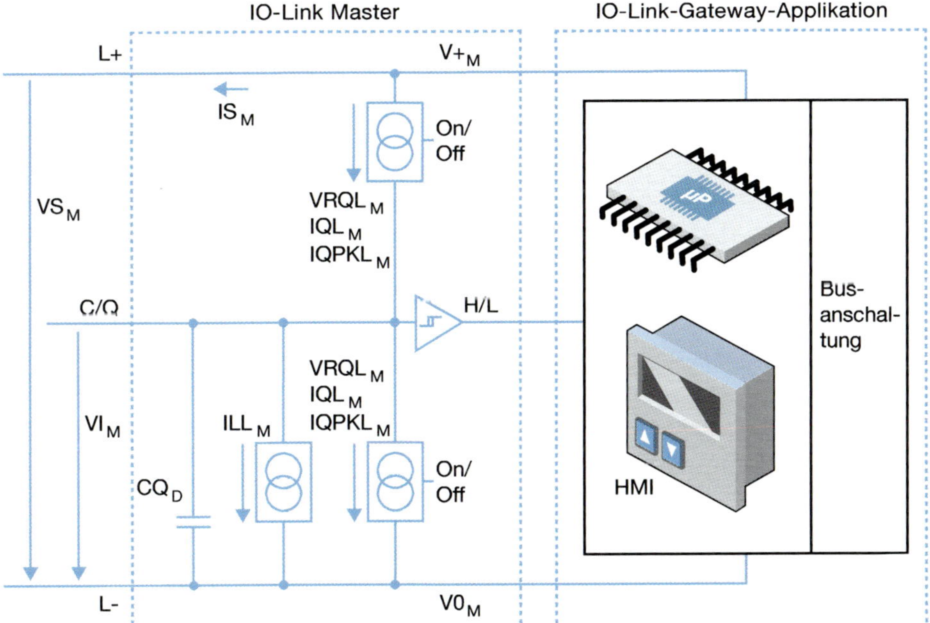

Bild: 9.3 IO-Link-Master-Interface (Quelle: IO-Link Community)

9

zur ein- und ausschaltbaren Stromquelle existiert, in die der Strom ILL_M fließt. Diese Stromquelle ist für den Anschluss rein binär schaltender Ausgänge, wie z. B. Sensoren, Schalter oder IO-Link-Devices im SIO-Modus gedacht und nach IEC 61131-2 nötig, um einen Mindeststrom zu senken. Anders ausgedrückt realisiert diese Stromsenke den digitalen Input nach IEC 61131-2 Type 2. Der Komparator ist nötig, um die empfangenen Daten zu interpretieren, also in High- und Low-Signale gemäß der Tabelle 9.1 auszuwerten. Die dargestellte Kapazität ist eine Eingangskapazität des IO-Link-Master-Eingangs. Die IO-Link-Spezifikation legt für die Eingangskapazität einen Maximalwert fest, an den sich der IO-Link-Masterhersteller halten muss. Somit ist das IO-Link-Interface komplett dargestellt. In der IO-Link-Applikation befinden sich ein oder mehrere Kontroller, der/die die Applikation eines IO-Link-Masters steuern, als auch das IO-Link Interface bedienen. Eine weitere Aufgabe der Kontroller ist, das Datenmapping zu den jeweiligen Bussystemen in der Form einer Gateway-Applikation mit entsprechenden Abbildungsvorschriften des überlagerten Systems bzw. Busses zu übernehmen.

Der gezeigte funktionale Aufbau nach Bild 9.3 ist je nach Hersteller unterschiedlich aufgebaut, meistens sind hier ASIC-Lösungen mit unterschiedlichen Microcontrollern im Einsatz. Je nach Ausprägung und reeller Umsetzung des Interfaces ist durch die Testspezifikation besonders bei der Interfaceschnittstelle sichergestellt, dass jedes IO-Link-Masterinterface mit jedem IO-Link-Device-Interface interoperabel ist. Letztlich ist dieser Qualitätsstandard durch die Herstellererklärung abgesichert (siehe Kapitel 7).

9.3.1 Funktion des IO-Link-Master-Interfaces

Die zweite Stromquelle/-senke in Bild 9.3 steuert die Kommunikationsschicht, d. h. die auszugebenden Bits aus dem UART setzt die Endstufe durch entsprechendes Schalten der Stromquellen in 24-V-Pulssignale um. Der Komparator liefert im empfangenden Modus dem Kommunikationskontroller die empfangenen Daten. Während der Empfangsphase sind die Stromquellen für IQH und IQL ausgeschaltet bzw. passiv und die Stromquelle ILL_M aktiv, um einen stabilen Ruhepegel einzuhalten.

Befindet sich der IO-Link-Master im Digital-Output-Mode, schaltet der Kommunikationskontroller die Stromquellen entsprechend dem geforderten Signal „High“ bzw. „Low“. Im Falle eines Inputs ist gemäß IEC 61131-2 die Stromsenke ILL_M eingeschaltet und senkt abhängig vom Binärsignal den zugehörigen Strom für „High“ und „Low“.

9.3.2 Parameterdaten zum IO-Link-Master-Interface

Wichtig ist, bei einer Störung bzw. bei der Inbetriebnahme die Spannungspegel zu prüfen. In **Tabelle 9.2** sind die charakteristischen Werte angegeben. Der Spannungs-

Tabelle 9.2: Charakteristische Größen der IO-Link-Masterseite

Bezeichnung	Bedeutung	Minimum	typisch	Maximum	Einheit	Bemerkung
VS_M	Versorgung	20	24	30	V	
IS_M	Versorgungsstrom-Device	200	n/a	n/a	mA	der Maximalstrom ist Masterherstellerabhängig
ILL_M	0 V < VIM < 5 V 5 V < VIM < 15 V 15 V< VIM < 30 V"	0 5 5	n/a n/a n/a	15 15 15	mA mA mA	Stromsenke in Anlehnung an IEC 61131-2
IQH_M	DO-Treiberstrom für High-Pegel	100	n/a	n/a	mA	
$IQPKH_M$	WakeUp-Strom	500	n/a	n/a	mA	maximal 85 µs
IQL_M	DO-Treiberstrom für Low-Pegel	100	n/a	n/a	mA	
$IQPKL_M$	WakeUp-Strom	500	n/a	n/a	mA	maximal 85 µs

wert für die Versorgung ist einzuhalten, damit das IO-Link-Device nach 20 m Leitung noch innerhalb der Versorgungsgrenzen zu betreiben ist.

Im schaltenden Modus (SIO-Modus) kann ein IO-Link-Master auf L+ und L- in der Regel den Strom IS_M mit minimal 200 mA treiben. Jedoch gibt es hier Abweichungen bei den einzelnen IO-Link-Master-Herstellern. Deshalb ist zu empfehlen die Anwenderdokumentation der Hersteller zu beachten.

Die Schaltschwelle für einen „High"-Pegel liegt zwischen den Werten von 10,5 bis 13 V. Für den „Low"-Pegel gilt die Schwelle von 8 bis 11,5 V. Diese Werte sind in Anlehnung an die IEC 61131-2 festgelegt.

Im Digital-Input-Modus ist der IO-Link-Master-Eingang überprüfbar. In Tabelle 9.2 sind mit dem Strom ILL_M die Wertebereiche angeben, in denen sich der Eingangsstrom bewegen sollte. Für den Ausgang ist der IO-Link-Master ebenfalls prüfbar. Im Digital-Output-Betrieb sollte der IO-Link-Master minimal 100 mA bei High- als auch bei Low-Pegeln zur Verfügung stellen können. Die Obergrenze liegt in der Regel bei 200 mA, dies kann jedoch bei unterschiedlichen Masterherstellern schwanken. Die genauen Werte sind der Anwenderdokumentation des IO-Link-Master-Herstellers zu entnehmen.

9.3.3 Der WakeUp-Puls

Der WakeUp-Puls dient dazu, binär-schaltende IO-Link-Devices in die IO-Link-Kommunikation zu überführen. Damit die Endstufen keinen Schaden nehmen, gelten enge Zeitgrenzen, in denen der IO-Link-Master mit einem entgegengesetzt gepolten Signal die C/Q-Leitung beaufschlagt. Im **Bild 9.4** ist für ein High- und ein Low-Signal der entgegengesetzte Pegel im Abschnitt a) des IO-Link-Masters dargestellt. Diese Betrachtung ist theoretischer Natur, je nach Ausprägung der Endstufen im IO-Link-Device und -Master muss nicht zwingend ein Pegelumsteuern stattfinden. Deshalb ist beim Messen dieses Ereignisses der Strom die wichtigere Messgröße, der während dieser Phase deutlich erhöht sein sollte.

In **Tabelle 9.3** sind die zeitlichen Grenzen für die Phase a) aufgelistet.

Der Wake-Up-Puls ist mit 500 mA definiert, kann jedoch je nach Hersteller nach oben abweichen. Die Länge ist auf 75 bis 85 µs begrenzt und unterscheidet sich somit

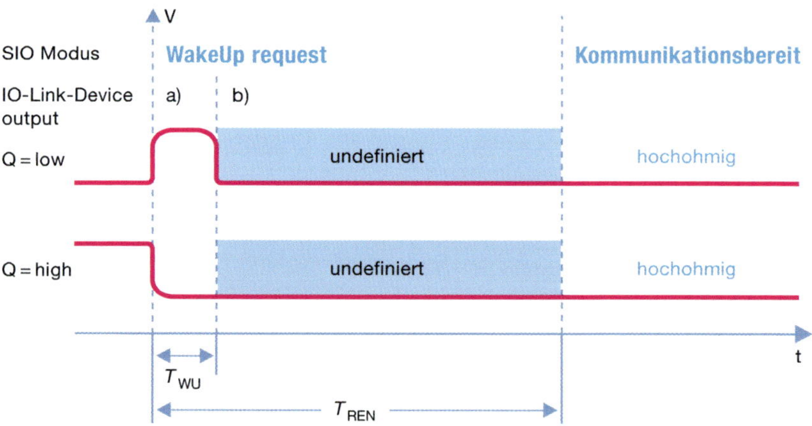

Bild 9.4: IO-Link Wake-Up-Puls (Quelle: IO-Link Community)

Tabelle 9.3: Definitionen des Wake-Up-Pulses

Parameter	Beschreibung	min	Typisch	max	Einheit	Bemerkung
IQ_{WU}	Betrag der Amplitude des Wake-Up-Request-Stroms des IO-Link-Masters	IQPKLM bzw. IQPKHM 500 mA	n/a	n/a	mA	Vorzeichen des Stroms nach Schaltzustand des Slaves
T_{WU}	Impulsdauer des Wake-Up-Requests	75	n/a	85	µs	IO-Link-Master-Eigenschaft
T_{REN}	Empfangsbereitschaftsverzögerung (receive enable)	n/a	n/a	500	µs	IO-Link-Device-Eigenschaft

deutlich von eingekoppelten eher zufälligen EMV-Störungen. Der WakeUp-Strom ist im Kommunikationsmodus prüfbar. Mit einem geeigneten Widerstand und einem Oszilloskop sind die Strompulse zu messen.

Sieht ein IO-Link-Device ein solches Ereignis auf der Leitung, schaltet es die Stromquellen der Endstufe aus und geht nach einer undefinierten Phase in den hochohmigen Zustand über. Die Zeit vom Start bis zum Erreichen der hochohmigen Phase ist dabei mit maximal 500 µs bemessen. Somit lässt sich dieses Ereignis sehr gut mit einem Oszilloskop messen und überprüfen.

Im Anschluss baut der IO-Link-Master die Kommunikation auf (siehe Kapitel 1.4).

9.3.4 Einschaltzeiten

Ein IO-Link-Device soll spätestens 300 ms nach dem Power-Up kommunizieren. Dabei kann es vorkommen, dass die Messapplikation des Sensors noch nicht vollständig arbeitet, da eventuell automatische Kalibrierprozesse der Messeinrichtung noch nicht abgeschlossen sind. Während dieser Zeit darf das IO-Link-Device in Form eines Sensors Prozessdaten senden, die jedoch als nicht gültig gekennzeichnet sind. Die Einschaltzeit ist in **Bild 9.5** dargestellt und die zugehörige Zeit in **Tabelle 9.4** beschrieben.

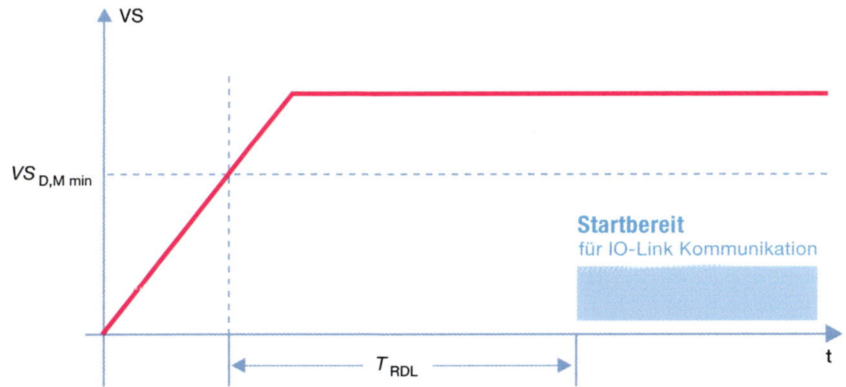

Bild 9.5: Einschaltverhalten eines IO-Link-Devices (Quelle: IO-Link Community)

Tabelle 9.4: Einschalt-Zeit eines IO-Link-Devices

Parameter	Beschreibung	min	typisch	max	Einheit	Bemerkung
T_{RDL}	Einschaltverzugszeit	n/a	n/a	300	ms	Gerätehochlaufzeit bis zur Wecksignalerkennung

9.3.5 Die IO-Link Standardanschlussleitung

Das IO-Link-Kabel benötigt keine Schirmung und entspricht einer Standard-Sensorleitung mit typisch 0,34 mm² Querschnitt. Dabei können bei konfektionierten Leitungen 3-, 4- und 5-adrige Ausprägungen vorkommen. Die maximale Länge ist auf L = 20 m begrenzt, zum einen um den Spannungsfall (rein ohmisch) nicht zu sehr in die Höhe zu treiben, zum anderen, um die Umladungszeiten der Leitung während der Kommunikation in einem Bereich zu halten, in dem die High- und Low-Signale über alle drei Übertragungsgeschwindigkeiten sicher zu erkennen sind, unabhängig von der Kabelqualität. Der ohmische Leitungswiederstand R_L ist auf 6 Ω begrenzt. Die effektive Leitungskapazität C_L beträgt maximal 3 nF bei < 1 MHz (**Tabelle 9.5**). In **Bild 9.6** ist der Kabelaufbau schematisch dargestellt inklusive der Messbrücke für die Widerstandsmessung R_L.

Tabelle 9.5: IO-Link-Kabeleigenschaften

Objekt	Bezeichnung	Minimum	Typical	Maximum	Einheit
L	Kabellänge	0	n/a	20	m
R_{Leff}	Gesamtschleifenwiderstand	n/a	n/a	6	Ω
C_{Leff}	Effektive Leitungskapazität	n/a	n/a	3	nF (< 1 MHz)

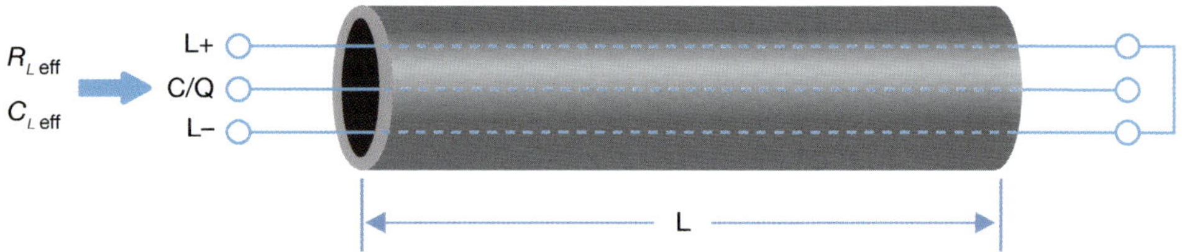

Bild 9.6: Standardanschlussleitung IO-Link (Quelle: IO-Link Community)

9.4 IO-Link-Kommunikation

Das folgende Kapitel beschäftigt sich mit dem Aufbau von Telegrammen und den sich daraus ergebenden Frames. Hier sei angemerkt, dass im IO-Link-Kontext aufgrund der IEC-Restriktionen der Begriff „Frame“ nicht zu nutzen ist. IO-Link spricht als Äquivalent zu Frame von der sogenannten M-Sequenz oder auch Message-Sequenz.

Im Startup des Systems tauscht der IO-Link-Master die wichtigsten Kommunikationsparameter mit dem IO-Link-Device aus und stellt auf diese Weise den zu verwendenden Frametyp (M-Sequenzen) fest.

Auf der physikalischen Leitung folgt die Datenübertragung innerhalb einer M-Sequenz dem UART-Standard. D. h. die acht Bit eines Bytes/Octets sind um drei weitere Bits ergänzt. Es handelt sich um das Start- und Stoppbit, sowie um die Parität. Der UART-Aufbau ist in **Bild 9.7** dargestellt.

Eine M-Sequenz ist ein Paket aus UARTs und somit aus verpackten Nachrichten des IO-Link-Masters und der Antwort des IO-Link-Devices. In **Bild 9.8** ist dies schematisch dargestellt. Diese Kommunikationspakete sind wiederum unterteilt in Bytes respektive Octets.

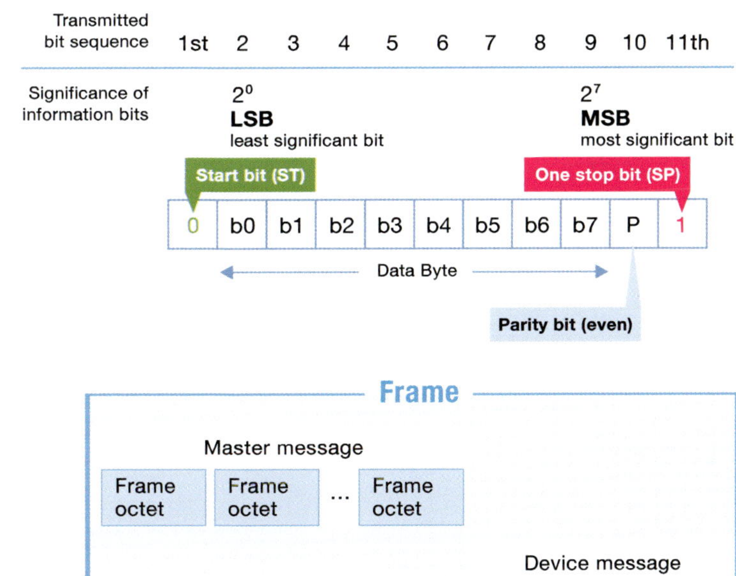

Bild 9.7: Standard-UART als FrameOctet (Quelle: IO-Link Community)

Bild 9.8: M-Sequenz (Quelle: IO-Link Community)

Hinweis:
Ein IO-Link-Master-Port, der im IO-Link- bzw. im kommunizierenden Modus ist, wiederholt die Sequenz zum Kommunikationsaufbau solange, bis eine Kommunikation aufgebaut ist. D. h. soll ein binärer Aktuator an einem IO-Link-Port zum Einsatz kommen, ist der Port zwingend auf Digital Output zu konfigurieren (siehe hierzu das Kapitel 4.1).

Der Kommunikationsaufbau führt bei rein binären Aktuatoren (keine IO-Link- oder SDCI-Fähigkeit) zu unkontrollierten Schaltaktionen!

Diese Definition der Kommunikation ermöglicht eine variable Übertragung von bis zu 32 Byte Aktuatorikdaten in der Richtung vom IO-Link-Master zum IO-Link-Device und gleichzeitig bis zu 32 Byte Sensordaten in entgegengesetzter Richtung. Die Hersteller der IO-Link-Devices können somit die Prozessdatenbreite optimal an die Anforderungen des jeweiligen IO-Link-Devices anpassen.

Der bereits erwähnte azyklische Kanal ist aus Komplexitätsgründen auf die Datenbreiten 1 Byte, 2 Byte, 8 Byte und 32 Byte beschränkt. Der Hersteller des IO-Link-Devices kann hier ebenfalls den für das IO-Link-Device optimalen Umfang wählen.

Einen typischen M-Sequenz-Verlauf eines Sensors zeigt **Bild 9.9**.

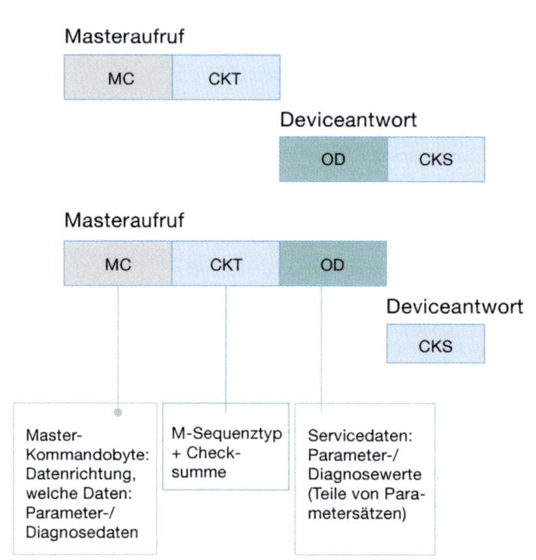

Bild 9.9: Beispielhafte M-Sequenz für einen Sensor (Quelle: IO-Link Community)

MC
Master-Kommandobyte: Datenrichtung, welche Daten: Parameter-/ Diagnosedaten

CKT
M-Sequenz-Typ + Checksumme

OD
Servicedaten/OnRequest-Daten: Parameter-/Diagnosewerte (Teile von Parametersätzen)

PD
Prozessdaten/zyklische Daten (Digital-/ Analogwerte) CKS Checksumme + Eventbit + PD-Validitätsbit

Der IO-Link-Master eröffnet die Kommunikation mit einem Master-Aufruf. Der Master-Aufruf besteht im Wesentlichen aus einem Kommando-Byte und einem Checkbyte. Stehen Parameter- oder Diagnosedaten an, belegen diese Daten das oder die ansonsten leer verschickte(n) OnRequest-Datenbyte(s). Handelt es sich beim angeschlossenen IO-Link-Device um einen Aktuator, erweitert sich die M-Sequenz um ein bis maximal 32 Prozessdatenbytes.

Das IO-Link-Device nimmt die vom IO-Link-Master gesendete Telegramm-Sequenz entgegen, prüft die Checksumme und verarbeitet die gelieferten Daten. Nach positiver Prüfung der Checksumme beantwortet das IO-Link-Device die M-Sequenz innerhalb einer vorgegebenen Zeit. Aus diesem Ablauf ergeben sich die Antwortzeit und die IO-Link-Device Antwortsequenz, die wiederum eine deterministische Zykluszeit auf der IO-Link-Schnittstelle hat.

Die typische IO-Link-Device-Antwortsequenz besteht bei z. B. einem Sensor aus den Prozessdaten, ggf. OnRequest-Datenbytes (1, 2, 8 oder 32 Bytes) in Form von azyklischen Daten und einem Checkbyte, sofern ein Lesezugriff des IO-Link-Masters vorausgegangen ist.

Handelt es sich beim IO-Link-Device um einen Aktuator und hat der IO-Link-Master keinen Lesezugriff auf Parameter- oder Diagnosedaten angefordert, kann die Device-Antwortsequenz nur aus einem Checkbyte bestehen.

9.4.1 Telegrammaufbau IO-Link-Master (IO-Link-Masterteil der M-Sequenz)

Ein IO-Link-Mastertelegramm besteht aus einem Kommandobyte (MC, Master Control). Die Sequenz ist durch ein folgendes Checkbyte/Type abgesichert. Sollte es sich beim angeschlossen IO-Link-Device um einen Aktuator handeln, erweitert sich die Sequenz um ein bis maximal 32 Prozessdatenbytes. Im Kommandobyte des IO-Link-Masters sind die Richtung der azyklischen Daten oder bei Verwendung einer bestimmten M-Sequenz die Richtung der zyklischen Daten angegeben.

Die Art der Daten ist ebenfalls im IO-Link-Master-Kommando codiert. Dabei handelt es sich um Prozessdaten, Parameter, Diagnosedaten oder um Datenpakete, die mittels eines speziellen Applikationsprotokolls (ISDU – Index Service Data Unit) zu übertragen sind. Als letztes folgt die Adresse (**Bild 9.10**).

Im Checksummenbyte des IO-Link-Masters findet sich neben der Checksumme die Codierung der verwendeten M-Sequenz (**Bild 9.11**). Die Checksumme sichert dabei alle Bytes des Masterteils einer M-Sequenz.

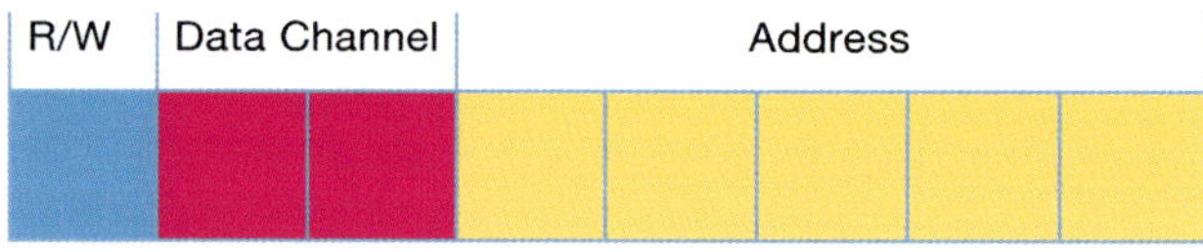

Bild 9.10: Aufbau des Masterkommandos (Quelle: IO-Link Community)

Tabelle 9.6: Werte für den Data-Channel

Wert	Datenkanal
0 (00_{bin})	Prozessdaten Page
1 (01_{bin})	Direct Parameter Page
2 (10_{bin})	Diagnose Page
3 (11_{bin})	ISDU

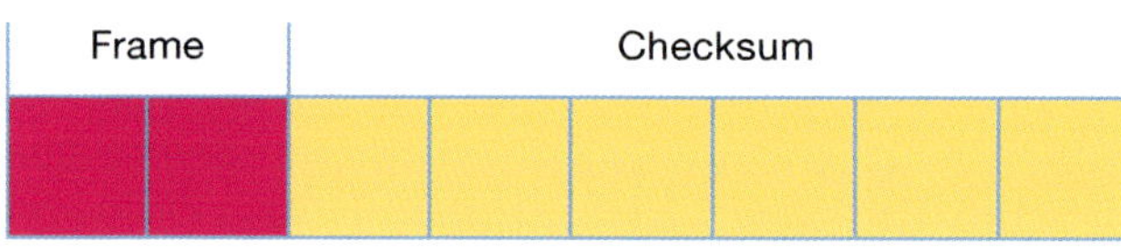

Bild 9.11: Aufbau Check/Typ Byte (Quelle: IO-Link Community)

Tabelle 9.7: Frametyp

Wert	Frametypen
0 (00_{bin})	Typ 0
1 (01_{bin})	Typ 1
2 (10_{bin})	Typ 2
3 (11_{bin})	reserviert

Die M-Sequenz-Typ 0 ist ohne zyklische Prozessdaten definiert und dient in der Hauptsache der Etablierung der IO-Link-Kommunikation.

Die M-Sequenz des Typs 1 ist für eine schnelle Parametrierung ohne Prozessdaten definiert. Diese ermöglicht es, 1, 2, 8 oder 32 Byte OnRequest-Daten je M-Sequenz zur Verfügung zu stellen.

Die M-Sequenz des Typs 2 ist die übliche Kommunikationssequenz in IO-Link. Diese M-Sequenz zeichnet sich durch ihre Variabilität in der Anzahl von zyklischen und azyklischen Daten aus und kommt im Regelbetrieb (operate mode) von IO-Link zum Einsatz. Dabei besteht die Variabilität nur für den IO-Link-Device-Hersteller, der seine Datenbereite optimal an die Gegebenheiten des Devices anpassen kann.

9.4.2 Telegrammaufbau IO-Link-Device (IO-Link-Deviceteil der M-Sequenz

Das IO-Link-Device-Telegramm besteht je nach Anforderung des IO-Link-Devices aus einem oder mehreren OnRequest-Datenbytes und je nach Ausprägung des IO-Link-Devices aus weiteren ein bis 32 Prozessdatenbytes. Am Schluss des IO-Link-Device-Telegramms steht immer das so genannte Checkbyte, das die Checksumme für dieses Telegramm enthält. Die Checksumme des IO-Link-Device-Telegramms sichert eben-

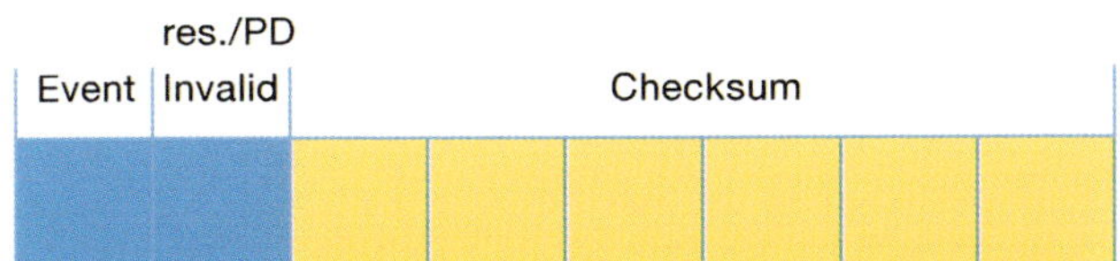

Bild 9.12: Checksummen Byte IO-Link-Device (Quelle: IO-Link Community)

Tabelle 9.8: Eventsignalisierung

Wert	Event
0 (00_{bin})	kein Event
1 (01_{bin})	es liegt ein Event vor

Tabelle 9.9: PD Valid Signalisierung

Wert	Event
0 (00_{bin})	Prozessdaten gültig
1 (01_{bin})	Prozessdaten ungültig

falls, wie beim IO-Link-Master, alle Bytes des Telegramms. Zusätzlich enthält das letzte Telegrammbyte des IO-Link-Devices ein Statusbit. Über dieses ist es möglich, dem IO-Link-Master Events zu melden. Zusätzlich enthält dieses Byte ein weiteres Bit, das die Gültigkeit des Prozesswertes angibt. **Bild 9.12** zeigt das Checkbyte des IO-Link-Devices.

Die **Tabellen 9.8** und **9.9** zeigen die Kodierung der Inhalte des Event- und PD Invalid-Bits. Es gilt, solange das jeweilige Bit auf „null" steht, ist alles in Ordnung.

9

9.5 M-Sequenz und deren Verwendung

Dieses Kapitel gibt einen Überblick über mögliche M-Sequenzen.

Im Wesentlichen nutzt das System eine M-Sequenz, die je nach Anforderungen des IO-Link-Devices unterschiedliche Ausprägungen hat. **Bild 9.13** verdeutlicht die Ausprägungsvarianten der M-Sequenzen. Dabei ist jedes IO-Link-Device mit den passenden M-Sequenzen vom IO-Link-Device-Hersteller entsprechend der Anforderungen ausgerüstet.

Die Breite der OnRequest-Daten kann zwischen den Größen 1, 2, 8 und 32 Byte variieren. Die Breite der On-Request-Daten legt der IO-Link-Device-Hersteller abgestimmt auf sein IO-Link-Device fest. Die Breite der On-Request-Daten ist in der M-Sequenz-Capability im Index 0 festgelegt (siehe hierzu Kapitel 2.2.1 und die Anwenderdokumentation des IO-Link-Device-Herstellers).

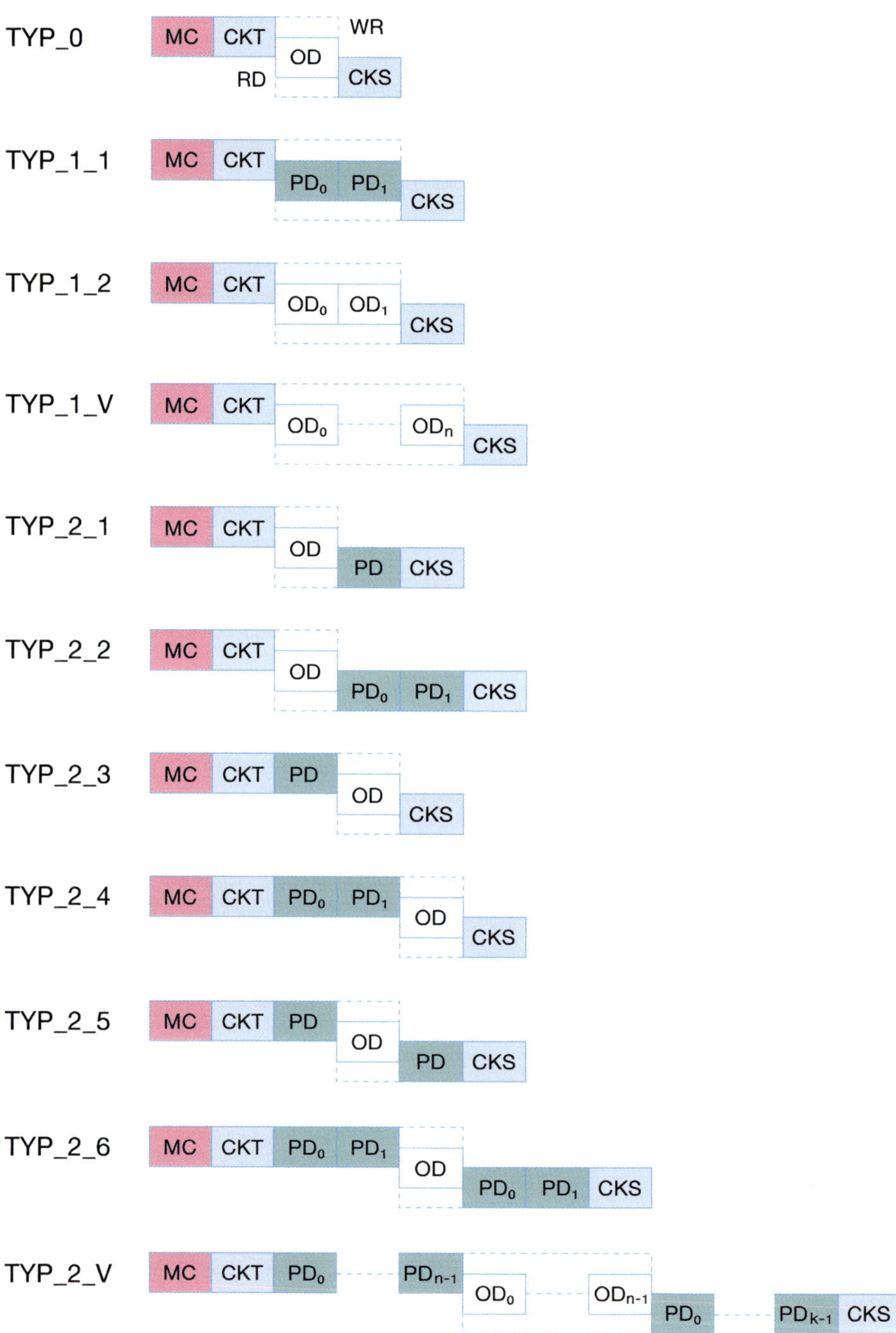

Bild 9.13: M-Sequenz-Typen (Quelle: IO-Link Community)

Die M-Sequenz-Typen ermöglichen zudem eine variable Handhabung der Prozessdatenbreite je Richtung. Varianten mit einem Byte Prozessdaten (Typ 2.1 in Bild 9.13) als auch mit Prozessdatenbreiten bis zu 32 Byte sind mit Type 2.V möglich (siehe Bild 9.13).

9.5.1 Die initiale Anlauf-M-Sequenz

Der Kommunikationsaufbau verwendet ausschließlich einen M-Sequenz-Typ. Dieser so genannte Typ 0 kann keine Prozessdaten austauschen, sondern dient ausschließlich dem Transport von Parameter- und Diagnosedaten. Im IO-Link-Startup tauschen der IO-Link-Master und das IO-Link-Device interne Daten bezüglich der Prozessdatenbreite, der minimalen Zykluszeit, der IO-Link-Revision sowie Kommandos zur Steuerung der IO-Link-Device-Kommunikation aus. Zudem kontrolliert der IO-Link-Master in der Anlaufphase (Startup-Phase) die eingestellte Konfiguration. Der IO-Link-Master führt die Identifikation an allen Ports durch, sofern diese eingestellt ist (siehe Kapitel 4.2).

Aus IO-Link-Master- und IO-Link-Device-Telegramm entsteht eine typische IO-Link-M-Sequenz, die IO-Link-Anlaufsequenz. Eine solche M-Sequenz ist in **Bild 9.14** dargestellt. Diese Anlaufsequenz sieht für alle IO-Link-Devices gleich aus. Dies ist notwendig, um mit allen IO-Link-Devices die initiale Kommunikation aufzubauen und das IO-Link-System in weiteren Schritten optimal auf die verwendeten IO-Link-Devices anzupassen.

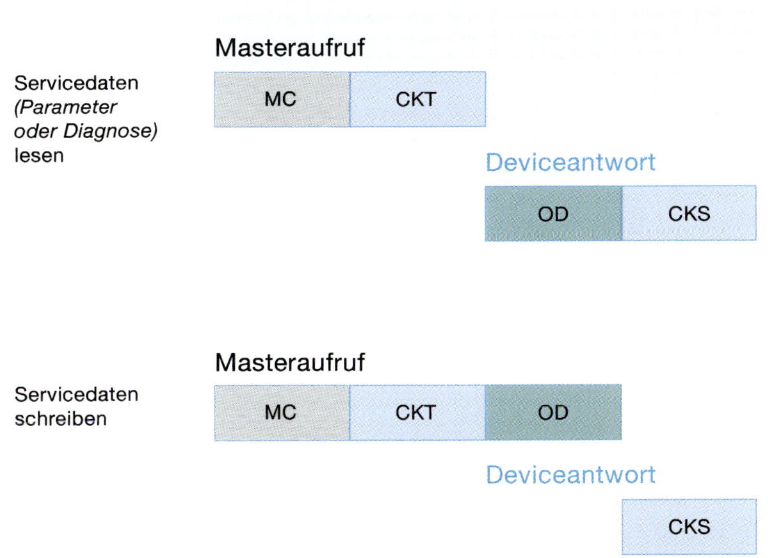

Bild 9.14: M-Sequenz-Typ 0 (Quelle: IO-Link Community)

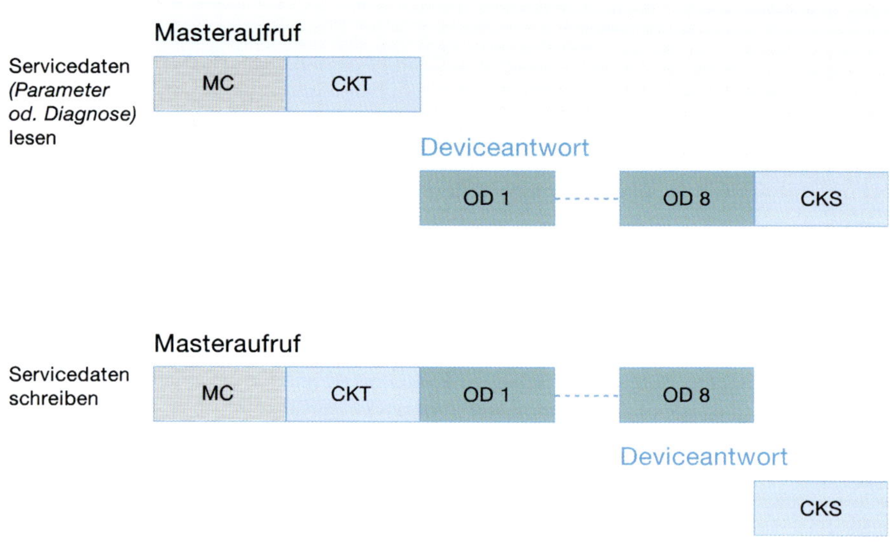

Bild 9.15: M-Sequenz-Typ für Preoperate (Quelle: IO-Link Community)

Preoperate M-Sequenz

In der Preoperate-Phase kann das System auf einen weiteren M-Sequenz-Typ wechseln. Welcher Typ im Preoperate zu nutzen ist, legt der IO-Link-Device-Hersteller fest.

Ein maßgeblicher Faktor für die Auswahl der Preoperate-M-Sequenz ist die Größe der Parametersätze. Da der Anwender keinen Einfluss auf die Wahl der M-Sequenz hat, folgt hier der Überblick der möglichen Typen, die sich im Wesentlichen aus einer Abwandlung von der in Bild 9.13 gezeigten 1.V ergibt.

Ein Beispiel für einen Preoperate-M-Sequenz-Typ ist in **Bild 9.15** dargestellt.

9.5.2 Beispiele für M-Sequenz-Typen im zyklischen Betrieb

Die weiteren M-Sequenz-Typen in IO-Link sind vorzugsweise ihrer Bestimmung angepasst. Die jeweiligen IO-Link-Device-Hersteller legen den für ihr IO-Link-Device optimalen M-Sequenz-Typ in Abhängigkeit von den Applikationsdaten fest. IO-Link stellt die Möglichkeit zur Verfügung, optimale Prozessdatenübertragungen für Sensoren, Aktuatoren als auch Kombinationen aus beiden zu realisieren. Aufgrund der Gleichheit der Anlaufphasen aller IO-Link-Devices sind im Folgenden ein paar Beispiele für typische M-Sequenzen im zyklischen Datenverkehr aufgezeigt.

Eine typische Sensor-M-Sequenz ist in **Bild 9.16** grafisch dargestellt.

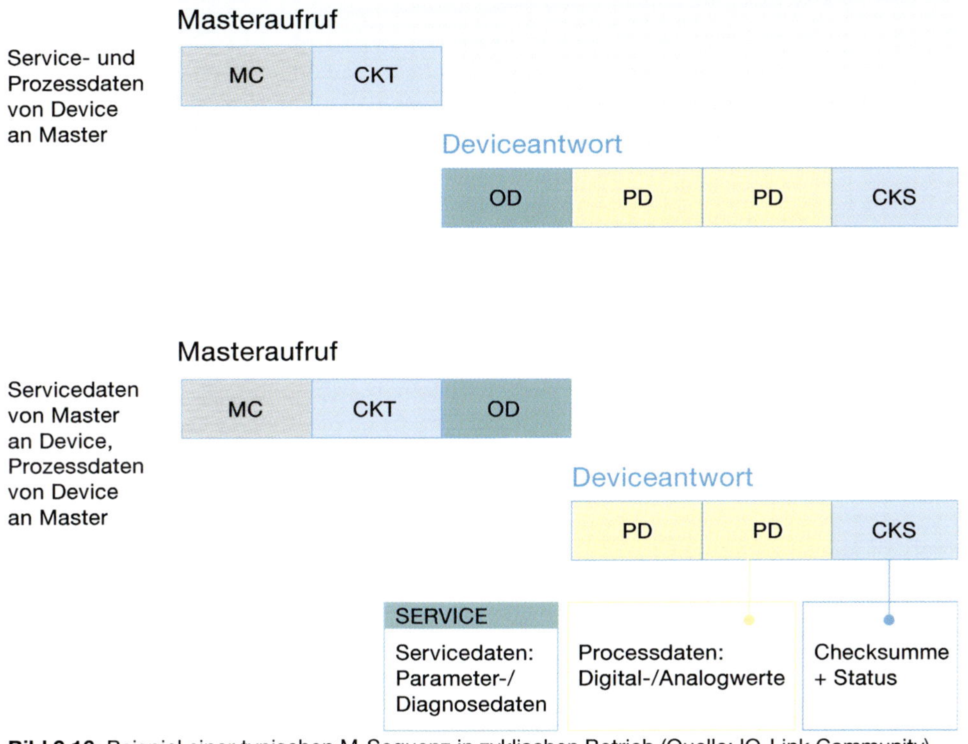

Bild 9.16: Beispiel einer typischen M-Sequenz in zyklischen Betrieb (Quelle: IO-Link Community)

Das gezeigte Beispiel aus Bild 9.16 könnte zu einem Analogsensor mit bis zu 16 Bit Analogwert gehören. Dabei stellt das erste Beispiel die IO-Link-Masteranfrage mit einem Byte lesenden Parameter-/Diagnosedaten dar. Die zweite gezeigte M-Sequenz ist die IO-Link-Masteranfrage mit einem Byte schreibenden Parameter-/ Diagnosedaten. Die Anordnung der Prozessdaten bleibt bei beiden Anfragen immer gleich und ist lesend. Durch den lesenden Prozessdatenzugriff ist die M-Sequenz als Sensor-M-Sequenz bestimmt.

Mit IO-Link ist es möglich, an einem Port ein so genanntes Kombi-Device zu betreiben. IO-Link-Kombi-Devices sind allgemein Aktuator-Sensor-Kombinationen. Ein solches Kombi-Device ist z. B. ein Ventilkopf, der als Analogwert die Ventilstellung an die Applikation liefert, die wiederum eine Ventilstellung errechnet und den neuen Wert an den Aktuator als Analogwert liefert. Das IO-Link-Protokoll sieht für diesen Fall entsprechende M-Sequenztypen vor (siehe Bild 9.13, z. B. M-Sequenz-Typen 2.5, 2.6, aber auch 2.V). In neueren Spezifikationen ab Version 1.1.3 ist der M-Sequenz-Typ 2.6 in die allgemeine Definition von Typ 2.V integriert und taucht nicht mehr als eigenständige M-Sequenz auf. Für ein kleines Kombi-Device mit je 8 Bit Analogwert bzw. acht Schaltpunkten je Richtung ist z. B. der M-Sequenz-Typ 2.5 ausreichend.

Je nach Komplexität des Kombi-Devices kann entsprechend ein M-Sequenz-Typ zum Einsatz kommen, der dem vollen Umfang der IO-Link-Prozessdatenbreite von 32 Byte gewachsen ist. Der übermittelte Wert kann sowohl ein Analogwert sein, als auch Digitalwerte, mehrere Analogwerte oder Kombinationen (siehe hierzu die IO-Link-Device-Dokumentation des Herstellers).

Am Beispiel eines Ventilkopfes verdeutlicht sich der Ablauf der IO-Link-Kommunikation.

Der Ventilkopf erfasst in dem Beispiel in **Bild 9.17** die Stellung des Ventils und liefert z. B. in der M-Sequenz einen 16 Bit-Analogwert. Im dritten Prozessdatenbyte legt der Ventilkopf die Schaltbits ab, die dieser an Hand des Analogwertes durch entsprechende Schaltwellen ermittelt. Diese Aufteilung ist eventuell für das Aufzeichnen des analogen Wertes gedacht, ohne die SPS mit der Schaltschwellenberechnung zu belasten. Die SPS selbst kann zur Zustandsberechnung sofort auf die acht Schaltbits zugreifen. Denkbar ist auch, dass die Schaltbits zur Zustandsanalyse an der SPS vorbei zur Auswertung gelangen, die SPS selbst hingegen aus dem analogen Wert ihre Berechnungen anstellt. IO-Link ermöglicht an dieser Stelle eine Fülle an Möglichkeiten, die den Anforderungen von IoT und Industrie 4.0 Rechnung tragen.

Im abgebildeten Zyklus schreibt der IO-Link-Master Parameter-/Diagnosedaten an das IO-Link-Device und sendet gleichzeitig die Prozessdaten, im Beispiel die analogen Stellwerte für den Ventilkopf und acht Schaltbits, die einer LED-Anzeige auf dem Ventilkopf dienen könnten (Bild 9.17)

Die einfachste Variante eines Kombi-Devices kann mit einem Datenverkehr wie in **Bild 9.18** dargestellt auskommen.

Die genaue Zuordnung der Prozessdaten ist in der Anwenderdokumentation des jeweiligen Device-Herstellers nachzuschlagen. Folgt das IO-Link-Device einem Profil, ist die Prozessdatenzuordnung standardisiert und das IO-Link-Device vereinfacht in Betrieb zu nehmen (siehe Kapitel 5).

Bei einer solchen M-Sequenz sind in einem Zyklus Ausgangs- und Eingangsdaten übertragbar und das ohne Einschränkung der Datenbreite bis zu 32 Byte je Richtung.

Für reine IO-Link-Aktuator-Devices sind entsprechende M-Sequenz-Typen vorgesehen.

Diese sind ähnlich zu den IO-Link-Sensor-M-Sequenz-Typen aufgebaut. In **Bild 9.19** ist die Analogie deutlich zu sehen.

Wie die IO-Link-Sensor-M-Sequenzen erhält auch der Aktuator fest zugeordnete Prozessdaten, im gezeigten Beispiel in Bild 9.19 sind dies 16 Bit zyklische Prozessdaten. Wie bei allen M-Sequenz-Typen ist die Richtung der OnRequest-Daten umschalt- und

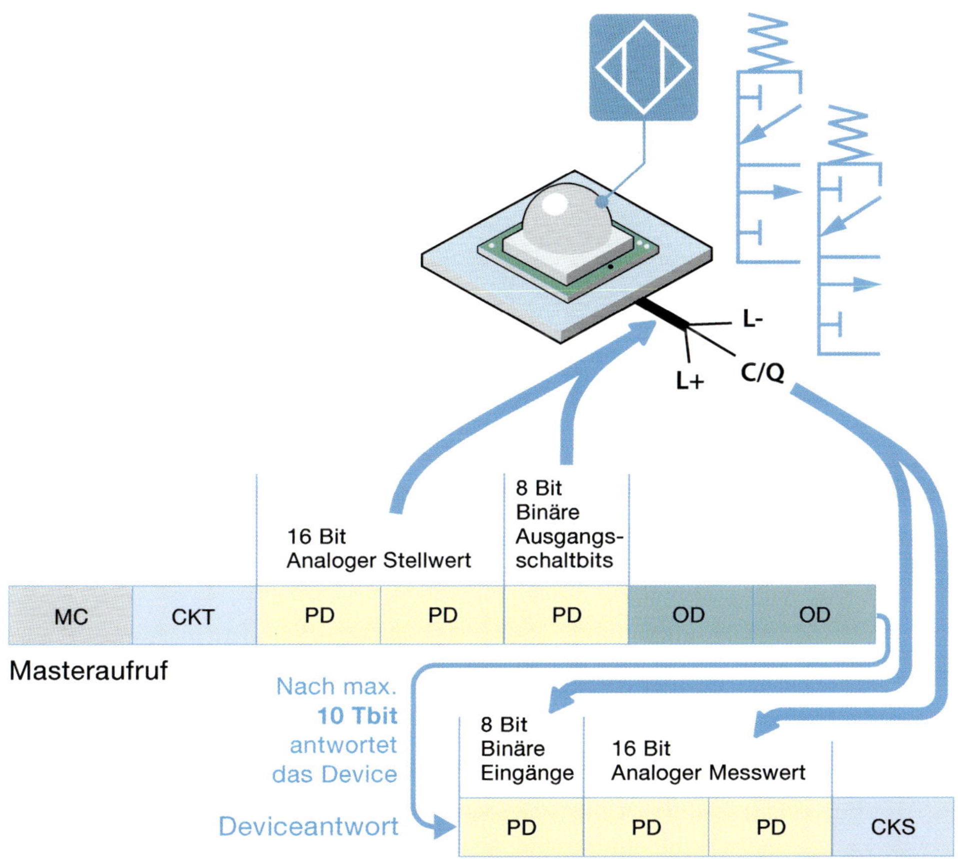

Bild 9.17: Beispiel für IO-Link-Kombi-Device mit M-Sequenz 2.V (Quelle: IO-Link Community)

adressierbar. Der in Bild 9.19 gezeigte M-Sequenz–Typ könnte z. B. zu einem analogen Aktuator gehören, der seinen zurück zu legenden Weg in einem 16 Bit-Wert abbildet.

Wichtige Eckdaten zur Übersicht:

- Für den Kommunikationsanlauf nutzt das System den zentralen M-Sequenz-Typ 0.
- In der zyklischen Kommunikation nutzt IO-Link in der Regel M-Sequenzen, die unterschiedliche Breiten des zyklischen und azyklischen Kanals aufweisen. Diese sind jeweils an die Anforderungen des IO-Link-Devices angepasst.
- Die Prozessdatenzuordnung ist der Anwenderdokumentation des IO-Link-Device-Herstellers zu entnehmen.

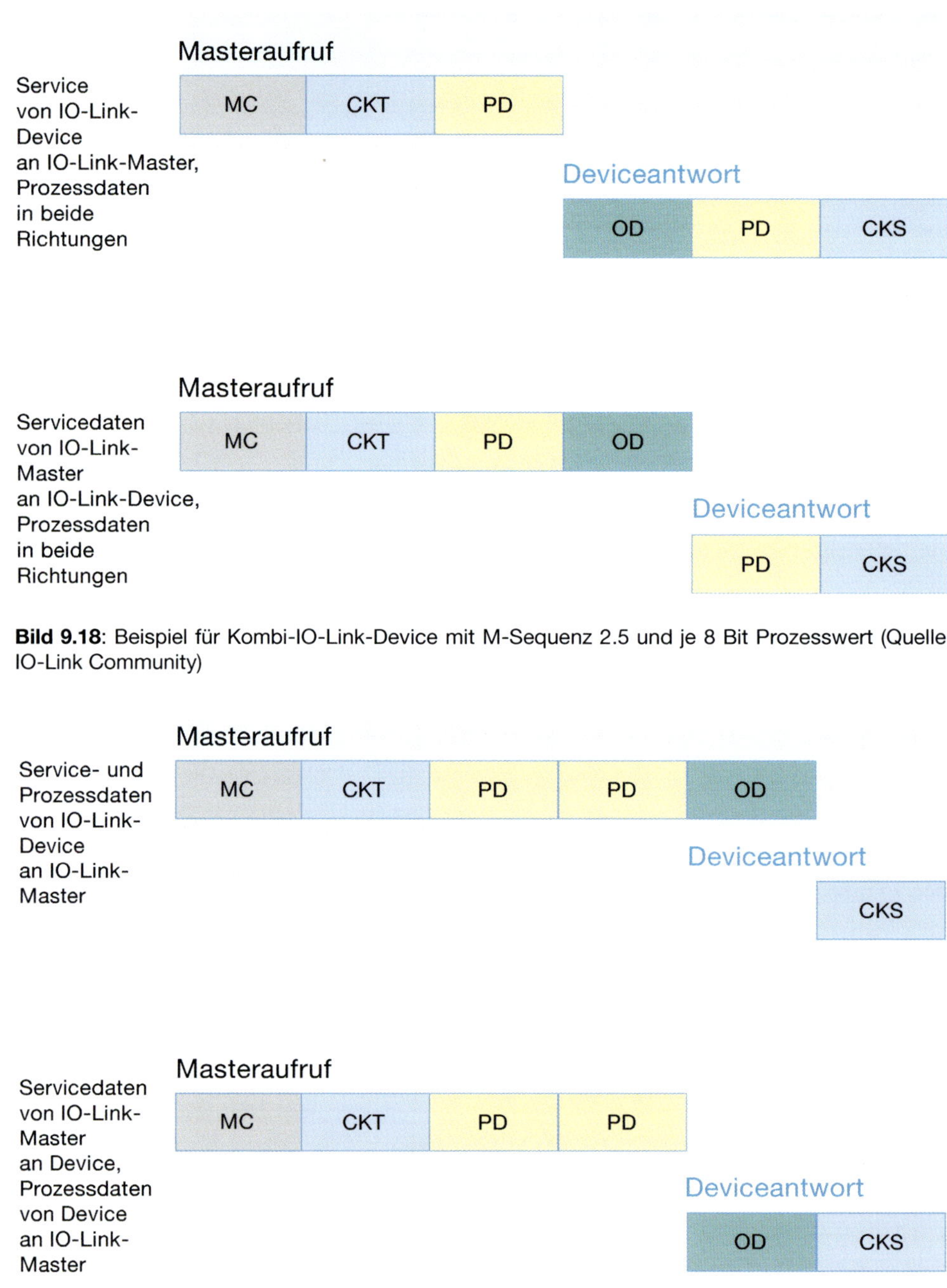

Bild 9.18: Beispiel für Kombi-IO-Link-Device mit M-Sequenz 2.5 und je 8 Bit Prozesswert (Quelle: IO-Link Community)

Bild 9.19: Typische Aktuator-M-Sequenz (Quelle: IO-Link Community)

9.6 Die ISDU im Detail

Im folgend ist der Aufbau und Funktion der ISDU beschrieben.

Da die IO-Link-M-Sequenz-Typen unterschiedlich viele OnRequest-Daten-Bytes (1, 2, 8 oder 32 Byte) übertragen können, ist es notwendig einen Mechanismus zu definieren, der ein Datenpaket aus vielen Bytes segmentiert und konsistent übertragen kann. Die ISDU (Index Service Data Unit) ist ein solches Protokoll. Dabei segmentiert die ISDU beliebig große Datenpakete in entsprechend kleine Datenpakete, die innerhalb einer M-Sequenz zu übertragen sind und baut diese Datenpakete auf der jeweils anderen Seite wieder zum konsistenten Datenpaket zusammen. Um dieses sicherstellen zu können verfügt die ISDU über einen Checksummen-Mechanismus, der ein Datenpaket gegen Verfälschung absichert; zudem ist die Übertragung der Einzelsegmente über eine sogenannte Flow-Control abgesichert. Die maximale Nutzdatengröße einer ISDU ist auf 232 Byte begrenzt, zu der sich je nach adressierten Indexbereich maximal 6 Byte Header addieren.

Zu dem Header gehört der Service, der auszuführen ist, also handelt es sich um einen Write- oder Read-Request, und der Quittung des Services als positive oder negative Write- oder Read-Response seitens des IO-Link-Devices. Sollte keine Aktion vorliegen, ist dies als „Kein Service“ kodiert.

Die **Tabelle 9.10** listet alle Services einer ISDU mit den Optionen eines 8 Bit-Index, eines 8 Bit-Index mit Subindex und eines 16 Bit-Index mit Subindex auf.

Eine ISDU baut sich aus Steuerbytes, Index-Angabe, einer Gesamtlänge und einem Sicherungsbyte auf. Das erste Byte ist das Service-Byte, dabei ist im oberen Nibble des Bytes der Service (siehe Tabelle 9.10) codiert, das untere Nibble dient der Längenangabe bis zur maximalen Länge von 15. Ist die Länge größer 15, so schließt sich an das Service-Byte ein Längen-Byte an und im Längen-Nibble des Service-Bytes steht eine 1.

Nach der Längen-Information schließen sich der 8 Bit-Index, der 8 Bit-Index mit Subindex oder der 16 Bit-Index mit Subindex an. Nach den Indexangaben folgen bei den schreibenden ISDU-Zugriffen die auf den entsprechenden Index zu schreibenden Daten. Als Abschluss folgt ein Checksummen-Byte, die sogenannte CHKPDU. Anhand des Inhaltes des Bytes kontrolliert das IO-Link-Device, ob das segmentiert übertragene Datenpaket wieder vollständig und richtig übertragen und zusammengebaut, also konsistent ist. **Bild 9.20** zeigt fünf Beispiele für mögliche ISDUs. Dabei stellt das Beispiel 5 eine Besonderheit dar. Ist nichts zu übertragen, befindet sich der IO-Link-Master im IDLE-Zustand und versendet in der ISDU „Kein Service“, der logischerweise die Länge null hat.

Tabelle 9.10: Services einer ISDU

I-Service (binär)	Bedeutung		Indexformat
	IO-Link-Master	IO-Link-Device	
0000	kein Service	kein Service	n/a
0001	Write Request	Reserved	8 Bit-Index
0010	Write Request	Reserved	8 Bit-Index und Subindex
0011	Write Request	Reserved	16 Bit-Index und Subindex
0100	reserviert	Write Response (-)	nicht erforderlich
0101	reserviert	Write Response (+)	nicht erforderlich
0110	reserviert	reserviert	
0111	reserviert	reserviert	
1000	reserviert	reserviert	
1001	Read Request	reserviert	8 Bit-Index
1010	Read Request	reserviert	8 Bit-Index und Subindex
1011	Read Request	reserviert	16 Bit-Index und Subindex
1100	reserviert	Read Response (-)	nicht erforderlich
1101	reserviert	Read Response (+)	nicht erforderlich
1110	reserviert	reserviert	
1111	reserviert	reserviert	

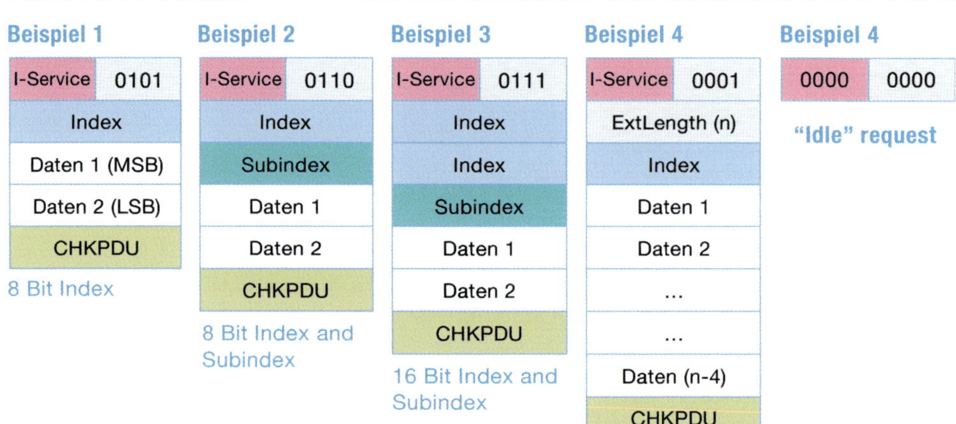

Bild 9.20: Write Request ISDU-Beispiele (Quelle: IO-Link Community)

Für die Antworten des IO-Link-Devices ist je nach Service die Länge der Antwort unterschiedlich. Der Aufbau lehnt sich jedoch an die von der IO-Link-Master-Seite ausgelösten Anfragenaufbau an.

Das erste Byte einer Antwort (Response) ist die Kodierung des Service-Response-Codes im Service-Nibble des Bytes (siehe Tabelle 9.10).

Je nach IO-Link-Master-Aufruf baut sich die Response-ISDU unterschiedlich auf. Hat der IO-Link-Master einen Write-Request via ISDU ausgelöst und hat das IO-Link-Device die gesendeten Indexdaten geprüft (siehe Kapitel 2.4.) erfolgt je nach Ergebnis der Prüfung eine positive oder negative Response. Dabei hat diese ISDU die Länge 2 Byte und ist mit einem CHKPDU-Byte gesichert. Hat der IO-Link-Master einen Read Request ausgelöst, sendet das IO-Link-Device den positiven Request auf den Service, die Länge, sofern nicht länger als 15 Byte, in dem Service-Byte. Sollte es ein längeres Datenpaket sein, so ist die Länge im Service-Byte eine 1 und es schließt sich ein Längen-Byte an, genau wie bei dem Request. In der Folge schließen sich die zu übertragenden Index-Daten an und zum Abschluss wieder das Checksummen-Byte CHKPDU. In **Bild 9.21** sind vier Beispiele gezeigt. Dabei stellt das Beispiel 4 eine weitere Besonderheit dar. Hat der IO-Link-Master seine Anfrage dem IO-Link-Device erfolgreich gesendet, geht er über zum Abfragen des Ergebnisses. Kann das IO-Link-Device nicht sofort antworten, da es noch die zu übertragende Response-ISDU aufbauen muss, kann es diese Anfragen mit einem sogenannten Busy-Byte beantworten. Damit weiß der IO-Link-Master, dass das IO-Link-Device die Antwort noch nicht bereitstellen kann. Daher versucht der IO-Link-Master kontinuierlich die Antwort zu lesen, wobei nach spätestens fünf Sekunden eine Antwort beginnen muss.

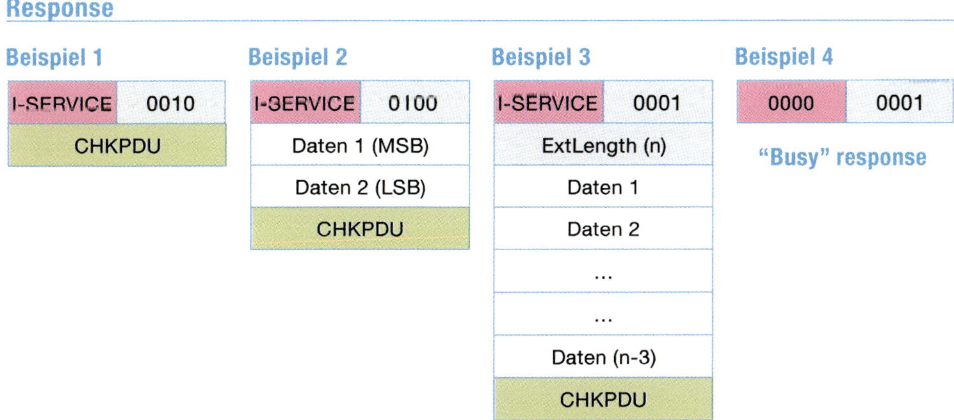

Bild 9.21: Respons ISDU-Beispiele (Quelle: IO-Link Community)

Tabelle 9.11: Beispiel für das Ablaufen einer ISDU

IO-Link-Master					IO-Link-Device	
Bemerkung	Zyklen	R W	Flow CTRL (hex)	OnRequest Daten		Bemerkung
				Master wenn RW = "0"	Slave wenn RW = "1"	
sendet Service Byte	1	0	10	1011 0101		sammelt Service Byte
sendet Service Byte	2	0	01	Index(hi)		sammelt Service Byte
sendet Service Byte	3	0	02	Index(lo)		sammelt Service Byte
sendet Service Byte	4	0	03	SubIndex		sammelt Service Byte
sendet Service Byte	5	0	04	CHKPDU		sammelt Service Byte
wartet auf Response	6	1	10		0000 0001	bearbeitet Response (ist busy)
wartet auf Response	7	1	10		0000 0001	bearbeitet Response (ist busy)
wartet auf Response	8	1	10		0000 0001	bearbeitet Response (ist busy)
wartet auf Response	9	1	10		0000 0001	bearbeitet Response (ist busy)
wartet auf Response	10	1	10		0000 0001	bearbeitet Response (ist busy)
sammelt Service Byte	11	1	10		1101 0001	sendet Service Byte
sammelt Service Byte	12	1	01		0001 1110	sendet Service Byte
sammelt Service Byte	13	1	02		Data 1	sendet Service Byte
sammelt Service Byte	14	1	03		Data 2	sendet Service Byte
sammelt Service Byte	15	1	04		Data 3	sendet Service Byte
sammelt Service Byte	16	1	05		Data 4	sendet Service Byte
sammelt Service Byte	17	1	06		Data 5	sendet Service Byte
sammelt Service Byte	18	1	07		Data 6	sendet Service Byte
sammelt Service Byte	19	1	08		Data 7	sendet Service Byte
sammelt Service Byte	20	1	09		Data 8	sendet Service Byte
behandelt Event "Dienst"	21	X		?? ??	?? ??	meldet Event
behandelt Event "Dienst"	22	X		?? ??	?? ??	behandelt Event "Dienst"
behandelt Event "Dienst"	23	X		?? ??	?? ??	behandelt Event "Dienst"
behandelt Event "Dienst"	24	X		?? ??	?? ??	behandelt Event "Dienst"

behandelt Event "Dienst"	25	X		?? ??	?? ??	behandelt Event "Dienst"
behandelt Event "Dienst"	26	X		?? ??	?? ??	behandelt Event "Dienst"
behandelt Event "Dienst"	27	X		?? ??	?? ??	behandelt Event "Dienst"
behandelt Event "Dienst"	28	X		?? ??	?? ??	behandelt Event "Dienst"
behandelt Event "Dienst"	29	X		?? ??	?? ??	behandelt Event "Dienst"
behandelt Event "Dienst"	30	X		?? ??	?? ??	behandelt Event "Dienst"
behandelt Event "Dienst"	31	X		?? ??	?? ??	behandelt Event "Dienst"
sammelt Service Byte	32	1	0A		Data 9	sendet Service Byte
sammelt Service Byte	33	1	0B		Data 10	sendet Service Byte
sammelt Service Byte	34	1	0C		Data 11	sendet Service Byte
sammelt Service Byte	35	1	0D		Data 12	sendet Service Byte
sammelt Service Byte	36	1	0E		Data 13	sendet Service Byte
sammelt Service Byte	37	1	0F		Data 14	sendet Service Byte
sammelt Service Byte	38	1	00		Data 15	sendet Service Byte
sammelt Service Byte	39	1	01		Data 16	sendet Service Byte
sammelt Service Byte	40	1	02		Data 17	sendet Service Byte
sammelt Service Byte	41	1	03		Data 18	sendet Service Byte
sammelt Service Byte	42	1	04		Data 19	sendet Service Byte
sammelt Service Byte	43	1	05		Data 20	sendet Service Byte
sammelt Service Byte	44	1	06		Data 21	sendet Service Byte
sammelt Service Byte	45	1	07		Data 22	sendet Service Byte
sammelt Service Byte	46	1	08		Data 23	sendet Service Byte
sammelt Service Byte	47	1	09		Data 24	sendet Service Byte
sammelt Service Byte	48	1	0A		Data 25	sendet Service Byte
sammelt Service Byte	49	1	0B		Data 26	sendet Service Byte
sammelt Service Byte	50	1	0C		Data 27	sendet Service Byte
sammelt Service Byte	51	1	0D		CHKPDU	sendet Service Byte
verarbeitet Response	52	1	11		0000 0000	Slave "Idle" (no_Service)

9

Der Ablauf einer ISDU ist in **Tabelle 9.11** beispielhaft gezeigt.

Dabei ist zu sehen, dass der IO-Link-Master einen Read-Request absetzt mit der Länge 5, einem 16 Bit-Index mit Subindex und einer CHKPDU.

Anschließend fragt der IO-Link-Master das IO-Link-Device an und erhält fünf Busy-Antworten. Bei der sechsten Anfrage sendet das IO-Link-Device die Antwort. Diese ist mit einer positiven Read-Response und eine Länge von 30 Bytes versehen. D. h. es sind 3 Byte Header (Service-Byte, Längen-Byte und CHKPDU) und 27 Nutzdaten-Bytes zu übertragen. Der IO-Link-Master holt diese ISDU ab und zählt nach jedem übertragenen Byte den Flow-Control um 1 nach oben, und zwar immer von 0x00 bis 0x0F. Der Wert 0x10 startet dabei eine ISDU Flow-Control und der Wert 0x11 steht für die IDLE-Übertragung. Aus dem Beispiel geht ebenfalls hervor, dass die ISDU-Übertragung unterbrochen sein darf und anschließend wieder aufzunehmen ist. Ein Fehler in der Übertragung führt zur Wiederholung der Anfrage des letzten nicht richtig übertragenen ISDU-Bytes. Es gibt maximal zwei Wiederholungen. Ist die Übertragung nach zwei Wiederholungen nicht richtig, kommt es zu einer Fehlermeldung, die wiederum die Übertragung der ISDU abbricht. Somit ist ein Erneuerter Aufruf des Entsprechenden Indexes notwendig, gegebenenfalls ist jedoch vorher zu prüfen, was zu dem Abbruch führte, hier sind die Möglichkeiten vielfältig, der einfachste Fall wäre z. B. das während der Übertragung EMV-Störungen auftreten oder das IO-Link-Device einen Defekt aufweist.

10 IO-Link-Safety

Dieses Kapitel soll einen Überblick verschaffen über die Leistungsfähigkeit und die Grenzen von IO-Link-Safety. Es richtet sich an

- Manager,
- Designer,
- Entwickler und
- Integratoren

von Automatisierungssystemen, die eine Risikoabsicherung mittels funktional sicherer Einrichtungen benötigen.

IO-Link-Safety setzt auf die IO-Link Technologie, standardisiert in der IEC 61131-9. Diese spezifiziert eine digitale Schnittstelle (SDCI) für Sensoren, Aktuatoren und Mechatronik. Sie erweitert dabei die traditionellen Schaltein- und -ausgänge, wie sie in der IEC 61131-2 definiert sind, um eine Punkt-zu-Punkt-Kommunikation mittels Codefolgen. Diese Technologie erlaubt den zyklischen Austausch von digitalen Ein-/Ausgabeprozessdaten wie den azyklischen Transfer von Parametern und Diagnoseinformationen zwischen einem IO-Link-Master und seinen angeschlossenen IO-Link-Devices. Ein IO-Link-Master kann über ein Gateway mit übergeordneten Systemen gekoppelt werden, z. B. einem Feldbus mit angeschlossenen, programmierbaren Steuerungen.

IO-Link Safety erweitert die non-Safe-Technologie um ein weiteres Protokoll, das einen sogenannten Black Channel realisiert. Hauptvorteile von IO-Link als „Black Channel“ für sichere Kommunikation sind:

- geringe Kosten und kleinste Abmessungen,
- keine speziellen ASICs,
- jedes FS-IO-Link Device mit nur einer Schnittstelle,
- robuste digitale Kommunikation,
- Gateways zu allen Feldbussen,
- einheitliches Engineering der FS-IO-Link Devices.

IO-Link ist Voraussetzung für Industrie 4.0 und das Internet-der-Dinge (IoT). Es ist dabei, die klassische Aufteilung in Sensorik und Aktuatorik auf der untersten Automatisierungsebene in Richtung Mechatronik-Einheiten mit integrierten Sensoren und Aktuatoren zu ergänzen.

IO-Link-Safety ist eine Erweiterung von IO-Link, indem es eine zusätzliche Sicherheitskommunikationsschicht auf der IO-Link-Master- wie auch auf der IO-Link-Device-Seite vorsieht, die dadurch zu „FS-IO-Link-Master" und „FS-IO-Link-Device" werden. Das Konzept wurde durch TÜV-SÜD erfolgreich geprüft.

Die Technologien werden durch die internationale „IO-Link Community" gefördert. Weitere Information und die „IO-Link-Safety"-Spezifikation sind auf www.io-link.com verfügbar.

10.1 Sicherheit in der Automation

Funktional sichere Kommunikation in der Automation hat sich nun seit mehr als 20 Jahren bewährt und für Feldbusse wurden mehrere Profile – FSCP genannt (functional safety communication profiles) – standardisiert in der IEC 61784-3-x-Serie (www.iec.ch).

Sicherheitsfunktionen gemäß IEC 62061 oder ISO 13849-1 (www.iso.ch) werden üblicherweise realisiert durch Sicherheitssensoren wie Lichtgitter, Sicherheitssteuerung FS-SPS und Sicherheitsaktuator wie Antrieb oder Stellglied. Diese Geräte tauschen Sicherheitsdaten unter Nutzung eines FSCP aus.

Bild 10.1 zeigt darüber hinaus funktional sichere Module wie FS-DE (Funktionale Sicherheits-Digital-Eingänge) in einer Remote I/O Baugruppe, die den Anschluss elektronischer Sicherheitsgeräte über redundante Signale, sogenannte OSSD („output switching sensing device") ermöglichen. Einfache elektromechanische Geräte wie Not-Halt-Taster können ebenfalls an solchen FS-DEs betrieben werden.

Andere Modultypen wie FS-DA (Funktionale Sicherheits-Digital-Ausgänge) ermöglichen zum Beispiel das Abschalten von Relais. Funktional sichere Analogeingangsmodule (FS-AE) werden für den Anschluss von messenden Sensoren genutzt (**Bild 10.2**).

Es gibt mehrere mehr oder weniger standardisierte Schnittstellen für diese Modultypen und Gerätehersteller können einen Typ eines Sicherheitsgerätes weltweit für den Betrieb an Remote I/O liefern.

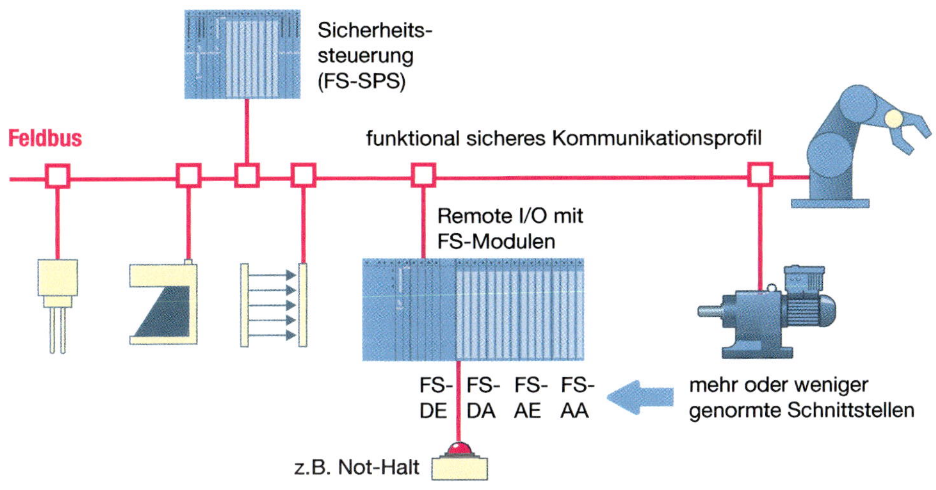

Bild 10.1: FS-Kommunikation (Quelle: IO-Link Community)

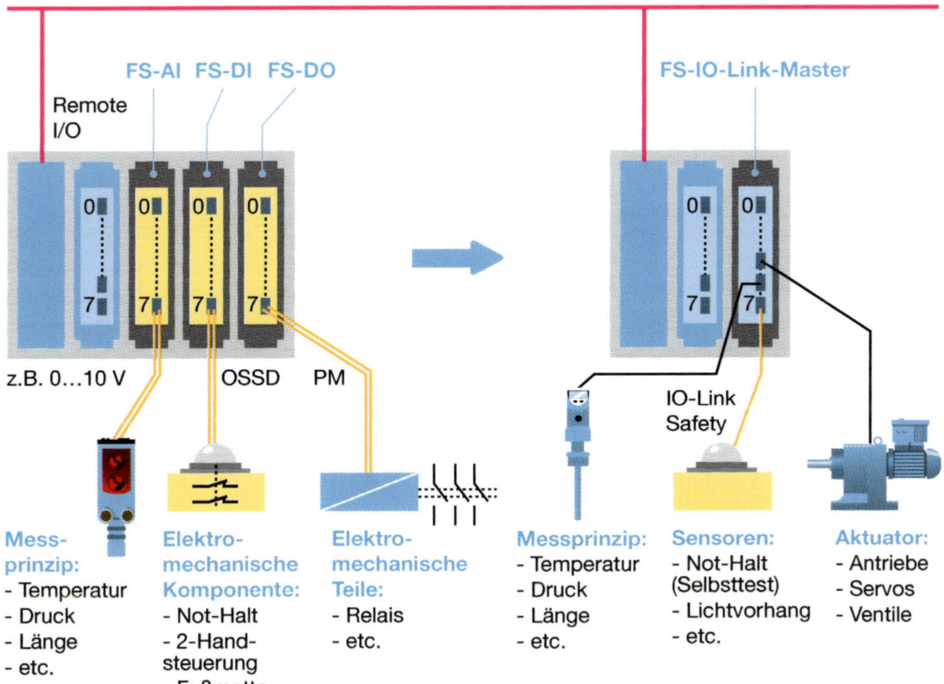

Bild 10.2: Remote I/O an Feldbus mit einem der FSCP (IEC 61784-3) (Quelle: IO-Link Community)

10

10.2 Warum IO-Link-Safety?

Im Falle einer Innovation ihrer Sicherheitsgeräte überlegen sich die Hersteller unter anderem zwei strategische Aspekte:

- Microcontroller werden preislich immer günstiger und neue Funktionen könnten in ein Produkt eingebracht werden. Schnittstellen wie OSSD unterstützen dies jedoch nicht.
- Ein FSCP könnte die Lösung sein. Da das Gerät aber weltweit zum Einsatz kommen soll, müssten gemäß **Bild 10.3** mehrere FSCP implementiert und betreut werden.

Das „Tunneln" eines der FSCP-Protokolle über IO-Link hilft auch nicht weiter, da wiederum mehrere FSCP implementiert und betreut werden müssten.

Eine separate, auf die Bedürfnisse zugeschnittene IO-Link-Safety-Kommunikation pro FS-IO-Link-Device-Typ, wie in **Bild 10.4** dargestellt, ist die Lösung für diese Hersteller.

Da IO-Link-Safety eine standardisierte OSSD-Schnittstelle (OSSDe) vorsieht, kann solch ein FS-IO-Link-Device an klassischen FS-DE-Modulen eingesetzt und dadurch Typenvielfalt vermieden werden. Selbstverständlich muss es mindestens einen FS-IO-Link-Master samt Gateway „x" geben, um das FS-IO-Link-Device in der jeweiligen FSCP-Domäne „x" einsetzen zu können.

IO-Link-Safety ist wichtig für kompakte Remote I/O, da ein FS-IO-Link-Master den Betrieb von beliebigen FS-IO-Link-Device-Ausprägungen, sei es Sensor, Aktuator oder komplexe Mechatronik, an jedem seiner Master-Ports erlaubt, wie in Bild 10.2 rechts dargestellt. Dies ermöglicht neue Sicherheitsanwendungen, z. B. lokale Sicherheitslogik im FS-IO-Link-Master in Verbindung mit Sicherheitsfunktionen in übergeordneten Systemen. Weiterhin vereinfacht die Übertragungsmöglichkeit von sicherheits- und nicht-sicherheitsbezogenen Daten z. B. Bediengeräte mit Not-Halt (auch oft als Not-Aus bezeichnet).

Die Punkt-zu-Punkt-Kommunikation von IO-Link-Safety senkt den gesamten Aufwand für den Kunden in erheblichem Maße (siehe Kapitel 10.4).

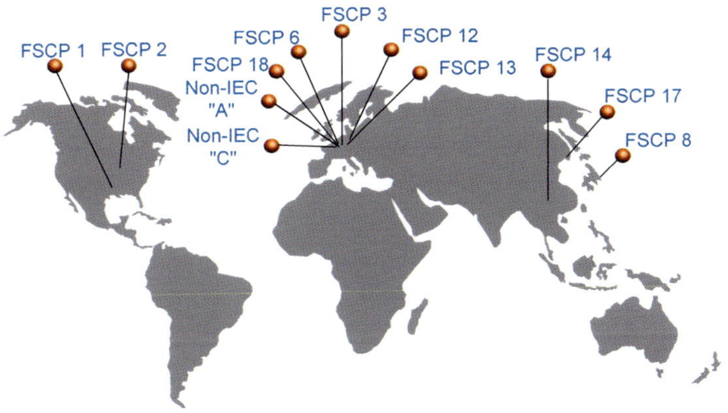

Bild 10.3: FSCP-Welt (Quelle: IO-Link Community)

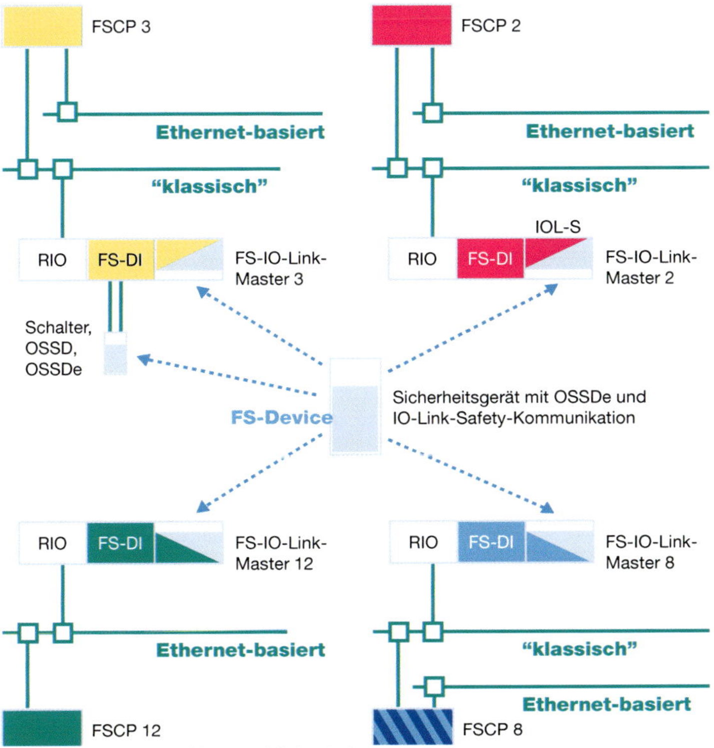

Bild 10.4: Ein-Plattform-Lösung (Quelle: IO-Link Community)

10

10.3 IO-Link als „Black Channel"

10.3.1 Prinzip

Die meisten FSCP folgen dem „Black Channel"-Prinzip. Ein existierender Feldbus wird als Übertragungskanal für einen speziellen Typ von Nachrichten aus Sicherheitsdaten und einem zusätzlichen Sicherungscode genutzt. Zweck des Sicherungscodes ist die Reduzierung der Restfehlerwahrscheinlichkeit für die Datenübertragung auf das von relevanten Sicherheitsnormen wie IEC 61784-3 geforderte Maß oder besser. Die Bearbeitung der Nachrichten erfolgt in einer Sicherheitskommunikationsschicht Safety Communication Layer auf dem Feldbus.

IO-Link-Safety folgt ebenfalls diesem Prinzip, wie in **Bild 10.5** gezeigt.

Die IO-Link SCL befinden sich oberhalb der FS-IO-Link-Device- und FS-IO-Link-Master-Stacks. Der Austausch von Sicherheitsprozessdaten mit dem übergeordneten FSCP-System findet im Gateway auf FS-IO-Link-Masterseite statt. In der Regel können SCL-Instanzen, Gateway und FSCP-Schicht in einer Einheit mit redundanten Microcontrollern implementiert werden.

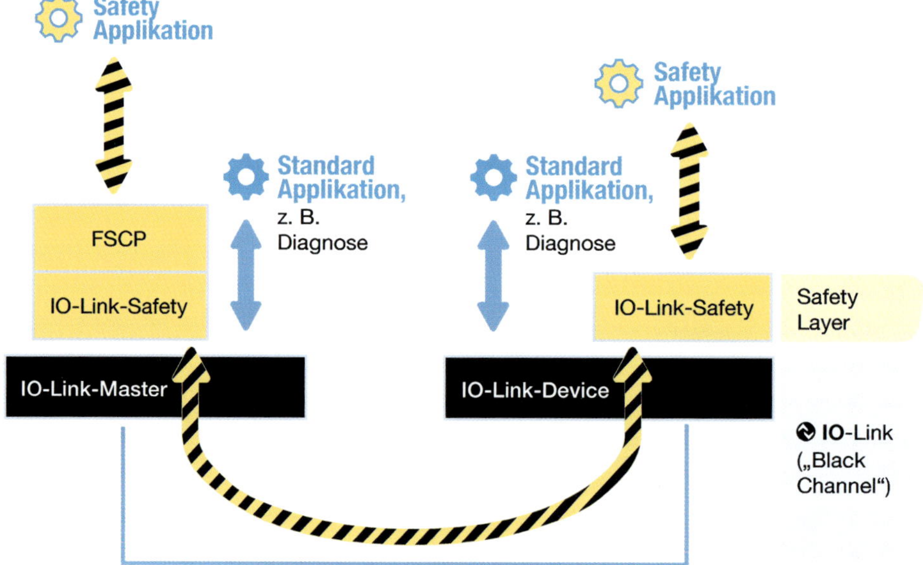

Bild 10.5: „Black Channel"–Prinzip (Quelle: IO-Link Community)

10.3.2 Voraussetzungen

IO-Link erfüllt die Anforderung des zyklischen Datenaustauschs und die 1:1-Beziehung zwischen Sender und Empfänger durch die Punkt-zu-Punktverbindung. Speichernde Netzwerkelemente und Funkstrecken zwischen FS-IO-Link-Master-Port und FS-IO-Link-Device sind nicht zulässig.

FS-IO-Link-Devices benötigen nach dem Einschalten wegen der Selbsttests meist mehr als die maximale Zeit bis zur „Wake-up"-Bereitschaft. IO-Link wurde daher, wie in **Bild 10.6** gezeigt, leicht modifiziert und der FS-IO-Link-Master verzögert die „Wake-up"-Prozedur bis das FS-IO-Link-Device bereit ist („Ready"-Puls) (vergleiche Kapitel 1.4).

Bei jedem Port-Hochlauf sendet der FS-IO-Link-Master einen „Verify Record", damit das FS-IO-Link-Device die Korrektheit der gespeicherten Parameter, die Authentizität (FSCP, Portnummer) und die E/A-Datenstruktur überprüfen kann.

IO-Link-Safety ist daher in der Lage, den Datenhaltungs-Mechanismus (Data Storage- Mechanismus) von IO-Link unverändert zu nutzen (siehe Kapitel 10.8). Defekte FS-IO-Link-Devices können damit ohne Tool-Einsatz getauscht werden.

Hinweis:
Wichtig ist, dass am FS-IO-Link-Device die Gerätezugriffssperre (Device Access Locks) für die Datenhaltung im Index 12 (0x000C) aufgehoben ist, also auf Logisch „0" steht (siehe Kapitel 2.3.1).

Der FS-IO-Link-Master kann die Portversorgung aus- und einschalten, um eventuelle Blockaden bei OSSD-Betrieb wieder aufzuheben.

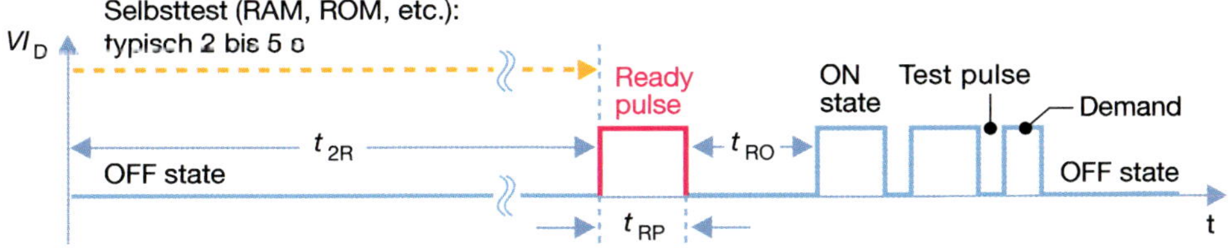

Bild 10.6: Anlaufverhalten eine FS-IO-Link-Devices (Quelle: IO-Link Community)

10.3.3 OSSDe und SIO

IO-Link-Safety spezifiziert die zweite Signalleitung von IO-Link („Pin 2“) für redundanten Signalbetrieb zusammen mit der Hauptsignalleitung („Pin 4“). Diese standardisierte Version wird OSSDe genannt und ist in **Bild 10.7** dargestellt.

Tabelle 10.1 enthält die Funktionen der einzelnen Pins aus Bild 10.7.

Die sichere Kommunikation nutzt nur die Hauptsignalleitung (C/Q-Leitung) und läuft mit allen drei Übertragungsraten COM1, COM2 und COM3 (siehe Kapitel 1.2).

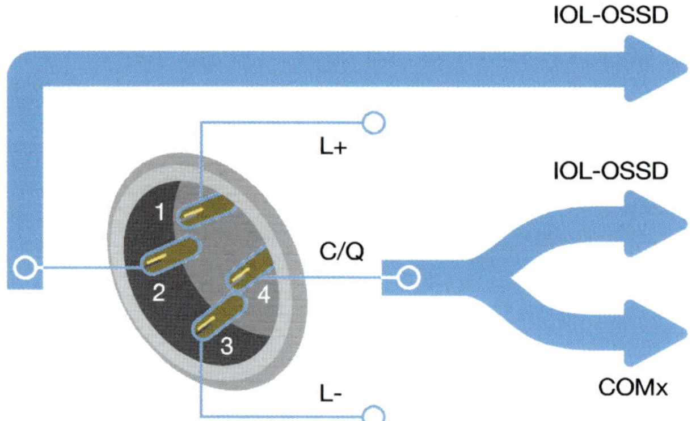

Bild 10.7: IO-Link mit FS-Erweiterungen (Quelle: IO-Link Community)

Tabelle 10.1: Anschlussbelegung für FS-IO-Link

Pin	Signal	Beschreibung	Norm
1	L+	24 V	IEC 61131-2
2	I/Q	Not connected, DI /IOL-OSSD2e, or DO	IEC 61131-2
3	L-	0 V	IEC 61131-2
4	Q	DI /IOL-OSSD1e, or DO	IEC 61131-2
	C	„Coded switching“ COM1...3 + neues IOL-Safety Profil	IEC 61131-9 + „Erweiterung“ + „Profil“

10.3.4 OSSDe Rückwärtskompatibilität

Bild 10.2 zeigt den Einsatz von Sicherheitssensoren mit OSSDe-Schnittstelle, sofern diese über eine IO-Link-Kommunikation verfügen und vorher über Tools wie z. B einen USB-IO-Link-Master eine Parametrierung erhielten. Anschließend kann ein so parametrierter Sensor an einem FS-DI (Functional Safety Digital Input) im OSSDe-Modus arbeiten. Rückwärtskompatibel ist ein solcher Sensor im OSSDe-Modus an einem klassischen FS-IO-Link-Master (Functional Safety Master) zu betreiben, sofern dieser OSSDe unterstützt. Ein gemischter Betrieb von FS-IO-Link-Devices und klassischen OSSDe-Geräten an einem FS-IO-Link-Master ist möglich. Dieser kompatible Betrieb ist in **Bild 10.8** gezeigt.

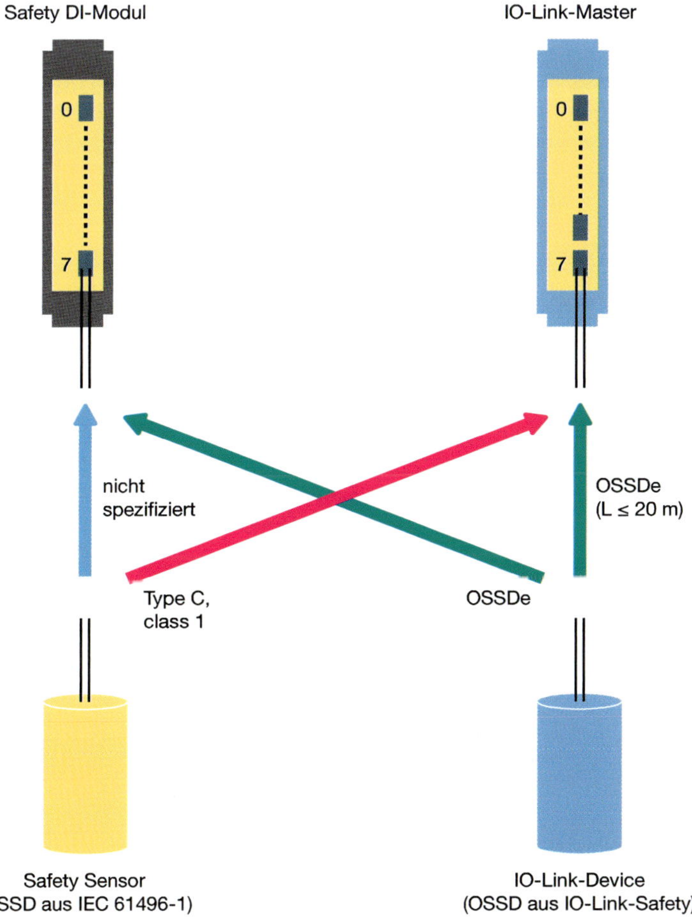

Bild 10.8: Kompatibler Betrieb von OSSDe und FS-IO-Link (Quelle: IO-Link Community)

10.4 IO-Link-Safety-Kommunikation

10.4.1 Sicherheitsziele

Die Restfehlerrate ist für drei Hauptmerkmale der sicheren Kommunikation zu bestimmen:

- Aktualität (Daten kommen rechtzeitig an),
- Authentizität (Daten vom richtigen Sender),
- Integrität (Daten aktuell und korrekt).

Zahlreiche Fehler können bei der Nachrichtenübertragung zwischen FS-IO-Link-Master und FS-IO-Link-Device auftreten, wie z. B. Verlust, Verzögerung, Verfälschung etc. IEC 61784-3 ist eine Informationsquelle hierfür und wie man Restfehlerwahrscheinlichkeiten unter bestimmten Bedingungen berechnet. Die nachfolgenden Sicherheitsmaßnahmen sind so gewählt, dass die Restfehlerwahrscheinlichkeit für die Übertragung auf das von relevanten Normen wie IEC 61784-3 geforderte Maß oder besser verringert wird. IO-Link-Safety-Kommunikation ist daher einsetzbar für Sicherheitsfunktionen bis SIL 3 oder PL e = performance level e.

10.4.2 Sicherheitsmaßnahmen

Die Sicherheitsmaßnahmen sind u. a.:

- Nummerierung der Nachrichten zwischen FS-IO-Link-Master und FS-IO-Link-Device. Der FS-IO-Link-Master nutzt einen zyklischen 3-bit-Zähler. Das FS-IO-Link-Device hat seinen eigenen Zähler und synchronisiert beim Protokollstart. Es antwortet mit einem 1er-Komplementwert.
- Zeiterwartung mit Quittung mittels „Watchdog“, der bei jedem Eintreffen einer IO-Link-Safety-Nachricht mit einem neuen Zählwert aufgezogen wird.
- Authentifizierung bei Protokollstart: FS-IO-Link-Device ist mit dem korrekten FS-IO-Link-Master (eindeutige FSCP-Verbindungs-ID) und korrektem FS-IO-Link-Master-Port („PortNum“) verbunden. Zyklisch wird lediglich „PortNum“ geprüft.
- CRC-Signatur (Cyclic Redundancy Check) über Prozessdaten und Sicherungscode.

IO-Link-Safety nutzt die sogenannte explizite Übertragung von Sicherungsmaßnahmen.

10.4.3 Formate und Datentypen

Nachrichten vom FS-IO-Link-Master und vom FS-IO-Link-Device sind in **Bild 10.9** dargestellt. Sie bestehen aus zwei Teilen. Der erste Teil mit vier Abschnitten beinhaltet die „Safety-Protocol-Data-Unit“ (SPDU) und der letzte die optionalen nicht-sicherheitsbezogenen Prozessdaten.

Im ersten Abschnitt befinden sich je nach Übertragungsrichtung sichere Ein- oder Ausgabedaten: FS-PDaus/FS-PDein. Sie können als BooleanT (bits), IntegerT(16), oder IntegerT(32) codiert sein. Höchstwertige Octets und/oder Bits werden zuerst gesendet. Füllbits sind „0“.

IO-Link-Safety kennt zwei Formate. Eines ist gedacht für kurze Prozessdaten, wie Bits von Abschaltvorgängen, die schnelle Verarbeitung benötigen. Dafür stehen maximal drei Octet zur Verfügung. Das andere ist gedacht für längere Prozessdaten wie Mess- und Stellwerte. Dafür stehen maximal 25 Octet zur Verfügung.

Die nächsten drei Abschnitte enthalten den sogenannten Sicherheitscode. Hier steht im ersten (1 Octet) die Portnummer (1 Octet), die der FS-IO-Link-Master kennt bzw. eine, die das FS-IO-Link-Device während der Inbetriebnahme erhielt.

Im zweiten Abschnitt (1 Octet) des Sicherungscodes stehen Steuer- bzw. Statusbits, um die Protokollaktivitäten zu beeinflussen und zu synchronisieren, sowie 3-Bit-zy- klische Zählerwerte.

Im dritten Abschnitt des Sicherungscodes steht eine CRC-Signatur. Für die kurzen SPDUs reicht eine 16 Bit CRC-Signatur (2 Octets), für längere eine 32 Bit CRC-Signatur (4 Octets).

Output PD	CRC Signatur	Control & MCnt	PortNum	FS-PDout
	Signatur über alle FS-Output, Daten, Portnummer und Kontroll- sowie Zählerdaten	Integrierter 3 bit Zähler	FS-IO-Link-Master-Port-nummer	0 bis 3 Byte oder 0 bis 25 Byte
32 bis 0 Byte	2/4 Byte	1 Byte	1 Byte	1 Byte

Vom IO-Link-Master:

Vom IO-Link-Device:

FS-PDin	PortNum	Status & DCnt	CRC Signatur	Input PD
0 bis 3 Byte oder 0 bis 25 Byte	FS-IO-Link-Master-Port-nummer	Integrierter 3 bit Zähler invertiert	Signatur über alle FS-Input, Daten, Portnummer und Status- sowie gespiegelte Zählerdaten	
3/25 Byte	1 Byte	1 Byte	2/4 Byte	32 bis 0 Byte

Bild 10.9: IO-Link-Safety-Nachrichten mit SPDU (Quelle: IO-Link Community)

10.4.4 Dienste

Sender und Empfänger von SPDUs befinden sich in Schichten oberhalb des Black Channel-Kommunikationsstacks wie in Bild 10.5 und **Bild 10.10** gezeigt. Hauptbestandteile der Schicht sind als Zustandsmaschinen spezifiziert. Sie steuern die reguläre zyklische Bearbeitung von SPDUs und die Ausnahmefälle wie z. B. Hochlauf, Spannung aus/ein und CRC-Fehler. Bild 10.9 illustriert, wie der SCL mit dem Technologieteil im FS-IO-Link-Device bzw. die SCL-Instanzen mit dem FSCP-Gateway im FS-IO-Link-Master interagieren.

Die wichtigsten Dienste im FS-IO-Link-Master sorgen für den Austausch von FS-PDaus und FS-PDein. Während des Hochlaufs oder im Fehlerfall werden die aktuellen Prozess- daten durch sichere Daten (SDaus, SDein) ersetzt. Die Ersatzwerte sind alle „0“, um den Empfänger in den sicheren Zustand zu versetzen, z. B. Abschalten.

Sollte der sichere Zustand nicht Abschalten sein, sondern z. B. langsame Drehzahl, dann verfügt IO-Link-Safety über einen zusätzlichen Dienst in Form eines „Flags“

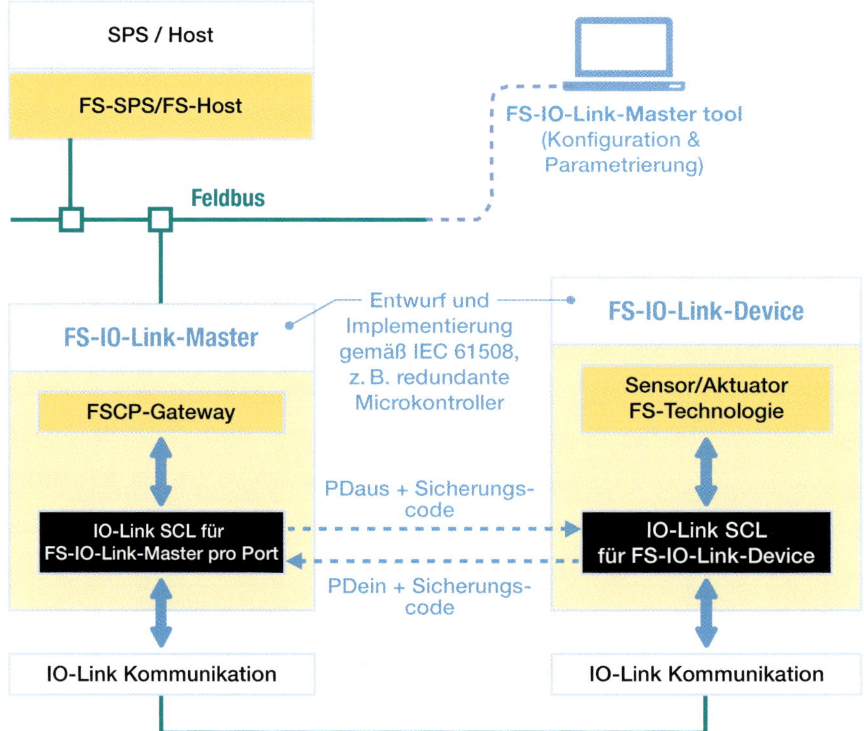

Bild 10.10: SCL-Kommunikationsschicht (Quelle: IO-Link Community)

im Control-Byte („Aktiviere sicheren Zustand"). Im Gegenzug kann ein FS-IO-Link-Device den Empfänger via eines „Flag" über den eingenommenen sicheren Zustand informieren („Sicherer Zustand aktiv").

IO-Link-Safety-Kommunikationsfehler zwingen den SCL im FS-IO-Link-Master (Bild 10.10) in den sicheren Zustand. Eine Sicherheitsfunktion darf in solch einem Fall nicht automatisch ohne menschlichen Eingriff wieder „entriegelt" werden. Ein Dienst informiert den FSCP über ausstehende Eingriffe und Bestätigungen des Personals („...AckReq..."). Das FS-IO-Link-Device erhält diesen Dienst optional ebenfalls zwecks Zustandsanzeige, z. B. LED. Eine Bestätigung gelangt über den FSCP zum FS-IO-Link-Master SCL („... Ack..."). Die Dienste der FS-IO-Link-Device-Technologie beinhalten den Austausch von FS-PDein und FS-PDaus, die Möglichkeit sichere Daten (SD) zu aktivieren bzw. zu melden und die bereits erwähnte Bedienaufforderung zwecks Anzeige.

Diagnosen des FS-IO-Link-Devices SCL gelangen über den „SCL Fault"-Dienst zur Technologie bzw. zu den Überlagerten Schichten des Systems, um diese Diagnosen z. B. dem Bedienpersonal zur Verfügung zu stellen.

10.4.5 Protokollparameter

Protokollparameter in IO-Link-Safety tragen das Präfix „FSP_" oder „FSCP_", wenn es um die FS-IO-Link-Master-Authentifizierung geht. Zweck dieser Parameter ist die Adaption des SCL-Verhaltens an jeweilige Anwendungsanforderungen und um Einstellungen zu prüfen. Sie alle sind auf drei Indizes in Records aufgeteilt.

Der *Authentizitäts-Record* besteht aus:

- FSCP_Authenticity1/2
- FSP_Port
- FSP_AuthentCRC

Der erste enthält die Verbindungs-ID des FS-IO-Link-Masters als Teilnehmer im FSCP-Netz. Ein FS-IO-Link-Device ist dadurch in der Lage, Fehlverbindungen an einen FS-IO-Link-Master aufzudecken. Der zweite trägt die Portnummer und ermöglicht die Prüfung des korrekten FS-IO-Link-Master-Ports. Der dritte enthält die CRC-Signatur zur Sicherung korrekter Werte.

Der *Protokoll-Record* besteht aus:

- FSP_ProtVersion
- FSP_ProtMode
- FSP_Watchdog

- FSP_IO_StructCRC
- FSP_TechParCRC
- FSP_ProtParCRC

FSP_ProtVersion führt die eingestellte Protokoll-Version. FSP_ProtMode legt kurze oder lange SPDU fest. FSP_Watchdog liefert die Anzahl von Millisekunden für die Überwachung der Zeit bis zum Eintreffen der nächsten gültigen SPDU. FSP_IO_StructCRC liefert die Signatur über die Prozessdatenbeschreibung des FS-IO-Link-Device. FSP_TechParCRC hält die Signatur über die Technologie-Parameter des FS-IO-Link-Device bereit (siehe Kapitel 10.6). Die Signatur in FSP_ProtParCRC sichert die Werte im Protokoll-Record.

Die Werte im Verifikations-Record (FSP_Verify-Record) dienen als verborgenes diversitäres Verifikationsmittel für alle Parameter während des FS-IO-Link-Device-Anlaufs. Dieser Mechanismus ist unsichtbar für den Anwender (siehe Kapitel 10.5 und **Bild 10.11**).

Protokollparameter werden während der Inbetriebnahme mit Hilfe eines FS-Master-Tools und einer IODD mit zusätzlichen Sicherheitsparametern des FS-IO-Link-Devices eingestellt. Einige Parameterwerte wie die der Authentifizierung und des FSP_ TechParCRC sind während der Inbetriebnahme zwecks Entsperren und Sperren vorzubesetzen. Bei Inbetriebnahme wird durch Personal überwachter Betrieb vorausgesetzt.

10.5 Konfiguration & Verifikation

Bild 10.11 veranschaulicht die meisten Aktivitäten während des FS-IO-Link-Device-Anlaufs. Nach dem Einschalten und den Sicherheits-Selbsttests, die in der Regel länger dauern als das vorgegebene IO-Link-Limit, zeigt das FS-IO-Link-Device seine Bereitschaft zum „Wake-up“ durch einen „Ready“-Puls an (siehe Bild 10.6). Der FS-IO-Link-Master fängt an zu kommunizieren und nach dem Parameter-Check (Datenhaltung/Data Storage) sendet der FS-IO-Link-Master den Verifikations-Record zwecks Sicherheitsprüfung (siehe Kapitel 10.4.5).

FS-IO-Link-Master und FS-IO-Link-Device wechseln bei korrekter Authentifizierung und Parametrierung in den Zustand „zyklischer Prozessdatenaustausch“ und automatisch fängt die Sicherheitskommunikationsschicht (SCL) an zu arbeiten.

IO-Link-Safety beschreibt mehrere Szenarien neben dem obigen regulären Anlauf:

- OSSDe-Betrieb (siehe Kapitel 10.7),
- Inbetriebnahme – testen,
- Inbetriebnahme – „scharf“ schalten,

- FS-IO-Link-Device-Gerätetausch,
- Fehlverbindung konfigurierter FS-IO-Link-Devices.

Sie alle sind in der IO-Link-Safety-Spezifikation festgelegt.

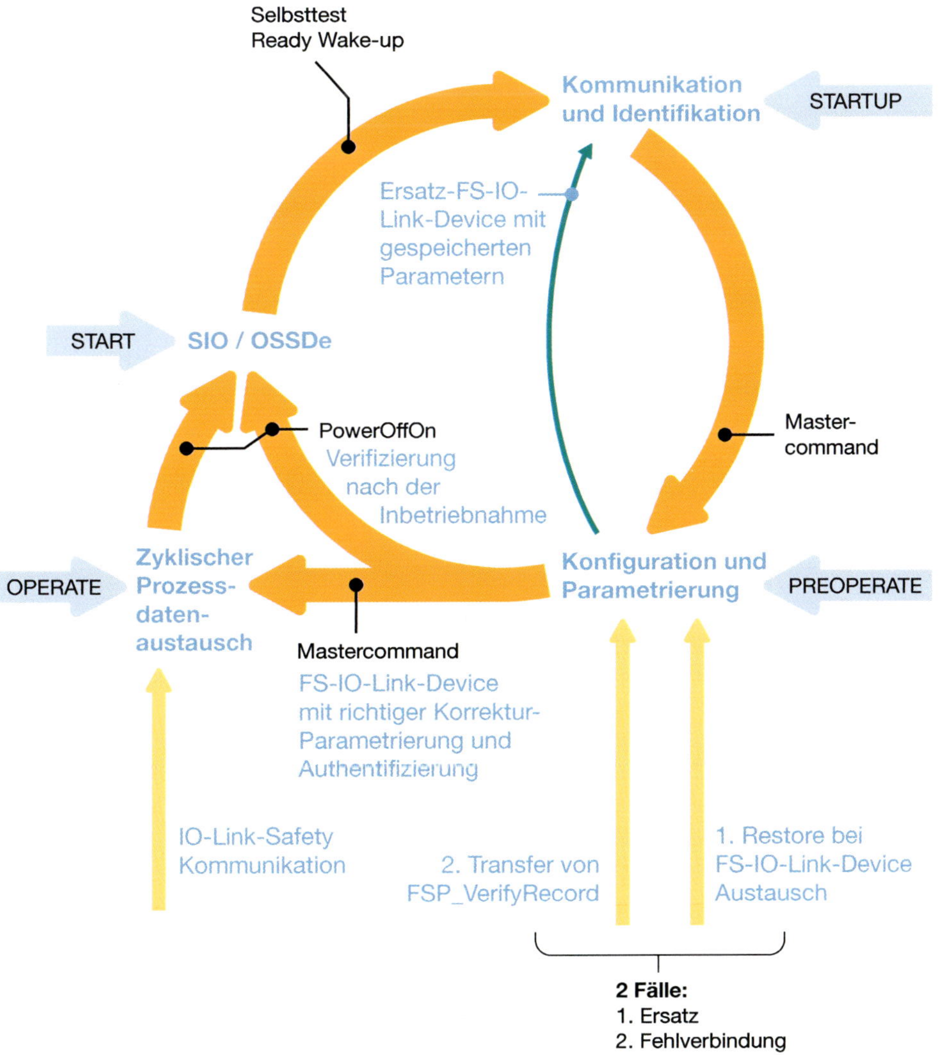

Bild 10.11: Hochlauf des FS-IO-Link-Devices (Quelle: IO-Link Community)

10

10.6 Technologieparameter

10.6.1 IODD

Die Gerätebeschreibung von IO-Link (IODD) ist der übliche Platz, an dem Parameter und deren Bereichsgrenzen einer bestimmten FS-IO-Link-Device-Technologie wie z. B. Lichtgitter, Laserscanner, Näherungsschalter etc. beschrieben sind. Sie sollten das Präfix „FST_“ tragen. Der Anwender weist mit Hilfe eines FS-IO-Link-Master-Tools während der Inbetriebnahme und des Testens Parameterwerte zu.

10.6.2 Dedicated Tool“

Ein einfaches PC-Programm – „Dedicated Tool“ – kommt mit dem FS-IO-Link-Device und seiner IODD. Seine Aufgabe besteht in der sicheren Berechnung einer CRC-Signatur über alle Technologie-Parameter. Das Ergebnis wird in den FSP_TechParCRC kopiert.

Das FS-IO-Link-Device vergleicht seine lokal berechnete Signatur mit der obigen Referenz-Signatur.

10.6.3 „Device Tool Interface“ (DTI)

IO-Link-Safety spezifiziert ein einfaches „Device Tool Interface“ (DTI) für den Aufruf von Dedicated Tools und die Parameterübergabe (**Bild 10.12**).

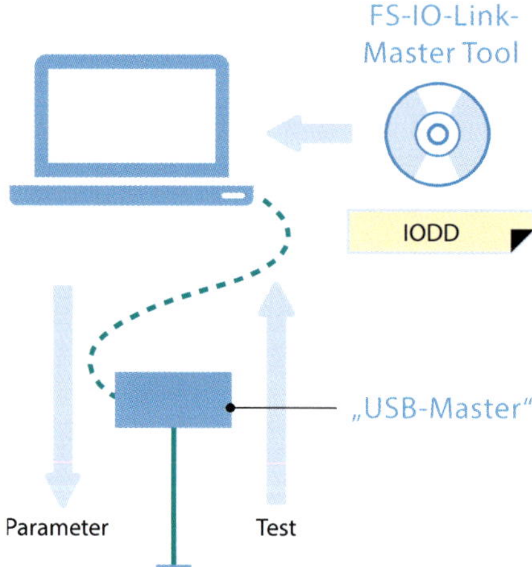

Bild 10.12: Schreibtisch- oder Off-Side-Parametrierung / Extern-Parametrierung (Quelle: IO-Link Community)

10.6.4 Extern-Parametrierung

IO-Link kennt „USB-Master“ für Außen-Parametrierung (off-site) und Test von Devices. Dies ist für FS-IO-Link-Devices auch möglich, wenn das zugehörige PC-Programm „Master TOOL“ zum „FS-IO-Link-Master Tool“ hochgerüstet ist für IODDs mit Sicherheits-Protokollparametern.

10.7 OSSDe-Betrieb

Für das in IO-Link-Safety festgelegte und in Kapitel 10.3.3 gezeigte OSSDe für FS-IO-Link-Devices gelten folgende Annahmen:

- redundante und gleichschaltende Signale,
- erzeugt von elektronischen Ausgängen,
- auf 1.000 µs begrenzte Testpulsdauer (Typ „C“ und Klasse „1“ in ZVEI-CB24I).

Diese Vereinfachungen sorgen für weniger Komplexität in den FS-IO-Link-Master-Ports oder FS-DI-Modulen, z. B. wegen fester Filterzeiten.

Es ist für Sicherheitsgeräte, die für FS-DI-Betrieb vorgesehen sind, möglich, eine eingebaute IO-Link-Kommunikation ausschließlich für Parametrierzwecke zu benutzen. Es müssen dabei jedoch die IO-Link-Community-Regeln in Kapitel 10.10.1 beachtet werden.

10.8 Gateway zu FSCPs

10.8.1 Position von IO-Link-Safety

Bild 10.13 zeigt, wie IO-Link-Safety in die Automatisierungs- und IT-Technologie-Hierarchie eingebettet ist. Sicherheits-Gateways schließen „Functional Safety Communication Profiles“ (FSCP) mit ein, sind aber nicht darauf begrenzt.

Lokale Steuerungen, wie z. B. in Antrieben können die IO-Link-Safety-Technologie ebenfalls nutzen.

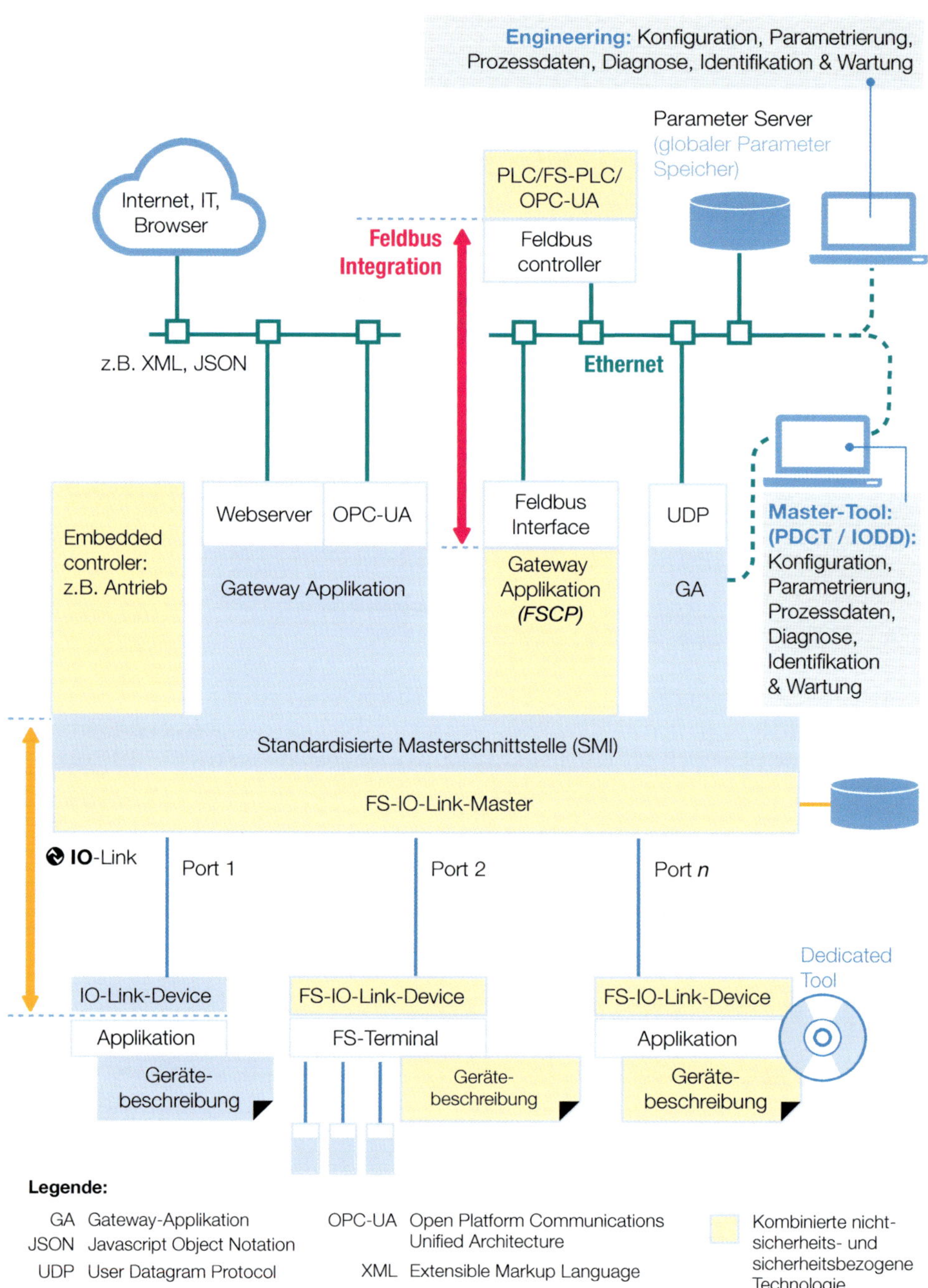

Bild 10.13: FS-IO-Link als Ergänzung der Standard-IO-Link-Definition / Position von IO-Link-Safety (Quelle: IO-Link Community)

10.8.2 Einheitliche Masterschnittstelle

Die einheitliche Masterschnittstelle (SMI) ist eine neue Technologie bei IO-Link. Sie erleichtert Masterimplementierungen und ermöglicht es, Sicherheitskonzepte einfacher zu verstehen und zu begutachten.

Darüber hinaus bietet es die Voraussetzungen für den Tool-Zugriff auf IO-Link-Master unterschiedlicher Hersteller.

SMI spezifiziert Dienste für

- IO-Link-Master-Identifikation,
- Konfigurationsmanagement (CM),
- Datenspeicherung (DS),
- azyklische Kommunikation (Read/Write),
- Diagnose (Events),
- Prozess-Datenaustausch.

Für IO-Link-Safety sind die Dienste erweitert worden. Dienste für CM sorgen für Zugangs-Autorisierung und den Verifikations-Record.

Dienste für azyklische Kommunikation bieten die Möglichkeit, Portversorgung aus- und einschalten zu können.

Dienste für Prozessdatenaustausch gibt es für SPDUs wie für nicht-sicherheitsbezogene Daten.

10.8.3 Splitter/Composer

Teile der Prozessdatenaustausch-Einheit sind der „Splitter“ und der „Composer“. Aufgabe des Splitters ist es, die SPDU aus der ankommenden Nachricht zu extrahieren. Aufgabe des Composers ist es, die SPDU und nicht-sicherheitsbezogene Daten zu einer abgehenden Nachricht zusammenzusetzen. In beiden Fällen wird der Wert-Status (Qualifier) berücksichtigt.

10.8.4 Datenabbildung („Mapping“)

Bild 10.14 zeigt vorbildhaft die Abbildung von sicherheits- und nicht-sicherheitsbezogenen Prozessdaten in Richtung FSCP bzw. zum virtuellen Feldbus-Remote I/O.

Dieses Modell erlaubt die effiziente Abbildung von Bit-orientierten Datenstrukturen in eine FSCP-Nachricht ähnlich wie bei FS-DE-Modulen. Komplexere Datenstrukturen von FS-IO-Link-Devices lassen sich dann direkt auf separate FSCP- Nachrichten abbilden. Das Modell zeigt auch, wie sich nicht-sicherheitsbezogene Daten und Diagnoseinformationen (Events) abbilden lassen.

10.8.5 Port-spezifische Passivierung

Bietet ein FSCP kanalgranulare Passivierung an, dann ist die port-spezifische Passivierung von IO-Link-Safety zu berücksichtigen.

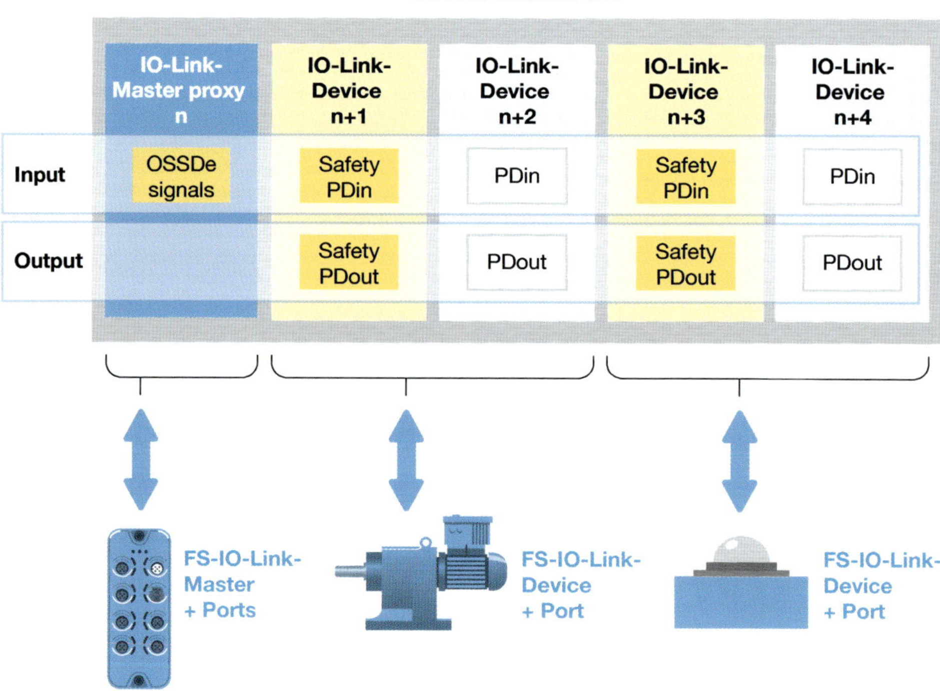

Bild 10.14: Musterbeispiel für Mapping (Quelle: IO-Link Community)

10.9 Geräteentwicklung

10.9.1 Technologiekomponenten

Neben der Möglichkeit, die IO-Link-Safety-Spezifikation selbst zu implementieren, gibt es auch am Markt erwerbbare Technologie-Komponenten. Die IO-Link-Community wird keine universellen Entwicklungskits bereitstellen. Mitgliedsfirmen werden als Technologie-Provider Technologiekomponenten anbieten. Informationen hierzu sind verfügbar auf www.io-link.com oder in Workshops. Der Vorteil der Technologiekomponenten ist offensichtlich: vorzertifizierte Software-Module mit Support und zusätzliche wertvolle Information, z. B. IODD-Design und -Tools.

10.9.2 FS-IO-Link-Device

Selbst wenn IO-Link-Safety für Sicherheitsfunktionen bis SIL 3 oder PL e einsetzbar ist, ist es nicht immer nötig, FS-IO-Link-Devices für diese Klassen zu entwerfen und zu implementieren.

IO-Link-Safety schafft neue Möglichkeiten für FS-IO-Link-Devices und -Anwendungen:

- Sensoren für Näherung, Dehnung, Moment, Druck etc.
- Encoder,
- Lichtgitter und Laserscanner,
- Digitalkameras,
- Not-Halt mit Selbsttest, um jährliche Inspektion zu vermeiden,
- Bedienpanels,
- intelligente Greifer,
- Niederspannungsschaltgeräte,
- Motorstarter,
- intelligente Antriebe.

10.9.3 FS-IO-Link-Master

Inzwischen sind etliche Firmen vertraut mit der Integration in Feldbusse, für die es FSCP-Entwicklungskits für Sicherheitsgeräte gibt. Damit ist die Integration von FS-IO-Link-Master-SCL-Stacks relativ einfach, wenn Sicherheitsentwicklungsprozesse bereits etabliert sind.

10.9.4 Test

Testspezifikation und Tester sind in Entwicklung. Testmuster für automatisierte Protokolltester wurden bereits aus den Protokollzustandsmaschinen generiert.

10.10 Prüfung und Zertifizierung

10.10.1 Grundsätze („Policy")

Um die IO-Link-Community vor möglichen Irrtümern oder falschen Erwartungen und grober Fahrlässigkeit bei sicherheitsbezogenen Entwicklungen und Anwendungen zu schützen, ist Folgendes von jedem zu beachten, der sich mit IO-Link-Safety beschäftigt, sei es ein Trainer, Berater, Designer, Implementierter oder Benutzer von IO-Link-Safety-Geräten:

- Jedes Nicht-Sicherheitsgerät taugt nicht automatisch für sicherheitsbezogene Anwendungen, wenn es IO-Link und eine Sicherheitskommunikationsschicht verwendet.
- Um ein Produkt für sicherheitsbezogene Anwendungen zu entwickeln, sind geeignete Entwicklungsprozesse nach Sicherheitsstandards einzurichten und/oder eine Zertifizierung bei einer entsprechenden Prüfstelle durchzuführen.
- Hersteller eines Sicherheitsproduktes sind verantwortlich für die korrekte Implementierung der Sicherheitskommunikationstechnologie (gemäß IEC 61508 oder ISO 13849-1) und die Richtigkeit und Vollständigkeit der Produktdokumentation und -information.
- Alle Angaben in den IO-Link-Spezifikationen schließen eine Haftung für die Richtigkeit und Vollständigkeit aus.
- Die Verwendung von IO-Link-Markennamen und -Bildmarken ist urheberrechtlich geschützt und bedarf einer besonderen Vereinbarung.

10.10.2 Sicherheitsprüfung

Sicherheitsprüfungen gemäß IEC 61508 oder ISO 13849-1 müssen durch Prüfstellen ausgeführt werden, wie z. B.:

- TÜV (weltweit),
- IFA (Deutschland),
- SP (Schweden),
- SUVA (Schweiz),
- HSE (Großbritannien),
- FM, UL (USA).

10.10.3 Zertifizierung

Die IO-Link-Testspezifikation bietet Information zu Test und Zertifizierung, sowie zur Erstellung von Herstellererklärungen.

10.10.4 EMV und E-Sicherheit

IEC 61000-6-7 enthält Anforderungen für die EMV-Prüfung von FS-IO-Link-Mastern und FS-IO-Link-Devices, für die keine Produktstandards existieren.

IEC 61010-2-201:2017 enthält Anforderungen an die elektrische Sicherheit, insbesondere in Bezug auf SELV/PELV.

10.11 Anwendung

10.11.1 FSCP-Richtlinien

In der Regel bieten Feldbusorganisationen Planungs- und Installationsrichtlinien für Peripheriegeräte wie Remote I/O an. Sie enthalten auch IT-Sicherheitsrichtlinien oder beziehen sich auf die IEC 62443-Serie.

Für diese Richtlinien können im Falle von IO-Link-Safety Anpassungen notwendig sein.

10.11.2 IO-Link-Richtlinien

Die IO-Link Community bietet eine Design-Richtlinie, die von der Website www.io-link.com heruntergeladen werden kann.

10.12 Kundennutzen

10.12.1 IO-Link allgemein

Die Vorteile von IO-Link, gelistet in der „Einführung“ und in der von www.io-link.com ladbaren „IO-Link Systembeschreibung“, treffen auch auf IO-Link-Safety zu.

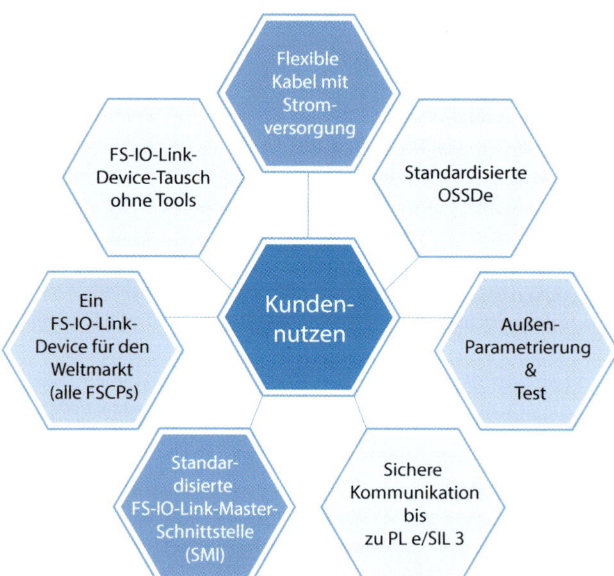

Bild 10.15: Kundennutzen (Quelle: IO-Link Community)

Die Migrationsstrategie ist jedoch von OSSDe zu IO-Link-Safety, anstatt von SIO zu IO-Link. **Bild 10.15** zeigt die wesentlichen Vorzüge von IO-Link-Safety.

Die Vorzüge für Gerätehersteller sind unter anderem:

- Standardtechnologie ohne Lizenzgebühr,
- ein Gerätetyp für FS-DI und FS-IO-Link-Master,
- bidirektionaler Austausch von FS-Daten,
- Nicht-Sicherheits- und Sicherheitsdaten,
- vorverdrahtete Mechatronik-Module,
- integrierte Diagnostik unterstützt „Condition Monitoring" und „Predictive Maintenance",
- Verifizierungshilfe durch Authentifizierung,
- vereinfachtes Engineering über IODD und „Dedicated Tool",
- Voraussetzungen für Industrie 4.0, IoT und „Smart Manufacturing".

10.12.2 Integratoren und Anwender

Zu den Vorteilen für Integratoren und Benutzer gehören unter anderem:

- Ein FS-IO-Link-Master-Tool für unterschiedliche FS-IO-Link-Master über SMI möglich,
- ganzheitliches Engineering von Sicherheitsfunktionen durch IODD mit Informationen zu
- systematischer Sicherheit (PL/SIL),

- Wahrscheinlichkeit eines gefährlichen Ausfalls pro Stunde (PFH),
- Ansprechzeit des Geräts.

10.12.3 Investition in die Zukunft

IO-Link-Safety wurde von der IO-Link Community entwickelt, einer schnell wachsenden, weltweit operierenden Organisation renommierter Unternehmen.

10.13 Vorteile der Auslegung einer Anlage

Die Reduktion von Datentypen ist in IO-Link-Safety konsequent umgesetzt und beinhaltet die Datentypen Boolean, Integer 16 und Integer 32. Diese Beschränkung reduziert die möglichen Fehler bei der Erstellung von sicherheitsbezogenen Steuerungsprogrammen und reduziert somit Aufwände bei der Inbetriebnahme und Zertifizierung von Sicherheitsanwendungen.

Eine Mischung von sicherheitsbezogenen Daten mit nicht sicheren Daten ist über FS-Host möglich, wobei ebenfalls die klassische Trennung in zwei Hosts für sichere und nicht sichere Daten möglich ist.

Ebenfalls ist es denkbar, sogenannten Smart-Solutions in Form von Sicherheitsfunktionen innerhalb eines FS-IO-Link-Masters zu verarbeiten und auf diese Weise lokale und unabhängige sichere Maschinenteile zu erzeugen (siehe Bild 10.17 im FSCP B Teil). Dies bietet die Möglichkeit, nicht beim Auslösen einer Sicherheitsfunktion die gesamte Maschine oder Anlage abzuschalten, sondern dediziert nur den Teil der eine Gefährdung verursachen könnte.

10.13.1 Einzelauslösung von Sicherheitsfunktionen (selektive Passivierung)

Für die Smart-Solutions ist es nötig, dass einzelne Sicherheitsfunktionen ihren jeweiligen Zuständigkeitsbereich ausschalten können. D. h. bisher war es aus Effizienzgründen nicht möglich im Fehlerfall nur die betreffenden Sicherheitsfunktionen auslösen zu lassen. Bisher mussten immer alle Sicherheitsfunktionen auslösen, die sich innerhalb einer FSCP-PDU befanden. Safety-IO-Link führt die Port-selektive Passivierung ein, die in **Bild 10.16** dargestellt ist.

Der vorstehende Anwendungsfall (siehe Bild 10.16) beschreibt den direkten Signalkanal eines bestimmten FS-IO-Link-Device. Der Prüf- und Bestätigungsmechanismus innerhalb des FS-IO-Link-Masters ist dabei gemäß der Spezifikation des jeweiligen

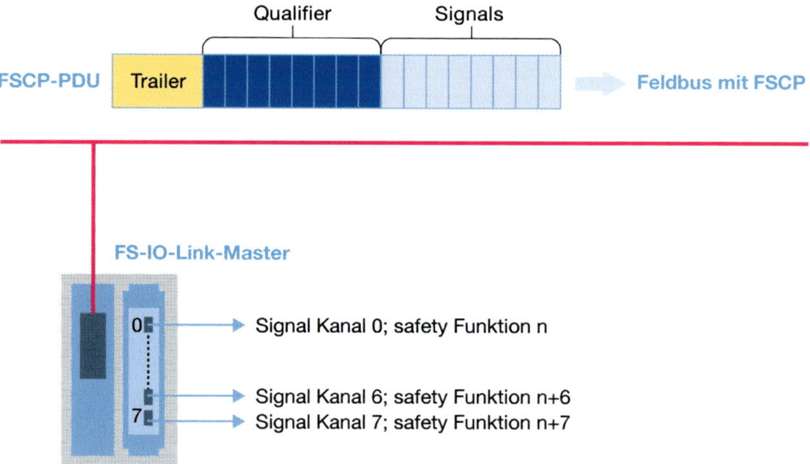

Bild 10.16: Portselektive Passivierung (Quelle: IO-Link Community)

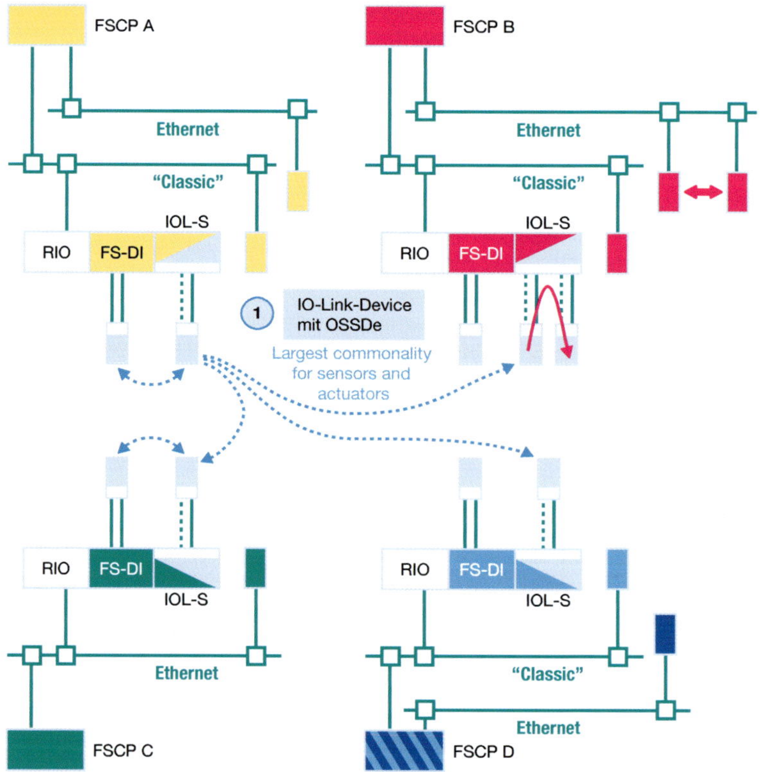

Bild 10.17: IO-Link-Safety auf einer Plattform mit lokalen Sicherheitsfunktionen (Quelle: IO-Link Community)

FSCP implementiert, so dass die Anwenderdokumentation zu beachten ist. Es kann hilfreich sein, dass der Anwender jedem FS-IO-Link-Device vorgibt eine Bestätigung des Bedieners für den Neustart der Sicherheitsfunktion einzufordern.

Optional kann bei FS_PortMode „OSSDe“ das Signal ChFAckReq separat mit der entsprechenden FS-IO-Link-Device-Anzeige verbunden sein.

Für diese FS-IO-Link-Devices gelten die üblichen Designregeln für die Bestätigungsmechanismen; diese sollten innerhalb der Sicherheitsprozessdaten implementiert sein.

Für die Umsetzung von Smart Solutions kann es von Bedeutung sein, Sicherheitsfunktionen dezentral in z. B. den Applikationen von IO-Link-Gateway auszuführen. **Bild 10.17** zeigt eine solche Möglichkeit unter unterschiedlichen FSCP-Ausführungen. Gründe für solche dezentralen Lösungen gibt es unterschiedliche. Reaktionszeiten oder Anlagenausdehnung können ein Grund sein.

10.13.2 Erweiterung des Indexbereiches von IO-Link

Im Parameterbereich aus Kapitel 1.5.1 bringt Safety-IO-Link einen sicheren Parameterbereich für die Typen Basic und Complex ein. Bild 1.11 aus Kapitel 1.5.1 wird entsprechend ergänzt, so dass die gelb markierten Teile in **Bild 10.18** als FSP-Parameter zu nutzen sind. D. h. es erfolgt keine Erweiterung des Standard-Parameterbereiches, sondern nur eine Festlegung, welche Parameterbereiche sicherheitsbezogen sind.

Da die IODD unmittelbar mit der Parameterseite des IO-Link-Devices bzw. des FS-IO-Link-Devices zusammenhängt, kommt es in den Parameterbereichen von IO-Link, wie in Bild 10.18 dargestellt, zur Mischung von nicht sicheren und sicheren Teilen.

Wie auch beim Standard-IO-Link-Device erfolgt die Zuweisung der Parameter und deren Werte bzw. der FSP-Parameterwerte während der Inbetriebnahme. Im Anschluss erfolgt die Sicherung mittels CRC-Signatur. Diese hinterlegt das System als Datensatz im FS-IO-Link-Master und -Device. In der Folge prüft das System bei jedem Start die CRCs auf Gleichheit, dabei überträgt der FS-IO-Link-Master diesen Datensatz an das FS-IO-Link-Device. Das FS-IO-Link-Device prüft die instanziierten Parameterwerte auf Integrität anhand des Vergleichs der CRC-Signatur.

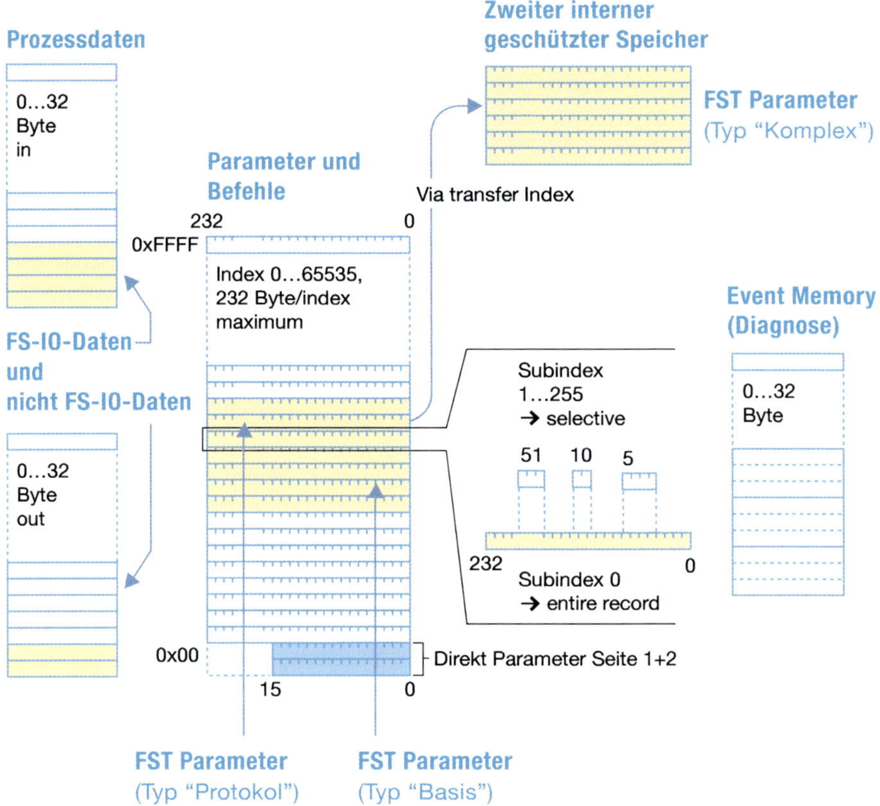

Bild 10.18: Parameter, Diagnose und Prozessdaten-Struktur des FS-IO-Link-Device (Quelle: IO-Link Community)

10.14 O-Link-Safety in der Anwendung

Die Arbeitswelten der Zukunft schaffen neue Arbeitsräume, in denen Menschen mit Robotern zusammenarbeiten (kollaborieren) werden. Für die *Mensch-Roboter-Kollaboration*, auch als *Human Robot Interface* bezeichnet, spielt die Sicherheit der kooperierenden Menschen eine große Rolle. Diese kann mit IO-Link-Safety-Anwendung in Sensoren und Aktuatoren hergestellt werden.

Bisher haben Roboter überwiegend in abgeschotteten Bereichen ihre Arbeit versehen. Um die Zusammenarbeit von Menschen mit Robotern zu ermöglichen, gab und gibt es eng begrenzte Bereiche, in denen dies überhaupt möglich ist. Diese Bereiche sind in der Regel durch vielfältige Maßnahmen und Sicherheitssensorik abgesichert, um

Unfälle zu vermeiden. Diese Sicherheitsorganisation führt zwangsläufig zu Bereichen, die aus arbeitsökonomischer Sicht nicht zu nutzen sind.

Bei der *Mensch-Roboter-Kollaboration* könnten solche nicht zu nutzenden Bereiche entfallen, da die Sicherheitstechnik im Roboter integriert sein wird. D. h. nähert sich ein Roboter einem Hindernis oder Menschen, erkennen die Sicherheitssensoren dies und können so z. B. Einfluss auf die Arbeitsgeschwindigkeit des Roboterarmes nehmen. So lassen sich Kollisionen, mit vorher nicht vorhandenen Hindernissen, wie z. B. Personen, die sich im Arbeitsbereich eines Roboters bewegen, vermeiden. Aufgrund dieser Möglichkeiten ist es überhaupt erst möglich, Arbeiten von Mensch und Maschine Hand in Hand zu organisieren.

Mit der Safety-IO-Link-Funktion lassen sich zusammengefasst Bewegungen und damit Wege und Räume sicher überwachen, was für die *Mensch-Roboter-Kollaboration* von wesentlicher Bedeutung ist.

Beispiele für Überwachungsgrößen sind:

- Bewegungsbereich hinsichtlich aller Achsen,
- Bewegungsgeschwindigkeit der Achsen,
- Überwachung temporär auftauchender Hindernisse im gesamten Arbeitsbereich des Roboters,
- Geschwindigkeit der vom Roboter genutzten Werkzeuge,
- Absicherung von Werkzeugwechseln.

Die Bewegungsgeschwindigkeiten lassen sich im Arbeitsbereich mit Robotern so beschränken und überwachen, dass es zu keinen gefährlichen Situationen kommen kann.

IO-Link-Safety kann hier in Zukunft eine wesentliche Rolle einnehmen, da es mehrere Vorteile vereint. IO-Link kann sichere Sensoren und Aktuatoren über die Safety-IO-Link-Kommunikation mit den FSCP verbinden. Und dies in Anlehnung an den Non-Safety-Standard, d. h. wie bei der Non-Safe-Variante sind in der sicherheitsbezogenen Ausprägung die Ziele, herstellerübergreifend, feldbus-, sowie Safety-Protokoll-unabhängig, umgesetzt. Die Vorteile, die Standard-IO-Link ausspielt (ein IO-Link-Device ist an allen Feldbussen zu betreiben), sind im IO-Link-Safety-Ansatz übernommen. IO-Link-Safety ist somit auf andere sicherheitsbezogene Feldbusse bzw. Protokoll (FSCP) abzubilden. Dabei nutzen die meisten FSCP das Black Channel-Prinzip (siehe Bild 10.5). Ein bestehender Feldbus dient also als Träger für spezielle FS-Daten, wie Meldungen, Sicherheitsprozessdaten und zusätzlichen Sicherheitscodes. Der Zweck des Sicherheitscodes ist es, die Restfehlerwahrscheinlichkeit der Datenübertragung zu reduzieren, um die Forderungen des relevanten Sicherheitsstandards wie IEC 61784-3 einzuhalten.

Im Unterschied zu Standard-IO-Link-Geräten ist bei sicherheitsbezogenen IO-Link-Geräten, wie dem FS-IO-Link-Device und -Master, eine Sicherheitskommunikationsebene im Stack integriert. Die sicheren Daten bzw. die Sicherheitsprozessdaten sind über ein Gateway an der FS-IO-Link-Master-Seite mit dem übergeordneten FSCP auszutauschen. In der Regel sind IO-Link-Safety-Layer-Instanzen, FSCP-Layer und -Gateway als Software in einer Einheit von redundanten Mikrocontrollern realisiert.

Zusammengefasst lassen sich mit der in Kapitel 10.13.1 beschriebenen Einrichtung die für die jeweilige Anwendung definierte Performance Level (PL) erreichen. An einen Systemintegrator stellen sich Anforderungen bezüglich der Verwendung der Sicherheitskomponenten, entsprechend tiefe Robotererfahrung und ausreichend Know-how, um die nötige Sicherheit zu gewährleisten, als auch eine hohe Verfügbarkeit bei gleichzeitig hohem Sicherheitsstandard umzusetzen.

10.15 Das IO-Link-Safety-System detailliert

In Anlehnung an Kapitel 1 und Kapitel 4 sind im Folgenden die Ergänzungen von IO-Link-Safety beschrieben. Es soll einen Eindruck vermitteln, was sich hinter den Tools, die zur Einstellung eines IO-Link-Safety-Systems benötigt werden, abspielt. Dabei sind alle Parameter aufgeführt und kurz erklärt.

10.15.1 Die FS-IO-Link-Master-Klassen

IO-Link-Safety unterscheidet vier mögliche FS-IO-Link-Master-Klassen. Dabei ist ein ähnlicher Unterschied bezüglich der Portklassen zu erkennen wie dieser im Non-Safe Standard existiert. Für die FS-Port Class A existieren im untersten Level FS-IO-Link-Master, die ausschließlich die IO-Link-Kommunikation mit SPDU unterstützen, dabei sind an der M12-Buchse die drei benötigten Anschlüsse belegt. Die beiden nächst höheren Ausbaustufen haben vier belegte Anschlüsse und bei der M12-Buchse ist der Anschluss für Pin 5 elektrisch nicht angebunden. Beide Levels unterstützen die IO-Link-Kommunikation mit SPDU, das Level b toleriert die OSSDe-Pulse, während das Level c die OSSDe-Pulse auswertet (**Bild 10.19**). Level d stellt den FS-Port Class B dar, der wie im nicht-sicheren Bereich eine additive Spannungsversorgung zwischen Pin 2 und Pin 5 zur Verfügung stellt. Diese ist galvanisch getrennt von der IO-Link-Versorgung auf Pin 1 und Pin 3 (siehe auch Kapitel 1.2).

Die möglichen Betriebsarten der verschieden FS-Port-Klassen sind in **Tabelle 10.2** zusammengefasst.

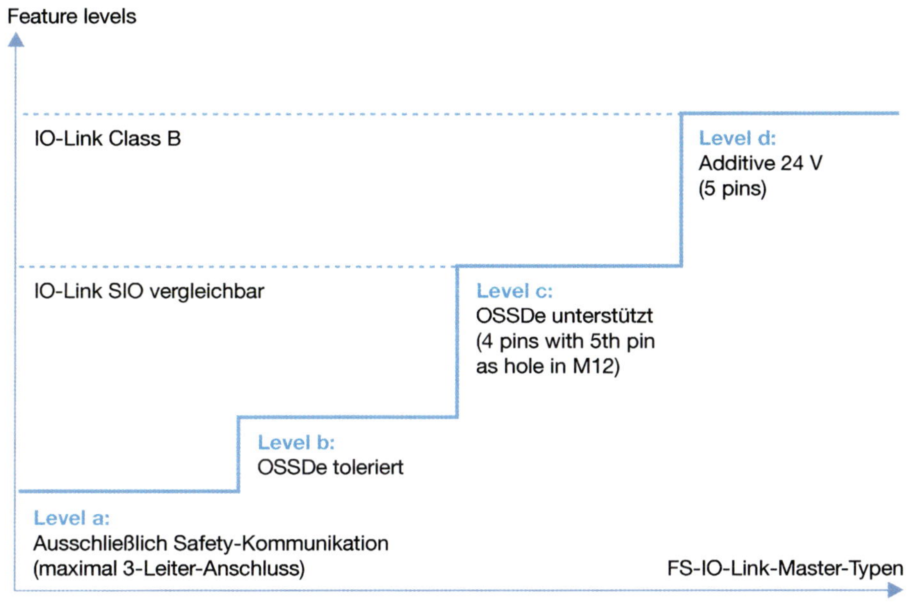

Bild 10.19: FS-IO-Link-Master-Port-Klassen (Quelle: IO-Link Community)

Tabelle 10.2: Betriebsmodi der Level „a“ bis „c“ (Port Class A)

Eigenschaften Level	FS-IO-Link-Device		FS-IO-Link-Master	
	Pin 2	Pin 4	Pin 2	Pin 4
„a“	- NC, DI, DO	- DI, DO - IO-Link - IO-Link + IOL-S	- NC, DI, DO	- DI, DO - IO-Link - IO-Link + IOL-S
„b“	- NC, DI, DO - OSSD2e	- DI, DO - OSSD1e - IO-Link - IO-Link + IOL-S	- NC, DI, DO	- DI, DO - IO-Link - IO-Link + IOL-S
„c“	- NC, DI, DO - OSSD2e	- DI, DO - OSSD1e - IO-Link - IO-Link + IOL-S	- NC, DI, DO - FS-DI	- DI, DO - FS-DI - IO-Link - IO-Link + IOL-S
Bezeichnung:	IOL-S = IO-Link-Safety NC = not connected / nicht angeschlossen			

10

Für die FS-IO-Link-Levels b und c ergeben sich die in **Bild 10.20** gezeichnete Anschlussbelegung für FS-IO-Link-Device und -Master. Für die FS-Port Class A ist im Gegensatz zur nicht-sicheren Variante der maximale Versorgungsstrom des angeschlossenen FS-IO-Link-Devices auf 1 A begrenzt.

Für das Level d bzw. die FS-Port Class B ist die Portbelegung dabei ähnlich zu der nicht-sicheren Variante aus Kapitel 1.2.

Bild 10.21 zeigt die Portbelegung für einen FS-Port Class B inklusive der Optionen für die Pins 2 und 4.

Für die Prüfung der Interoperabilität hat IO-Link-Safety eine Betrachtung für die Ausbau-Levels a bis c in Form von **Tabelle 10.3** durchgeführt.

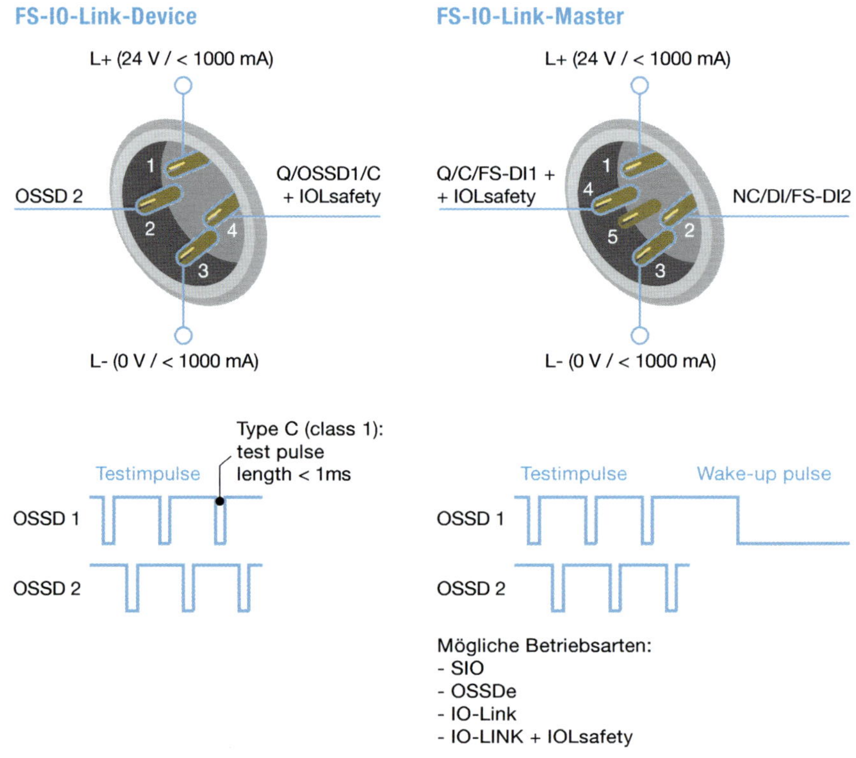

Bild 10.20: FS-IO-Link-Master und -Device Anschlussbelegung FS-Port Class A (Quelle: IO-Link Community)

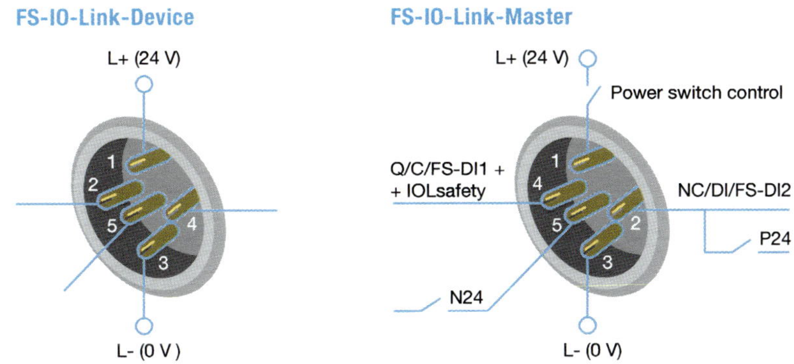

Bild 10.21: FS-IO-Link-Master und -Device Anschlussbelegung FS-Port Class B (Quelle: IO-Link Community)

Tabelle 10.3: Interoperabilitätstabelle

IO-Link-Device Typ	FS-IO-Link-Master			„USB-IO-Link-Master" mit sicherer Parametrierung	FS-DI Baugruppe (FSCP)
	IO-Link Kommunikation mit SPDU Level „a"	OSSDe tolerrand Level „b"	OSSDe auswertend Level „c"		
Sensor mit OSSDe [a]	-	-	OSSDe	-	OSSDe
Sensor mit OSSDe und IO-Link	-	-	OSSDe	IO-Link [b]	OSSDe
Sensor mit OSSDe und IOL-S	IOL-S	IOL-S	OSSDe or IOL-S	IO-Link	OSSDe
Sensor mit IOL-S Kommunikation only, wie z. B. Lichtgitter	IOL-S	IOL-S	IOL-S	IO-Link	-
Sensor mit OSSDm, z. B. ein Not-Halt	-	-	-	-	OSSDm
Aktuator mit IOL-S, z. B. eine 400 V-Antriebssteuerung	IOL-S	IOL-S	IOL-S	IO-Link	-

Beschreibung:

IOL-S = IO-Link-Safety inklusive IO-Link-Non Safe
[a] Pinbelegung gemäß Klaus Grimmer, AIDA_IP-67-Safety_Positionspapier, June 27th, 2013
[b] Pinbelegung kann unterschiedlich sein
USB = Universal Serial Bus

10

10.15.2 Der FS-IO-Link-Master mit Erweiterung des SMI

Im Vergleich zu Bild 10.11 aus Kapitel 10.9 ergeben sich die in Bild 10.12 für Safety typisch gelb markierten Ergänzungen. Dabei ist die standardisierte Masterschnittstelle (SMI), wie in Kapitel 4.9 beschrieben, genutzt.

Der FS-IO-Link-Master übernimmt das Mapping der sicheren IO-Link-Daten in einen FSCP und die Abwicklung der sicheren Kommunikation als additives Protokoll auf der IO-Link-Standard-Kommunikation.

Für den FS-IO-Link-Master sind als Ergänzung der SMI-Dienste aus Kapitel 4.9 drei weitere sicherheitsbezogenen Dienste definiert. Diese sind in **Tabelle 10.4** gelb markiert (siehe auch Kapitel 4, Bild 4.12).

Diese Aufschlüsselung ist in die ArgBlocks überführt, die wiederum in **Tabelle 10.5** aufgeschlüsselt ist (siehe auch Tabelle 4.3 in Kapitel 4).

Tabelle 10.4: Erweiterte SMI-Dienste

Servicename	Bemerkung
SMI_MasterIdentification	siehe Kapitel 4 .9.1
SMI_FSMasterAccess	siehe Kapitel 10.15.3
SMI_PortConfiguration	siehe Kapitel 4.9.2
SMI_ReadbackPortConfiguration	siehe Kapitel 4.9.2
SMI_PortStatus	siehe Kapitel 4.9.3
SMI_DSToParServ	siehe Kapitel 4.9.4
SMI_ParServToDS	siehe Kapitel 4.9.4
SMI_DeviceWrite	siehe Kapitel 4.9.11
SMI_DeviceRead	siehe Kapitel 4.9.11
SMI_ParamWriteBatch	siehe Kapitel 4.9.5
SMI_ParamReadBatch	siehe Kapitel 4.9.5
SMI_PortPowerOffOn	siehe Kapitel 4.9.13 und Kapitel 10.15.4
SMI_DeviceEvent	siehe Kapitel 4.9.14
SMI_PortEvent	siehe Kapitel 4.9.15 Kapitel 10.15.5
SMI_PDIn	siehe Kapitel 4.9.6
SMI_PDOut	siehe Kapitel 4.9.7
SMI_PDInOUT	siehe Kapitel 4.9.8
SMI_SPDUIn	Siehe Kapitel 10.15.7
SMI_SPDUOut	Siehe Kapitel 10.15.8
SMI_PDInIQ	siehe Kapitel 4.9.9
SMI_PDOutIQ	siehe Kapitel 4.9.10
SMI_PDReadbackOutIQ	siehe Kapitel 4.9.9 und Kapitel 4.9.10

Tabelle 10.5: ArgBlock-Typ und ArgBlockIDs

ArgBlock type	ArgBlockID	Bemerkung
MasterIdent	0x0001	siehe Kapitel 4.9.1
FSMasterAccess	0x0100	siehe Kapitel 10.15.3
WMasterConfig	0x0200	Für Wireless vorgesehen
PDIn	0x1001	siehe Kapitel 4.9.6
PDOut	0x1002	siehe Kapitel 4.9.7
PDInOut	0x1003	siehe Kapitel 4.9.8
SPDUIn	0x1101	siehe Kapitel 10.15.7
SPDUOut	0x1102	siehe Kapitel 10.15.8
PDInIQ	0x1FFE	siehe Kapitel 4.9.9
PDOutIQ	0x1FFF	siehe Kapitel 4.9.10
OnRequestData	0x3000	siehe Kapitel 4.9.11
	0x3001	siehe Kapitel 4.9.11
DS_Data	0x7000	siehe Kapitel 4.9.4 Datenhaltungsobjekt
DeviceParBatch	0x7001	siehe Kapitel 4.9.5
IndexList	0x7002	siehe Kapitel 4.9.12
PortPowerOffOn	0x7003	siehe Kapitel 10.15.4 /Kapitel 4.9.13
PortConfigList	0x8000	siehe Kapitel 4.9.2
FSPortConfigList	0x8100	siehe Kapitel 10.15.5
WPortConfigList	0x8200	für Wireless vorgesehen
PortStatusList	0x9000	siehe Kapitel 4.9.3
FSPortStatusList	0x9100	siehe Kapitel 10.15.6
WPortStatusList	0x9200	für Wireless vorgesehen
WTrackScanResult	0x9201	für Wireless vorgesehen
DeviceEvent	0xA000	siehe Kapitel 4.9.14
PortEvent	0xA001	siehe Kapitel 4.9.15
VoidBlock	0xFFF0	siehe Kapitel 4.9.16
JobError	0xFFFF	siehe Kapitel 4.9.17

10.15.3 FSMasterAccess ArgBlockID 0x0100

Der ArgBlock „FSMasterAccess“ aus **Tabelle 10.6** zeigt FSCP-Authentizitätscodes, die dem FS-IO-Link-Master per Engineering-Tool des FSCP zugewiesen sind. Alternativ kann dies auch per DIP-Schalter erfolgen.

10.15.4 PortPowerOffOn ArgBlockID 0x7003

Der ArgBlock-Type „PortPowerOffOn“ ist für eine Validierung von FS-IO-Link-Devices während des Betriebes gedacht. Durch ein simuliertes Ab- und Anstecken am Port, hervorgerufen durch das SMI_PortPowerOffOn in Verbindung mit dem ArgBlock, wird dieses Verhalten provoziert. Die entsprechenden Inhalte sind in **Tabelle 10.7** definiert.

Tabelle 10.6: ArgBlock FSMasterAccess

Offset	Element name	Definition	Datentyp	Bereich
0	ArgBlockID	0x0001	Unsigned16	–
2	FSCP_Authenticity1	FSCP A-Code part1	Unsigned32	–
6	FSCP_Authenticity2	FSCP A-Code part2	Unsigned32	–

Tabelle 10.7: ArgBlock PortPowerOffOn

Offset	Element name	Definition	Datentyp	Bereich
0	ArgBlockID	0x7002	Unsigned16	–
2	PortPowerMode	0: One time switch off (PowerOffTime) 1: Switch PortPowerOff (permanent) 2: Switch PortPowerOn (permanent)	Unsigned8	–
2	PowerOffTime	Dauer des Ausschaltens des FS-IO-Link-Master-Ports (ms)	Unsigned16	1 to 65535

10.15.5 FSPortConfigList ArgBlockID 0x8100

Für den FS-IO-Link-Master existiert – wie auch für den Standard IO-Link-Master – eine PortConfigList. Im FS-Umfeld ist diese Liste um zusätzliche PortModes und um Safety-PDU-Längen, den FSP_VerifyRecord, sowie die FS-I/O-Datenstrukturbeschreibung erweitert. Das Grundgerüst ist jedoch identisch zu Tabelle 4.6 aus Kapitel 4.9.2. Die Parameter sind im Wesentlichen durch Anwender-Tools gehandhabt, so dass die Inhalte nicht weiter zu erläutern sind, da sie sich aus dem Kontext des Tools ergeben.

10.15.6 FSPortStatusList ArgBlockID 0x9100

Für den FS-IO-Link-Master existiert, wie auch für den Standard IO-Link-Master, eine PortStatusList. Die PortStatusList enthält im Wesentlichen die Einträge aus Tabelle 4.7 aus Kapitel 10.9.3, ist jedoch um FS-IO-Link-relevante Teile im PortStatusInfo erweitert. Es kommen hier OSSDe als äquivalent zu C/Q und I/Q sowie SPDU-Austausch mit dem FS-IO-Link-Device bezüglich der Safety-Daten hinzu.

Tabelle 10.8: Erweiterung der Parameter für FS-IO-Link-Device

Index (dec)	Sub-in-dex	Objekt Name	Zugriff	Länge	Datentyp	Pflicht oder optio-nal	Zweck/Referenz
				...			
0x4000 to 0x41FF		Profil-spezifische Indices					z. B. Smart Sensor Profil
			Authentizität (11 Oktets)				
0x4200 (16896)	1	FSCP_ Authenticity_1	R/W	4 octets	UIntegerT	M	„A-Code“ vom übergeordneten FSCP-System
	2	FSCP_ Authenticity_2	R/W	4 octets	UIntegerT	M	erweiterter „A-Code“ vom übergeordneten FSCP-System
	3	FSP_Port	R/W	1 octet	UIntegerT	M	PortNummer, die das bestimmte FS-IO-Link-Device identifiziert
	4	FSP_ Authent CRC	R/W	2 octets	UIntegerT	M	CRC-16 über Authentizitätsparameter
			Protokoll (12 oktets)				
0x4201 (16897)	1	FSP_ ProtVersion	R/W	1 octet	UIntegerT	M	Protokollversion: 0x01
	2	FSP_ ProtMode	R/W	1 octet	UIntegerT	M	Protokollmodi, z. B. 16/32 Bit CRC
	3	FSP_ Watchdog	R/W	2 octets	UIntegerT	M	Überwachung der E/A-Aktualisierung; 1 bis 65.535 ms;
	4	FSP_IO_ StructCRC	R/W	2 octets	UIntegerT	M	CRC-16-Signatur über den E/A-Strukturbeschreibungsblock

10

Tabelle 10.8: Erweiterung der Parameter für FS-IO-Link-Device (Fortsetzung)

Index (dec)	Subindex	Objekt Name	Zugriff	Länge	Datentyp	Pflicht oder optional	Zweck/Referenz
	5	FSP_TechParCRC	R/W	4 octets	UIntegerT	M	Sicherungscode (CRC) über die FST (technologiespezifischer Parameter)
	6	FSP_Prot ParCRC	R/W	2 octets	UIntegerT	M	CRC-16 über Protokollparameter
Verification Record / Prüfungsparameter (23 oktets)							
0x4202 (16898)		FSP_Verify-Record	W	23 octets	RecordT	M	Der FS-IO-Link-Master sendet diesen Verifizierungssatz, bestehend aus Authentizitäts- und Protokollparametern, bei PREOPERATE. Dieser Index ist für den Benutzer nicht sichtbar.
Auxiliary parameters / Hilfsparameter							
0x4210 (16912)		FS_ Password	W	32 octets	StringT	M	Passwort für den Zugriffsschutz von FST-Parametern und Dedicated Tools
0x4211 (16913)		Reset_FS_ Password	W	32 octets	StringT	M	Passwort, um die FST-Parameter auf die Werkseinstellungen zurückzusetzen und das FS-Passwort implizit zurückzusetzen
0x4212 (16914)		FSP_ ParamDesc-CRC	R	2 octets	UIntegerT	M	CRC-16-Signatur zur Sicherung der Authentizität, des Protokolls und der FS-I/O-Strukturbeschreibung innerhalb der IODD
…							
0x4213 (16915) to 0x42FF (17151)		reserviert für IO-Link-Safety					
0x4300 to 0x4FFF		Profile specific Indices					z. B. BLOB und Firmware Update
…							
M = mandatory; O = optional; C = conditional							

10.15.7 SPDUIn ArgBlockID 0x1101

Die sicheren Eingangsdaten SPDUin sind ebenfalls in der Analogie zu Kapitel 4.9.6, Tabelle 4.10 beschrieben.

10.15.8 SPDUOut ArgBlockID 0x1102

Die sicheren Ausgangsdaten SPDUOut sind ebenfalls in der Analogie zu Kapitel 4.9.7, Tabelle 4.11 beschrieben.

10.15.9 Parametererweiterung der FS-IO-Link-Devices

Tabelle 10.8 zeigt die Parametererweiterung (siehe auch Kapitel 2).

Die meisten der aufgeführten Indices dienen dem Sicherheitsprotokoll SLC, um Prüfungen durchzuführen und sind deshalb für den Anwender rein informativ hier aufgeführt.

Index 0x4200 Subindex 1 und 2 FSCP_Authenticity 1 und 2

Der Standardwert dieses Parameters ist „0“ inklusive beim Start einer Offline- oder Schreibtisch-Parametrierung. Während der Inbetriebnahme an einem FS-IO-Link-Master erhält der Anwender die FSCP-Authentizität („A-Code“). Das FS-IO-Link-Master-Tool darf nur vollständige Authentizitätsblöcke mit korrekten CRC-Signaturwerten an das FS-IO-Link-Device übertragen, damit die Plausibilität zu prüfen ist. Nach Aktivieren der Sicherheitsfunktion vergleicht das FS-IO-Link-Device bei jedem Neustart und beim Einschalten seine lokalen Werte mit denen des FSP-VerifyRecord, um falsche Verbindungen, also falsche FS-IO-Link-Master oder falsche Ports zu erkennen.

Index 0x4200 Subindex 3 FSP_Port

Das FS-IO-Link-Master-Tool identifiziert die FS-IO-Link-Master-Portnummer des angeschlossenen FS-IO-Link-Devices und speichert diese im Anschluss in diesem Parameter. Die Nummerierung beginnt mit „1“. Eine „0“ darf das FS-IO-Link-Device nicht annehmen. Zudem ist die Standardportnummer der IODD „0“ und hat die Bedeutung, dass die Portnummer noch nicht zugewiesen ist.

Index 0x4200 Subindex 4 FSP_AuthentCRC

Das FS-IO-Link-Master-Tool darf nur ganze Authentizitätsblöcke auf das FS-IO-Link-Device übertragen, einschließlich FSCP_Authenticity und FSP_Port. Dabei verwendet das Tool eine vorgegebene CRC-16-Tabelle und beginnt immer mit dem Wert „0“.

Index 0x4201 Subindex 1 FSP_ProtVersion

Tabelle 10.9 listet die unterstützen Werte für die FSP_ProtVersion auf.

Index 0x4201 Subindex 2 FSP_ProtMode

Tabelle 10.10 zeigt die Codierung des FS_PortMode. Dabei steuert dieser Subindex, ob bis zu 3 Byte oder bis zu 25 Byte Safety-Prozessdaten zu übertragen sind.

Index 0x4201 Subindex 3 FSP_Watchdog

Das FS-IO-Link-Device nutzt In-/Output-Aktualisierungszeiten und verwendet diese als Standardwert innerhalb der IODD. Die In-/Output-Aktualisierungszeit besteht zwischen zwei Safety-PDUs inklusive Zählerwerten (In-/Output-Samples) mit den möglichen Wiederholungen der Kommunikationsschicht von IO-Link. Über den Parameter-Default-Wert (In-/Output-Aktualisierungszeit), der Übertragungszeiten der SPDUs und der FS-IO-Link-Master-Bearbeitungszeiten ermittelt das FS-IO- Link-Master-Tool die Gesamtzeit und hinterlegt diesen Wert als „FSP_Watchdo- g“-Parameter. Der Wertebereich liegt zwischen 1 und 65 535 ms. Der Wert „0“ ist nicht erlaubt.

Index 0x4201 Subindex 4 FSP_IO_StructCRC

Diese Parameter enthält die CRC-Struktur für die In- und Output-Daten. Ein FS-IO-Link-Master-Tool überträgt den Inhalt an einen FS-IO-Mapper, der eine Abbildung in einen FSCP ermöglicht. Die Daten werden über das entsprechende Safety-Tooling ermittelt und in das FS-IO-Link-Device übertragen (Dedicated-Tool).

Index 0x4201 Subindex 5 FSP_TechParCRC

Dieser Parameter enthält die Methode, nach der ein CRC zu berechnen ist, für die technologiespezifischen Parameter (FST).

Für die technologiespezifischen Parameterblockübertragungen mit mehr als 232 Byte kann der SMI_PortPowerOffOn-Dienst mit Kommando (CMD) = „0“ (DeviceParBatch) Anwendung finden (siehe Kapitel 4.9.5).

Tabelle 10.9: Unterstützte Werte des FSP ProtVersion

Wert	Definition
0x00	nicht erlaubt
0x01	diese Protokollversion
0x02 bis 0xFF	reserviert

Tabelle 10.10: Unterstützte Werte des ESP_Protmode

Wert	Definition
0x00	nicht erlaubt
0x01	0 to 3 Byte/Octet FS I/O Prozessdaten mit 16 Bit CRC
0x02	0 to 25 Byte/Octet FS I/O Prozessdaten mit B32 bit CRC
0x03 bis 0xFF	reserviert

Index 0x4201 Subindex 6 FSP_ProtParCRC

Das FS-IO-Link-Master-Tool kann nur komplette Protokollblöcke mit allen Protokollparametern auf das FS-IO-Link-Device übertragen. Das System übernimmt die Übertragung des berechneten CRCs mittel Dedicated-Tool.

Index 0x4202 FSP_VerifyRecord

Dieser Datensatz besteht aus einem Record mit den Authentizitäts- und Protokollparametern, der mit dem Dienst „SMI_PortConfiguration“ zu übertragen und im Configuration-Manager eines FS-IO-Link-Masters hinterlegt ist.

Nach einem Start des FS-IO-Link-Devices übermittelt der FS-IO-Link-Master im PREOPERATE diesen Datensatz zur Prüfung an das FS_IO-Link-Device. Dieser Parameter dient im Wesentliche zum Plausibilisieren der Sicherheitsfunktion und zur Identifikation. Der Parameter ist für Anwender mittels IODD nicht zu erreichen.

Index 0x4210 FS_Password

Dieser Parameter dient der Sicherung der FST-Parameter eines FS-IO-Link-Devices. Das Passwort ist über das Dedicated Tool einzugeben.

Index 0x4211 Reset_FS_Password

Das Passwort eines FS-IO-Link-Devices findet sich in der Anwenderdokumentation des jeweiligen FS-IO-Link-Device-Herstellers. Dieses Passwort dient zur Auslösung eines Resets, um Werkseinstellungen des FS-IO-Link-Devices inklusive FS_Password herzustellen.

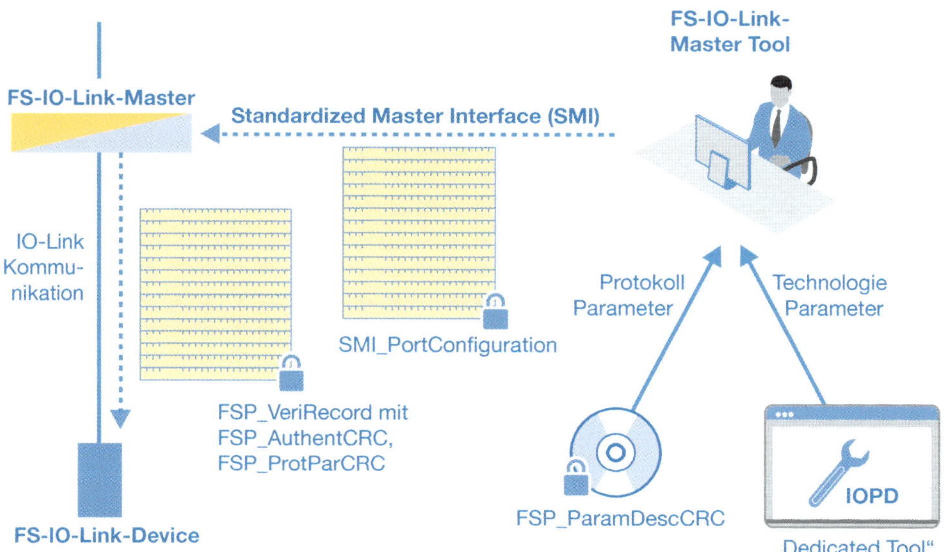

Bild 10.22: Sicherung von Sicherheitsparametern (Quelle: IO-Link Community)

Index 0x4212 FSP_ParamDescCRC

Dieser Parameter dient dazu, alle relevanten Beschreibungen der Sicherheitsparameter innerhalb der IODD gegen Datenfälschung während der Lagerung und Handhabung zu sichern. Es ist die berechnete CRC-Signatur über die gesamten Parameterbeschreibungen innerhalb der IODD enthalten. **Bild 10.22** zeigt diesen Sachverhalt.

10.16 Zusammenfassung

Eckdaten:

- Sicherheitsgeräte mit OSSDe können Standard-IO-Link als Parametrierkanal nutzen.
- Zur Plausibilisierung der FST-Parameter (Technologie) wird ein „Dedicated Tool“ benötigt
- Die IODD eines FS-IO-Link-Devices wird um einen sicherheitsbezogenen Teil ergänzt.
- Im Gegensatz zum Standard-IO-Link ist der Strom beim Port Class A auf 1 A begrenzt. Mindestens ein FS-IO-Link-Master-Port muss diese Stromstärke bieten.
- Beim Port Class B ist auf strikte galvanische Trennung beider Spannungsversorgungen zu achten (siehe Kapitel 1.2).
- Bei IO-Link-Safety ist der Leitungswiderstand RLeff auf 1,2 Ω festgelegt (garantierte Kommunikationsfunktion bei 1 A und 20 m Leitungslänge).

Vorteile von IO-Link in Verbindung mit Safety

- eine Standardtechnologie ohne Lizenzgebühr,
- ein Gerätetyp für FS-DI und FS-IO-Link-Master,
- bidirektionaler Austausch von Sicherheitsdaten,
- gemischte Sicherheit und nicht-sicherheitsbezogene Prozessdaten,
- vorverdrahtete komplexe mechatronische Module,
- integrierte Diagnose unterstützt Zustandsüberwachung und vorausschauende Wartung,
- Verifizierungsunterstützung durch Authentifizierung,
- Voraussetzungen für Industrie 4.0 und IoT,
- vereinfachtes Engineering über IODD und Dedicated-Tool.

Hinweis:
Für Implementierung und Tests sind die letztgültigen Spezifikationen und die Change Request Datenbank maßgeblich!

11 IIoT-Protokolle und IO-Link

Das industrielle Internet der Dinge (engl. Industrial Internet of Things, IIoT) ist die Grundlage für alle Industrie 4.0-Anwendungen. Es zieht sich durch diese Buchreihe wie ein roter Faden. Wie bereits in Band 1 bei „Feldbuskriegen" und „Plattformkriegen" beschrieben, gibt es auch bei IIoT-Schnittstellen keine einheitliche Standardisierung. Die IIoT-Schnittstelle hat die Aufgabe, die Verbindung zwischen der OT (Operational Technology, Fertigungsebene) und der IT (Information Technology, Server) herzustellen. Die Anforderungen hierbei sind im Wesentlichen:

- Das Sammeln von standardisierten und lokalisierten Daten, was die einheitliche Semantik der Information beinhaltet. Nur so können Daten unterschiedlicher Quellen miteinander verglichen und in einer Datenbank verarbeitet werden.
- Die Datenverbindung unterschiedlicher Systeme, z. B. von Industriesteuerungen ohne Rücksicht auf Hersteller bzw. Plattformen, also Interoperabilität und
- Die einfache Verbindung unterschiedlicher Datenquellen mit geringem Engineering- und Implementierungsaufwand.

All dies versucht die IO-Link Firmengemeinschaft allgemeingültig für IO-Link zu standardisieren, so dass sich zukünftige Software- und Hardwareentwickler daran orientieren können und nicht eine eigene proprietäre Schnittstelle „erfinden" müssen. Im Folgenden werden die Grundlagen der bereits definierten IIoT-Schnittstellen mit ihren IO-Link Datenabbildungen beschrieben.

11.1 OPC-UA

Die Ursprünge von OPC-UA reichen über 20 Jahre zurück und basierten als OPC-DA ausschließlich auf einer Windows-Plattform. Dank der Weiterentwicklung und Plattformunabhängigkeit lässt sich OPC-UA heute in fast alle Prozessorumgebungen implementieren. OPC-UA steht für Open Platform Communications – Universal Architecture, was diese Unabhängigkeit andeutet. Es ist ein Service-orientiertes Datenprotokoll mit semantischer Beschreibung der Inhalte und Security-Mechanismen.

In der Nutzerorganisation OPC Foundation sind, in Kooperation mit weiteren Nutzerverbänden, hardware-, applikations- oder technologiespezifische Informationsmodelle und Companion Specifications entstanden, um möglichst viele Anwendungsbereiche

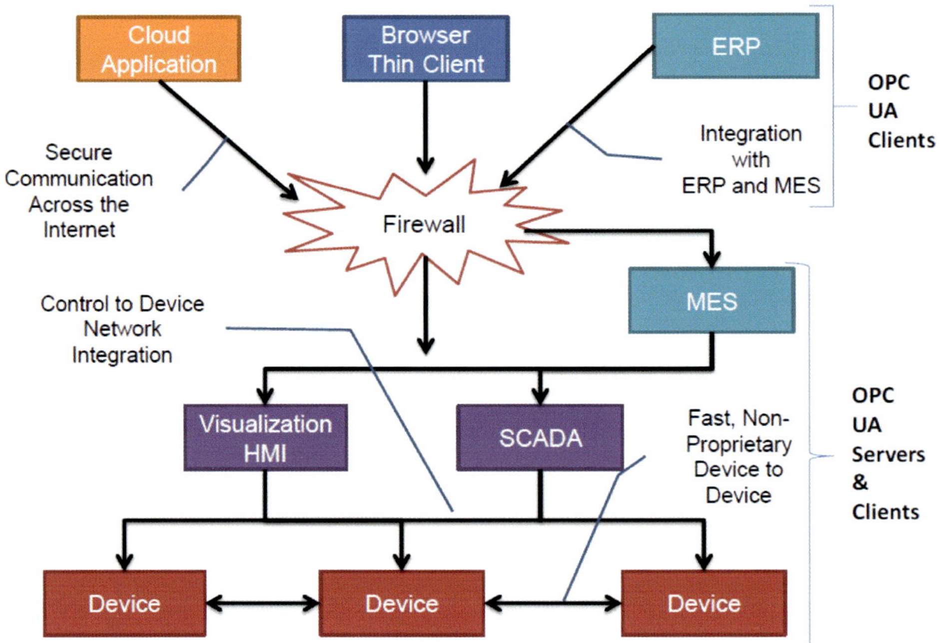

Bild 11.1 Anwendungsbereich von OPC-UA (Quelle: OPC Unified Architecture for IO-Link Companion Specification Release 1.0)

abzudecken. Neben der Anbindung von Steuerungen („PLCopen"), Feldbusse („Profinet"), Robotersteuerungen, Auto-ID-Systeme sind auch Security-Themen definiert. Für IO-Link gibt es das Dokument OPC320 „OPC-UA or IO-Link-Masters and IO-Link Devices", das öffentlich auf der Homepage verfügbar ist[1]. Die Companion Specification ist auch auf der Seite von IO-Link veröffentlicht[2].

Der Anwendungsbereich von OPC-UA in einer Firmenumgebung wird in **Bild 11.1** sehr anschaulich dargestellt. Durchgängiger Informationstransport zwischen verschiedenen IT- und OT-Schnittstellen.

[1] Quelle: https://reference.opcfoundation.org/v104/IOLink/v100/docs/ abgerufen am 05.07.2020.

[2] https://io-link.com/share/Downloads/OPC_UA/OPC-UA_for_IO-Link_10212_V10_Dec18.pdf abgerufen am 05.07.2020.

11.1.1 Grundlagen

Die generelle OPC-UA Architektur besteht aus dem Client-/Server-Modell. Ein Server stellt Informationen zur Verfügung und der Client ruft sie ab. In diesem Modell benötigt der IO-Link-Master einen **OPC-UA-Server** und das Edge-Gateway einen Client. Geräte können auch mit beidem ausgestattet sein, wenn sie z. B. eine Gateway-Funktion beinhalten.

Jeder Teilnehmer bekommt eine individuelle **NodeID,** die einen sprechenden Namen hat und mit der der Teilnehmer im Netzwerk erreichbar ist. Über eine Verschachtelung können auch NodeIDs mit darunterliegenden Sub-NodeIDs angesprochen werden. Am Beispiel IO-Link könnte die NodeID der Master-ID entsprechen und die Sub-NodeIDs der einzelnen IO-Link Ports usw.

Mit **Objects** können einzelne Befehle, z. B. Abruf von Events definiert werden. Über definierte **Variable** können z. B. Prozesswerte oder Mastereinstellungen abgerufen werden. Über **Methoden** werden ausführbare Befehle beschrieben, z. B. das Hochladen von IODDs in den Master.

OPC-UA ist platform- und betriebssystemunabhängig und kann auf traditioneller PC-Hardware, Cloud-basierten Servern, SPSen und Microcontrollern, z. B. ARM-Prozessoren, installiert werden. Als Betriebssystem werden u. a. verwendet: Microsoft Windows, Apple OSX, Android, oder jede andere Linux-Distribution.

Unter dem Security-Aspekt ist OPC-UA Firewall-kompatibel dank einer Vielfalt an **Security-Mechanismen**:

- **Transport**: verschiedene Protokolle, wie ultra-fast OPC-binary transport oder das universellere ‚JSON over Websockets',
- **Session Encryption**: Telegramme werden verschlüsselt über mehrere Ebenen übertragen
- **Message Signing**: der Empfänger kann die Herkunft und Integrität der empfangenen Telegramme verifizieren,
- **Sequenced Packets**: Message-Wiederholungsattacken werden eliminiert
- **Authentication**: Jeder OPC-UA Client und Server wird über ein X509 -Zertifikat identifiziert zur Steuerung welche Applikationen untereinander kommunizieren dürfen,
- **User Control**: Applikationen können User auffordern sich zu authentifizieren (login credentials, certificate, web token etc.) und deren Nutzerrechte einschränken oder erweitern,
- **Auditing**: Nutzer- oder Systemaktivitäten werden aufgezeichnet.

Das OPC-UA information modeling framework verwandelt Daten in Informationen. Mit komplett Objekt-orientierten Fähigkeiten, können selbst komplexe multi-level Strukturen modelliert werden.

OPC-UA definiert auch mögliche Zugangsmechanismen zu Informationsmodellen:

- Look-up Mechanismus (Browsing) zur Lokalisierung von Instanzen und deren Semantik
- Schreib-/Leseoperationen für aktuelle und historische Daten
- Ausführung von Methoden
- Benachrichtigungen für Daten und Events

Für Client-Server Kommunikation ist die gesamte Bandbreite des Information Models verfügbar. Hierbei wird das Paradigma des Service-orientierten Architekturmodells (SOA) verwendet, mit dem der Serviceprovider Anfragen erhält, abarbeitet und die Ergebnisse zurücksendet.

Publish-Subscribe Modelle (PubSub), unterstützen einen anderen Mechanismus für Daten- und Event-Mitteilungen. Während bei Client-Server-Kommunikation jede Benachrichtigung für einen einzelnen Client mit garantierter Zustellung erfolgt, wurde PubSub optimiert für Many-to-Many-Konfigurationen. Mit PubSub, tauschen OPC-UA Applikationen nicht direkt Mitteilungen aus, sondern Publisher senden Mitteilungen zu einer Message Oriented Middleware, ohne zu wissen ob und, wenn ja, wieviele Subscriber darauf zugreifen. Umgekehrt melden sich Subscriber für spezifische Daten und Prozessmeldungen an, ohne zu wissen wo sie originär erzeugt werden.

11.1.2 Systemarchitektur IO-Link in OPC-UA

Die Basis-Implementierung eines OPC-UA Servers ohne IODD kann mit wenig Hardware-Ressourcen erfolgen, also z. B. direkt in einem IO-Link-Master. Eine typische Systemarchitektur (**Bild 11.2**) enthält mehrere dieser einfachen Server. Zusätzlich kann ein gemeinsamer IODD-Management-Server installiert werden, der die IODD-Interpretation durchführt und die Basis-Server hierbei unterstützt.

Da das Basis-Server-Interface bereits ISDU-Zugriff erlaubt, kann die ISDU-Logik von dem übergeordneten IODD-Management-Server verwaltet werden. Letzterer hat genügend Ressourcen, um auch eine größere Anzahl an IODDs zu verwalten. Es besteht auch die Möglichkeit, diesem Management Server direkten Zugriff auf die IODD-Finder-Datenbank zu geben. Somit können Nutzer sehr einfach auf alle Informationen der IO-Link Geräte im Netzwerk zugreifen.

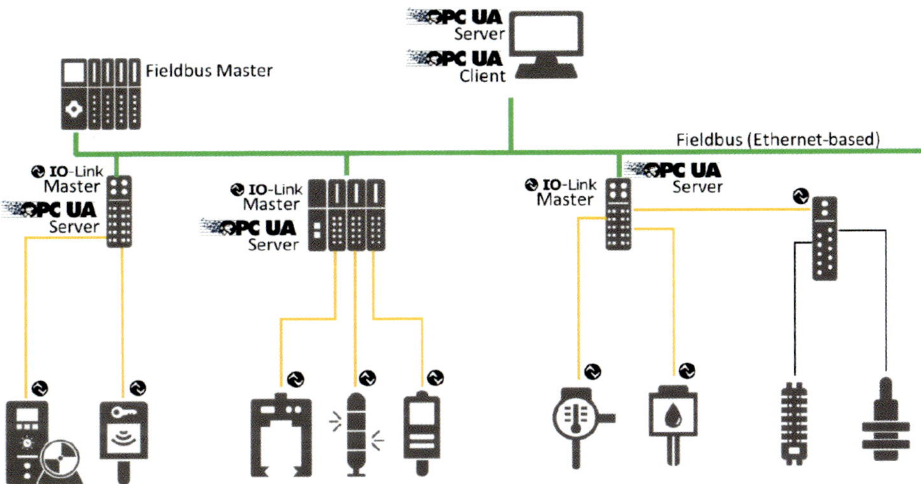

Bild 11.2 Beispiel eines OPC-UA Management Servers zum IODD Management (Quelle: OPC Unified Architecture for IO-Link Companion Specification Release 1.0)

11.1.3 Praktische Ausführung eines IO-Link-Masters mit OPC-UA

Erste IO-Link-Master mit OPC-UA Server sind bereits am Markt erhältlich. Es gibt sie in der Ausführung OPC-UA stand-alone für den Einsatz als IIoT Nachrüstset und in Verbindung mit klassischen Feldbussen als Y-Weg.

Die Funktionalität variiert sehr stark und sollte im entsprechenden Herstellerdatenblatt mit den Anforderungen der Applikation abgeglichen werden. Als Beispiel sei hier ein IO-Link-Master der Firma Comtrol aufgeführt als einer der ersten verfügbaren Geräte. Es enthält einen integrierten Webserver zur Konfiguration und Diagnose, ob die Verbindung zu OPC-UA arbeitet (**Bild 11.3**).

Dieser Master bietet die in **Tabelle 11.1** genannten Tags zum Abruf über OPC-UA an. Dies stellt sicherlich nur ein spezifisches Gerät dar, soll aber deutlich machen, welche Mächtigkeit OPC-UA besitzt, um als vollwertiges Industrie 4.0 Interface durchzugehen.

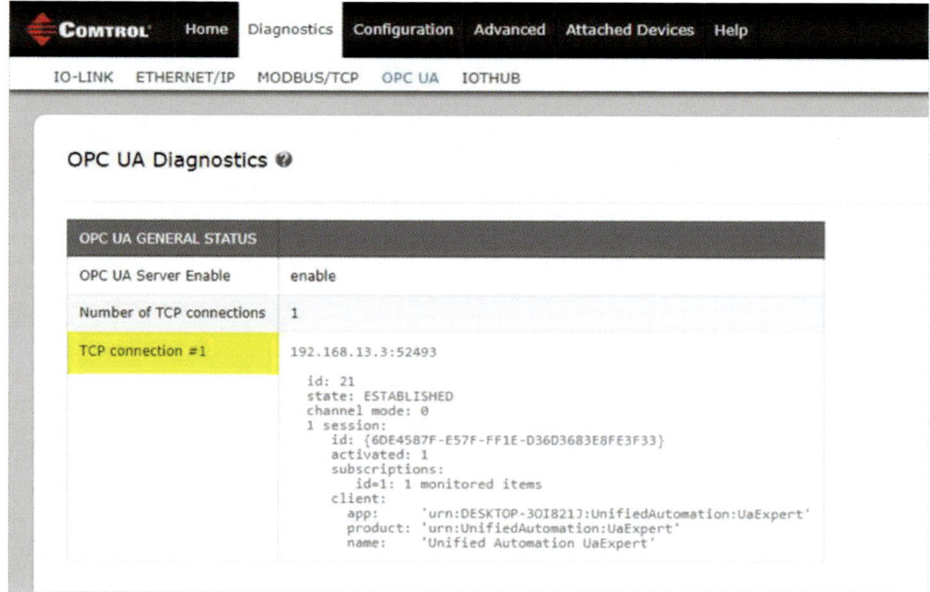

Bild 11.3. OPC-UA Diagnose auf lokalem Webserver im IO-Link-Master (Quelle: Pepperl+Fuchs Comtrol, Inc.)

Tabelle 11.1. Beispiel verfügbarer OPC-UA-Tags in einem IO-Link-Master, siehe Kapitel 2 (Quelle: Pepperl+Fuchs Control, Inc)

Tag Name (Angeschlossene IO-Link Devices)	Beschreibung
Actual Cycle Time	Zeit, die eine M-Sequenz bestehend aus IO-Link-Master-Request und IO-Link-Device-Response inklusive IDLE Time benötig, siehe Bild 1.14. Dies wird als Periode und nicht als Frequenz dargestellt (z. B. 5 ms). Die Actual Cycle Time wird zwischen IO-Link-Master und IO-Link-Device ausgehandelt. Innerhalb IO-Link wird die Actual Cycle Time als IO-Link-Master-Cycle-Time bezeichnet, siehe Kapitel 2.2.1.
Data Storage Capable	Zeigt an, ob beim angeschlossenen Device die Funktion Datenspeicher verfügbar ist; Boolescher Wert 0/1. Die Funktion „Data Storage" ermöglicht das Speichern und Wiederherstellen mehrerer Geräteparameter in einem einzigen Objekt.
Device ID	Dieser numerische Identifikationskode wird vom Hersteller in das Device geschrieben und kann nicht verändert werden. Dient der Basis-Geräteidentifikation und kann in Verbindung mit der VendorID zum automatischen Download der Data Storage Funktion genutzt werden.

Tabelle 11.1. Beispiel verfügbarer OPC-UA-Tags in einem IO-Link-Master, siehe Kapitel 2 (Quelle: Pepperl+Fuchs Control, Inc) (Fortsetzung)

Tag Name (Angeschlossene IO-Link Devices)	Beschreibung
Device Min Cycle Time	Auf dem untersten Level des IO-Link-Datenaustausches ist das die kleinste Zeiteinheit mit der das Device arbeiten kann. Diese Variable muss nicht genutzt werden. Die "tatsächliche Zykluszeit, actual cycle time" wird automatisch während des Handshakes zwischen IO-Link-Master und IO-Link-Device ausgehandelt.
FW Version	Angezeigt unter "IOLM properties", hier wird die aktuelle Firmware-Version des angeschlossenen Gerätes angezeigt unter "Port X/Attached device". Sie kann nicht verändert werden.
HW Version	Angezeigt unter "IOLM properties", hier wird die aktuelle Hardware-Version des angeschlossenen Gerätes angezeigt unter "Port X/Attached device". Sie kann nicht verändert werden.
IO-Link Version	Dies ist die aktuelle IO-Link Version des angeschlossenen Gerätes, z. B. Version 1.0 or 1.1 nach IO-Link Spezifikation.
ISDU Capable	Beim aktuellen Gerät wird der "Index Service Data Unit" unterstützt; Boolescher Wert (0 oder 1) ist 1 wenn ISDU-Support ist ok.
PDI Bytecount	Größe der Eingangsprozessdaten "Process data Input" (zyklisch)
PDI Data Byte Array	Eine von verschiedenen Möglichkeiten Prozessdaten PDI darzustellen; formatiert als Array.
PDI Data Byte String	Eine von verschiedenen Möglichkeiten Prozessdaten PDI darzustellen; formatiert als String.
PDI Data Unsigned32	Eine von verschiedenen Möglichkeiten Prozessdaten PDI darzustellen; formatiert als UInt32 (4 bytes).
PDI Fields	Mehrere Prozessdaten kombinieren; Funktion ist nur verfügbar, wenn eine valide IODD für das Gerät geladen wurde. Durch diese „Smarte Automatikformatierung" der PDI durch Parsen der Rohwerte wird der Traffic reduziert. So kann z. B. ein 32-bit-Rohwert in Durchfluss und Temperatur sortiert werden.
PDI Valid	Diese Variable ist true, wenn das IO-Link Device gültige Prozessdaten sendet. Das Device (Sensor) ermittelt diesen Status.
PDO Bytecount	Größe der Ausgangsprozessdaten "Process Data Output"(PDO).
PDO Data Byte Array (RW)	Eine von verschiedenen Möglichkeiten Prozessdaten PDO darzustellen; formatiert als Array.
PDO Data Unsigned 32	Eine von verschiedenen Möglichkeiten Prozessdaten PDI darzustellen; formatiert als UInt32 (4bytes).

Tabelle 11.1. Beispiel verfügbarer OPC-UA-Tags in einem IO-Link-Master, siehe Kapitel 2 (Quelle: Pepperl+Fuchs Control, Inc) (Fortsetzung)

Tag Name (Angeschlossene IO-Link Devices)	Beschreibung
PDO Fields	Mehrere Prozessdaten kombinieren; Funktion ist nur verfügbar, wenn eine valide IODD für das Gerät geladen wurde. Durch diese „Smarte Automatikformatierung“ der PDO durch Parsen der Rohwerte wird der Traffic reduziert.
Page 1 Data	ISDU Index 0; Index, der kritische Device-Informationen ausliest, z. B. Min Cycle Time, etc.
Page 2 Data	Wird für minimalistische Devices genutzt, die ISDU nicht unterstützen. Zum Speichern von Parameterdaten (16 bytes).
Product Name	Oft auch als “Modell” oder “Familie” bezeichnet. Dieser Tag enthält alphanumerische Zeichen und wird vom Hersteller beschrieben, z. B. TD2807, Q4X.
Serial	Seriennummer, ein-eindeutiger Kennzeichner des Devices während des Produktionsprozesses; kann nicht überschrieben werden.
Vendor ID	Jeder Hersteller bekommt eine spezifische Kennung aus der IO-Link Community. Die Vendor ID ist identisch bei allen Geräten desselben Herstellers.
Vendor Name	Der Herstellername, z. B. Comtrol-US.

Tag Name (ISDU)	Beschreibung
Data (RW)	Datum als ByteString. Multiple Bytes.
Data08 (RW)	Datum als ein Byte.
Data16 (RW)	Datum als UInt16; Zwei Bytes.
Data32 (RW)	Datum als UInt32; Vier Bytes.
Index (RW)	ISDU-Index lt. IODD zum Lesen und Schreiben.
Request (RW)	Zum ISDU-Lesen (R) auf 1 setzen und 2 zum Schreiben (W). Auf 0 setzen um RW zurück zu setzen.
Status (RO)	Zeigt den Status der kürzlich ausgeführten Anfragen „requests“ an. 1 = erfolgreich; 2 = gescheitert; 0 = Status zurückgesetzt.
SubIndex (RW)	ISDU-Sub-Index lt. IODD zum Lesen und Schreiben.

Tabelle 11.1. Beispiel verfügbarer OPC-UA-Tags in einem IO-Link-Master, siehe Kapitel 2 (Quelle: Pepperl+Fuchs Control, Inc) (Fortsetzung)

Tag Name (IO-Link Port)	Beschreibung
Aux Input	Status des zusätzlichen Eingangs; Boolesche oder Binärdarstellung (single bit). Pin 2 des IO-Link-Masterports.
Event Queue	Warteschlange der Device- und Masterevents.
Event Read	Methoden, um Events zu lesen.
ISDU Read	Methoden, um ISDU-Daten zu lesen.
ISDU Write	Methoden, um ISDU-Daten zu schreiben.
Mode	Zeigt den aktuellen IO-Link Portstatus an, z. B.: IO-Link, digital input, digital output, reset, idle.
Name	Name des IO-Link-Masterports, z. B.: IO-Link Port 3.
PDO Lock Enable	Protokoll kann PDO sperren, wenn Variable true.
PDO Locked	Protokoll hat PDO gesperrt.
SIO Input	Zeigt den Binärstatus von Pin 4 an, bei einem Port der als reiner, digitaler Eingang konfiguriert ist. Dies ergibt keinen validen Wert, wenn Port in IO-Link Modus betrieben wird.
SIO Output	Ähnlich der Funktion "SIO Input", gilt für digitale Ausgänge an Pin 4, wenn IO-Link Kommunikation ausgeschaltet ist.
Status	Aktueller Portstatus, z. B.: pre-operate, operate, init.
Uptime	Gesamtzeit, die der Port aktiv mit einem IO-Link Device konnektiert war.

Tag Name (IO-Link Port)	Beschreibung
Aux Input	Status eines externen, binären Eingangs, Pin 2 des IOLM-Ports.
Event Queue	Warteschlange für Device- und Masterevents. Hierdurch können Events mit einfachen Datentypen gelesen werden.
Event Read	Methode um Events zu lesen.
ISDU Read	Methode um ISDU-Daten zu lesen.
ISDU Write	Methode um ISDU-Daten zu schreiben.
Mode	Zeigt den aktuellen Portstatus an (z.B. : IO-Link, digital input, digital output, reset, idle).

Nicht umsonst wird es von führenden Maschinenbauern und Organisationen in Europa als zukünftiger IIoT-Standard vorgeschlagen. Auch die Abbildung in der Industrie 4.0-Verwaltungsschale (AA) trägt ein Übriges zur Popularität dieser Schnittstelle bei.

11.2 JSON/REST-API Interface

JavaScript Object Notation (JSON) hat sich aus JavaScript entwickelt und wurde in den frühen 2000er Jahren von Douglas Crockford entwickelt. Als Standard existiert es seit 2017 als ISO/IEC-Standard, der die Syntax beschreibt, während RFC 8259 auch Security und Interoperabilität berücksichtigt. REST steht für Representational State Transfer, API für Application Programming Interface. REST selbst ist dabei allerdings weder Protokoll noch Standard. Als „RESTful" charakterisierte Implementierungen der Architektur bedienen sich standardisierter Verfahren, wie z. B. HTTP/S, XML oder eben JSON.

11.2.1 JSON-Datenformat

Bei JSON handelt es sich um ein weitverbreitetes Datenformat, das von Maschinen und Menschen einfach interpretiert werden kann. Es kann unabhängig von Programmiersprachen und Plattformen eingesetzt werden.

Um eine einheitliche Darstellung für unterschiedliche IO-Link-Master zu standardisieren, wurde in einer Arbeitsgruppe das folgende Papier[3] erarbeitet, auf das dieser Absatz Bezug nimmt.

Die Anforderungen waren, dass alle gängigen Master mit ihren angeschlossenen IO-Link Devices in gleicher Weise repräsentiert werden können. Jeder IO-Link-Master besteht prinzipiell aus 1 bis n IO-Link Ports, an denen die Devices angeschlossen werden, und einem Gateway nach oben zur IT/ OT-Ebene.

Für die Datensicherheit und Security wird empfohlen TLS-PSK mit AES für die Transport-Layer-Absicherung zu verwenden.

Wie in **Bild 11.4** dargestellt, gibt es eine vorgegebene Syntax für IO-Link-Master Ports und daran angeschlossener Devices. Diese vorgegebenen Namen können manuell umkonfiguriert und mit sprechenden Namen versehen werden oder aus der entsprechenden IODD mittels „Name"-Tag zugeordnet werden.

[3] JSON Integration for IO-Link Version 1.0.0 March 2020, veröffentlicht auf www.IO-Link.com

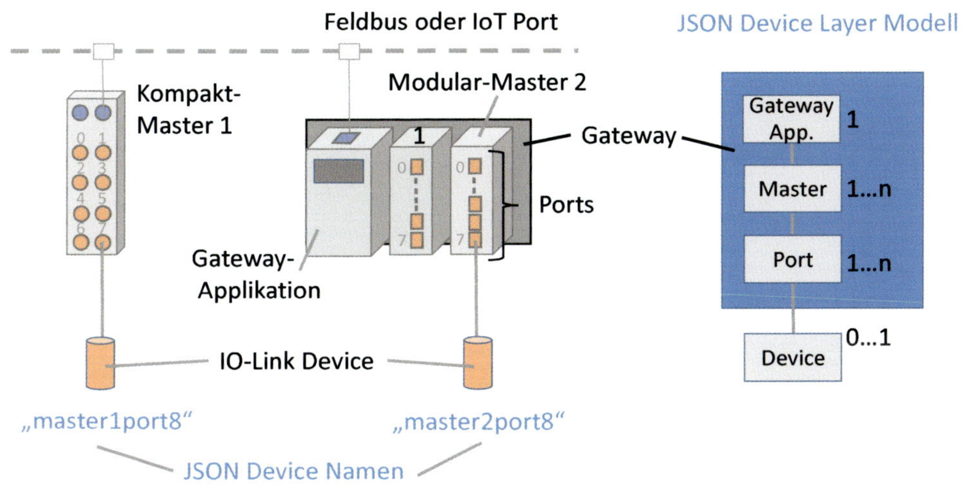

Bild 11.4 JSON Bezeichnungen für IO-Link Devices

Im JSON Datenformat sind auch weitere Informationen wie Zeitstempel, Fehlermeldungen etc. definiert.

Jeder Layer aus dem Device Layer Modell enthält weitere Ressourcen, die über einen URL-Pfad adressiert werden können.

11.2.2 Rest-API als Kommunikationsmethode

REST-API ist eine einfache Programmierschnittstelle zum Abruf von Informationen auf verteilten Systemen über HTTP. Roy Fielding hat das Rest-Konzept parallel zu HTTP 1.1 entwickelt. Dem entsprechend wundert es wenig, dass das World Wide Web bereits einen Großteil der für REST nötigen Infrastruktur liefert und zahlreiche Web-Dienste per se REST-konform sind, d. h. den sechs Architekturprinzipien Client-Server, Zustandslosigkeit, Caching, einheitliche, unabhängige Schnittstellen, Layered System mit Kapselung und Code-on-Demand. Die Server liefern Information für die maschinelle Weiterverarbeitung häufig per JSON-Formatierung.

Die Rest-API ermöglicht es durch Eingabe einer URL in einem Browser oder Übertragung via HTTP(S)-Protokoll Informationen aus einem IO-Link-Master zu lesen oder zu schreiben. Die Antwort erfolgt im JSON-Format. Ein typischer Browseraufruf ist in **Bild 11.5** dargestellt.

11

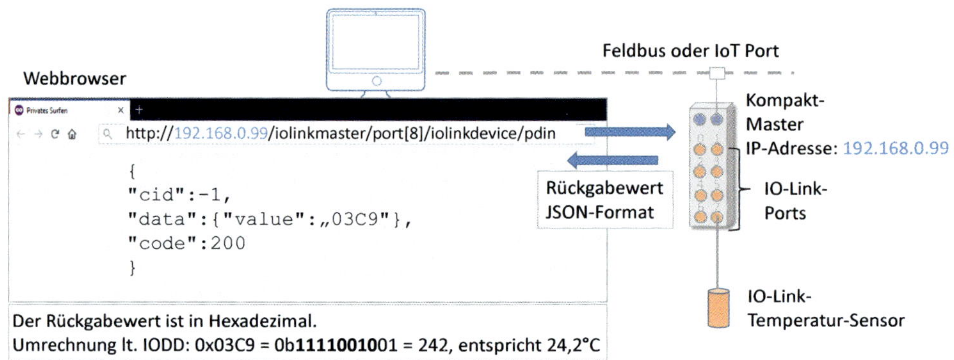

Bild 11.5 REST-API Aufruf vom Webbrowser an IO-Link-Master

Der Code „200" zeigt als Rückmeldung die erfolgreiche Ausführung des Kommandos an. Alle abweichenden Error-Codes weisen auf Fehler hin, die in der Dokumentation beschrieben sind.

Für die verschiedenen Operationen stehen vier http-Methoden zur Verfügung: GET zum Lesen, POST zum Schreiben, DELETE zum gezielten Löschen und optional OPTIONS für eine Auflistung der verfügbaren Methoden.

Über entsprechende Pfade im HTTP-Request stehen die unterschiedlichen Ressourcen des IO-Link Gateways zur Verfügung. Neben den IO-Link Device-Informationen können oft auch die Gateway- oder Feldbus-Konfiguration, Master- und Port-Einstellungen, Device-Parameter und mehr bearbeitet werden.

Ein Beispiel für die Strukturen in einem existenten IO-Link-Master zeigt **Tabelle 11.2**. Diese ist nicht vollständig und soll lediglich die Möglichkeiten des Datenaustausches über REST-API veranschaulichen, stellt aber keine allgemeingültigen Hinweise für marktgängige Geräte dar. Zur genauen Identifizierung aller möglichen Ressourcen empfiehlt sich der Blick in die Hersteller-Dokumentation.

Bei IO-Link-Mastern mit zwei software- oder hardwareseitig kombinierten Kommunikations-Schnittstellen (Y-Weg, Feldbus und IIoT) ist dringend darauf zu achten, dass nur eine von beiden schreibberechtigt auf IO-Link Ports zugreifen kann. Im Regelfall wird das die SPS/ Feldbusschnittstelle sein. Ansonsten können gefährliche Anlagensituationen entstehen!

Tabelle 11.2 Beispiele für mögliche Datenstrukturen bei IO-Link-Mastern (Auswahl) (Quelle: ifm electronic)

Datenstruktur (http://IP-Adresse...)	Beschreibung
/gettree	Alle verfügbaren Ressourcen auflisten
/fieldbussetup/hostname	Bezeichnung des IO-Link-Masters im Feldbus-Projekt
/fieldbussetup/network/ipaddress	IP-Adresse des Feldbusports
/fieldbussetup/connectionstatus	Status der Verbindung zum Profinet
/iotsetup/network/ipaddress	IP-Adresse des IoT-Ports
/iolinkmaster/port[n]/mastercycletimeactual	Aktuelle Zykluszeit am IO-Link-Port in Millisekunden
/iolinkmaster/port[n]/validation_datastorage_mode	Verhalten des IO-Link Ports beim Gerätetausch
/iolinkmaster/port[n]/iolinkdevice/iolreadacyclic [index] [subindex]	Azyklisches Lesen eines Geräteparameters, Index/Subindex aus IODD
/iolinkmaster/port[n]/iolinkdevice/pdin	Prozesseingabedaten vom Device lesen
/iolinkmaster/port[n]/iolinkdevice/pdout	Prozessausgabedaten vom Device lesen/schreiben
/processdatamaster/temperature	Interne Temperatur des Masters lesen
/processdatamaster/current	Aktueller Stromverbrauch des Masters
/processdatamaster/supervisionstatus	Diagnoseinformation der Geräteversorgung 0 = kein Fehler, 1 = Kurzschluss, 2 = Überlast, 3 = Unterspannung
/firmware/version	Firmware-Version des IO-Link-Masters
/deviceinfo/vendor	Herstellername des IO-Link-Masters
/deviceinfo/serialnumber	Seriennummer des IO-Link-Masters
/iolinkmaster/port[n]/iolinkdevice/status	Status des angeschlossenen Devices 0 = Sensor/Device not connected 1 = Sensor/Device in Hochlaufphase 2 = Sensor/Device im Normalbetrieb 3 = Falscher Sensor/falsches Device
/iolinkmaster/port[n]/iolinkdevice/vendorid	Vendor-ID des Herstellers
/iolinkmaster/port[n]/iolinkdevice/deviceid	Device-ID des Gerätes
/iolinkmaster/port[n]/iolinkdevice/serial	Seriennummer des IO-Link Devices
/iolinkmaster/port[n]/iolinkdevice/applicationspecifictag	Anwendungsspezifische Kennung (lessen und schreiben)

11.3 MQTT Interface

11.3.1 Grundlagen zu MQTT

MQTT ist ein zuverlässiges Protokoll für das (industrielle) Internet der Dinge. Es wurde ursprünglich von IBM entwickelt und steht für Message Queuing Telemetrie Transport. Es ist einfach, auch in nicht sehr leistungsstarke Prozessoren zu implementieren und wird daher häufig als IIoT-Schnittstelle zwischen Endgeräten und Cloud-Anwendungen oder zwischen unterschiedlichen Geräten (Machine2Machine) verwendet.

MQTT verwendet TCP/IP-Netzwerkstandards und arbeitet nach dem Publish-and-Subscribe-Verfahren. Hierfür werden im Netzwerk MQTT-Clients und MQTT-Broker verwendet. Das Zusammenspiel wird im **Bild 11.6** veranschaulicht.

In diesem Beispiel veröffentlicht („publish") der IO-Link-Master seinen Temperaturwert, den der MQTT-Broker (Server) in einer Ressource ablegt, die wiederum von n weiteren Geräten abonniert („subscribe") werden kann. Da es sich hierbei nicht um eine direkte Kommunikation zwischen IO-Link-Master und Cloud, anderen Servern oder Anzeigegeräten handelt, kann auch bei kurzzeitigen Verbindungsproblemen ein stabiler Wert dargestellt werden. Dies ist der wesentliche Unterschied eines Publish-/Subscribe-Verbindung gegenüber einer zyklischen Master-/Slave-Kommunikation.

Es ist natürlich auch möglich, Teilnehmer mit einer Kombination aus MQTT-Broker und Client auszustatten.

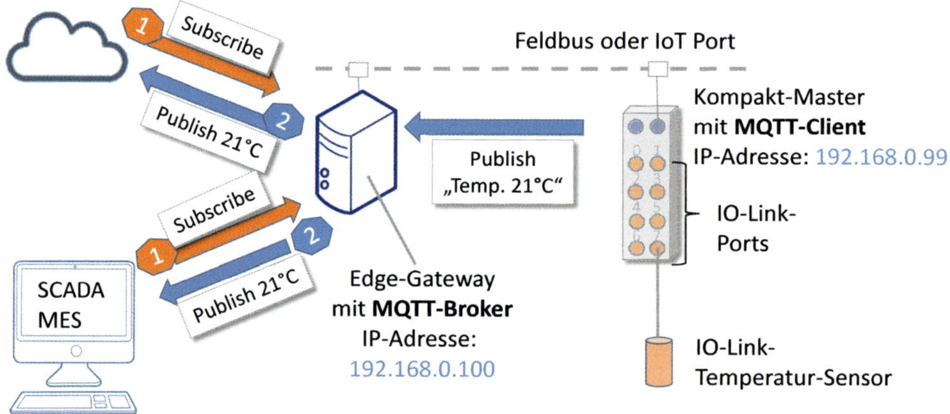

Bild 11.6 Prinzipieller Aufbau einer MQTT-Infrastruktur

11.3.2 Instanzen/Ressourcen auf dem MQTT-Broker

Für IO-Link-Master gibt es vordefinierte Instanzen, das sind Verzeichnisstrukturen, mit deren Hilfe auf die Daten zugegriffen werden kann. Die Antworten kommen dann, wie oben beschrieben, im JSON-Format. Als http-Methoden stehen ebenfalls GET und POST für Daten lesen und schreiben zur Verfügung.

In **Tabelle 11.3** ist eine Auswahl an MQTT-Ressourcen im IO-Link-Master aufgelistet, sofern dieser sie unterstützt. Es gilt natürlich im Zweifel immer die Herstellerdokumentation.

MQTT-Topics werden im JSON-Format dargestellt. Ein Beispiel für ein Prozessdatum findet sich in **Bild 11.7**.

```
{
"getData": {
"iolink": {
"valid": true,
"value": {
"Distance": 55,
"Quality": 12
}
},
"iqValue": true
}
  }
```

Bild 11.7 IO-Link Prozessdatenstruktur über MQTT

Tabelle 11.3 MQTT-Ressourcen eines IO-Link-Masters (Auswahl)

Datenstruktur (http://IP-Adresse/mqtt...)	http-Methode	Beschreibung
/configuration	GET	MQTT Konfiguration lesen
/configuration	POST	MQTT Konfiguration schreiben
/topics	GET	Instanzen/Topics lesen
/topics	POST	Neue Instanz/Topic erstellen
/topics/{topic ID}	GET	Einzelne Instanz lesen, z. B. Prozessdaten oder Event
/topics/{topic ID}	DELETE	Einzelne Instanz löschen
/connectionstatus	GET	Verbindungsstatus zwischen MQTT-Client und Server
/connectionstatus [Meldungen]	GET	"CLIENT_INACTIVE" "CONNECTION_ACCEPTED" "UNACCEPTABLE_PROTOCOL_VERSION" "IDENTIFIER_REJECTED" "SERVER_UNAVAILABLE" "BAD_USERNAME_OR_PASSWORD" "NOT_AUTHORIZED"

11

11.3.3 Verbindung zu Cloud-Servern

Die meisten Cloud-Provider, wie z. B. AWS, bieten einen vorinstallierten IoTCore an, der Daten über MQTT entgegennimmt. Dieser arbeitet bidirektional, unterstützt „publish“ und „subscribe“ und stellt zusätzlich die Daten-Security mittels Authentifizierungsverfahren und TLS Transport über das Netzwerk sicher. Ähnliche MQTT-Adapter gibt es für die meisten Cloud-Service-Anbieter. Die weitere Verarbeitung der Daten erfolgt dann mit anderen Apps zur Anzeige im Cockpit, Analytics für Machine Learning, RTM für Condition Monitoring und viele mehr.

Natürlich ist es auch möglich, einen MQTT-Broker auf einer privaten Cloud laufen zu lassen, der z. B. alle Maschinen-, Energie- und Materialdaten einer Produktionslinie oder der gesamten Produktionsstätte sammelt und in Echtzeit Leistungsmessgrößen wie KPI („Key Performance Indicator“) oder OEE („Overall Equipment Effectiveness“) berechnet und visualisiert.

Oft wird zwischen dem IO-Link-Master und dem Cloud-Server ein Edge-Gateway platziert, das die sichere Verbindung zum MQTT-Cloud-Broker, sowie das Binding der Geräte organisiert. Dieses Gateway kann auch Nicht-MQTT-fähige IO-Link-Master mit Cloud-Servern verbinden. Ein Beispiel für ein solches Gateway ist in **Bild 11.8** dargestellt.

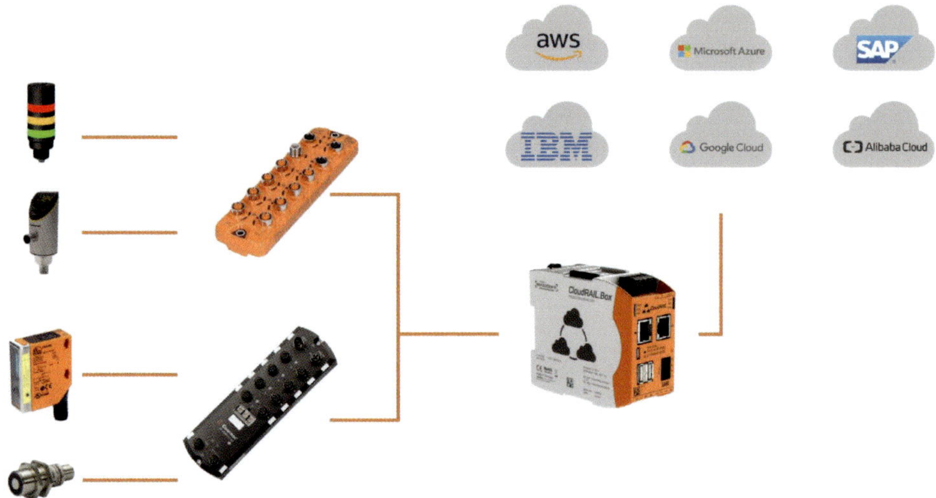

Bild 11.8 Universelles MQTT-Gateway, um IO-Link Daten an verschiedene Cloud-Dienste anzubinden (Quelle: Cloudrail)

Literaturverzeichnis

Bauernhansl, T. (2014): Die Vierte Industrielle Revolution. Der Weg in ein wertschaffendes Produktionsparadigma. In: Bauernhansl, T.; t. Hompel, M. und Vogel-Heuser, B. (Hrsg.): Industrie 4.0 in Produktion, Automatisierung und Logistik. Wiesbaden: Springer Vieweg, S. 5–35.

Becker, M.; Kloock, J.; Schmidt, R.; Wäscher, G. (Hrsg.) (1998): Unternehmen im Wandel und Umbruch. Transformation, Evolution und Neugestaltung privater und öffentlicher Institutionen.

Deloitte & Touche GmbH Wirtschaftsprüfungsgesellschaft (2013): Assessment „Linerecorder Agent". Fürth.

Eckhardt, J. (2015): Industrie 4.0. Rechtliche Aspekte. In: Köhler-Schulte, C. (Hrsg.): Industrie 4.0. Ein praxisorientierter Ansatz. Berlin: KS-Energy-Verlag, S. 143–165.

Gärtner, D.; Schimmelpfennig, J. (2015): Vom Sensor zum Geschäftsprozess. In: Köhler-Schulte, C. (Hrsg.): Industrie 4.0. Ein praxisorientierter Ansatz. Berlin: KS-Energy-Verlag, S. 128–136.

IIC – Industrial Internet Consortium: Online verfügbar unter http://www.iiconsortium.org/index.htm, zuletzt geprüft am 10.01.2018.

IO-Link Firmengemeinschaft (2018): IO-Link – Systembeschreibung. Technologie und Applikation. Karlsruhe: PROFIBUS Nutzerorganisation e. V.

Jahn, M. (2015): Neue Transparenz in der Industrie 4.0 schafft Vertrauen und Mehrwerte. In: Kirsch, A.; Kletti, J.; Wießler, J.; Meuser, D. und Felser, W. (Hrsg.): Industrie 4.0 Kompakt I. Systeme für die kollaborative Produktion im Netzwerk. Köln: NetSkill Solutions GmbH, S. 106–109.

Jahn, M. (2015): Predictive Maintenance – vom Sensor bis ins SAP. In: Manzei, C. (Hrsg.): Industrie 4.0. Wiesbaden, S. 36–41.

Köhler-Schulte, C. (Hrsg.) (2015): Industrie 4.0. Ein praxisorientierter Ansatz. Berlin: KS-Energy-Verlag.

Manzei, C. (Hrsg.) (2015): Industrie 4.0. Wiesbaden.

Moubray, J. (1996): RCM. Die hohe Schule der Zuverlässigkeit von Produkten und Systemen. Landsberg: Moderne Industrie.

Schöning, H. (2015): IT-Sicherheit in Industrie 4.0. In: Köhler-Schulte, C. (Hrsg.): Industrie 4.0. Ein praxisorientierter Ansatz. Berlin: KS-Energy-Verlag, S. 97–104.

Theisinger, F. (2015): Der Weg zu Industrie 4.0. Modularisierung, Standardisierung & Digitalisierung. In: Wissensmanagement 1, S. 25–27.

Thiesse, F. (2005): Architektur und Integration von RFID-Systemen. In: Fleisch, E. und Mattern, F. (Hrsg.): Das Internet der Dinge. Berlin, Heidelberg: Springer-Verlag, S. 101–117.

Wikipedia (2018): Hub. Online verfügbar unter https://de.wikipedia.org/wiki/Hub_(Netzwerktechnik), zuletzt geprüft am 10.01.2018.

Zelewski, S. (1998): Auktionsverfahren zur Koordinierung von Agenten auf elektronischen Märkten. In: Becker, A.; Kloock, J.; Schmidt, R. und Wäscher, G. (Hrsg.): Unternehmen im Wandel und Umbruch. Transformation, Evolution und Neugestaltung privater und öffentlicher Institutionen, S. 305–337.

Weitere Literatur

Kapitel 1, 2, 3, 4 und 9:

IO-Link Community (2013): IO-Link Interface and System Specification Version 1.1.2. Karlsruhe: PROFIBUS Nutzerorganisation e. V.

IO-Link Community (2016): IO-Link Addendum 2017 related to IO-Link Interface and System Specification V1.1.2 Version 2.0. Karlsruhe: PROFIBUS Nutzerorganisation e. V.

Kapitel 5:

IO-Link Community (2017): IO-Link Common Profile Specification Version 1.0. Karlsruhe: PROFIBUS Nutzerorganisation e. V.

IO-Link Community (2017): IO-Link Smart Sensor Profile 2nd Edition Specification Version 1.0. Karlsruhe: PROFIBUS Nutzerorganisation e. V.

IO-Link Community (2016): IO-Link Profile BLOB Transfer & Firmware Update Specification Version 1.0. Karlsruhe: PROFIBUS Nutzerorganisation e. V.

Kapitel 6:

IO-Link Community (2016): IODD IO Device Description Specification related to IO-Link Communication Specification V1.1 and IODD Schemas V1.1 Version 1.1 August 2011. Karlsruhe: PROFIBUS Nutzerorganisation e. V.

Kapitel 7:

IO-Link Community (2016): IO-Link Product Quality Policy Version 1.00 und Vorlage "MANUFACTURER'S DECLARATION OF CONFORMITY". Karlsruhe: PROFIBUS Nutzerorganisation e. V.

Kapitel 10:

IO-Link Community (2016): IO-Link Safety System Extensions with SMI Specification Draft Version 1.1 for Review December 2017. Karlsruhe: PROFIBUS Nutzerorganisation e. V.

IO-Link Community (2016): IO-Link Safety – System Description Technology and Application Draft Version 0.9.2. Karlsruhe: PROFIBUS Nutzerorganisation e. V.

Abkürzungs- und Akronym-Verzeichnis

Abkürzung	Bedeutung
µs	Mikrosekunde
3D	dreidimensional
A	
A	Ampère, Einheit für den elektrischen Strom
ABB	Asea Brown Boveri, Energie- und Automatisierungskonzern
AdSS	Adjustable Switching Sensor
AG	Aktiengesellschaft
AGV	Automated Guided Vehicle, automatisch gesteuerte Fahrzeuge
AL	Applikation Layer
AMQP	Advanced Message Queuing Protocol
API-Key	Application Programming Interface Key
APO	Advanced Planning and Optimization, Advanced Planner and Optimizer
ArgBlockID	ArgumentenID
ArgBlocks	Argumentenblöcke
AS-i	Actuator Sensor interface
ASIC	Application-Specific Integrated Circuit, anwendungsspezifische integrierte Schaltung
AS-Interface	Actuator-Sensor-Interface, Aktor-Sensor-Schnittstelle
ATEX	EU Direktiven zum Explosionsschutz (ATmosphères EXplosibles)
B	
Baud	Einheit für die Symbolrate
BDC	BinaryDataChannel
Bit	Binary Digit
BLOB	Binary Large Object
BMW	Bayerische Motorenwerke
BSI	British Standards Institution
bspw.	beispielsweise
Byte	8 Bit
bzw.	beziehungsweise

Abkürzung	Bedeutung
C	
C/Q	Bezeichnung für den IO-Link Port, C-Communication, Q-Schaltport
CAN	Controller Area Network
CANopen	auf CAN basierendes Kommunikationsprotokoll
CC-Link	offenes Feldbussystem, ursprünglich von Mitsubishi entwickelt (Control and Communications Link)
CDID	konfigurierte IO-Link-DeviceID
CE	CE-Kennzeichnung gemäß EU-Verordnung 765/2008
CH	Channel, Kanal
CHKPDU	Checksummen-Byte
CIM	Computer Integrated Manufacturing
CIP	Common Industrial Protocol
CL	effektive Leitungskapazität
CM	Configuration Manager
CoAP	Constrained Application Protocol
COM	Kommunikationsmodus bei IO-Link
CPPS	Cyber Physical Production System, cyber-physikalisches Produktionssystem
CPU	Central Processing Unit, (Haupt-)Prozessor eines Computers
CR	Change Request
CRC	Cyclic Redundancy Check, zyklische Redundanzprüfung, ein Verfahren zur Bestimmung eines Prüfwerts für Daten
C-Teile	Einkaufsteile mit geringer Bedeutung (ca. 20 % des Gesamteinkaufswertes, 60 bis 80 % der Gesamteinkaufsteile)
CVID	konfigurierte IO-Link-VendorID
D	
dBm	Dezibel Milliwatt
DC	direct current, Gleichspannung bzw. -strom
Dev-Err	IO-Link-Device-Error
DFL	Drive for Leadership, Benchmarkingsystem in der Automobilindustrie
DFM	Design for Manufacturing
DFT	Design for Testability
DI	Digital Input
DID	DeviceID
DIN	Deutsches Institut für Normung e. V.
DL	Datalink Layer
DMS	Digital Measuring Sensors
DMZ	demilitarisierte Zone
DO	Digital Output
DP	Profibus DP

Abkürzung	Bedeutung
DS	Datastorage
DTI	Device Tool Interface, Software-Schnittstelle für das Navigieren zum und Aufrufen des „Dedicated Tools“ inklusive Parameterübertragung
DTM	Device Type Manager, Gerätetreiber für FDT
E	
E/A	Eingabe/Ausgabe
E2E	End-to-End
EAG	Emscher Aufbereitung GmbH
EAS	Elektro-Ausrüstungs-Service GmbH, Rheinberg
Ed.	Edition
EDI	Electronic Data Interchange
EDS	Electronic Data Sheet, elektronisches Datenblattformat
EEPROM	Electrically Erasable Programmable Read-Only Memory, elektrisch löschbarer programmierbarer Nur-Lese-Speicher
EIP	EtherNet Industrial Protocol
EIRP	Equivalent Isotropically Radiated Power, äquivalente isotrope Strahlungsleistung
EMV	elektromagnetische Verträglichkeit
EN	Europäische Norm
ENUM	Telephone Number Mapping
e-plan	EPLAN Software & Services GmbH & Co. KG, Monheim
E-Planung	Elektroplanung
ERP	Enterprise Ressource Planning
Eth	Ethernet
EtherCAT	Ethernet for Control Automation Technology
Ethernet/IP	EtherNet Industrial Protocol
F	
FDT	Field Device Tool, Spezifikation für eine Softwareschnittstelle zur Geräteparamatrierung
FF	Foundation-Fieldbus
FIP	Factory Implementation Protocol
FIR	Forschungsinstitut für Rationalisierung an der RWTH Aachen
FMEA	Failure Mode and Effects Analysis, Fehlermöglichkeits- und -einflussanalyse
FMS	Fieldbus Message Specification
FPY	First Pass Yield
FS	Functional Safety
FS-AE /AA	Functional Safety Analog Input/Output; FS-AE/AA-Modul in einem dezentralen (remote) I/O-Knoten

Abkürzung	Bedeutung
FSCP x	Functional Safety Communication Profile, FS-Kommunikationsprofil für einen bestimmten Feldbus „x“, spezifiziert in IEC 61784-3-x
FS-DE / DA	Functional Safety Digital Input/Output, FS-DE/DA-Modul in einem dezentralen (remote) I/O-Knoten
FSS	Fixed Switching Sensor
FST	technologiespezifische Parameter
FW	Firmware
FWUP	FirmwareUpdate
G	
Gbit	Gigabit
GHz	Gigahertz
GPS	Global Positioning System, Globales Positionsbestimmungssystem
GPS	Generic Profiled Sensor
GSD	General Station Description
GSDML	GSD Markup Language
GSM	Global System for Mobile Communications, Mobilfunkstandard
H	
H1	Foundation Fieldbus-H1
HART	Highly Addressable Remote Transducer
HMI	Human Interface
HTML	Hypertext Markup Language, Hypertext-Auszeichnungssprache
http	Hypertext Transfer Protocol
Hz	Hertz
I	
I	Input
I&D	Identification and Diagnosis
I/Q	Standard Input, meist am Pin 2 eines M12-Anschlusses
ID	Identifikation
IDLE	Leerlauf
IE	Industrial Ethernet
IEC	International Electrotechnical Commission
IIC	Industrial Internet Consortium
IIoT	Industrial Internet of Things
IIRA	Industrial Internet Reference Architecture
ILLM	Input Load Current At Input C/Q To V0 (measured in A) am IO-Link-Master
inkl.	inklusive
IO	Input/Output
IO/NIO	in Ordnung / nicht in Ordnung

Abkürzung	Bedeutung
IODD	IO-Link-Device-Description, elektronische Gerätebeschreibung
IO-Link-Safety	Kommunikationserweiterung für funktionale Sicherheit in IO-Link NSR
IOLW	IO-Link Wireless
IOMD	IO-Link-Master-Description
IOS	interorganisationales Informationssystem
IoT	Internet of Things
IP	Internetprotokoll
IP20	Schutzart, siehe DIN EN 60529
IPC	Industrie-PC
IQH	Driver Current On High-Side, Driver In Saturated Operating Status ON (measured in A)
IQL	Driver Current On Low-Side, Driver In Saturated Operating Status ON (measured in A)
ISDU	Index Service Data Unit
ISM-Band	Industrial, Scientific and Medical Band
IT	Informationstechnik
J	
JSON	JavaScript Object Notation
K	
k	Kilo (1.000)
kBit	Kilobit
kbps	Kilobit pro Sekunde
kByte	Kilobyte (1.000 Byte)
km	Kilometer
KPI	Key Performance Indicator
KVP2	kontinuierlicher Verbesserungsprozess, Benchmarkingsystem in der Automobilindustrie
L	
LAN	Local Area Network
LCoE	Levelized Cost of Energy, Stromerzeugungskosten
LEC	Liberia Electricity Corporation
LenIn	Länge der Eingangsprozessdaten, Prozessdaten-Input
LenOut	Länge der Ausgangsprozessdaten, Prozessdaten-Output
LKW	Lastkraftwagen
LMT	Grenzstandsensor
LR	Linerecorder

Abkürzung	Bedeutung
M	
M2M	Machine To Machine
mA	Milliampere
MAP	Manufacturing Automation Protocol
Mbyte	Megabyte (1.000.000 Byte)
MC	Master Control
MDC	Measurement Data Channel
MEMS	mikroelektromechanische Systeme
MES	Manufacturing Execution System
MHz	Megahertz
MQTT	Message Queuing Telemetry Transport
MRP	Materials Requirements Planning
MRPII	Manufacturing Resources Planning
ms	Millisekunde
M-Sequenz	Message-Sequenz
MSSQL	Microsoft Structured Query Language, eine Datenbanksprache mW
N	
NDA	Non-Disclosure-Agreement
nF	Nanofarad
NFC	Near Field Communication
NIO	nicht in Ordnung, fehlerhaft
O	
O	Output
OE	Output Enable
OEE	Overall Equipment Effectiveness, Gesamtanlageneffektivität
OEM	Overall Equipment Manufacturer, Erstausrüster
OLE	Object Linking and Embedding
OPC	OLE for Process Control
OPC UA	OPC Unified Architecture
OSSD	Output Switching Sensing Device
OSSDe	Output Switching Sensing Device; ausgangsschaltende und prüfende Geräteschnittstelle; in IO-Link-Safety standardisiert gemäß ZVEI-Empfehlungen
OT	Operational Technology
P	
p. a.	per annum, pro Jahr
PA	hydrostatischer Drucksensor
PB	Petabyte
PC	Personal Computer

Abkürzung	Bedeutung
PCo	Plant Connectivity
PCT	Port Configuration Tool
PD	Prozessdaten
PDV	ProcessDataVariables
PGP	Pretty Good Privacy
PHY3-W	3-Leiter-Physik
PL	Performance Level
PI	Drucksensor-Bauform
PICOS	Program for the Improvement and Cost Optimization
PLC	Programmable Logic Controller, Speicherprogrammierbare Steuerung (SPS)
PN	Drucksensor
PN IO	PROFINET IO
PNO	Profibus-Nutzerorganisation
POLE	Prozess-Optimierung durch Lieferanten-Einbindung
Port	IO-Link-Kommunikationskanal an einem Master/FS-Master
PosIn	Position der Eingangsprozessdaten
PosOut	Position der Ausgangsprozessdaten
POZ	Prozessoptimierung Zulieferteile
PPS	Produktionsplanung und -steuerung
PQ	Port Qualifier
PQI	Port Qualifier Information
PR	Public Relations
Profibus DP	Process Field Bus Dezentrale Peripherie
PROFINET	Process Field Network
PtP	Point-to-Point, Punkt-zu-Punkt
PV	Process Value
PVinD	PDInputDescriptor
PVoutD	PDOutputDescriptor
R	
RAMI 4.0	Referenzarchitekturmodell Industrie 4.0
RF	Radio Frequency
RFID	Radio Frequency Identification
S	
S	Sekunde
SaaS	Software as a Service
SAP	Systeme, Anwendungen, Produkte in der Datenverarbeitung, SAP R/3
SCL	Safety Communication Layer, sichere Protokollmaschinen-Schicht

Abkürzung	Bedeutung
SCM	Supply Chain Management
SCOREx	Supply Chain Optimization and Real-Time Extended Execution
SD	Durchflusssensor
SDCI	Single-Drop Digital Communication Interface for Small Sensors and Actuators
SERCOS	Serial Realtime Communication System
SI	Système international d'unités, Internationales Einheitensystem
SIO	Standard I/O, Standard Input/Output
SM	Durchflusssensor-Bauform, Produktbezeichnung
SMI	Standardized Master Interface, einheitliche Master-Schnittstelle zum Gateway zwecks Harmonisierung des Masterverhaltens und einheitlichem Zugriff von Master-Tools
SMT	Oberflächentechnik
SP	Switch Point/Schaltpunkt
Sp.	Spalte
SPDU	Safety Processing Data Unit, Protokolldateneinheit, bestehend aus Sicherheits-E/A-Prozessdaten und zugehörigem Sicherheitscode
SPS	speicherprogrammierbare Steuerungen
SR	Safety-Related, sicherheitsbezogen
SrcOffsetIn	SourceOffsetInput, Bitoffset
SrcOffsetOut	SourceOffsetOutput, Ausgangsprozessdaten
SRD	Short Range Device
SSC	Switching Signal Channel
SSL	Secure Sockets Layer
STS	Ship-to-Shore
T	
TAD	Temperatur-Sensor-Bauform
TB	Terabyte
TCO	Total Cost of Ownership
TCP	Transmission Control Protocol
THT	Durchstecktechnik
TI	Teach Channel
TKSE	ThyssenKrupp Steel Europe
TPM	Total Productive Maintenance
TSN	Time Sensitive Networking (realtime-fähiges Bussystem auf Ethernet-Basis)
U	
UART	Universal Asynchronous Receiver Transmitter
UID	eindeutige Identifikationsnummer
USA	United States of America

Abkürzung	Bedeutung
USB	Universal Serial Bus
V	
V	Volt
VDI	Verein Deutscher Ingenieure e. V.
VDI-Z	Integrierte Produktion, VDI-Zeitschrift
VDMA	Verband Deutscher Maschinen- und Anlagenbau e. V.
VendorID	Vendor Identification
VID	VendorID
W	
WAN	Wide Area Network
WCM	World Class Manufacturing
WiFi	Firmenkonsortium, das Funkschnittstellen (WLANs) zertifiziert
WinCC	Windows Control Center
WISA	Wireless Interface für Sensoren und Aktoren
WLAN	Wireless Local Area Network
WPAN	Wireless Personal Area Network
WSAN	Wireless Sensor-Aktor-Network
X	
XML	Extended Markup Language
Z	
ZfbF	Schmalenbachs Zeitschrift für betriebswirtschaftliche Forschung
ZVEI	Zentralverband Elektrotechnik und Elektronik e. V.

Inserentenverzeichnis

Balluff GmbH
Schurwaldstraße 9
73765 Neuhausen auf den Fildern
www.balluff.com XI

Endress+Hauser (Deutschland) GmbH+Co. KG
Colmarer Straße 6
79576 Weil am Rhein
www.de.endress.com XIX

ifm electronic gmbh
Friedrichstraße 1
45128 Essen
www.moneo.ifm 4. Umschlagseite

Pepperl + Fuchs SE
Lilienthalstraße 200
68307 Mannheim
www.pepperl-fuchs.com/pr-iot-master XV

WAGO Kontakttechnik GmbH & Co. KG
Hansastraße 27
32423 Minden
www.wago.com 2. Umschlagseite